学术引领系列

中国学科发展战略

沉积学

国家自然科学基金委员会
中 国 科 学 院

科 学 出 版 社
北 京

内 容 简 介

本书概括了中国沉积学的发展历史，梳理了沉积学各分支学科的国内外研究动态，分析了中国的研究基础和特色优势，明确了中国沉积学的国际影响与地位，拟定了各分支学科的关键科学问题，剖析了中国沉积学教育和基地建设的现状与存在的问题。在此基础上，结合国际前沿、国家需求、地域特色和研究基础，凝练并提出了未来10年中国沉积学领域所要重点解决的核心科学问题。本书旨在为沉积学更好地发展奠定坚实的科学基础，促进沉积学在支撑解决国家重大需求、产生原创性基础研究成果等方面做出应有的贡献。

本书适合沉积学及其他地球科学分支学科的科研人员和研究生、国家学科规划和项目规划单位的相关人员阅读。

图书在版编目（CIP）数据

沉积学 / 国家自然科学基金委员会，中国科学院编. —北京：科学出版社，2023.4
（中国学科发展战略）
ISBN 978-7-03-074995-6

Ⅰ. ①沉… Ⅱ. ①国… ②中… Ⅲ. ①沉积学 Ⅳ. ①P588.2

中国国家版本馆 CIP 数据核字（2023）第 031873 号

丛书策划：侯俊琳 牛 玲
责任编辑：张 莉 王勤勤 / 责任校对：何艳萍
责任印制：师艳茹 / 封面设计：黄华斌 陈 敬 有道文化

科学出版社 出版
北京东黄城根北街16号
邮政编码：100717
http://www.sciencep.com

北京中科印刷有限公司 印刷
科学出版社发行 各地新华书店经销
*
2023年4月第 一 版 开本：720×1000 1/16
2024年1月第二次印刷 印张：23 1/4 插页：4
字数：410 000
定价：168.00 元
（如有印装质量问题，我社负责调换）

中国学科发展战略

联合领导小组

联合工作组

中国学科发展战略·沉积学

项 目 组

项目负责人：王成善　彭平安

项目顾问：孙　枢　刘宝珺　傅家谟　秦蕴珊　殷鸿福　孙龙德　马永生　王　颖　李思田　何起祥　柴育成

工作组负责人：林畅松

工作组成员：姚玉鹏　朱筱敏　张昌民　史基安　解习农　何登发　刘少峰　周瑶琪　王清晨　李　忠　姜在兴　徐　强　高　抒　刘志飞　邵龙义　邹才能　刘池阳　冯志强　张廷山　孟繁莉　胡修棉　颜佳新　吴怀春　陈代钊　陈多福　王　剑　谢树成　陈洪德　金振奎　柳益群　周传明　陈吉涛　关　平　王璞珺

项目秘书：陈　曦　由雪莲　顾松竹

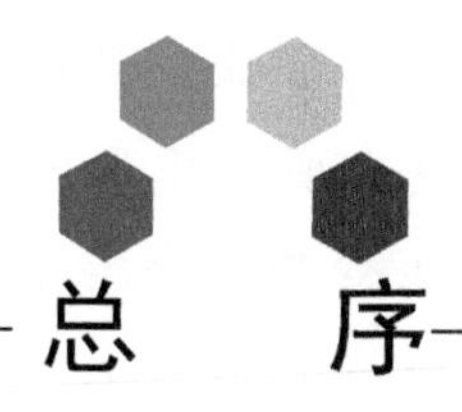

总 序

白春礼　杨　卫

17 世纪的科学革命使科学从普适的自然哲学走向分科深入，如今已发展成为一幅由众多彼此独立又相互关联的学科汇就的壮丽画卷。在人类不断深化对自然认识的过程中，学科不仅仅是现代社会中科学知识的组成单元，同时也逐渐成为人类认知活动的组织分工，决定了知识生产的社会形态特征，推动和促进了科学技术和各种学术形态的蓬勃发展。从历史上看，学科的发展体现了知识生产及其传播、传承的过程，学科之间的相互交叉、融合与分化成为科学发展的重要特征。只有了解各学科演变的基本规律，完善学科布局，促进学科协调发展，才能推进科学的整体发展，形成促进前沿科学突破的科研布局和创新环境。

我国引入近代科学后几经曲折，及至上世纪初开始逐步同西方科学接轨，建立了以学科教育与学科科研互为支撑的学科体系。新中国建立后，逐步形成完整的学科体系，为国家科学技术进步和经济社会发展提供了大量优秀人才，部分学科已进入世界前列，有的学科取得了令世界瞩目的突出成就。当前，我国正处在从科学大国向科学强国转变的关键时期，经济发展新常态下要求科学技术为国家经济增长提供更强劲的动力，创新成为引领我国经济发展的新引擎。与此同时，改革开放 30 多年来，特别是 21 世纪以来，我国迅猛发展的科学事业蓄积了巨大的内能，不仅重大创新成果源源不断产生，而且一些学科正在孕育新的生长点，有可能引领世界学科发展的新方向。因此，开展学科发展战略研究是提高我国自主创新能力、实现我国科学由“跟跑者”向“并行者”和“领跑者”转变的一项基础工程，对于更好把握世界科技创新发展趋势，发挥科技创新在全面创新中的引领作用，具有重要的现实意义。

学科发展战略研究的核心是结合科学技术和经济社会的发展需求，在分析科学前沿发展趋势的基础上，寻找新的学科生长点和方向。在这个过程中，战略科学家的前瞻引领作用十分重要。科学史上这样的例子比比皆是。在 1900 年 8 月巴黎国际数学家代表大会上，德国数学家戴维·希尔伯特发表了题为“数学问题”的著名讲演，他根据过去特别是 19 世纪数学研究的成果和发展趋势，提出了 23 个最重要的数学问题，即“希尔伯特问题”。这些“问题”后来成为许多数学家力图攻克的难关，对现代数学的研究和发展产生了深刻的影响。1959 年 12 月，美国物理学家、诺贝尔奖得主理查德·费曼在加利福尼亚理工学院举行的美国物理学会年会上发表了题为“物质底层大有空间——一张进入物理新领域的请柬”的经典讲话，对后来出现的纳米技术作出了天才的预见。

学科生长点并不完全等同于科学前沿，其产生和形成不仅取决于科学前沿的成果，还决定于社会生产和科学发展的需要。1841 年，佩利戈特用钾还原四氯化铀，成功地获得了金属铀，可在很长一段时间并未能发展成为学科生长点。直到 1939 年，哈恩和斯特拉斯曼发现了铀的核裂变现象后，人们认识到它有可能成为巨大的能源，这才形成了以铀为主要对象的核燃料科学的学科生长点。而基本粒子物理学作为一门理论性很强的学科，它的新生长点之所以能不断形成，不仅在于它有揭示物质的深层结构秘密的作用，而且在于其成果有助于认识宇宙的起源和演化。上述事实说明，科学在从理论到应用又从应用到理论的转化过程中，会有新的学科生长点不断地产生和形成。

不同学科交叉集成，特别是理论研究与实验科学相结合，往往也是新的学科生长点的重要来源。新的实验方法和实验手段的发明，大科学装置的建立，如离子加速器、中子反应堆、核磁共振仪等技术方法，都促进了相对独立的新学科的形成。自 20 世纪 80 年代以来，具有费曼 1959 年所预见的性能、微观表征和操纵技术的仪器——扫描隧道显微镜和原子力显微镜终于相继问世，为纳米结构的测量和操纵提供了“眼睛”和“手指”，使得人类能更进一步认识纳米世界，极大地推动了纳米技术的发展。

作为国家科学思想库，中国科学院（以下简称中科院）学部的基本职责和优势是为国家科学选择和优化布局重大科学技术发展方向提供科学依据、发挥学术引领作用，国家自然科学基金委员会（以下简称基金委）则承担着协调学科发展、夯实学科基础、促进学科交叉、加强学科建设的重大责任。继基金委和中科院于2012年成功地联合发布“未来10年中国学科发展战略研究”报告之后，双方签署了共同开展学科发展战略研究的长期合作协议，通过联合开展学科发展战略研究的长效机制，共建共享国家科学思想库的研究咨询能力，切实担当起服务国家科学领域决策咨询的核心作用。

基金委和中科院共同组织的学科发展战略研究既分析相关学科领域的发展趋势与应用前景，又提出与学科发展相关的人才队伍布局、环境条件建设、资助机制创新等方面的政策建议，还针对某一类学科发展所面临的共性政策问题，开展专题学科战略与政策研究。自2012年开始，平均每年部署10项左右学科发展战略研究项目，其中既有传统学科中的新生长点或交叉学科，如物理学中的软凝聚态物理、化学中的能源化学、生物学中生命组学等；也有面向具有重大应用背景的新兴战略研究领域，如再生医学，冰冻圈科学，高功率、高光束质量半导体激光发展战略研究等；还有以具体学科为例开展的关于依托重大科学设施与平台发展的学科政策研究。

学科发展战略研究工作沿袭了由中科院院士牵头的方式，并凝聚相关领域专家学者共同开展研究。他们秉承“知行合一”的理念，将深刻的洞察力和严谨的工作作风结合起来，潜心研究，求真唯实，“知之真切笃实处即是行，行之明觉精察处即是知”。他们精益求精，“止于至善”，“皆当至于至善之地而不迁”，力求尽善尽美，以获取最大的集体智慧。他们在中国基础研究从与发达国家“总量并行”到“贡献并行”再到“源头并行”的升级发展过程中，脚踏实地，拾级而上，纵观全局，极目迥望。他们站在巨人肩上，立于科学前沿，为中国乃至世界的学科发展指出可能的生长点和新方向。

各学科发展战略研究组从学科的科学意义与战略价值、发展规律和研究特点、发展现状与发展态势、未来5～10年学科发展的关键科学问题、发展思路、发展目标和重要研究方向、学科发展的有效资助机制与政策建议等方面进行分析阐述。既强调学科生长点的科学意义，也考虑其重要的社会价值；既着眼于学科生长点的前沿性，也兼顾其可能利用的资源和条件；既立足于国内的现状，又注重基础研究的国际化趋势；既肯定已取得的成绩，又不回避发展中面临的困难和问题。主要研究成果以“国家自然科学基金委员会—中国科学院学科发展战略”丛书的形式，纳入“国家科学思想库—学术引领系列”陆续出版。

基金委和中科院在学科发展战略研究方面的合作是一项长期的任务。在报告付梓之际，我们衷心地感谢为学科发展战略研究付出心血的院士、专家，还要感谢在咨询、审读和支撑方面做出贡献的同志，也要感谢科学出版社在编辑出版工作中付出的辛苦劳动，更要感谢基金委和中科院学科发展战略研究联合工作组各位成员的辛勤工作。我们诚挚希望更多的院士、专家能够加入到学科发展战略研究的行列中来，搭建我国科技规划和科技政策咨询平台，为推动促进我国学科均衡、协调、可持续发展发挥更大的积极作用。

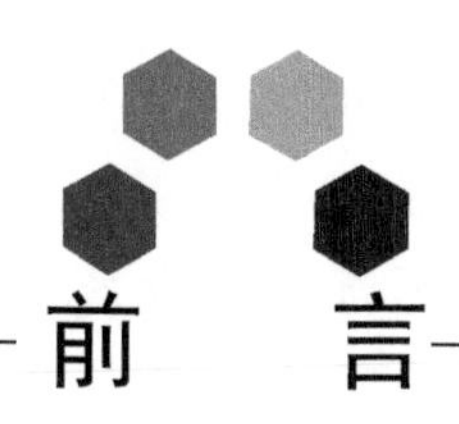

前　言

当代沉积学将进入一个迅速发展同时面临诸多挑战的新的发展阶段。为了及时把握学科的发展趋势、凝练重大科学问题、明确契合我国沉积学发展并服务于国家需求的重大战略研究方向，经国家自然科学基金委员会和中国科学院批准，由王成善院士负责的“中国沉积学发展战略研究”项目于2016年正式立项。

历时两年多的“中国沉积学发展战略研究”项目，是在中国沉积学界的同仁、国际沉积学家协会（International Association of Sedimentologists，IAS）及许多相关领域专家学者的参与下完成的。两年多来，先后成功组织开展了十多次的沉积学发展战略研讨会，内容涉及沉积环境与沉积相、盆地动力学、古地理重建、深时古气候、生物沉积学、前寒武纪沉积学、能源沉积学、沉积地球化学与有机地球化学、现代沉积过程以及国际沉积学的发展现状知识数据库等领域。为了更好地把握国际沉积学发展趋势和中国沉积学未来的战略布局与方向，2016年9月，由王成善院士和彭平安院士牵头与国际沉积学专家代表共同在北京举办了沉积学发展战略国际研讨会（香山科学会议571号）。与会代表对沉积学不同领域的国内外发展历史、动态及未来研究方向进行了深入研讨，大家广泛交流，集思广益，为形成中国沉积学未来的战略布局和方向的纲要性建议提供了主要基础。

本书是在上述开展的各项研讨的基础上，由中国矿物岩石地球化学学会沉积学专业委员会和中国地质学会沉积地质专业委员会等相关学科领域的专家撰写而成的。本书的内容不仅涉及中国沉积学的发展历程和研究现状，还兼顾了中国沉积学的发展态势与国际地位，同时更多地阐述了中国沉积学研究的重大科学问题、重点研究和发展方向，以及设施建设和建议。另外，本书还对沉积学领域的人才培养及必要设施建设提出了建设性意见。本书在摘要中概括了国际沉积学发展历史、中国沉积学发展现状与地位，以及未来中国沉积学发展趋势。全书共分五章：第一章概述了中国沉积学研究的发展历史（李忠、林畅松等执笔）与研究现状（关平等执笔）；第二章对中国沉积学研究的发展态势与国际地位予以分析，包括中国沉积体系的类型与研究特色（邵龙义、林畅松等执笔）、中国沉积学的国际地位（关平等执笔）、中国沉积学的发展态势（李忠、林畅松等执笔）等部分；第三章重点对中国沉积学战略发展的九个重要研究方向的科学意义、战略价值、发展规律和态势、关键科学问题和发展目标，以及有效资助机制与政策建议、人才培养、国际合作、设施建设和建议等进行系统的论述，其中包括沉积环境与沉积相（朱筱敏、朱世发等执笔）、盆地动力学（解习农、李忠、林畅松等执笔）、古地理重建（侯明才、陈安清、陈洪德等执笔）、深时古气候（颜佳新、胡修棉、杨江海等执笔）、生物沉积学（陈中强、涂晨屹、裴羽等执笔）、前寒武纪沉积学（王剑、邓奇、谢树成等执笔）、能源沉积学（邹才能、朱如凯、邵龙义等执笔）、沉积地球化学与有机地球化学（陈代钊、胡建芳、周锡强等执笔）以及现代沉积过程（高抒等执笔）九大专题；第四章着重讨论中国沉积学教育与基地建设问题，涉及人才培养与教学、实验室建设、教育与基地建设建议等（王璞珺、高有峰、孟繁莉等执笔）；第五章是关于中国沉积学发展若干重大科学问题研究的展望和建设建议，包括晚中生代温室陆地气候与古地貌重建（胡修棉主笔），重大转折期的沉积过程、生物与地球化学响应（陈中强主笔），源-汇系统：从造山带到边缘盆地（刘志飞主笔），前寒武纪沉积学：超大陆演化、早期地球环境和生命（李超、罗根明、张世红等执笔）等。全书由林畅松和陈曦完成统稿。

中国沉积学发展战略的研讨，自始至终得到了我国老一辈沉积学和地质学家孙枢院士、刘宝珺院士、殷鸿福院士、傅家谟院士、何起祥教授、李思田教授、顾家裕教授等的密切关注和大力支持。

国际沉积学会阿德里安·伊梅恩豪斯（Adrian Immenhauser）教授、朱迪思·麦肯齐（Judith McKenzie）教授等多位沉积学家也一直十分关注中国的沉积学发展，并参加包括香山科学会议的多次讨论。他们对本书中国沉积学发展战略方向纲要的形成提出了许多宝贵的建议，倾注了心血。同时，在“中国沉积学发展战略研究”项目开展过程中，还得到了中国石油天然气集团有限公司（以下简称中国石油）、中国石油化工集团有限公司（以下简称中国石化）等相关单位的大力支持。此外，本书中引用的部分图件得到了诸多国内外知名机构的许可。在此一并表示衷心的感谢。

本书从酝酿至完稿，历时两年多。在此过程中，尽管编者们兢兢业业，慎始敬终，但限于时间仓促，不免顾此失彼、挂一漏万，书中如有失当之处，敬请读者批评指正。

作　者

2022年8月

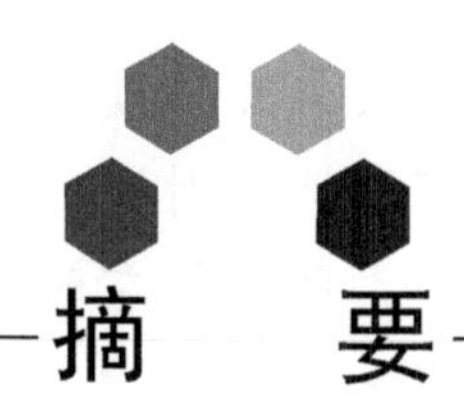

摘　要

沉积学作为研究沉积物、沉积动力过程及沉积岩形成过程的一门地学分支学科，历经百余年的发展历程。从初期以沉积物和沉积岩的描述、分类和成因分析为主要任务，发展到当代多学科兼容并蓄的综合性学科。沉积学的基本任务是：应用多学科的理论和技术方法，包括地层学、年代学、岩石学、实验沉积学、流体力学、海洋学、生物学、地理学、地貌学、地球物理学和地球化学等多学科的知识与手段，研究沉积地层的产状、分布、成分、结构、构造的特征和变化；遵循现实主义原理和比较沉积学方法，将今论古，恢复沉积物、沉积岩和沉积序列的形成历史与形成过程，包括沉积物的来源和输运过程、沉积环境和沉积作用、成岩和后生作用等；探讨沉积环境和沉积作用与构造运动、气候变化、海平面变化、沉积物源供给等因素的成因关系及相互制约；重建沉积盆地的形成过程、从源到汇的环境变迁，以及古地理、古构造的演化历史，为地质资源，尤其是石油、天然气、煤炭和沉积金属矿床等的调查、勘探和开发以及保护人类的生存环境做出应有的贡献。

通过反映构造和气候等变化的沉积记录的综合研究，揭示地球表层层圈的相互作用和地球系统的演变历史，一直是沉积学家和地质历史学家关注的重大科学问题。近些年来，大地构造沉积学以大地构造与沉积学理论的结合为基础，开展古大陆-古地理再造、揭示板块构造作用与沉积作用的演化历史，取得了重大成就。在造山带构造-岩相学、盆-山关系、盆地充填动力学及其构造、气候响应以及源-汇系统等领域揭示地球表层层圈动力学和演变过程取得重大进展。事件沉积学的产生和发展，给地球演化、生命起源、地球环境、生物及气候的重大演变研究带来了巨大的进展和突破。层序地层学在20世纪70年代的兴起和迅猛发展，使得在盆地或全球范围内进行等时地质体的界定和地层对比成为可能，这为揭示沉积体系、沉积体系域、古地理、古环境等在时空上的分布和演变提供了带有革命性的理论与方法体系，成为指导沉积矿产资源的预测和评价，特别是油气资源的预测和勘探的重要技术手段。沉积学与地球物理、地球化学、计算机技术等多学科实现大跨度的交叉渗透，促进了多个学科方向的迅速发展，如以板块构造学为指导，结合地理信息系统和计算机模拟技术进行的活动古地理重建，是当今地球科学研究的一个前沿领域，已经取得可喜的进展。

面对资源短缺、环境恶化及全球变化等重大问题，沉积学作为一门具有广泛和重要应用价值的地球科学分支学科，在资源勘探和开发、灾害防治、环境保护、全球变化预测等领域的研究不断取得进展和突破，为人类社会赖以生存和发展所需要的能源资源（煤炭、油气、铀矿等）、水资源、生态环境等的保障起到了不可替代的重要作用。例如，沉积体系和沉积相研究、沉积盆地分析、层序地层学、储层沉积学等的发展和兴起，为能源资源的勘探和预测提供了重要的理论依据及方法保障。沉积学的研究，也为寻找地下蓄水层，解决水库、港口、土壤侵蚀、核废料填埋和处理，以及军事工程和基地的建设等面临的地质结构与灾害工程、环境问题提供了强大的理论及技术支撑。总之，沉积学的发展在认识地球演化历史，促进相关学科的发展和交叉学科方向的诞生，解决能源、水资源短缺及生态、环境污染、地质灾害问题，实现人类可持续发展等方面有着重大的科学意义和战略价值。

沉积学的发展始于19世纪末。20世纪20～30年代，特罗布里奇（Trowbridge）和莫蒂莫尔（Mortimore）最先提出“沉积学”（sedimentology）这一术语，德国学者沃德尔（Wadell）诠释了沉积学的基本含义，即沉积学是研究沉积物（岩）的科学。19世纪至20世纪初的沉积岩石学研究，是伴随着地史学的发展而发展的。近代地质学的奠基人——莱伊尔（Lyell）于1830年出版的《地质学原理》，奠定了现实主义的学术思想。1850年，沉积岩石学的奠基者——英国地质学家索比（Sorby）首次利用显微镜对沉积岩进行了微观研究。这一突破性的进展，开辟了沉积岩石学微观研究的新领域。1894年，德国学者瓦尔特（Walther）提出了著名的瓦尔特相律（Walther's Law），标志着沉积演化和沉积古地理学研究的开始。1905年，"将今论古"成为地质历史研究最重要的学术思想，这也是沉积学发展早期最重要的学术思想。沉积岩石学的宏观描述和鉴定，为地层的划分、对比和成因分析提供了最重要的依据。1913年，葛利普（Grabau）出版了反映现实主义原理的专著《地层学原理》。这些进展促进了沉积学发展，使其成为具有较系统的理论和研究方法的地质学分支学科。

20世纪初至中叶，随着野外沉积构造和室内镜下岩矿观察、现代沉积过程观察和比较沉积学分析、沉积流体力学和水槽实验、高分辨率地震以及声波测深、X衍射技术等的应用，沉积学进入了全面的蓬勃发展阶段，在沉积岩石结构及成因分类、成岩作用、沉积相模式和沉积体系等方面取得了一系列重大进展。这一时期，欧美国家或地区出版了一些具有代表性的沉积岩石学专著和教材，如米尔纳尔（Milner）的《沉积岩石学》、裴蒂庄（Pettijohn）的《沉积岩》、克鲁宾（Krumbein）和施洛斯（Sloss）的《地层学与沉积作用》等。吉尔伯特（Gilbert）较早就开展了沉积学流体力学实验研究，应用水槽实验研究了沉积作用。艾特沃斯（Wentworth）提出了符合流体力学规律、以2的幂次作为划分碎屑颗粒的粒级界限。福克（Folk）最早将碎屑岩成因的观点应用于碳酸盐岩的分类研究中，对碳酸盐岩进行了分类并解释了成因，碳酸盐岩的研究进入了崭新阶段。奎恩（Kuenen）和米格奥里尼（Migliorini）发表了《浊流为形成递变层理的原因》；随后，鲍马（Bouma）建立了著名的鲍马序列。深水重力流沉积的沉积构造和成因机制的研究成果，是沉积学发展史上的一个重大突破。

20世纪50～70年代，在世界能源勘查的需求，特别是石油工业勘探和开发的需求推动下，沉积相模式和沉积体系研究取得了一系列的突破与进展。塞利（Selley）的《沉积学导论》、里丁

（Reading）的《沉积环境和相》、弗里德曼（Friedman）和桑德斯（Sanders）的《沉积学原理》等专著问世，系统总结了各类沉积环境的特征、沉积作用和成因机理，建立了从大陆到深海的各种沉积相和沉积体系模式。沉积学也已成为沉积地质资源，尤其是石油、煤炭、铀矿等勘探预测的理论基础。沉积学发展到了一个具有系统性理论的、完善的地学分支学科。

20世纪80～90年代以来，沉积学的突出发展体现为其学科内容的纵向深入和广泛的学科领域交叉渗透以及高新技术的广泛应用。近代沉积学的基础研究，紧密围绕着解决地球科学的重大科学问题，不断拓宽学科领域并取得一系列突破和进展。波特（Potter）和裴蒂庄提出了把沉积盆地作为一个整体进行古地理分析的思想。随着板块构造理论的建立，人们从板块构造和岩石圈动力学背景重新认识沉积盆地的成因和沉积充填演化，逐步揭示了盆地类型、盆地动力学演化与板块构造、深部过程的成因关系。

沉积学的另一个重要学科方向是层序地层学，其兴起和发展源于20世纪70年代地震地层学的研究。这一带有革命性的进展，有赖于高分辨率地震资料的获取，使得地下盆地内的沉积结构和地层界面的识别与追踪成为可能。与高精度的测年技术结合，层序地层学可为研究沉积演化史及其对构造、气候、海平面变化的响应机制提供区域性乃至全球范围的等时地层格架。基于三维的高分辨率地震数据应用，近年来产生了地震地貌或地震沉积学等新的学科生长点，这对精确揭示沉积地质体的时空分布和演变具有重要意义，并为油气资源的预测和评价提供了更精确的技术手段。当前涉及地球表层动力学过程的一个重大的沉积学领域课题，即地球表面地貌演化和源-汇系统研究，促进了固体地球地质、地貌学、大气学、环境学及海洋学等的广泛联系和交叉渗透。对从造山带到深海平原的地貌变化和物质变迁过程的认识是揭示地球整体动力学过程的重要内容。认识由各种地质营力塑造的现今剥蚀和沉积地貌与长期地质历史记录之间的关系，是揭示地球地质演化历史的钥匙。

微生物沉积学是又一个值得关注的学科交叉发展领域。微生物岩的研究历史虽可以追溯至百余年前，但早期研究目标主要在地层学和生物学领域。近十余年来，借助多种现代分析技术，在微观微生物沉积组构、微生物（沉积）矿化机理、微生物沉积模式、典型微生物岩储集结构特征认识方面进展显著，在若干油气盆地的工作也受到工业界广泛关注。微生物沉积作用几乎贯穿38亿年以来的地球演化时段，对多种不同类型微生物参与或诱发的矿物沉积（淀）和成岩过程的深入研究，不仅可以极大填补前寒武纪沉积学理论知识，而且有可能修订、丰富和完善显生宙沉积学，以及相关的地层学和古生物学内容。

20世纪90年代以来，新理论、新方法、新技术、新成果的引进和渗透以及模拟实验工作的大量开展，拓展了沉积学研究的深度与宽度。沉积学与地球物理、地球化学、计算机技术等多学科大跨度地交叉渗透，是现代沉积学的一个大的发展趋势。当前，沉积学已发展成为地球科学一门最重要的、涉及领域广泛的基础学科之一。

从沉积岩石学、沉积学到沉积地质学百余年的发展历史表明，沉积学发展的原动力离不开人类对未知的探究、知识积累、观测和实验模拟技术进步等。沉积学的未来发展，还存在定量化、系统化、科学化等问题需要进一步解决。沉积学与其他学科，诸如构造沉积学、地震沉积学、微生物沉积学的交叉对学科推动作用有目共睹，前景可待；对于社会需求，除了解决已知地质资源短缺问题外，对非常规资源和环境变化等问题的探究更是迫在眉睫。

回顾中国沉积学及相关学科发展历史，结合前人文献（含内部文献）、国际沉积学界的交流记录和学界普遍接受的历史事实，本书将中国沉积学发展划分为萌芽、奠基、全面发展、核心实力提升和创新四个阶段。

中国沉积学萌芽阶段为20世纪初至40年代。以1909年京师大学堂开设地质学科教育、1913年成立工商部地质调查所（1918年改名为中央地质调查所）为标志，中国的地质学和地质工作于20世纪初开始起步。这一时期，中央地质调查所的许多学者也不同程度地涉足沉积地层剖面、黄土以及含煤、含油沉积岩系的观测工作，沉积岩石学的研究也因此得到了相应发展，但有记载的、较系统的研究仍然比较缺乏。

中国沉积学奠基阶段为20世纪50～70年代。1949年中华人民共和国成立以后，随着国家对资源，尤其是油气、煤炭，以及铁、铝、磷等矿产资源的需求与日俱增，对沉积岩石学的研究和相关后备人才的培养提出了紧迫要求。1953年在中国科学院地质研究所成立了我国第一个沉积学研究室，就我国锰矿、磷矿等沉积矿床开展了卓有成效的调查和研究工作。这一时期以岩比图为手段，研究沉积岩组合空间分布规律的工作在石油地质部门受到了广泛的重视，不仅促进了沉积岩石学和相分析理论的发展，而且为勘探实践做出了贡献。

中国沉积学全面发展阶段为20世纪70年代末至21世纪初。自1979年开始，我国举行了一系列全国范围的沉积学综合性或专题性学术会议，成立了中国沉积学第一个专业社团组织——中国矿物岩石地球化学学会沉积学分会和中国地质学会沉积地质专业委员会。随后经两年时间的酝酿和准备，中国沉积学第一份专业刊物《沉积学报》于1983年1月创刊。1981年《岩相古地理》(后改名为《沉积与特提斯地质》)、1999年《古地理学报》杂志创刊，进一步丰富了中国沉积学的专业学术成果发表平台。

在此阶段，我国沉积学工作者与国外的交往日益频繁，中国学者积极参加国际沉积学大会，同时不断有中国沉积学家担任国际沉积学家协会理事、国家通信员。同时，我国还先后承办了国际沉积学家协会的一些地区性国际会议或活动，如1988年分别于北京和成都召开的国际沉积矿产学术会议及国际沉积学数据库讨论会、2015年的国际沉积学家协会暑期学校（IAS Summer School）等，彰显了中国沉积学与国际沉积学全面接轨的态势。

2010年，中国沉积学开始进入核心实力提升和创新阶段。经过几代沉积学家的努力，在2010年前后，中国沉积学已建立起完善、稳定的教学和研究体系，形成了一支与国际沉积学全面接轨的研究队伍。中国沉积学的国际学术论文数量、国际参与程度已经确立了其大国地位。中国的科研整体经费投入和国际学术论文数量已跻身世界前列，与沉积学密切相关的第四纪黄土、海洋沉积地质、古海洋、古气候，以及盆地动力学、沉积大地构造、盆地深层流体-岩石作用等研究在国际交流中也有不俗表现和研究积累。

中国幅员辽阔，在沉积学研究上也具有独特的地域优势。中国盆地类型多样，这些盆地蕴含着丰富的石油和矿产资源，对盆地形成和演化过程的研究，将丰富和完善现有的理论。中国东部广泛发育裂谷盆地，是亚洲大陆板内变形的重要标志，是造山运动和裂陷运动对立统一的产物。印支运动及燕山运动是改造中国东部古生代地壳格局的变革性地质事件，决定了后来地质历史时期的沉积充填及发展演化。裂谷盆地作为重要的含油气盆地与含煤盆地类型，已日益显示出具有广阔的含油气、煤及煤层气远景，如二连盆地、海拉尔盆地、松辽盆地、渤海湾盆地等。中国西部广泛发育叠合盆地，如塔里木盆地、四川盆地等，具有演化历史长、在不同地史阶段发育不同盆地类型的特征。此外，中国近海还发育了三类性质不同的大陆边缘盆地，即东海的活动大陆边缘盆地、南海北部珠江口—琼东南的被动大陆边缘盆地和南海西北部转换边缘的莺歌海走滑-伸展盆地。这些盆地记录了源-汇系统演化的重要信息，也蕴含着古气候、环境和大地构造信息，以及丰富的资源。

此外，中国的沉积档案库具有时间跨度全、中生代陆相沉积广布、造山带沉积物典型等特征。中国具有从前寒武纪到第四纪完整的沉积记录，并建立了 10 个“金钉子”剖面。中国所处的东亚大陆，在中生代时期是全球最大的陆地所在，具有研究中生代的突出优势。例如，白垩纪松辽盆地是存在时间最长的陆相湖盆，发育了巨厚的湖泊沉积以及重要的烃源岩层，同时也蕴含着中生代陆地气候-环境演化的重要信息。

从文献计量研究的角度，本书对中国沉积学的国际地位和影响进行了分析。根据对 2000～2016 年全球沉积学相关论文的计量统计，发现来自中国的研究素材在全球沉积学中的重要性日益凸显。

通过对全球沉积学研究的热点地区统计，发现 2011 ～ 2015 年中国（陆地部分）和南海分别成为全球排名第二与第五的沉积学研究热点区域。中国西部的青藏高原作为现今仍在活跃的陆陆碰撞造山带，其大地构造及内部和周缘沉积盆地的沉积演化已成为国际地球科学研究的热点议题；中国西北内陆盆地的沉积记录，为极端干旱气候的研究提供了良好的素材；对中国黄土剖面的研究，揭示了季风气候的内在机理；对华北、华南、塔里木等古老的克拉通早期沉积记录的研究，为揭示早古生代及以前的地球面貌提供了机遇；对松辽盆地、渤海湾盆地、柴达木盆地等陆相盆地沉积及油气资源的研究，形成了特色的陆相生油理论；对南海物理、化学和生物沉积记录的梳理，则为新生代以来地球轨道参数、全球气候变化提供了依据；等等。中国沉积地域优势正越来越受到国际地学界关注。

对 2000～2016 年 31 个国际沉积学专业期刊上发表的 35 414 篇沉积学相关论文和 114 个地球科学综合学术期刊上发表的 63 067 篇沉积学相关论文进行统计，发现进入 21 世纪以来，中国沉积学研究成果数量不断增加，并已位居世界前列。以中国学术机构为第一完成单位发表的沉积学学术论文数量仅次于美国、英国和德国，位居世界第 4 位。若以 3～5 年为一个周期进行计算，则中国发表的沉积学研究成果总数从 2000～2002 年和 2003～2007 年的世界第 7 位，上升至 2012～2016 年的世界第 2 位。

中国的沉积学研究机构也正在逐渐走入全球视野的中心。对 2000～2016 年全球发表的沉积学研究成果的第一完成研究机构进行统计发现，中国有两所研究机构进入全球沉积学研究机构前十名榜单，分别是名列第二位的中国科学院和名列第八位的中国地质大学，标志着中国的部分研究机构已经开始成为全球沉积学研究的领先机构，开始扮演国际沉积学发展的领军角色。

根据深入探讨，本书确定了沉积学各分支学科的关键科学问题。前寒武纪沉积学的关键科学问题是早期复杂生命的起源与演化，大气、海洋和构造作用与早期生物演化之间的关系，生物地球化学循环。生物沉积学的关键科学问题是现今生物沉积过程，后生动物与微生物关键转换期的沉积过程，运用现今类比手段反演前寒武纪生物沉积过程。能源沉积学的关键科学问题是海陆相细粒沉积学，储层非均质性、非常规储层表征与深部储层极限，砂岩型铀矿、煤系等沉积系统，气、液、固相矿藏空间有序沉积与共生规律。盆地动力学的关键科学问题是复杂多期叠合盆地沉积充填动力学分析，大陆边缘盆地动力学研究，物源区地貌演化和源–汇系统，盆地深部地质流体与成岩作用。古地理重建的关键科学问题是中国小陆块群聚散的古地理演变过程，重大生命环境事件的关键古地理条件，中国地形格局演变的机制与过程。现代沉积过程的关键科学问题是深水沉积过程观测，源–汇体系的现代过程，现代三角洲体系，人类活动的沉积记录，现代生物沉积过程，现代细粒物质沉积过程。沉积环境与沉积相的关键科学问题是沉积体系的控制因素，第四纪环境研究作为沉积驱动力、过程和产物的天然实验室，源–汇系统，沉积控制因素的物理和数值模拟。沉积地球化学与有机地球化学的关键科学问题是重要地质历史时期地球化学记录及生物与环境的协同演化，大时空尺度地球表层系统地球化学循环与演化，化石能源及其他沉积矿产形成机理。深时古气候的关键科学问题是古气候变化驱动机制，精确的年代学约束，海–陆相互作用以及生物、气候和环境之间的相互作用，地史时期水循环过程，碎屑沉积物中气候和构造因素的定量研究。

结合国际前沿科学问题、中国区域的沉积特色、人类社会发展需求及中国沉积学研究基础，本书凝练了中国沉积学未来四个重要学科发展方向。一是温室地球地形重建：从构造尺度到轨道尺度的古气候变化和水循环。包括构造地貌学研究，古地理重建和流域盆地研究，温室地球古气候重建，温室世界水循环过程与机制。二是关键转折期的沉积过程和地球化学响应。包括微生物与后生动物转换期，古生代生物灭绝事件，中生代大洋缺氧事件及海陆相互作用。三是源–汇系统：从造山带到边缘盆地。包括青藏高原隆升过程与沉积响应，中国大河水系演化，南海沉积体系，中国黄土沉积。四是前寒武纪沉积：长周期地球化学循环和生物沉积过程。包括微生物岩沉积，早期生命演化与地球化学循环，“雪球地球”事件的沉积响应等。

在对上述学科发展现状和未来发展方向进行分析的基础上，本书提出如下建议：建议有关部门考虑在适当时候组建国家级沉积学实验室，并在已有的实验室基础上建立一些专门化实验室，购进仪器设备，健全高校沉积学专业用于教学和科研的基本设备。同时建议科学技术部和国家自然科学基金委员会改革完善专业人才与学术成果评价体系，逐步摒弃以论文数量、引用量和期刊级别为主要指标的评价机制，强化代表作制度，适度增加同行评审，强调学术和社会服务贡献评价。建议教育部针对沉积学人才制定正确的培养目标和模式，将素质教育和创新能力培养贯穿于人才培养的全过程，使沉积学各研究领域的接续力量源源不断，促进中国的沉积学蓬勃发展。

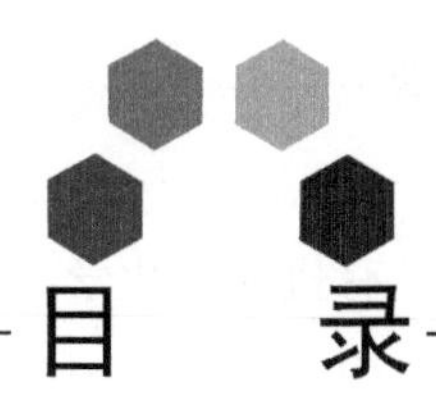

目 录

总序 ······ i

前言 ······ v

摘要 ······ ix

第一章 中国沉积学研究的发展历史与研究现状 ······ 1

第一节 中国沉积学的发展历史 ······ 1

第二节 中国沉积学的研究现状 ······ 7

本章参考文献 ······ 26

第二章 中国沉积学研究的发展态势与国际地位 ······ 28

第一节 中国沉积体系的类型与研究特色 ······ 28

第二节 中国沉积学的国际地位 ······ 37

第三节 中国沉积学的发展态势 ······ 45

本章参考文献 ······ 47

第三章 中国沉积学研究的重要方向 ······ 51

第一节 沉积环境与沉积相 ······ 51

第二节 盆地动力学 ······ 74

第三节 古地理重建 ······ 90

第四节 深时古气候 ······ 102

第五节 生物沉积学 ······ 124

第六节　前寒武纪沉积学 ……149
第七节　能源沉积学 ……164
第八节　沉积地球化学与有机地球化学 ……187
第九节　现代沉积过程 ……204
本章参考文献……228

第四章　中国沉积学教育与基地建设……289

第一节　人才培养与教学 ……290
第二节　实验室建设 ……298
第三节　教育与基地建设建议 ……309

第五章　中国沉积学发展的展望……311

第一节　晚中生代温室陆地气候与古地貌重建 ……311
第二节　重大转折期的沉积过程、生物与地球化学响应 ……316
第三节　源-汇系统：从造山带到边缘盆地……320
第四节　前寒武纪沉积学：超大陆演化、早期地球环境和生命 ……325
本章参考文献……331

关键词索引……343

彩图

第一章 中国沉积学研究的发展历史与研究现状

第一节 中国沉积学的发展历史

回顾中国沉积学及相关学科发展历史，结合前人文献（含内部文献）、国际沉积学界的交流记录和学界普遍接受的历史事实，可将中国沉积学发展划分为萌芽（20 世纪初至 40 年代）、奠基（20 世纪 50～70 年代）、全面发展（20 世纪 70 年代末至 21 世纪初）、核心实力提升和创新（2010 年以来）四个阶段。

一、中国沉积学萌芽阶段（20 世纪初至 40 年代）

以 1909 年京师大学堂开设地质学科教育、1913 年成立工商部地质调查所（1918 年改名为中央地质调查所）为标志，中国的地质学和地质工作于 20 世纪初开始起步。至 1949 年中华人民共和国成立以前，以章鸿钊、丁文江、翁文灏、李四光、葛利普、黄汲清、谢家荣、赵亚曾、孙云铸和杨钟健等为代表人物，中国的古生物学（含古人类学）、地层学、大地构造学的研究已在世界上占有一席之地。这一时期，中央地质调查所的许多学者也不同程度地涉足沉积地层剖面、黄土以及含煤、含油沉积岩系的观测工作（叶连俊，1942；刘宝珺，2001），沉积岩石学的研究也因此得到了相应发展，但有记载的、较系统的研究仍然比较缺乏。

二、中国沉积学奠基阶段（20 世纪 50～70 年代）

1949 年中华人民共和国成立以后，随着国家对资源，尤其是油气、煤炭，以及铁、铝、磷等矿产资源的需求与日俱增，对沉积岩石学的研究和相关后备人才的培养提出了紧迫要求。1947～1951 年，叶连俊、业治铮和吴崇筠等前辈先后从美国留学回国，他们勇于开拓，在各自的研究和教学工作岗位上辛勤耕耘、服务国家，被学界公认为中国沉积学研究和学科发展的主要奠基人。

在研究领域，值得一提的是，1953 年在中国科学院地质研究所成立了我国第一个沉积学研究室，就我国锰矿、磷矿等沉积矿床开展了卓有成效的调查和研究工作；1955 年中国科学院地质研究所主导编制和出版的《中国古地理图》（刘鸿允，1955）也具有标志性的意义，尽管该成果主要基于地层古生物学资料，但与沉积学研究认识仍然密切关联。此外，在这一时期以岩比图为手段，研究沉积岩组合空间分布规律的工作在石油地质部门受到了广泛的重视，不仅促进了沉积岩石学和相分析理论的发展，而且为勘探实践做出了贡献。

在教学领域，20 世纪 50 年代一大批地质类和矿业类高等院校（如北京地质学院、东北地质学院、北京石油学院、北京矿业学院等）、综合性大学（如北京大学）地学专业先后将沉积岩石学从岩石学中独立出来，开设专门课程。尽管当时使用的主要是翻译引进的苏联的沉积岩石学专著和教科书，但培养大批沉积学专业人才的工作已经走向正轨，而且起点水平较高。总体上，截至 20 世纪 60 年代中期，我国已基本形成了一支专业的沉积学教学和研究队伍，并已基本与国际学术界同步发展。

三、中国沉积学全面发展阶段（20 世纪 70 年代末至 21 世纪初）

20 世纪 70 年代末期中国迎来了“科学的春天”，中国沉积学也迎来了全面蓬勃发展的新时期，主要表现在以下几个方面。

（一）国内学术交流与组织

1979 年全国沉积学和有机地球化学学术会议在北京召开，参加会议的有来自中国各省（自治区、直辖市）14 个系统 148 个单位的科技工作者 312 人，提交论文摘要 450 篇，这是中国沉积学界第一次全国性的、大规模的学术盛会。同时，中国沉积学第一个专业社团组织（分属两个一级学会）——中国矿物岩石地球化学学会沉积学分会（后改名为中国矿物岩石地球化学学会沉积学专业委员会，以下简称沉积学专业委员会）和中国地质学会沉积地质专业委员会成立（以下简称沉积地质专业委员会）。随后经两年时间的酝酿和准备，中国沉积学第一份专业刊物《沉积学报》于 1983 年 1 月创刊。1981 年《岩相古地理》（后改名为《沉积与特提斯地质》）、1999 年《古地理学报》杂志创刊，进一步丰富了中国沉积学的专业学术成果发表平台。

1979 年全国沉积学和有机地球化学学术会议召开后直到 2001 年约 22 年的时间里，我国没有再举办大型和综合性的全国沉积学学术会议，而是每年举办 1～2 次专题性学术会议，这些学术会议对于沉积学各专门领域的深入研究工作具有推动作用。1999 年在北京召开了由沉积学、沉积地质两个专业委员会全体委员参加的沉积学前沿问题研讨会，会议同时讨论形成了第一份《中国沉积学/沉积地质专业委员会章程》，并确定从 2001 年恢复举办全国沉积学大会，每四年一次，并与同样是四年一届、延后一年举办的国际沉积学大会（International Sedimentological Congress，ISC）衔接。随后由沉积地质专业委员会和沉积学专业委员会主办，中国地质大学（武汉）、中国地质调查局成都地质调查中心、中国地质调查局青岛海洋地质研究所、中国石化石油勘探开发研究院、南京大学承办，先后于 2001 年、2005 年、2009 年、2013 年、2017 年在武汉、成都、青岛、杭州、南京分别举办了第二、第三、第四、第五、第六届全国沉积学大会，大会主题分别确定为“沉积学与资源环境”“沉积学与社会发展”“海陆并重，古今结合”“沉积学创新与能源”“地球系统演化与沉积学”，与会代表人数分别达到 207 人、400 人、750 人、1076 人、2146 人，宣读论文分别达到 100 余篇、160 余篇、276 余篇、380 余篇、680 余篇，还有大致等量的展板讨论参与。除此以外，这一时期每年 1～2 次的专题性、全国性学术会议照常举办，丰富了各层级的学术交流。迄今，全国沉积学大会的专业领域已扩展至沉积体系、层序地层、沉积大地构造、古生物与沉积作用、沉积盆地动力学、沉积地球化学、海洋地质与沉积学、古气候与全球变化等方面，在这个平台上充分展现了中国沉积学研究成果丰硕、蓬勃发展的势头。

（二）国际学术交流与组织

1980～2000年，随着改革开放的深入，我国沉积学工作者与国外的交往日益频繁。沉积地质专业委员会和沉积学专业委员会在1980年首次推荐50位中国沉积学家加入IAS，成为会员，叶连俊院士当选IAS理事会理事，业治铮任IAS国家通信员，负责中国沉积学界同IAS执行局的联系。1982年8月，由18人组成的中国代表团首次出席了在加拿大汉密尔顿举行的第11届国际沉积学大会，叶连俊院士在这次大会上继续当选IAS理事会理事。之后的2010年、2014年，颜佳新教授、王成善教授先后当选IAS理事会理事。IAS国家通信员一职则在1986年至今分别由郑直教授、李忠研究员、王剑研究员、由雪莲副教授担任。据统计，在2006年第17届国际沉积学大会上，中国（不含港澳台地区）代表达到46名（约占总人数的6%），有26个口头报告（约占总报告数的6%）；而到了2014年第19届国际沉积学大会，中国代表达到176名（约占总人数的21%），有 98个口头报告（约占总报告数的22%）。这反映了当今中国沉积学的国际参与程度与其人口大国地位基本相符，当然这还不能反映沉积学“强国”的地位。

在国际交流方面，我国先后承办了国际沉积学家协会的一些地区性国际会议或活动，如1988年分别于北京和成都召开的国际沉积矿产学术会议及国际沉积学数据库讨论会、2015年的国际沉积学家协会暑期学校。此外，一些对口高校、研究单位的国际性交流也在逐年递增，特别是在层序地层、沉积大地构造、微生物沉积作用、海洋沉积学、古气候沉积学等方面，成为这一时期国际交流不可忽视的组成部分，这些学术交流不仅丰富了不同层级的国际交流，而且彰显了中国沉积学与国际沉积学全面接轨的态势。

（三）学科教育和学术研究全面发展

20世纪60～70年代，正是国际地学革命高潮迭起、科学哲学发生历史性变革的时期，而由于政治动荡，中国沉积学的高等教育和学术研究在大部分时间基本处于瘫痪状态。1977年恢复高考以后，各地矿类高等院校及综合性大学地质系纷纷建立起培养沉积学高级人才的本科专业，这些专业主要包括沉积学、地质普查、岩石学、矿床学、石油地质、煤田地质、海洋地质等；自主编写的一批有关沉积学/沉积岩石学的高等教材也在20世纪70年代末至80年代陆续出版。与此同时，高等院校、科研院所开始设立硕士、博士学位授予点，据记载，沉积学研究方向的硕士和博士研究生最早分别于1978年、1982年入学，并分别于1981年、1985年获得国家正式颁发的硕士和博士学位。大批高素质的年轻沉积学者陆续走上科研和教学一线（加上20世纪80年代以来陆续归国的留学生），这极大地推动了我国新时期沉积学的研究发展和高等教育工作，也为中国沉积学与国际沉积学全面接轨、缩短中国与国外发达国家之间的差距奠定了人才基础。

自20世纪70年代末，特别是20世纪80年代开始，我国沉积学研究出现了老中青结合、生机勃勃、百舸争流的状态，并在沉积学各领域取得了多方面研究成果，发表了大批学术论著和译著，为国家建设乃至国际沉积学发展都做出了不可磨灭的贡献。这其中不乏原创性、系统性或标志性的研究成果，如中国矿床沉积学及生物有机质作用的研究（叶连俊，1989，1998）、中国岩相古地理再造与编图（中国地质科学院地质研究所和武汉地质学院，1985）、中国黄土风成沉积成因及其古气候记录的研究（刘东生等，1978）、中国含油气盆地沉积学的研究（吴崇筠和薛叔浩，1992）、第四纪（Quaternary）风成石灰岩的研究（业治铮等，1985）、中国南方岩相古地理与复原图集编制（刘宝珺和许效松，1994）、碳酸盐岩-膏岩有机质沉积成岩与成油的研究（傅家谟等，1985）、中国边缘海沉积作用的研究（秦蕴珊和赵松龄，1985）、南海古海洋学和东亚季风的研究（同济大学海洋地质系，1989）、中国化石能源盆地沉积演化及其动力学的研究（李思田，1988）、大洋红层沉积及其古气候记录的研究（王成善和胡修棉，2005）。

显然，20世纪70年代末至2000年中国的沉积学有了全面、飞跃的发展，已建立了基本完善、系统的教学和研究体系，且已形成了一支老中青结合、以中青年为主的富有活力的研究队伍。在应用沉积学领域，他们为中国的油气、煤炭、矿床勘探开发以及环境治理提供了重要科学支撑；同时在基础沉积学的多个领域，他们也已跻身国际前沿或已建立国际交流机制，这展现了中国沉积学学术水平和国家国际地位的日益提升同步（孙枢，2005）。总体上可以说，当今中国沉积学无论是在研究理论上还是方法上都正在与国际全面接轨，基础研究成果已经触及当代沉积学科的重大科学问题，并与实际相结合解决了国家建设的许多重大问题。

四、中国沉积学核心实力提升和创新阶段（2010年以来）

2010年开始，我们提出中国沉积学进入了“核心实力提升和创新阶段”，这一提法主要基于如下事实和推论。

（1）20世纪70年代末至2000年中国沉积学的全面发展阶段，也是伴随中国改革开放、经济总体高速发展的时期，特别是20世纪90年代后期以来，随着经济增长，科技投入显著增大。相应地，至2010年前后，中国沉积学的国际学术论文数量、国际参与程度已经确立了其大国地位。但是，冷静看待这一现状，学界也普遍认识到我们的跟踪研究较多，创新性、国际引领性的研究极少。因此，如同中国传统经济增长方式必须更改一样，中国沉积学核心实力的提升势在必行。当然，从沉积学大国向强国的转化，我们决不可掉以轻心，必须认识到前面的道路还很漫长，任务异常艰巨。

（2）如前所述，经过几代沉积学家的努力，特别是20世纪70年代末至2000年的全面发展，中国沉积学已建立起完善、稳定的教学和研究体系，已形成了一支与国际沉积学全面接轨的研究队伍。

（3）2010年以来，中国的科研整体经费投入和国际学术论文数量已跻身世界前列，在多个自然科学学科领域，中国的科研成果已经占据领先地位；相应地，与沉积学密切相关的第四纪黄土、海洋沉积地质、古海洋、古气候，以及盆地动力学、沉积大地构造、盆地深层流体-岩石作用等研究在国际交流中也有不俗表现和研究积累。总体上，中国沉积学的整体提升趋势将不可阻挡，中国从科研大国向科研强国的转化完全有理由拭目以待。

（4）中国沉积学会取得在中国举办第21届国际沉积学大会的举办权，这标志着中国沉积学在国际上的核心竞争力得到了显著提升。中国沉积学的整体发展已逐步迈入国际沉积学研究的前沿领域。

综上可以看到，国际沉积学界对中国沉积学研究的认知度近年来正稳步提高，而中国具有得天独厚、丰富的沉积地质记录。一批素质较高的中国沉积学家正脚踏实地去挑战学科前沿，正满怀信心地提升中国沉积学的整体科研和教学水平。尽管我们还无法推断这个过程以及时限，而且也深知任重道远，但重要的是必须坚定赶超世界沉积学强国的信念，坚信中国沉积学的发展会在不久的将来进入世界沉积学的发展前列。

第二节 中国沉积学的研究现状

人类社会发展对能源资源、气候变化以及生态环境改善的切实需求，推动了国际沉积学界的发展，相关研究在近年来取得丰硕成果。国际上多个重大地学研究计划均由沉积学家倡议并主导，沉积学正在越来越多的前沿科学研究计划中扮演重要角色。与此同时，随着我国综合国力的增强，对于人才、科学技术、能源矿产的需求逐步提升，各个学科均朝世界顶尖水平发展，这其中就包括地质学领域。沉积学作为地质学的一个分支学科，在地质学领域占有重要的地位。时值党的十九大胜利召开、国家科技体制改革、沉积地质专业委员会换届，中国沉积学界在2017年迎来发展的又一次契机。本书旨在调研国际和国内沉积学科发展动态的基础上，结合中国地球科学发展现状以及发展趋势、国家社会经济发展的重大战略需求、我国地域优势和沉积学科研究基础，凝练关键问题和战略方向，以提出学科领域战略布局相关意见和建议为研究目标。在回顾中国沉积学学科历史的基础上，总结中国沉积学学科的发展与研究现状，研究内容包括了解沉积学学科本身的发展趋势，认识沉积学与地质学其他分支学科之间的关系，掌握处于领先地位的沉积学研究机构、人员信息，梳理沉积学未来有潜力的发展方向，以更清楚地认识中国沉积学自身的发展水平，制定今后一段时间内（到2030年）中国沉积学的发展策略。

针对上述调研内容，开展了对中国沉积学学科发展现状的数据调研。数据的提取主要包括关键词的提取与梳理、行业学术期刊（包括地球科学行业学术期刊和沉积学专业学术期刊）的梳理与确定、检索年代的确定。首先，对31个沉积学有关的本专业期刊（以下简称沉积学专业期刊）（表1-1）在2010～2016年发表的文献进行关键词聚类，从6669篇论文中提取出501个关键词，然后从中手工筛选出215个关键词（表1-2）。用筛选出来的215个关键词在31个沉积学专业期刊中进行检索，以验证检索效果，其结果如下：2000～2015年，31个沉积学专业期刊共发表论文48 475篇，检索出35 414篇，占比73.06%，2010～2015年，31个沉积学专业期刊共发表论文22 654篇，检索出16 599篇，占比73.27%；用筛选出来的215个关键词在经挑选出的114个地球科学综合学术期刊中进行检索（表1-3），其结果如下：2000～2015年，114个与沉积学有关的地球科学综合学术期刊共发表论文 217 962 篇，检索出 63 067 篇，占比 28.93%。以上验证表明，筛选出的 215 个专业关键词对沉积学有关的论文检索覆盖率达到了比较令人满意的效果，因此，筛选出的关键词是有效的。

表 1-1 筛选出的 31 个沉积学专业期刊

编号	期刊名称	编号	期刊名称
1	AAPG Bulletin	17	J Petrol Geol
2	ANN Glaciol	18	J Quaternary Sci
3	Basin Research	19	J Sediment Res
4	Carbonate Evaporite	20	Mar Geol
5	Clay Clay Miner	21	Mar Petrol Geol
6	Clay Miner	22	Palaeogeogr Palaeocl
7	Clim Past	23	Paleoceanography
8	Energ Explor Exploit	24	Petrol Geosci
9	Facies	25	Quat Geochronol
10	Geo-Mar Lett	26	Quatern Int
11	Holocene	27	Quaternaire
12	Int J Coal Geol	28	Quaternary Res
13	J Cave Karst Stud	29	Quaternary Sci Rev
14	J Coastal Res	30	Sediment Geol
15	J Glaciol	31	Sedimentology
16	J Paleolimnol		

表 1-2 经筛选及验证后得出的 215 个沉积学专业关键词

编号	关键词	编号	关键词	编号	关键词
1	25-Norhopanes	12	Biochar	23	Black shale
2	Accumulation rate	13	Biodegradation	24	Bouma sequences
3	Aeolian deposits	14	Biogenetic sediment	25	Breaking internal waves
4	Algaenan	15	Biolithites	26	Breccias
5	Alluvial fan	16	Biomarker	27	buried history
6	Anaerobic oxidation of methane	17	Biomineralization	28	Calcite
7	Apparent lateral accretion	18	Biosignatures	29	Calcrete
8	APS minerals	19	Biostabilization	30	Cap carbonate
9	Aragonite	20	BIT index	31	Cap dolostone
10	Atmospheric nitrogen deposition	21	Bitumen	32	Carbon isotope
11	Bahamas	22	Black carbon	33	Carbonate

续表

编号	关键词	编号	关键词	编号	关键词
34	Cathodoluminescence	74	Glacioeustasy	114	Microporosity
35	Cementation	75	Glauconite	115	Milankovitch
36	Chalcedony	76	Gold tube pyrolysis	116	Molecular biomarkers
37	Charcoal	77	Grain size	117	Mud
38	Clay mineral	78	Greenhouse gases	118	Mud mounds
39	Conglomerate	79	Gypsum	119	Mudflat
40	Contourite drift	80	Heavy mineral	120	Nitrogen isotopes
41	Crude oil	81	Highly branched isoprenoid	121	Oceanic anoxic events
42	Cryogenian	82	Hummocky cross-stratification	122	Oceanic red beds
43	Curve of size distribution	83	Hydrocarbon generation	123	Oil shale
44	Cyanobacteria	84	Hydrogen isotope	124	Organic geochemistry
45	Cyclostratigraphy	85	Hydrous pyrolysis	125	Organic matter
46	Deep-water succession	86	Hypersaline	126	Organic reef
47	Depositional	87	Ice sheets	127	Oxygen isotopes
48	Depositional center	88	Ice stream	128	Palaeoclimate
49	Detrital zircon	89	Incised valley	129	Palaeo-climatology
50	Diagenesis	90	Inclined heterolithic stratification	130	Palaeoenvironment
51	Diasterane	91	Intertidal flat	131	Palaeogeography
52	Diatom	92	Kerogen	132	Palaeotsunami
53	Dissolved organic matter	93	Lacustrine	133	Paleoceanography
54	Debris flow	94	Lake sediment	134	Paleoclimate
55	Dolomite	95	Lamination	135	Paleoclimate belt
56	Dolomitization	96	Limnogeology	136	Paleoecology
57	Environgeology	97	Lithofacies	137	Paleoenvironment
58	Environmental geology	98	Litho-paleogeography	138	Paleogeography
59	Eolian	99	Loess	139	Paleohydrology
60	Erosion	100	Magnesite	140	Paleolithogeography
61	Evaporites	101	Magnetostratigraphy	141	paleosalinity index
62	Fabric analysis	102	Marine cement	142	Paleoseismicity
63	Facies	103	Marine sediments	143	Paleosols
64	Fluid overpressure	104	Marinoan	144	Paleotopography
65	Fluvial	105	Mass flow	145	Palinspastic reconstruction
66	Forearc basin	106	Maturity	146	Palustrine
67	Forebulge	107	Meteoric diagenesis	147	Palynofacies
68	Foreland basin	108	Methane	148	Pedogenesis
69	Gas generation	109	Methane oxidation	149	Peloids
70	Geochemical proxies	110	Micrite	150	Petroleum
71	Geomagnetic stratigraphy	111	Microbial mat	151	Phosphogenesis
72	Glacial sedimentology	112	Microbialite	152	Polycyclic aromatic hydrocarbons
73	Glaciation	113	Microfacies	153	Porosity

续表

编号	关键词	编号	关键词	编号	关键词
154	Provenance	175	Sedimentation	196	Sulfur isotopes
155	Provenance analysis	176	Sedimentology	197	Syndepositional faulting
156	Provenance area	177	Seismic stratigraphy	198	Syndepositional tectonics
157	Pyrolysis	178	Seismite	199	Synsedimentary tectonics
158	Quartz cement	179	Sequence stratigraphy	200	Temperate carbonates
159	Redbeds	180	Shoreface	201	Terrigenous components
160	Reef evolution	181	Silicification	202	Thermal maturity
161	Reservoir	182	Sinkhole	203	Tidal currents
162	Ribbed moraine	183	Snowball Earth	204	Tides
163	Rock-Eval	184	Source areas	205	Travertine
164	Saline lake	185	Source-to-Sink	206	Tsunami deposit
165	Salinity	186	Speleothem	207	Tufa
166	Sand	187	Stratal architecture	208	Tunnel valley
167	Sandstone	188	Stratigraphic architecture	209	Turbidite
168	Sea-level changes	189	Stromatolites	210	Turbidity currents
169	Sea-level rise	190	Subaerial exposure	211	Valley fill
170	Sediment	191	Subglacial processes	212	Varve-clay
171	Sedimentary facies	192	Submarine channels	213	Volcaniclastic
172	Sedimentary model	193	Submarine fan	214	Weathering
173	Sedimentary organic matter	194	Submarine landslide	215	Wedge-top basin
174	Sedimentary petrology	195	Subsiding centres		

表 1-3　筛选出的 114 个地球科学综合学术期刊

编号	期刊名称	编号	期刊名称	编号	期刊名称
1	Science	12	Am J Sci	23	Permafrost Periglac
2	Nature	13	Geology	24	J Geol Soc London
3	Nature Geoscience	14	Geol Soc Am Bull	25	J Asian Earth Sci
4	Annu Rev Earth Pl Sc	15	Cryosphere	26	J Geol
5	Earth-Sci Rev	16	Biogeosciences	27	J Marine Syst
6	Earth And Planetary Science Letters	17	Global Planet Change	28	Org Geochem
7	Chemical Geology	18	Prog Phys Geog	29	Tectonics
8	Geochemistry，Geophysics，Geosystems	19	Geobiology	30	Rev Mineral Geochem
9	Gondwana Res	20	Biogeochemistry	31	Geothermics
10	Global Biogeochem Cy	21	Hydrol Earth Syst Sc	32	Int Geol Rev
11	Precambrian Res	22	J Hydrol	33	Int J Earth Sci

续表

编号	期刊名称	编号	期刊名称	编号	期刊名称
34	Newsl Stratigr	61	Earth Env Sci T R So	88	Geosci J
35	Cretaceous Res	62	Phys Chem Earth	89	Neth J Geosci
36	Eng Geol	63	Aust J Earth Sci	90	Estud Geol-Madrid
37	Miner Petrol	64	Ital J Geosci	91	Scot J Geol
38	Geol Mag	65	Stratigraphy	92	Austrian J Earth Sci
39	Cr Geosci	66	Acta Geol Sin-Engl	93	Geodin Acta
40	Geofluids	67	J Iber Geol	94	B Geol Soc Denmark
41	Geomicrobiol J	68	P Geologist Assoc	95	Cent Eur J Geosci
42	J Am Water Resour As	69	Russ Geol Geophys+	96	J Geol Soc India
43	Swiss J Geosci	70	B Geosci	97	J Earth Sci-China
44	Earth Interact	71	Arab J Geosci	98	P Yorks Geol Soc
45	Hydrogeol J	72	B Soc Geol Fr	99	Geosci Can
46	Episodes	73	New Zeal J Geol Geop	100	Earth Sci Inform
47	Polar Res	74	J Earth Syst Sci	101	Dokl Earth Sci
48	Int J Speleol	75	Rev Mex Cienc Geol	102	Geol Surv Den Greenl
49	Norw J Geol	76	Geol Carpath	103	Russ J Pac Geol
50	Geol Acta	77	Stratigr Geo Correl+	104	Earth Sci Res J
51	Environ Earth Sci	78	Int J Astrobiol	105	Himal Geol
52	Turk J Earth Sci	79	B Eng Geol Environ	106	Hist Geo- Space Sci
53	Ann Geophys-Germany	80	Est J Earth Sci	107	Earth Sci Hist
54	Geol J	81	Petrology+	108	Atl Geol
55	Antarct Sci	82	Terr Atmos Ocean Sci	109	B Geol Soc Finland
56	J Afr Earth Sci	83	Geol Belg	110	Earth Syst Dynam
57	J S Am Earth Sci	84	Geol Q	111	Front Earth Sci-Prc
58	Geoarabia	85	J Geosci-Czech	112	Geol Croat
59	Can J Earth Sci	86	Phys Geogr	113	Geochem Geophy Geosy
60	Sci China Earth Sci	87	Q J Eng Geol Hydroge	114	Appl Geochem

本研究的相关数据来源主要包括：2000～2016年，以来自Web of Science（WoS）数据库的SCI、SSCI、A&HCI数据为主，并参考基本科学指标（Essential Science Indicators，ESI）数据库和InCites数据库的中的143 431篇论文；2000～2016年，114个与沉积学有关的地球科学综合学术期刊上发表的63 067篇与沉积学相关的论文和在此期间31个沉积学专业期刊上发表的48 475篇论文。

一、21 世纪以来，中国沉积学进入飞速发展阶段

进入 21 世纪以来，中国沉积学研究成果的发表数量呈现飞跃式增长态势。2001 年，中国学者在国际学术期刊上发表的沉积学论文数量为 157 篇。2016 年，中国学者在国际学术期刊上发表的沉积学论文数量为 2058 篇（图 1-1），其数量约是 2001 年数量的 13.11 倍，年均增长率为 18.71%，远超全球平均增长水平。多数年份中国学者在国际学术期刊上发表的沉积学论文增长率均在 10%以上，其中 2009～2010 年发表的论文数量涨幅更是达到 63.64%（图 1-2），为 2001～2016 年增长率最高的一年。

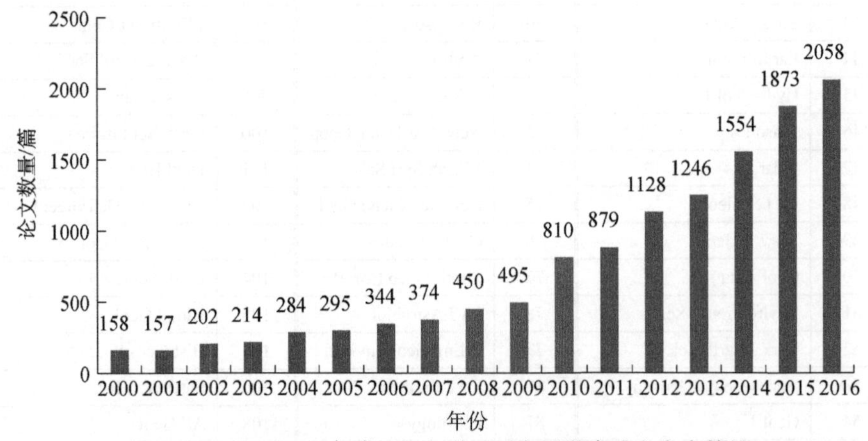

图 1-1　2000～2016 年中国沉积学国际期刊学术论文发表数量

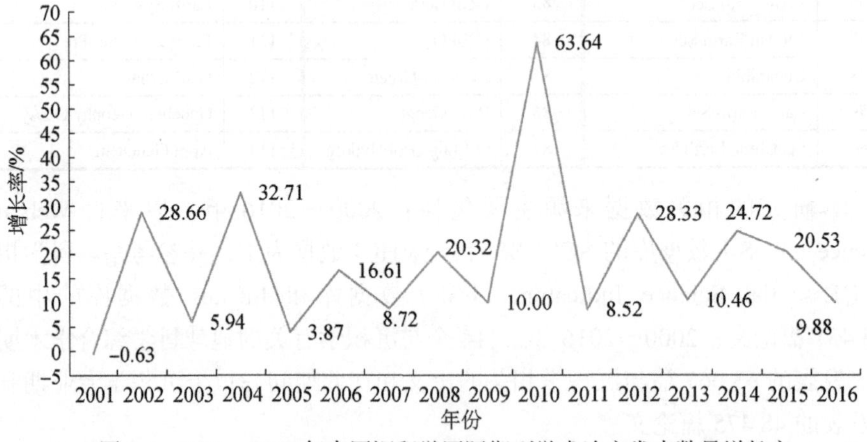

图 1-2　2001～2016 年中国沉积学国际期刊学术论文发表数量增长率

二、当前中国沉积学的关联学科与热点研究领域

近年来，中国沉积学在不断与国际沉积学接轨的同时，也保持着自身的许多特色。从关联学科的角度来看，除与全球沉积学的关联学科保持紧密联系外，中国沉积学的发展同时受到能源工业领域的推动与影响。从研究热点领域的角度来看，中国沉积学在古气候、气候变化、海平面变化等热点领域与国际保持接轨，同时也发展出黄土、季风气候、沉积油气藏等独具特色的热点领域。在常用研究素材及手段方面，中国沉积学也发展出一些自身独具的特色。在沉积学研究关注的热点时代中，中新生代，尤其是第四纪沉积成为全球沉积学共同关注的热点，同时中国沉积学界对古生代、前寒武纪的研究也颇受关注。在研究地域方面，近年来，中国已成为国际沉积学研究的热点区域，青藏高原（Tibetan Plateau）、南海以及陆上含油气盆地成为沉积学研究的热点区域。

沉积学的发展离不开其与关联学科的相互促进与共同进步。同全球沉积学相比，中国沉积学的发展更多地受到能源工业领域的支持与贡献。按照关联学科，对2000～2016年全球和中国已发表的沉积学研究成果进行统计（图1-3和图1-4）。结果表明，全球与中国沉积学的关联学科大体一致，自然地理学（physical geography）、地球化学（geochemistry）与地球物理学（geophysics）、环境生态学（environmental ecology）、古生物学（paleontology）、海洋学（oceanography）等学科与沉积学关联较为密切。但同时，中国沉积学与化石能源（fuel energy）领域保持着较为密切的关联，这是全球沉积学所不具备的，体现了中国沉积学发展与能源工业的发展关系密切。

在沉积学研究的热点领域方面，中国沉积学具有浓厚的自身特色，支撑或引领了沉积学部分领域的发展。分别对2000～2005年、2006～2010年、2011～2015年三个时期全球和中国学者在国际期刊上所发表论文的研究兴趣热点进行统计（图1-5和图1-6）。结果表明，自2000年以来，在全球范围内，古气候（paleoclimate）、气候变化（climate change）、古生态（paleoecology）、海平面变化（sea level change）、成岩作用（diagenesis）和沉积物运移（sediment transport）始终作为沉积学研究的热点，对于层序地层学（sequence stratigraphy）、古海洋学（paleoceanography）、古湖沼学（paleolimnology）、浊流沉积（turbidite）等领域的研究兴趣则有所下降，取而代之的是对湖泊沉积物（lake sediments）、古环境（paleoenvironment）、风化剥蚀作用（erosion）和天

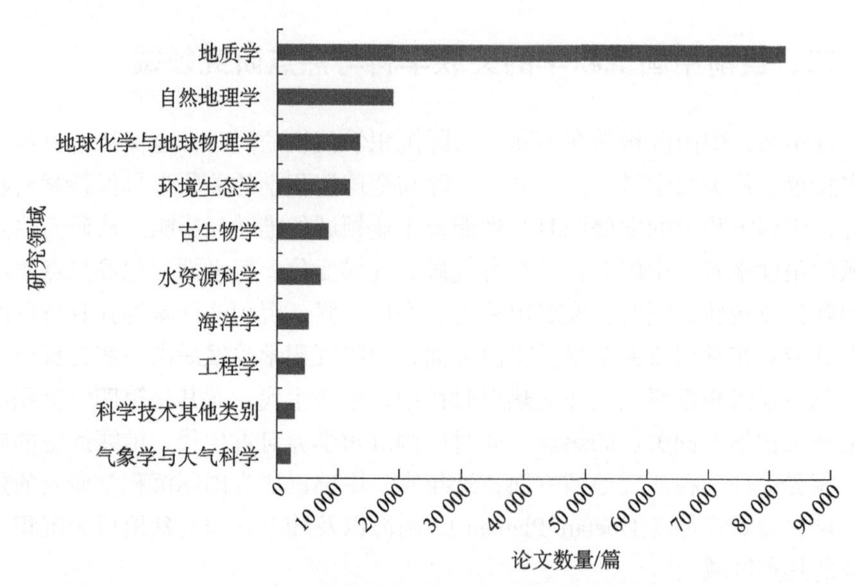

图 1-3　2000～2016 年已发表研究成果中与沉积学相关联的学科（全球）

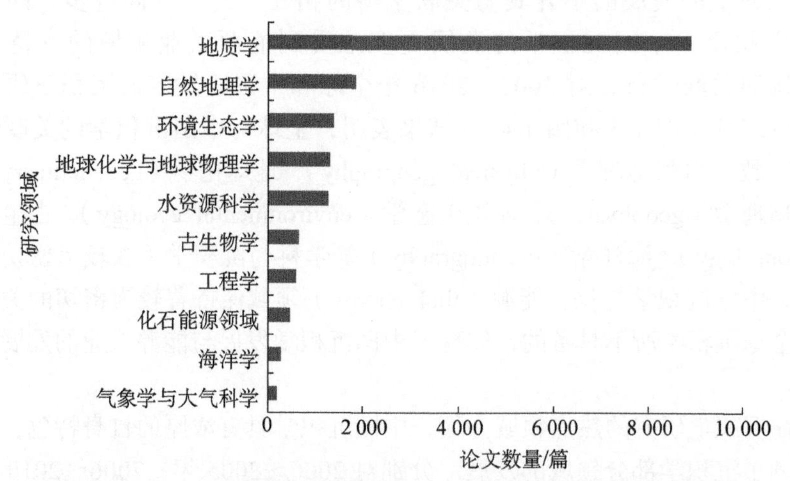

图 1-4　2000～2016 年已发表研究成果中与沉积学相关联的学科（中国）

然气水合物（gas hydrate）的研究。中国沉积学除关注古气候、气候变化、海平面变化等全球沉积学热点议题外，还发展出一些自身优势和特色。例如，受益于得天独厚的研究素材，中国学者在对黄土（loess）和季风（monsoon）的研究方面已成为全球的引领者；受能源工业领域的影响，在碳酸盐岩台地边缘礁滩沉积（reef bank deposit）、沉积油气藏（petroleum system）、沉积物孔隙及孔隙结构（pore structure）和煤层气（coalbed methane）等研究领域也颇有建树。

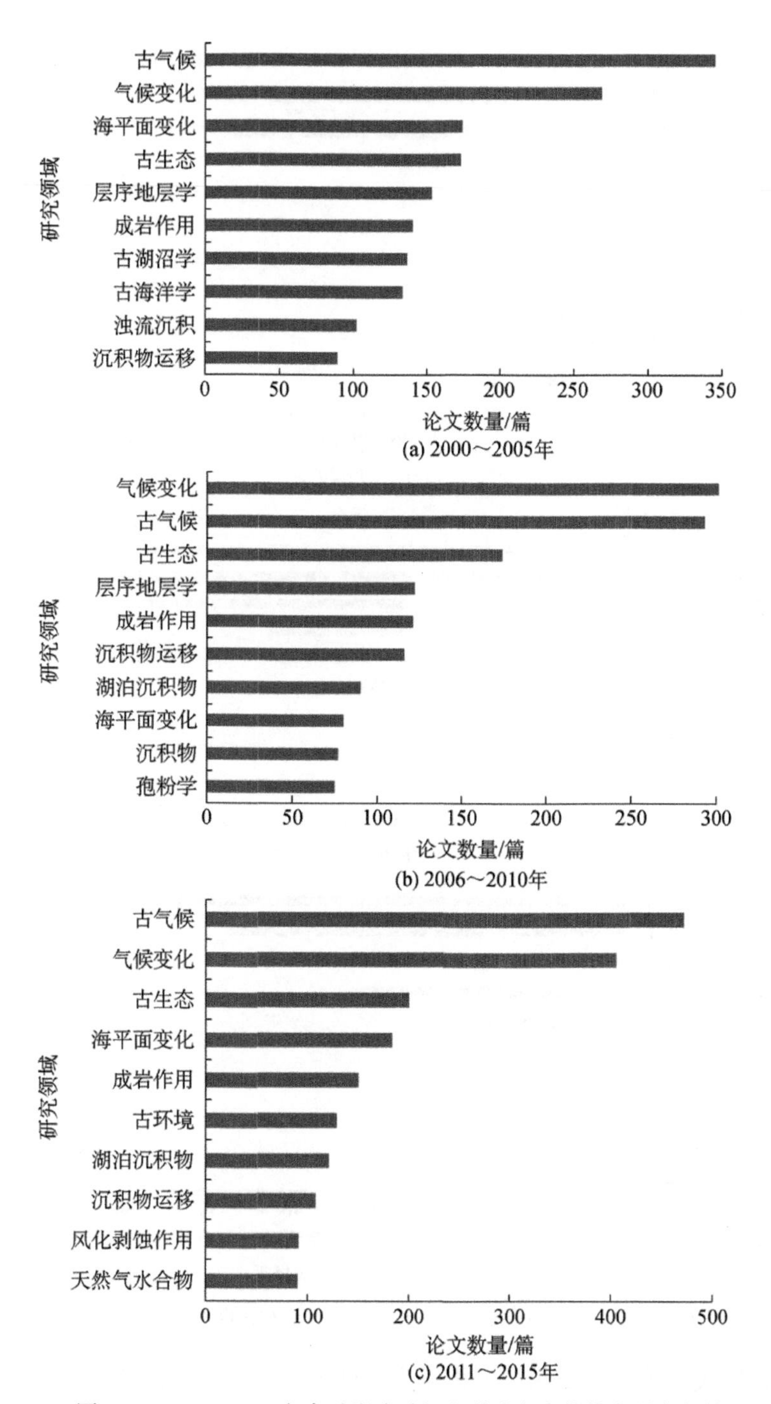

图 1-5　2000～2015 年各阶段全球沉积学论文中的热点研究领域

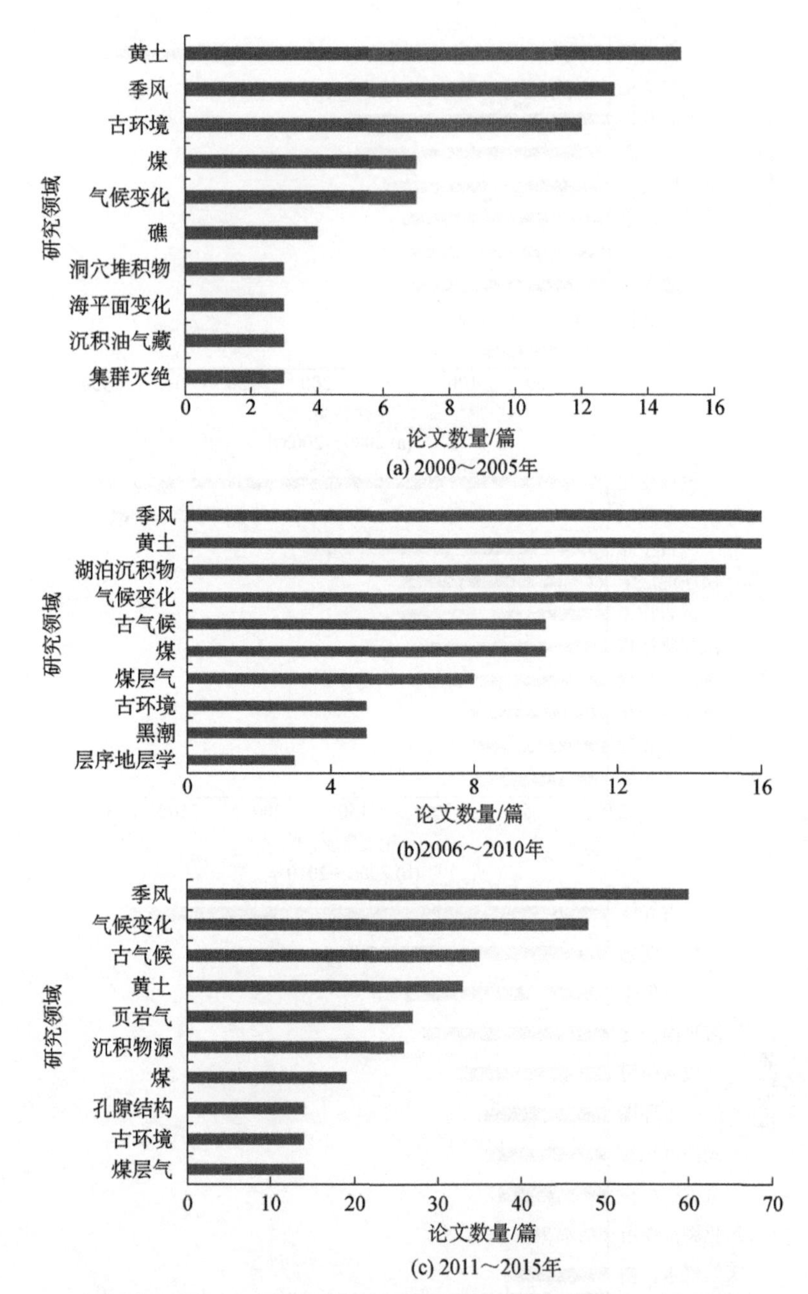

图 1-6　2000～2015 年各阶段中国沉积学论文中的热点研究领域

中新生代，尤其是第四纪沉积成为全球沉积学共同关注的热点，对早古生代及其早期古老地质时代的沉积学研究成为中国沉积学研究的特色。全新世（Holocene）、第四纪和更新世（Pleistocene）成为 2000～2015 年全球沉积学研究中出现频率最高的三个地质时代（图 1-7），表明全球沉积学界普遍关注与人类和现代地球最为接近的第四纪时期地球的表生环境。此外，白垩纪（Cretaceous）、古近纪（Paleogene）、新近纪（Neogene）及相关地质时代[古新世（Paleocene）、始新世（Eocene）、渐新世（Oligocene）、中新世（Miocene）、上新世（Pliocene）]等白垩纪及其之后的地质时期，由于地质记录保存的范围和程度均较为完好，且与现代地球更为接近，也受到全球地质学界的广泛关注。显生宙的部分其他时代，如奥陶纪（Ordovician）、二叠纪（Permian）、三叠纪（Triassic）和侏罗纪（Jurassic）等生物沉积记录丰富、地球环境发生过重大变化的时代，也成为全球沉积学界的热点研究时代，但关注度不及白垩纪及之后的地质时期。中国沉积学界所关注的时代与全球沉积学界略有不同，除全球学界普遍关注的白垩纪以来的沉积记录外，寒武纪（Cambrian）、奥陶纪（Ordovician）、志留纪（Silurian）、泥盆纪（Devonian）等古生代沉积记录也受到了广泛关注（图 1-8）。原因在于中国的华北、华南和塔里木均为中元古代之前就已存在的古老克拉通，经历了多次旋回和复杂的构造演化，同时也保留了古老且相对完整的沉积记录。得益于此，中国沉积学研究也更多地关注古生代及之前的沉积记录。近年来，中国沉积学界对于前寒武系沉积记录、地球面貌的研究也在迅速发展，已经成为全球沉积学界又一个新的热点领域。

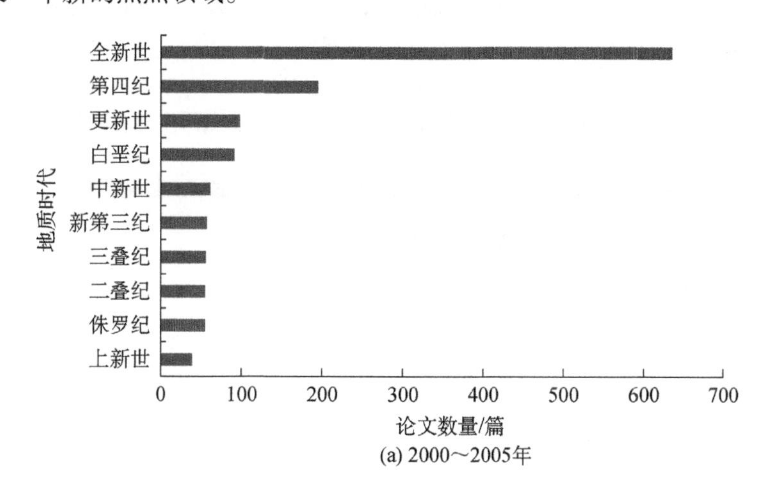

(a) 2000～2005年

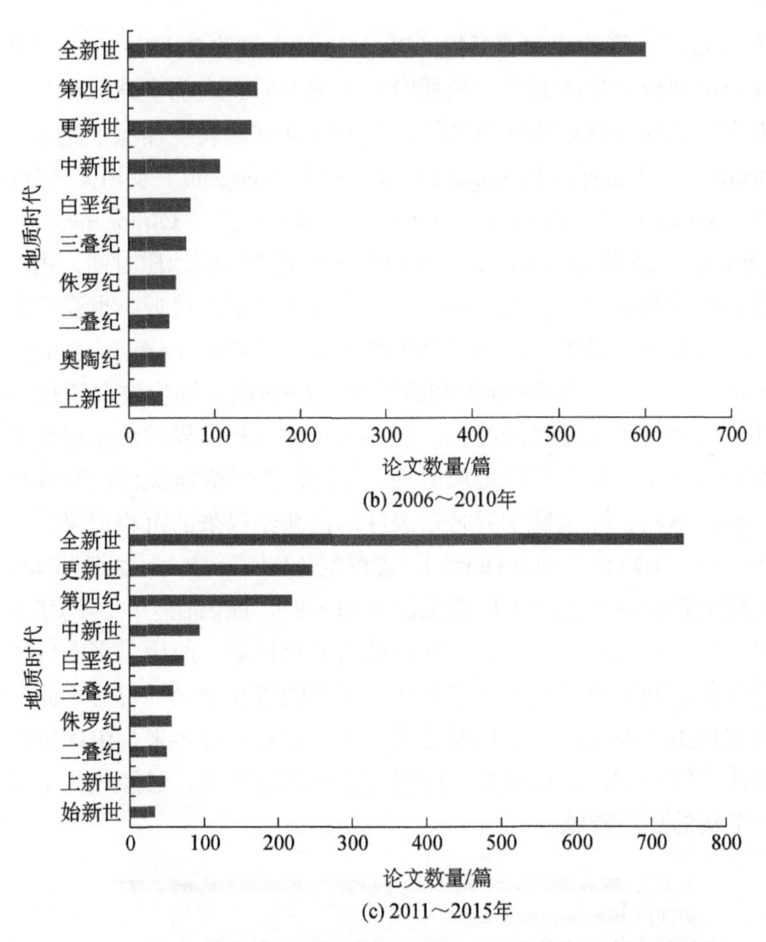

图 1-7　2000～2015 年各阶段全球沉积学论文中的热点研究地质时代

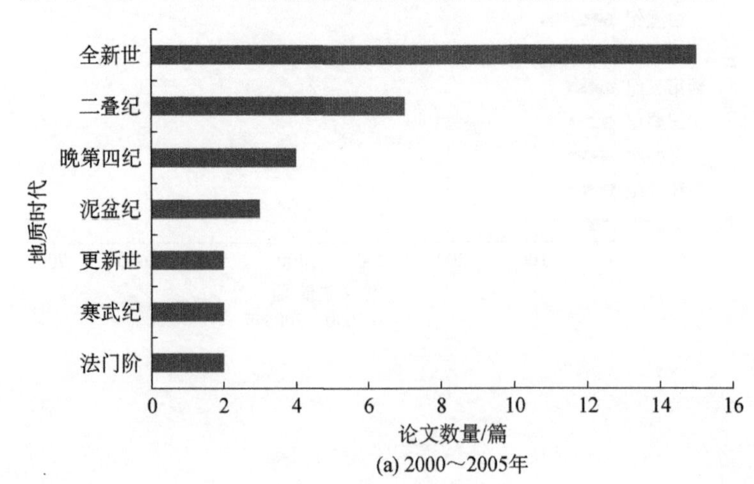

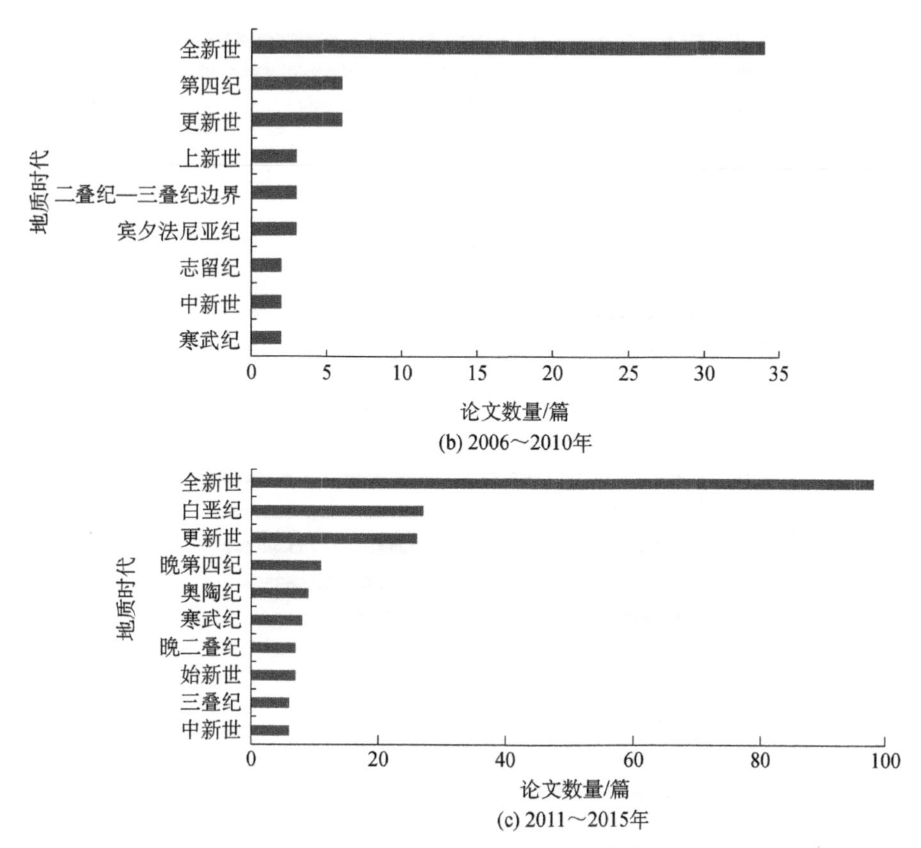

图 1-8　2000～2015 年各阶段中国沉积学论文中的热点研究地质时代

中国正逐渐成为全球沉积学研究的热点区域。对 2000～2016 年全球沉积学研究的热点区域进行统计可以发现，自 2000～2005 年以来，全球前十位的沉积学热点研究区域与中国均无直接关系（图 1-9），到 2006～2010 年，中国成为全球排名第七位的沉积学热点研究区域，而 2011～2015 年，中国和中国南海（South China Sea）分别成为全球排名第二位与第五位的沉积学热点研究区域。就中国而言，青藏高原和中国南海成为最受中国沉积学家关注的研究区域。此外，塔里木盆地（Tarim Basin）、鄂尔多斯盆地（Ordos Basin）、松辽盆地（Songliao Basin）、四川盆地（Sichuan Basin）、柴达木盆地（Qaidam Basin）等含油气盆地也成为中国沉积学的热点研究区域（图 1-10）。

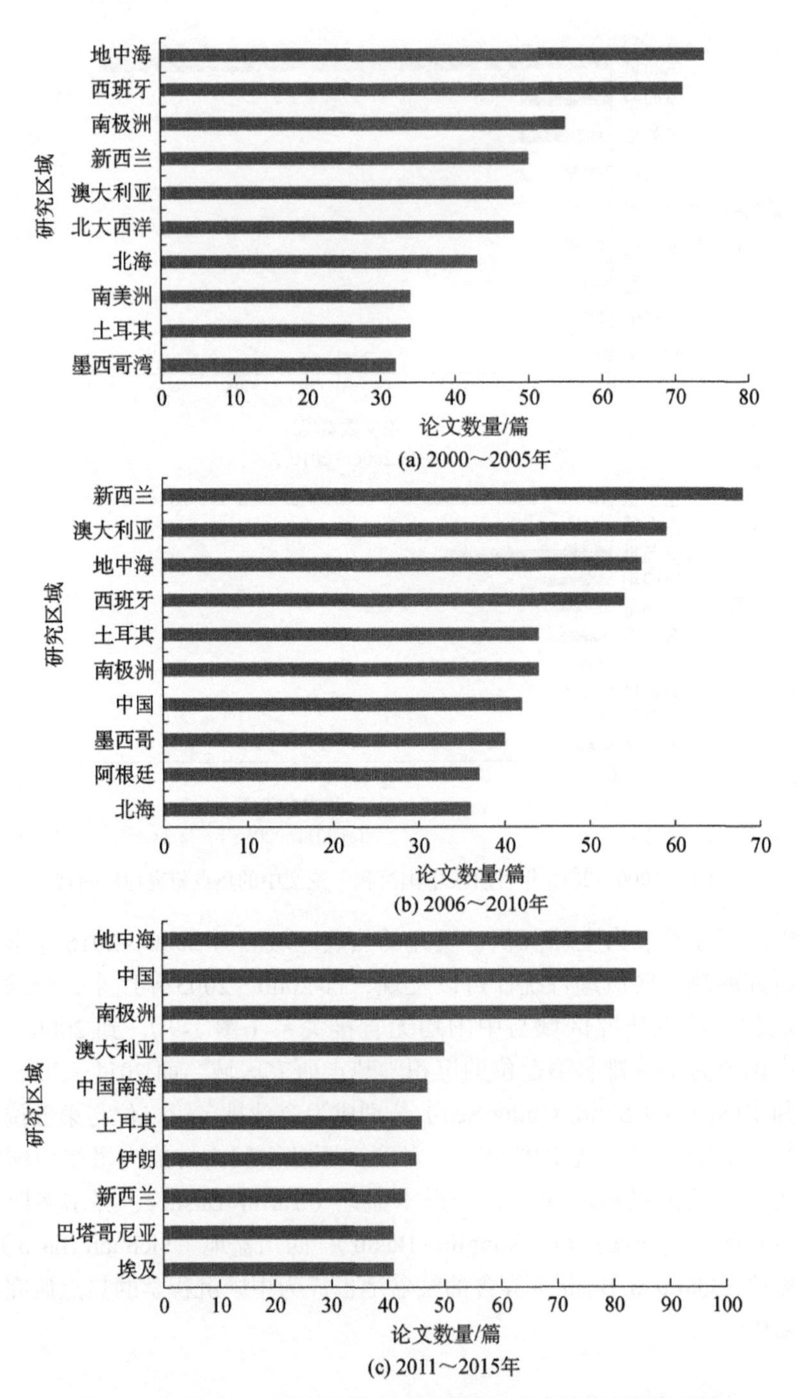

图 1-9　2000～2015 年各阶段全球沉积学论文中的热点研究区域

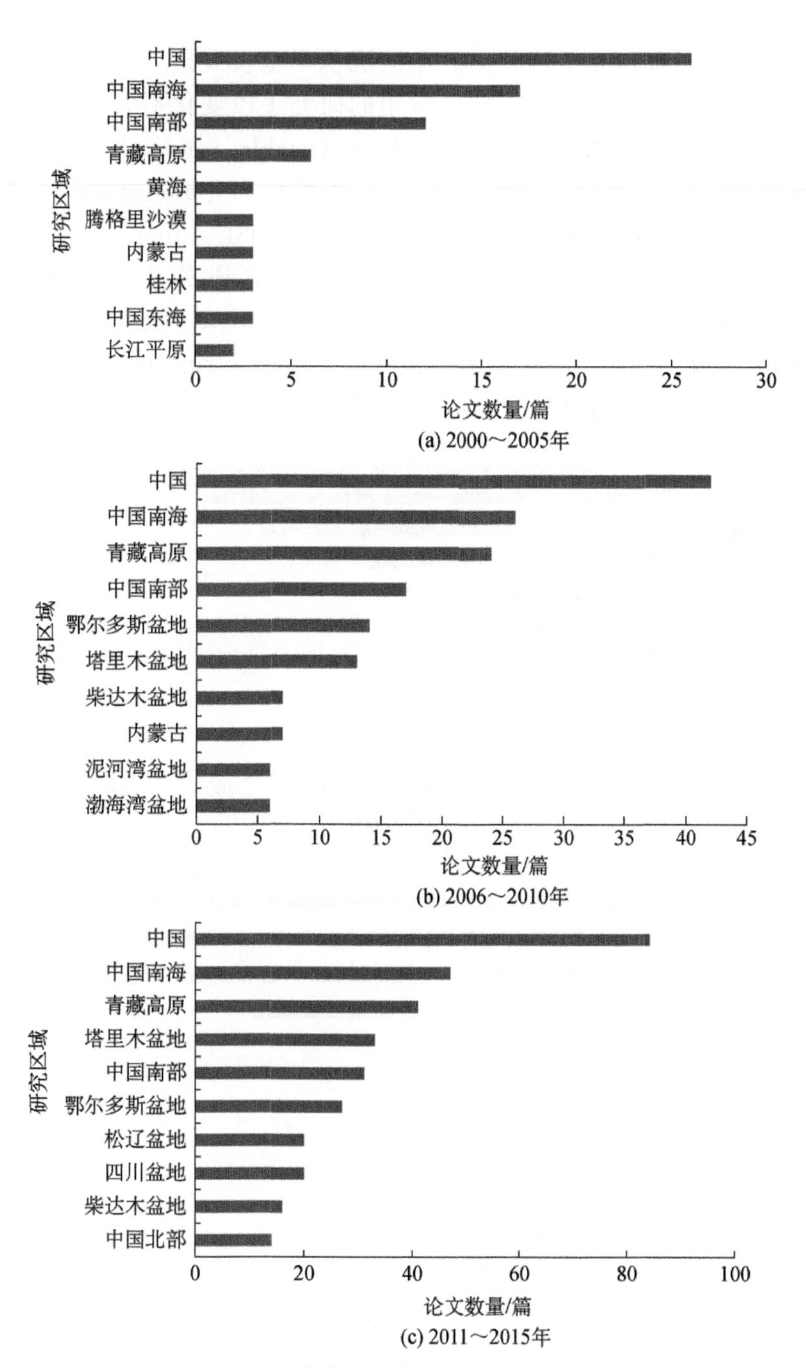

图 1-10　2000～2015 年各阶段中国沉积学论文中的热点研究区域

在常用研究素材及手段方面，中国沉积学也发展出一些特色。2000年至今，国际沉积学与中国沉积学常用的研究手段变化不大，均以硅藻（diatoms）、孢粉（pollen）、稳定同位素（stable isotope）、地球化学（geochemistry）、有孔虫（foraminifera）、生物标志（biomarkers）、光释光测年（optical stimulated luminescence dating，OSL dating）等为主要研究手段（图 1-11）。除此之外，中国沉积学还关注磁性地层学（magnetostratigraphy）、沉积物颗粒粒度（grain size）、痕量元素（trace elements）和成岩作用产物中的流体包裹体（fluid inclusions），展现出一些与国际沉积学不同的自身特色（图 1-12）。

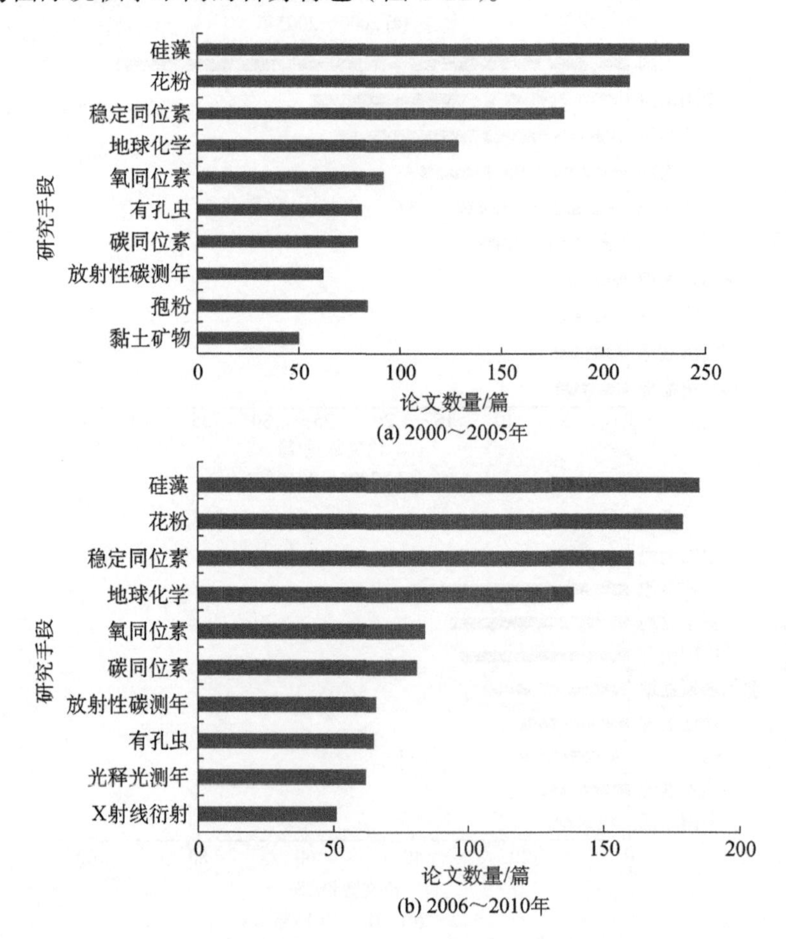

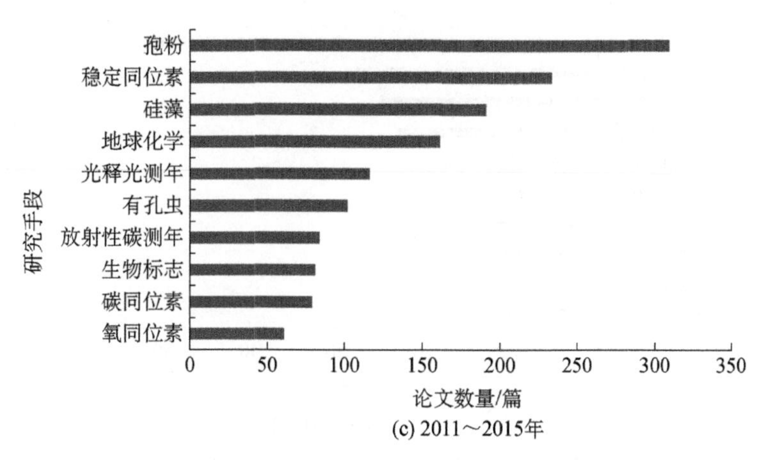

(c) 2011～2015年

图 1-11　2000～2015 年各阶段全球沉积学的主要研究手段

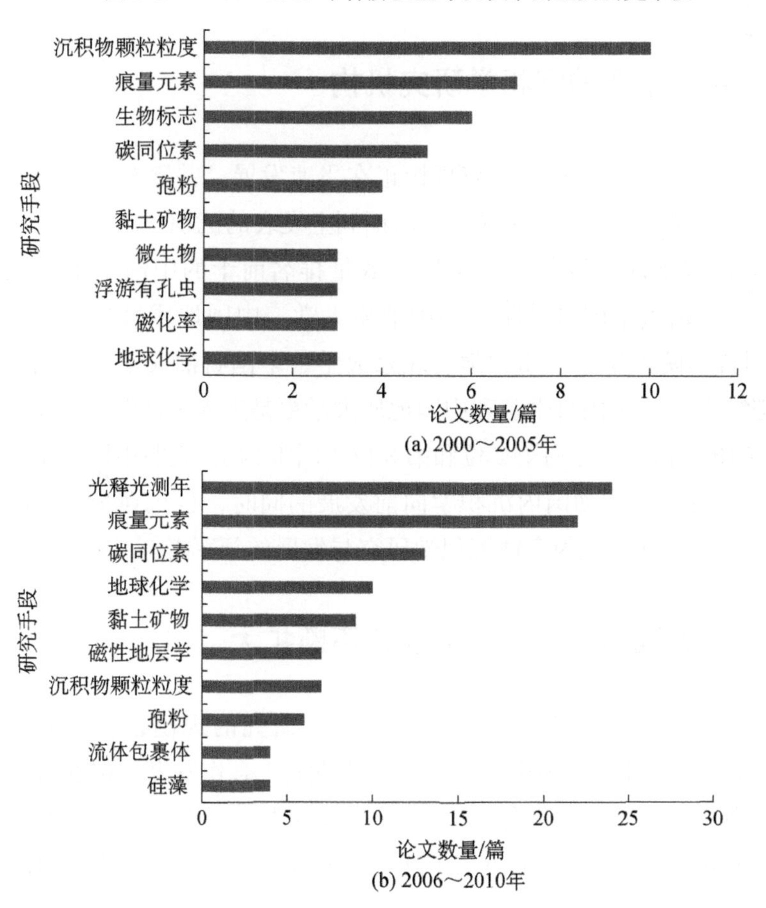

(b) 2006～2010年

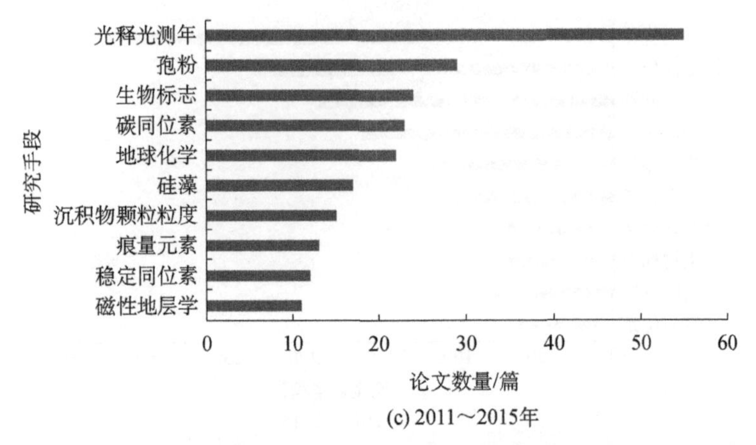

图 1-12　2000～2015 年各阶段中国在国际刊物上发表的沉积学论文的热点研究手段

三、中国主要的沉积学研究机构

近年来，中国的沉积学研究机构正在飞速发展，并逐渐走向全球视野的中心。对 2000～2016 年在国际学术期刊上发表的沉积学论文的第一完成研究机构进行统计，沉积学论文发表数量排名前十的中国学术研究机构（图 1-13）分别为中国科学院和中国地质大学、中国地质科学院、南京大学、中国科学院大学、兰州大学、北京大学、中国石油大学、中国石油和香港大学。其中，中国科学院和中国地质大学更是进入全球沉积学研究机构排名的前 10 名榜单，分列第 2 位和第 8 位（图 1-14），表明中国的学术研究机构在飞速发展、推动国内沉积学向前发展的同时，也正在步入国际沉积学舞台的中心，开始成为全球沉积学研究与发展的领军者。

四、中外沉积学合作研究规模不断扩大

近年来，中国沉积学界与国外学者合作研究的规模正在不断扩大。2000～2016 年，中国与其他国家在国际学术期刊上合作发表了 6500 多篇沉积学论文。其中，与美国研究人员合作发表的论文数量最多，达到 2088 篇，其次为澳大利亚（747 篇）、英国（724 篇）、德国（682 篇）、加拿大（441 篇）、

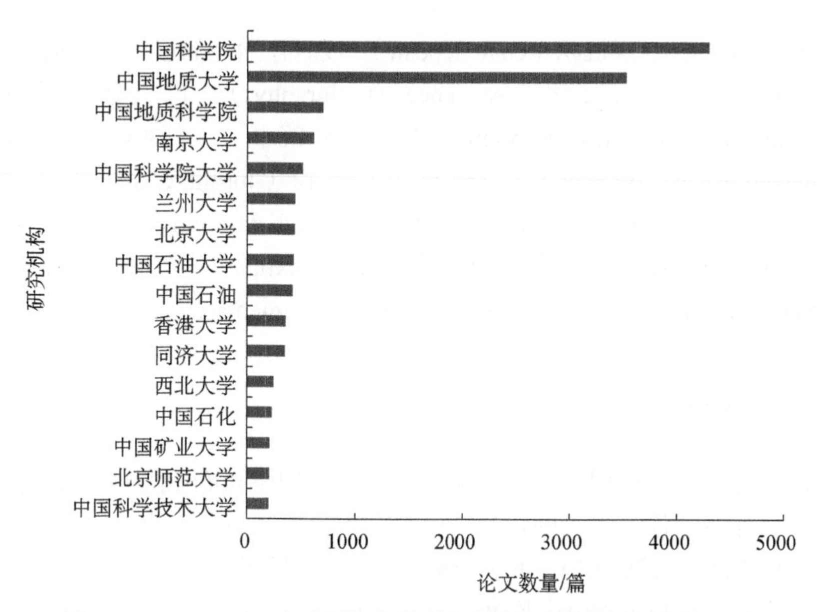

图 1-13　2000～2015 年中国沉积学研究成果最多的前 16 个研究机构

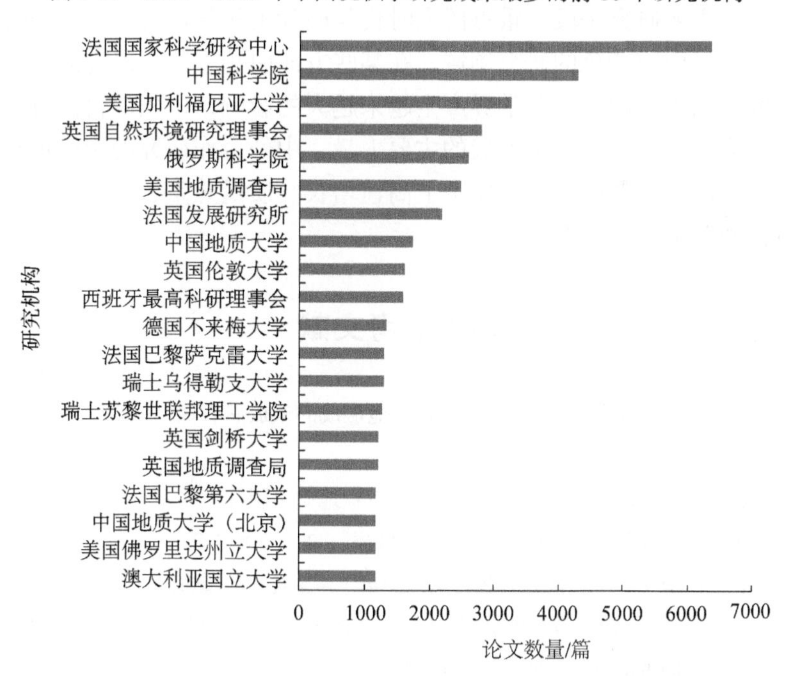

图 1-14　2000～2015 年全球沉积学研究成果最多的前 20 个研究机构

日本（425 篇）和法国（344 篇）。中外合作研究团队的主要研究领域包括全新世气候变化[climate change（Holocene）]、页岩气和煤层气（shale gas and coalbed methane)、煤沉积(coal deposit)、成岩作用与储层(diagenesis and reservoir)、层序地层学(sequence stratigraphy)、古气候与古环境(paleoclimate and paleoenvironment)、海岸沉积与剥蚀作用(coastal sedimentation and erosion)、浊流与深水沉积(turbidite and deep water sediments)、热泉与白云岩化作用(hot spring and dolomitisation)、天然气水合物(gas hydrate)、生物灭绝事件(mass extinction)、南极冰川沉积(antarctic ice deposit)和海啸沉积物(tsunami sediments)。

五、小结

21世纪以来，中国沉积学迅速发展，在成为国际沉积学重要组成部分的同时，也保留了许多独有的特色。中国沉积学研究成果发表数量从2001年的157篇飞速增长到2016年的2058篇，年均增长率为18.71%，已成为全球沉积学成果数量和总被引次数第二多的国家。中国沉积学的关联学科、热点研究领域、主要研究手段、重点研究时代与国际沉积学保持接轨，同时也发展出许多独具中国特色的研究领域，在某些方面引领着国际研究的发展。中国的研究机构正在国际沉积学界产生越来越大的影响，中国的自然科学基金也已经成为推动全球沉积学发展的主要力量，中外合作研究的规模也在不断扩大。中国沉积学研究已经开始走上高速增长、质量并重、具有国际视野与中国特色的健康发展之路。

本章参考文献

傅家谟，盛国英，江继纲. 1985. 膏盐沉积盆地形成的未成熟石油. 石油与天然气地质，6(2): 150-158.
李思田. 1988. 断陷盆地分析与煤聚积规律. 北京：地质出版社.
刘宝珺. 2001. 中国沉积学的回顾和展望. 矿物岩石，21(3): 1-7.
刘宝珺，许效松. 1994. 中国南方岩相古地理图集(震旦纪—三叠纪). 北京：科学出版社.
刘东生，安芷生，文启忠，等. 1978. 中国黄土的地质环境. 科学通报，23(1): 1-9.
刘鸿允. 1955. 中国古地理图. 北京：科学出版社.
秦蕴珊，赵松龄. 1985. 关于中国东海陆架沉积模式与第四纪海侵问题. 第四纪研究，6(1): 27-34.
孙枢. 2005. 中国沉积学的今后发展：若干思考与建议. 地学前缘，12(2): 3-10.

同济大学海洋地质系. 1989. 古海洋学概论. 上海：同济大学出版社.

王成善，胡修棉. 2005. 白垩纪世界与大洋红层. 地学前缘，12（2）：11-21.

吴崇筠，薛叔浩. 1992. 中国含油气盆地沉积学. 北京：石油工业出版社.

叶连俊. 1942. 近世沉积学之领域及其演进. 地质论评，7（6）：299-311.

叶连俊. 1989. 中国磷块岩. 北京：科学出版社.

叶连俊. 1998. 生物有机质成矿作用和成矿背景. 北京：海洋出版社.

业治铮，何起祥，张明书，等. 1985. 西沙石岛晚更新世风成生物砂屑灰岩的沉积构造和相模式. 沉积学报，（1）：4-18.

中国地质科学院地质研究所，武汉地质学院. 1985. 中国古地理图集. 北京：中国地图出版社.

第二章 中国沉积学研究的发展态势与国际地位

第一节　中国沉积体系的类型与研究特色

中国沉积类型全面、分布地区广、沉积盆地构造复杂，根据沉积环境和沉积特征可大致分为陆相沉积、海陆过渡相沉积、海相沉积等沉积大类。陆相沉积包括冲积、河流沉积、湖泊沉积、风成沉积和冰川沉积等，海陆过渡相沉积包括三角洲沉积、河口湾沉积、障壁岛-潟湖沉积、潮滩沉积等，海相沉积包括浅海陆源碎屑陆棚沉积、碳酸盐台地沉积、深海和半深海沉积、深水重力流沉积等。此外，陆源碎屑与碳酸盐的混合或互层可形成混合沉积。各种沉积类型的分布、组合及演化特征在不同盆地构造背景下各具特色，呈现出特有的与古构造背景相适应的沉积组合类型，如中国前寒武纪沉积特征、中国东部中新生代裂谷盆地沉积特征、中国西部叠合盆地及其沉积演化、中国东部石炭纪—二叠纪内克拉通盆地陆表海沉积、中国古海域综合沉积模式、中国陆相盆地深水砂质碎屑流及异重流沉积、中国大陆边缘海沉积以及中国大型盆地多资源聚集特征，这些盆地不仅发育各具特色的沉积类型，同时还蕴藏着丰富的煤、石油、天然气、膏盐、钾盐、磷矿、锰矿、铀矿、铅锌矿等沉积矿产资源，为我国经济社会发展提供了重要的物质基础。

一、中国前寒武纪沉积特征

中国前寒武纪包括了地球距今4.6～0.54Ga，长达40多亿年的地质历史时期（杨烨，2013）。在此期间，伴随着哥伦比亚（Columbia）超大陆裂解、罗迪尼亚（Rodinia）超大陆裂解以及强烈的构造运动，地球表层系统各个圈层都发生了重大变化。在中元古代，古海洋环境可能处于一种深海缺氧、富铁、较高硫酸盐浓度的“亚氧化”状态，具有与太古宙和显生宙海洋环境条件过渡的性质（史晓颖等，2016），古海洋环境和古气候特征可通过碳氧同位素和地球化学特征等来恢复（李超等，2002）。岩性主要由碎屑岩和碳酸盐岩组成，沉积体系以河流和滨浅海为主。在新元古代，岩石圈发生了罗迪尼亚超大陆的裂解和冈瓦纳（Gondwana）泛大陆的聚合，生物圈出现了早期动物，大气圈和水圈发生了地质历史上的新元古代成氧事件及“雪球地球”极端气候事件（程猛，2016）。

华南新元古代沉积盆地为一裂谷盆地，其充填序列自下而上由裂谷基、裂谷体和裂谷盖三部分组成（王剑，2000）。以湘西—黔东地区震旦系为例，湘西—黔东地区位于华南上扬子区，震旦系自下而上由陡山沱组和灯影组组成。南华纪末期，华南地区广泛分布的南沱冰碛砂砾岩由大陆冰川和海相冰川组成，是震旦系的沉积基底，整体表现为西南高东北低的古构造格局。在震旦纪，全球火山活动剧烈，大气中CO_2浓度急剧增加，温室作用增加，气候变暖，导致冰川融化，海平面快速上升，挟带大量风化的碱性物质进入海洋，形成较大范围的碳酸盐岩沉淀。湘西—黔东地区既是古构造上的过渡带，又是古地理的过渡带，这种古地形差异对震旦纪海侵后沉积物分异起着重要的控制作用。陡山沱组以碳酸盐台地沉积体系的潮滩浅滩相、浅海沉积体系的陆棚内缘相和陆棚相及台地斜坡沉积体系的台前斜坡相为主，为潮滩浅滩-浅海陆棚沉积模式。灯影组以碳酸盐台地沉积体系的台地潮滩相、浅海沉积体系的陆棚相及台地斜坡沉积体系的台地斜坡相为主，为碳酸盐台地-浅海陆棚沉积模式（熊国庆，2006）。

震旦纪是地球演化历史上生物演化的重大变革时期，“雪球地球”事件后出现了形态多样的大型多细胞动物，可称之为“震旦纪生命大爆炸”。故对震旦系沉积特征和沉积模式的研究具有十分重要的地质意义，可为进一步探讨早期生命演化和环境变化提供基础。

二、中国东部中新生代裂谷盆地沉积特征

我国东部发育多个中生代—新生代裂谷盆地，如二连盆地、海拉尔盆地、松辽盆地、渤海湾盆地等。中国东部裂谷盆地是亚洲大陆板内变形的重要方面，是造山运动和裂陷运动对立统一的产物。印支运动及燕山运动是改造中国东部古生代地壳格局的变革性地质事件，决定了后来地质历史时期的沉积充填及发展演化。中国东部地区自晚三叠世开始，海水逐步退出，并迅速进入以陆相为主的沉积历史新阶段（王德发和陈建文，1996）。中生代早期应力场以左旋压剪占主导地位，但早白垩世早期发生了应力场的第一次转化，东北和内蒙古广大地区发生了大规模的裂陷作用，裂陷作用早期表现为大规模的岩浆喷发，随后则在地壳热脆化基础上形成断陷盆地。盆地在不断沉降并接受沉积充填过程中，又经历了第二次构造应力场的转化，即由早期的右旋张剪体制向晚期的左旋压剪体制转化，盆地开始收缩和减速沉降（李思田，1988）。

通过对中国东部中生代—新生代典型裂谷盆地的研究，根据盆地内沉积充填特征的变化，通常将断陷盆地分为以下六个演化阶段（李思田，1988）：①初始充填阶段。地壳伸展运动，构造活动强烈，古地貌起伏不平，以冲积体系粗碎屑沉积为主。②明显分化阶段。盆地持续沉降，河流和湖泊的地质作用相互影响，在湖泊周围发育三角洲和扇三角洲沉积。③最大水进阶段。此阶段盆地中形成面积广泛的大型湖泊，以厚层泥岩段为主，形成主要的油气源岩，在盆地中心深水区发育重力流沉积，在盆地边缘发育小面积的三角洲和扇三角洲沉积。④快速充填阶段。区域构造应力场由张剪体制转为压剪体制，三角洲和扇三角洲快速进积，湖泊面积缩小，变为浅水湖泊。⑤全面淤浅阶段。由于三角洲和扇三角洲大面积进积，湖泊被全面淤塞，为最主要聚煤期，煤层厚度大且分布广泛。⑥结束充填阶段。挤压作用加强，基底下降逐渐停止，主要发育河流和冲积平原。

裂谷盆地成因机制、不同构造演化阶段沉积体系时空分布特征和沉积模式、湖盆高频旋回分析及其控制因素、湖平面升降与事件沉积等将会一直是裂谷盆地研究的热点问题（李思田，1988）。

三、中国西部叠合盆地及其沉积演化

叠合盆地是指经历了多期构造变革、由多个单型盆地经多方位叠加复合

而形成的具有复杂结构的盆地（Sun et al.，1991）。中国西部叠合盆地演化历史长，在不同地史阶段发育不同的盆地类型。

塔里木盆地是在前震旦纪陆壳基底上发展起来的大型叠合盆地。盆地的形成经历了震旦纪—中泥盆世、晚泥盆世—三叠纪和侏罗纪—第四纪 3 个伸展-聚敛旋回演化阶段。震旦纪—中泥盆世（古亚洲洋阶段或原特提斯洋阶段），盆地经历了陆内裂谷—被动大陆边缘盆地—前陆盆地发展旋回，以碳酸盐岩台地和深海沉积体系为主（林畅松等，2011）；晚泥盆世—三叠纪（古特提斯洋阶段），塔西南边缘经历了陆内裂谷/被动大陆边缘盆地—弧后伸展盆地—弧后前陆盆地发展旋回，以陆表海沉积体系和河流-湖泊沉积体系为主（李忠等，2015）；侏罗纪—第四纪（新特提斯洋阶段），盆地经历了陆内裂谷（拗陷）—挤压调整作用—晚期前陆型盆地发展旋回，以河流-三角洲沉积体系为主。陆内裂谷（拗陷）—挤压调整作用出现了 3 个次级旋回。伸展期原型盆地地层层序较稳定，聚敛期原型盆地地层侧向变化大（何登发等，2005）。盆地演化与构造体制转换的地球动力学过程及方式决定了盆地复杂的叠加地质结构，制约着油气聚集与分布的基本特点。

近年来，中国西部典型叠合盆地研究获得重大进展。地球物理综合剖面揭示了塔里木盆地与天山造山带的深、浅层耦合特征具有走向分段性，大致以羊布拉克为界，以东主要表现为近东西向斜向伸展的特征，以西主要表现为近南北向垂直于地层走向伸展的特征。塔里木盆地具有翘倾式叠合演化的特点，寒武纪—第四纪，盆地沉降中心经历了由东向西向周缘的迁移过程（金之钧，2006）。加速中国西部叠合盆地深部油气勘探必须解决三个关键科学问题：①多期构造过程叠加与深部油气生成演化；②深部有效储层形成机制与发育模式；③深部油气复合成藏机制与油气富集规律（庞雄奇，2010）。

四川盆地具备前陆盆地结构、沉积充填序列和构造演化历史，中三叠世末期发生的印支运动使扬子地块西部西缘和北缘演化为强烈逆冲推覆的造山带，晚三叠世早期进入类前陆盆地演化阶段，相继发生晚三叠世马鞍塘组、小塘子组和须家河组由海相到陆相的沉积超覆作用，并延续到早侏罗世—晚白垩世的红层碎屑岩建造（郑荣才等，2012）。

四、中国东部石炭纪—二叠纪内克拉通盆地陆表海沉积

华北克拉通位于塔里木-中朝板块的东北部，主要受北部西伯利亚板块

和东部太平洋板块作用形成的挤压应力场影响，形成了华北克拉通北部以东西向构造为主，南部以北东向构造占主导的构造格局。石炭纪—二叠纪发育内克拉通陆表海盆地，以基底平坦、沉降速率稳定、覆水浅为特征（陈世悦和刘焕杰，1994）。沉积物源主要来自北部阴山古陆和南部秦岭—大别山古陆，石炭纪—二叠纪之交时盆地基底下倾方向由北转南，海侵方向随之由北东转为南东。盆内多数地区发育有海陆过渡相沉积，早期主要为陆表海多障壁海岸沉积体系，晚期主要为三角洲、河流、湖泊沉积体系（刘焕杰等，1987；邵龙义等，2014），聚煤环境以潟湖沼泽、三角洲平原分流间湾沼泽为主。华南中上扬子区晚二叠世为发育若干断裂构造的弱伸展内克拉通盆地，过渡相沉积主要发育于康滇古陆、江南古陆周围。位于川滇地区的康滇古陆为其东侧云贵川地区陆相和海陆过渡相沉积区的主要物源区，沉积相在滇东、黔西、川南地区由西向东依次为陆相冲积平原—过渡相三角洲及潮滩—海相碳酸盐台地沉积体系。聚煤环境主要为河流岸后沼泽、三角洲平原分流间湾沼泽、潟湖-潮滩沼泽等，以三角洲体系聚煤作用最强（邵龙义等，2013）。

华北地区石炭纪—二叠纪及华南地区晚二叠世广泛发育的三角洲沉积颇具特色，发育典型的内克拉通浅水三角洲模式，在靠陆一侧发育以河流作用占优势的上三角洲平原，在靠海一侧发育以潮汐作用为主的下三角洲平原及潮汐平原（潮滩），其间为河流和潮汐双重控制的过渡带三角洲平原（邵龙义等，1998）。与国外教科书中的河控三角洲、潮控三角洲、浪控三角洲的典型模式明显不同，与Horne等（1978）关于美国东部石炭纪阿勒格尼浅水三角洲模式亦不尽相同。此外，中国学者还针对淮南煤田石炭纪—二叠纪含煤岩系，识别出由多条河流构成的复合三角洲，由水下三角洲平原、水上三角洲树枝状河系和水上三角洲网结状河系组成（彭苏萍，1989）。

五、中国古海域综合沉积模式

针对中国晚三叠世之前以海相为主的沉积，关士聪等（1980）提出中国古海域综合沉积模式，该模式按海底地形、海水深度、沉积特征、生物组合以及地理分布位置等将沉积相分为2个相组、6个相区、15个相带，这是一个典型的内克拉通盆地碳酸盐台地槽-台相间模式。其中，槽盆相组为构造相对活动区沉积，与优地槽及冒地槽的相组相当，属陆表海沉积；台棚相组的沉积在地台及槽台过渡区，具陆表海与陆缘海过渡性质。槽盆相组包括深槽盆相区与浅槽盆相区；台棚相组包括浅海盆地相区、台地边缘相区、台地相区与陆地边缘相区。据此，关士聪等（1980）将中国晚元古代—三叠纪沉积环境模式进一步归纳为三种类型，分别为槽盆型模式、槽台型模式与台棚型模式。其中，槽盆型主要分布于晚元古代的满蒙海和华南海；槽台型主要分布于晚元古代、早古生代的华南海和华西海；台棚型主要分布于古生代的华北海和华南海。

我国古海域沉积环境综合模式，反映了我国海相沉积研究的独特性，这种综合模式更具有大局观，明显不同于国外的碳酸盐岩台地模式或浅海陆棚沉积模式。国外的古海域沉积模式对海相沉积的研究往往是就某一点或者某一个小地区归纳总结出一个沉积模式，要知道地质历史时期的海相沉积大多为陆表海沉积，具有地形坡度小、沉积范围广的特点，因此海相沉积绝不是简单的缓坡模式或者台地模式所能概括的。

六、中国陆相盆地深水砂质碎屑流及异重流沉积

鄂尔多斯盆地在晚三叠世为典型的大型内陆拗陷盆地，发育一套厚度1000～1300m 的延长组陆源碎屑沉积，自下而上划分为长 10～长 1 共 10 个油层组，其中长 10 为湖盆初始形成阶段，长 9～长 7 为湖盆扩张阶段，长 6～长 1 为湖盆萎缩充填阶段。长 7 段为湖盆最大湖泛期沉积，底部主要沉积厚层灰黑色油页岩及深灰色泥岩，中上部沉积厚层块状砂岩夹薄层泥岩，长 6 沉积时期深湖面积有所萎缩，底部沉积厚层块状砂岩夹薄层泥岩，中上部为深灰色泥岩与薄层粉、细砂岩互层，长 7、长 6 段总体属于深水沉积。

鄂尔多斯盆地深水重力流的早期研究大多数基于浊流理论下的浊积扇模式，对于上三叠统延长组深水砂体的成因提出滑塌浊积扇与坡移浊积扇、滑塌浊积岩及厚层块状浊积岩等多种解释。近年来砂质碎屑流理论被逐步引入该重力流研究之中，砂质碎屑流沉积中一般碎屑颗粒含量较高，泥质含量较低，以团块状整体固结沉积，可分为较纯净的块状砂岩与含有泥砾的细砂岩，其中块状砂岩是主要储集岩性，侧向具有一定连续性，垂向累积厚度较大。砂质碎屑流沉积发育于三角洲边缘坡折带之下，纵向延伸不远但横向叠置连片（邹才能等，2009）。近期研究认为，延长组深水厚层块状砂岩中的“泥包砾”结构是碎屑流成因的标志性证据，并据此建立了延长组深水厚层块状砂岩完整沉积的过程与模式（李相博等，2014）。在盆地南部延长组长7～长 6 油层组中还识别出深湖背景下的异重流沉积，以发育成对逆粒序-正

粒序和层内微侵蚀面为特征。异重流沉积中的逆粒序形成于洪水增强期，正粒序层则形成于洪水衰退期，每对逆粒序-正粒序代表一次洪水异重流沉积事件；层内微侵蚀面是洪峰期沉积物侵蚀同期先沉积的逆粒序沉积所造成的（杨仁超等，2015）。

七、中国大陆边缘海沉积

中国大陆边缘海盆地地处欧亚板块东南缘，与印度-澳大利亚板块及太平洋板块相邻，受控于三大板块相互作用与影响，包括东海的活动大陆边缘盆地、南海北部珠江口—琼东南的被动大陆边缘盆地和南海西北部转换边缘的莺歌海走滑-伸展盆地。

东海陆架盆地发育有巨厚的古近系和新近系，含油气层位主要为渐新统花港组（姜亮等，2003；张银国等，2012）。东海陆架盆地在断陷—断拗转换—拗陷的演化过程中，经历了海相—陆相（包括海陆交互相）—海相的发展演变（刘金水等，2012；邓运华，2013）。南海北部盆地珠江口盆地、琼东南盆地和莺歌海盆地等自古新统至上新统均有揭示，珠江口盆地含油气层位主要为渐新统珠海组和中新统珠江组，琼东南和莺歌海盆地主要含油层位为渐新统陵水组和中新统三亚组、珠江组（朱伟林等，2008；米立军，2011）。南海北部和西北部盆地古近纪裂谷断陷阶段以陆相河流、粗粒三角洲沉积体系为主；而新近纪裂后沉降阶段主要发育滨浅海及三角洲相，呈现出明显早陆后海的规律（张功成等，2009；于兴河等，2016）。

南海周缘大陆及岛屿上发育着许多河流，如珠江、红河等，为南海提供了大量的陆源碎屑物（Liu et al.，2016）。从陆架区域到深海盆地，南海发育着浅水和深水沉积环境，最深处可达5000m。随着对南海北部深水斜坡体系的研究逐渐深入，南海不同背景下深水扇的沉积模式与成因机制逐渐完善（吴昌荣等，2006；彭大钧等，2007）。马本俊等（2018）在南海识别出了陆源碎屑背景下的陆架斜坡深水沉积、碳酸盐岩台地沉积背景下的台缘斜坡深水沉积及火山活动背景下的火山斜坡深水沉积。陆架沉积物最终注入深海盆地是通过陆架斜坡的阶梯式沉积过程实现的，斜坡的坡度变化严格控制了斜坡沉积物输送过程，在较陡处发生沉积物过路，并侵蚀海底形成沉积侵蚀地貌，在平缓处发生沉积，形成沉积物聚积区，多阶次斜坡的分级组成了不同阶次的陆架斜坡。南海北部发育许多孤立岛礁碳酸盐台地（Wu et al.，2014，2016），这些现代岛礁碳酸盐台地台缘斜坡沉积物输送体系由冲沟群-

滑坡凹槽-（等深流）水道-大型峡谷组成沉积物输送网，将浅水岛礁碳酸盐台地与深海盆地连接起来，是台缘源-汇过程中最为核心的输送路径，揭示了台缘斜坡发育复杂的由碳酸盐岩碎屑组成的面状浊流、块体流、底流及其线状浊流等重力流过程。珠江口盆地裂后阶段发育一系列埋藏火山丘，火山周缘斜坡沉积过程异于正常盆地沉积，主要原因是火山活动改变了原有的源-汇体系、可容纳空间以及水动力环境，同时火山作用推迟了火山区域进入深水沉积环境的演化进程。

中国大陆边缘海除了古代沉积以外，现代沉积也比较发育。河海交互作用与堆积型大陆架发育，是中国海浅海地貌的主要特色（王颖等，2012）。长江三角洲河口环境中河口砂坝和河口强潮砂体发育，为典型的河控-潮控三角洲，苏北黄海辐射沙洲和钱塘江沙坎受长江入海泥沙的显著影响，为长江三角洲的伴生体系。长江三角洲晚第四纪早期下切河谷层序往往被后期河谷的下切所破坏，仅残留河床相底部粗粒沉积，河床相互相叠置，晚第四纪晚期形成的下切河谷层序则以不同的沉积相组合被保存下来，自下而上可划分出河床、河漫滩、河口湾、浅海和三角洲 5 种沉积相类型，表现为一个较完整的沉积层序（林春明等，2016）。

八、中国大型盆地多资源聚集特征

沉积矿产资源是人类和社会经济发展的重要物质基础，也是国家安全的重要保障。多种矿产资源产生并赋存于同一沉积盆地中，在成因上有一定的相关性，在赋存层位上联系密切，在空间分布与聚集环境方面有一定的规律。资源矿产的产生、赋存与聚集规律是多种地质条件综合作用的结果。除了受到构造背景的控制外，不同的沉积环境及其在空间上的配置关系，也为不同类型的沉积矿产资源的产生、富集提供了基础条件。

鄂尔多斯盆地是我国重要的多资源聚集盆地，天然气、石油、煤炭、砂岩型铀矿产生并赋存在同一盆地中（王毅等，2014）。煤、气、油、铀的富集形式主要包括油中气、上气下油、油中铀、煤中铀、煤中油、煤中气、煤与油单独赋存等多种组合形式（李增学等，2006）。

我国伊犁盆地、塔里木盆地、松辽盆地等大型资源盆地分布有已探明的可地浸砂岩型铀矿（刘池洋等，2006）。铀矿与油气资源具有空间分布上的一致性，成因上有着密切的联系，盆地边缘油气逸散带中多赋存有砂岩型铀矿（刘章月和董文明，2011）。四川盆地富含煤、石油、天然气、油砂、页岩气等资源。有机质的丰度及分布、储层的分布及物性、砂体及泥质岩的空间展布都与沉积环境具有紧密的关系，资源盆地中的储集层和盖层的发育也受到沉积环境的控制作用（李增学等，2006）。在相对稳定构造环境和合适的古气候条件下，泥岩型铀矿和砂岩型铀矿成矿模式具有不同的特征：前者表现为同沉积期的单一铀源供给系统，后者表现为同沉积期和后生成矿期的双重铀源供给系统（焦养泉等，2015）。

在扬子地台，早寒武世梅树村期含磷岩系蕴藏着丰富的磷矿资源，适合磷块岩沉积的环境是潮间上部高能带，同时灯影组顶部的古喀斯特面对磷块岩厚度具有明显的控制作用（毛铁等，2015）。贵州松桃锰矿含锰岩系赋存于南华系大塘坡组第一段底部黑色页岩中，形成于被动大陆边缘的缺氧环境，热水作用对锰的富集和成矿具有重要的控制作用（何志威等，2014）。生物作用作为地球表生带最活跃和强大的地质营力，必然对沉积岩石圈内矿产的形成和改造产生巨大的影响。铁、锰、磷 等多种化学元素的沉积矿产形成中发现了生物作用的证据（叶连俊等，1990）。

我国海相、陆相成钾盐盆地具有成盐多期性、成盐时代差异性、成盐作用迁聚性、物质成分多样性、后期盐盆地的变动性和多液态矿的特点。古代盐盆地多产于“准克拉通”，钾盐多沉积于构造稳定区中相对活动的亚稳定区和在构造亚稳定区中聚集于相对稳定区，形成于海水或者湖水蒸发量较大的沉积环境，如华北地台（郑绵平等，2012）。

多资源矿产聚集规律的研究主要包括矿产的类型、矿产共存富集组合形式、矿产的时空分布特征、沉积环境对资源矿产富集的作用等方面。多资源矿产的产生及其时空共存关系、多资源矿产之间的联系与相互作用、矿产富集的地球动力学背景、多资源矿产对盆地构造演化以及地质事件的响应、多资源成藏（矿）作用期次的时序性都是值得关注的前沿科学问题（刘池洋等，2006；杨建业，2004）。

九、研究热点展望

中国沉积类型的当前研究热点除了中国前寒武系沉积特征、中国东部中新生代裂谷盆地沉积特征、中国西部叠合盆地及其沉积演化、中国东部石炭纪—二叠纪内克拉通盆地陆表海沉积、中国古海域综合沉积模式、中国陆相盆地深水砂质碎屑流及异重流沉积、中国大陆边缘海沉积以及中国大型盆地多资源聚集特征等方面外，在古沙漠沉积、风成黄土、震旦纪冰碛物、微生物碳酸盐岩和白云岩成因等方面也取得了丰富的研究成果。在 2017 年第 33 届国际沉积学年会和在南京召开的第六届全国沉积学大会上，物源-风化-分选、沉积物密度流、沉积-构造交互作用、沉积物-流体交互作用与成盐、中国沉积盆地、晚中生代温室陆地气候、深时（deep time）气候、地球系统、源-汇系统（source-to-sink，S2S）、生物沉积学（biosedimentology）等主题受到广大中国沉积学者的关注。

第二节　中国沉积学的国际地位

了解中国沉积学科在国际沉积学界的地位，统计中国沉积学研究成果对全沉积学界发展的贡献，掌握中国沉积学研究成果对全球沉积学研究的影响，梳理中国主要的沉积学研究机构，明晰中国的自然科学基金对中国乃至国际沉积学发展的推动作用，将有助于我们更清楚地认识中国沉积学的国际地位，了解中国沉积学的优势及劣势，从而更好地取长补短，引领中国沉积学科的不断发展。

针对上述调研内容，开展了对中国沉积学学科发展现状的数据调研。其中，调研所采用的方法在第一章第二节中已有详细介绍，故在本节中仅做以下说明，不再赘述。数据的提取主要包括关键词的提取与梳理、行业学术期刊（包括地球科学行业学术期刊和沉积学专业学术期刊）的梳理与确定、检索年代的确定。本节研究的相关数据来源主要包括 2000～2016 年，以 WoS 数据库的 SCI、SSCI、A&HCI 数据为主，并参考 ESI 数据库和 InCites 数据库的 143 431 篇文献；以及 2000～2016 年 114 个地球科学综合学术期刊上发表的 63 067 篇与沉积学相关的论文，以及在此期间 31 个沉积学专业期刊上发表的 48 475 篇论文。

一、全球沉积学稳步发展，中国沉积学飞跃式增长

21 世纪以来，全球的沉积学保持着稳定的发展速度，沉积学相关论文的发表数量呈现稳步增长态势。在此背景下，中国的沉积学发展进入了崭新阶段。通过对 2000～2016 年 31 个沉积学专业期刊上发表的 35 414 篇沉积学相关论文和 114 个地球科学综合学术期刊上发表的 63 067 篇沉积学相关论文进

行统计发现，2001～2016年，全球沉积学相关论文发表数量呈现逐年增长的态势（图2-1）。2001年，全球沉积学相关论文发表数量仅为3918篇，至2016年，全球沉积学相关论文发表数量增长到9823篇，约是2001年的2.51倍，年均增长率约为6.32%。其中，2001～2002年、2005～2006年、2009～2010年和2012～2013年的全球沉积学相关论文发表数量增长较快，增长率均达到了10%以上（图2-2）。

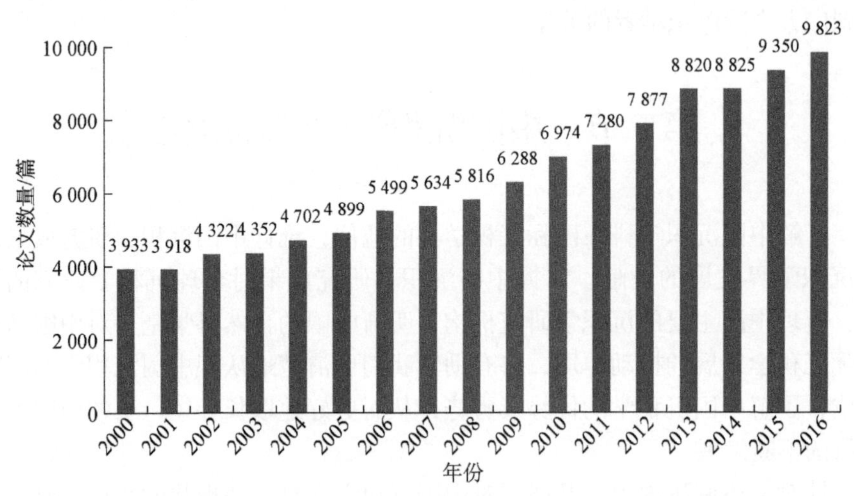

图2-1　2000～2016年全球沉积学研究论文逐年发表数量

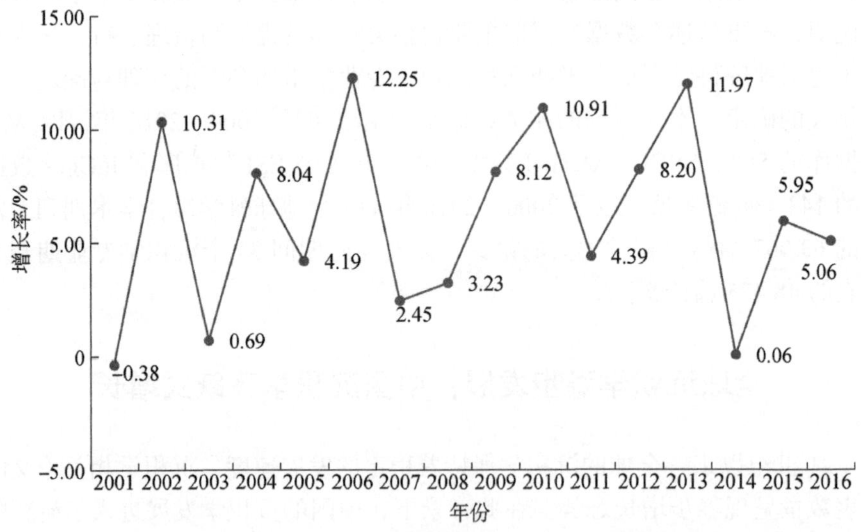

图2-2　2001～2016年全球沉积学研究论文发表数量增长率

2001～2016 年，中国沉积学呈现出飞速发展的态势。根据第一章第二节中对中国沉积学研究现状的介绍，2001 年，以中国学术机构为第一完成单位，在国际学术期刊上发表的沉积学论文数量仅为 157 篇，2016 年，这一数量暴涨至 2058 篇，约是 2001 年的 13.11 倍，年均增长率达 18.71%，约是全球年均增长水平（6.32%）的 3 倍。其中，除 2002～2003 年、2004～2005 年、2006～2007 年、2008～2009 年和 2015～2016 年以外，其余年份中国在国际期刊上发表的沉积学论文数量的增长率均在 10%以上，其中 2009～2010 年的沉积学论文发表数量涨幅更是达到 63.64%，为 21 世纪以来增长率最高的一年。

随着中国沉积学的飞速发展，21 世纪以来，全球沉积学界发表的论文中，中国正在占据着越来越重要的地位。2001～2016 年，中国沉积学相关的论文发表数量占全球的比例呈现总体增长的趋势。2001 年，中国沉积学发表论文仅占全球的 4.01%，2016 年，中国沉积学发表论文占全球的比例达到了 20.95%，超过了 2016 年中国总人口（占世界的 18.82%，数据来自联合国人口司）和中国国内生产总值（gross domestic product，GDP）（占世界的 14.84%，数据来自《2016 世界银行年度报告》）占世界总量的比例。除 2004～2005 年和 2012～2013 年以外，中国沉积学论文发表数量占全球总发表数量的比例每年均保持增长，其中 2009～2010 年（从 2009 年的 7.87% 增长到 2010 年的 11.61%）和 2013～2014 年（从 2013 年的 14.13%增长到 2014 年的 17.61%）均有较大规模的涨幅（图 2-3）。

中国在国际期刊上发表的沉积学论文数量的飞速增长，直接导致 21 世纪以来中国沉积学论文总数排名的不断提升。2000～2016 年，中国学者在国际期刊上发表的沉积学论文共计 12 521 篇，仅次于美国（31 718 篇）、英国（12 883 篇）和德国（12 701 篇），位居世界第 4 位（图 2-4），位于法国（10 495 篇）、加拿大（8094 篇）、澳大利亚（7462 篇）、西班牙（5081 篇）、意大利（5046 篇）和日本（3966 篇）之前。若以 3～5 年为一个周期进行计算，则中国在国际期刊上发表的沉积学论文总数，从 2000～2003 年和 2004～2007 年的世界第 7 位，上升到 2008～2011 年的世界第 5 位，至 2012～2016 年，已上升至世界第 2 位（表 2-1）。论文发表数量超越了德国和英国，仅次于美国，这一排名与中国目前的经济实力和国际地位排名是相匹配的。

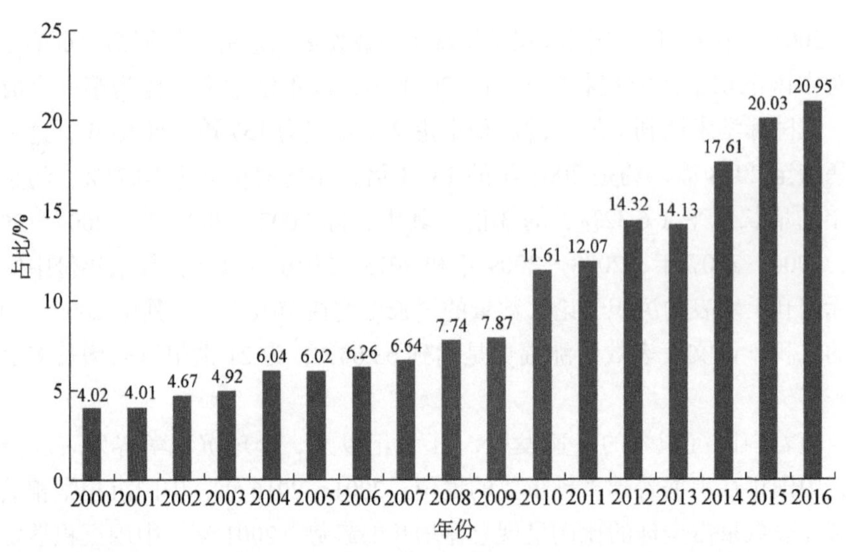

图 2-3　2000～2016 年中国在国际期刊上发表的沉积学论文数量占全球的比例

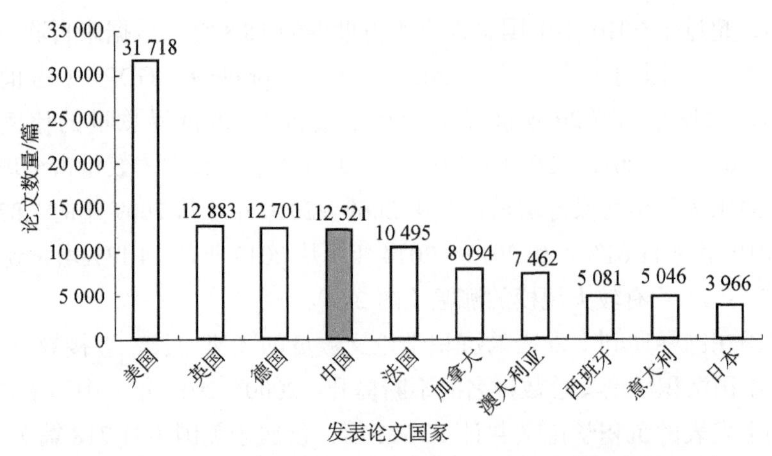

图 2-4　2000～2016 年全球沉积学论文发表数量最多的前十个国家

表 2-1　2000～2016 年各阶段全球各国沉积学论文发表数量排名

排名	2000～2003 年	2004～2007 年	2008～2011 年	2012～2016 年
1	美国	美国	美国	美国
2	英国	英国	英国	中国
3	德国	德国	德国	德国
4	法国	法国	法国	英国
5	加拿大	加拿大	中国	法国

续表

排名	2000～2003 年	2004～2007 年	2008～2011 年	2012～2016 年
6	澳大利亚	澳大利亚	加拿大	澳大利亚
7	中国	中国	澳大利亚	加拿大
8	日本	俄罗斯	西班牙	西班牙
9	俄罗斯	日本	意大利	意大利
10	意大利	意大利	俄罗斯	印度

二、中国论文引用情况及其在全球的地位

中国沉积学研究成果对于全球沉积学研究的影响力正在逐渐凸显。从地球科学学科整体来看，结合引文信息，在 ESI 数据库中，我国地球科学研究成果的总被引次数为 672 127 次，仅次于美国，位于英国、德国、法国及加拿大等国家之前，排在全球第 2 位，但是篇均被引次数仅为 9.63 次，远低于总被引次数排名前十的其他国家（图 2-5）。沉积学领域的数据与整个地球科学领域大致相似。我国 2010～2015 年沉积学相关论文共计 9969 篇，总计被引数为 69 726 次，篇均被引用次数为 6.99 次，基本与 ESI 中地球科学的被引情况（2010～2015 年篇均被引次数为 8.21 次）相近。据此认为，我国沉积学文献篇均被引次数与位居前列的国家相比较少，表明我国相关领域的研究成果影响力仍有所欠缺。但是自 21 世纪以来，我国的地球科学与沉积学科均进步迅速。按照自然科学的发展规律，一些研究成果被引用、被认可，往往是滞后于研究成果本身发表时间，也就是说，一般在科研成果发表 5～10 年后，科研成果才会逐渐被更多的研究者关注到，引用次数才会开始大幅增加。2000～2015 年，中国学者在国际学术界发表了大量的研究成果，沉积学论文发表总量已跃居世界第二位，但值得注意的是，中国产出的研究成果大多数都是首次提出，受引用滞后效应的影响，尚未进入引用次数飞速增长的阶段。相信在下一个 5～10 年，中国沉积学家的研究成果会陆续迎来关注度和引用率飞速增长的阶段。事实上，这一现象已初见端倪，以地球科学领域为例，在 ESI 数据库中，2000～2015 年中国学者发表成果的篇均被引次数仅为 8.21 次，但到 2016 年，2000～2016 年中国学者发表成果的篇均被引次数大幅增加至 9.63 次（图 2-5），显示出中国在地球科学领域的影响力具备强劲的

增长潜力。因此，我们大胆地预测，中国沉积学研究成果对于全球沉积学发展的影响力将在不久之后迅速提升，并逐渐与中国沉积学研究成果的发表数量相匹配。

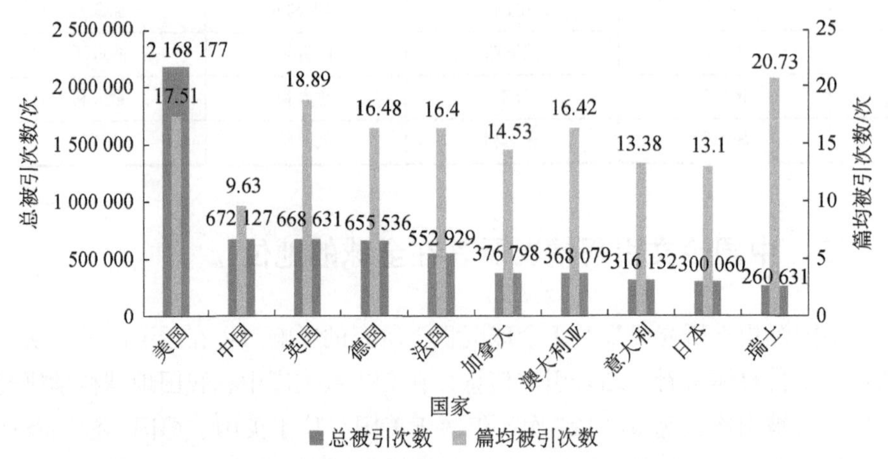

图 2-5　2000～2016 年 ESI 地球科学论文总被引次数排名前十国家

三、全球沉积学研究越来越受到中国特色的影响

全球沉积学领域越来越多地体现出中国特色，这主要表现在以下两个方面。

1. 中国及周边地区正在逐渐成为全球沉积学研究的重点关注区域

对 2000～2016 年全球沉积学研究的热点区域进行统计发现，2000～2005 年，全球前十的沉积学热点研究区域与中国均无直接关系，2006～2010 年，中国成为全球排名第 7 的沉积学研究热点区域，而 2011～2015 年，中国和中国南海分别成为全球排名第 2 与第 5 的沉积学研究热点区域。这表明中国及周边地区已经成为国际沉积学界的重点关注区域。

2. 世界沉积学研究中部分领域独具中国特色

中国西部的青藏高原作为现今仍在活跃的陆陆碰撞造山带，其大地构造及内部和周缘沉积盆地的沉积演化已成为国际地球科学研究的最热议题；中国西北内陆盆地的沉积记录，为极端干旱气候的研究提供了良好的素材；对中国黄土剖面的研究，揭示了季风气候的内在机理；对华北、华南、塔里木等古老的克拉通早期沉积记录的研究，为揭示早古生代及以前的地球面貌提供了基础；对松辽盆地、渤海湾盆地、柴达木盆地等陆相盆地沉积及油气资源的研究，形成了特色的陆相生油理论；对南海物理、化学和生物沉积记录的梳理，则为新生代以来地球轨道参数、全球气候变化提供了依据；等等。国际沉积学研究中正在愈发地涌现出中国特色。

四、中国的研究机构及自然科学基金对全球沉积学发展的推动作用日益增强

中国的沉积学研究机构在全球沉积学发展过程中所起的推动作用日臻明显。对 2000～2016 年全球发表的沉积学研究成果的第一完成研究机构进行统计发现，中国有两所研究机构进入全球沉积学研究机构前 10 名榜单，分别是名列第 2 位的中国科学院和名列第 8 位的中国地质大学。这表明，中国的沉积学研究机构开始在国际上扮演一个更为重要的角色，肩负着推动中国与全球沉积学发展的双重使命。

伴随着中国在国际期刊上发表的沉积学论文数量的飞速增长，中国的自然科学基金也逐渐成为支持全球沉积学发展的主要力量。根据 2000～2016 年全球主要自然科学基金所资助的沉积学研究成果数量，中国的国家自然科学基金委员会（National Natural Science Foundation of China）、国家重点基础研究发展计划（National Basic Research Program of China，973 Program）以及中国科学院的科研基金分别位列第 2、第 5 和第 8 位（图 2-6），是拥有资助沉积学发表论文数量排名前十的基金数量最多的国家。这表明，中国的自然科学基金已经成为推动世界沉积学乃至自然科学发展与进步的最主要力量。

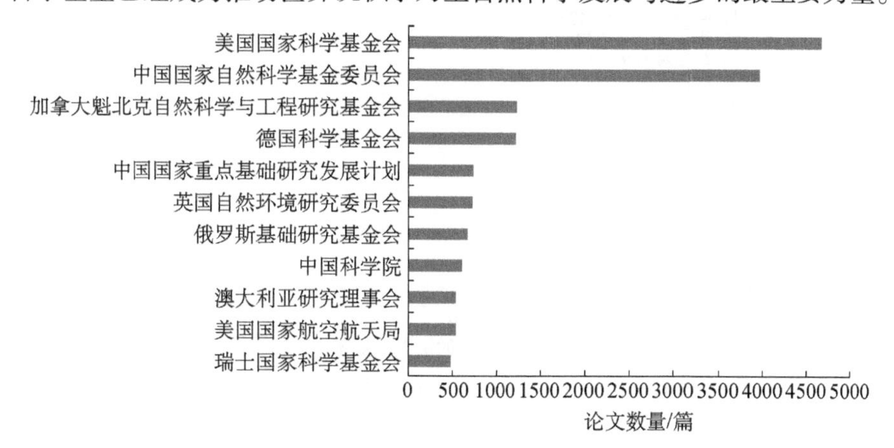

图 2-6　2000～2016 年全球资助沉积学发表论文最多的 11 家科学基金

五、不断扩大国际合作研究规模，为全球沉积学研究贡献中国智慧

随着中国沉积学的不断发展，全球沉积学的诸多领域开始涌现出中国智慧。根据第一章第二节中对中国沉积学研究现状的描述，2000～2016年，中国与其他国家在国际学术期刊上合作发表了6500多篇沉积学论文。其中，与美国研究人员合作发表的论文数量最多，达到2088篇，其次为澳大利亚（747篇）、英国（724篇）、德国（682篇）、加拿大（441篇）、日本（425篇）和法国（344篇）（图2-7）。进一步通过对国际合作发表的研究成果分析表明，2000～2016年，在国际学术期刊上合作发表过3篇以上国际论文的国际学者合作团队共计1090个，其中有一半的团队，即545个团队为中外学者合作的研究团队。在这545个团队中，有40%（218个）的研究团队自成立以来就同时包括中国和国外研究人员，有54%（294个）的研究团队是中国研究人员加入国外研究团队中，有6%（33个）的研究团队是国外研究人员加入中国研究团队中。这表明中国学者已经成为国际合作研究的主力军，并且依然在不断吸引国外优秀学者进行合作研究，共同推动全球沉积学的发展。

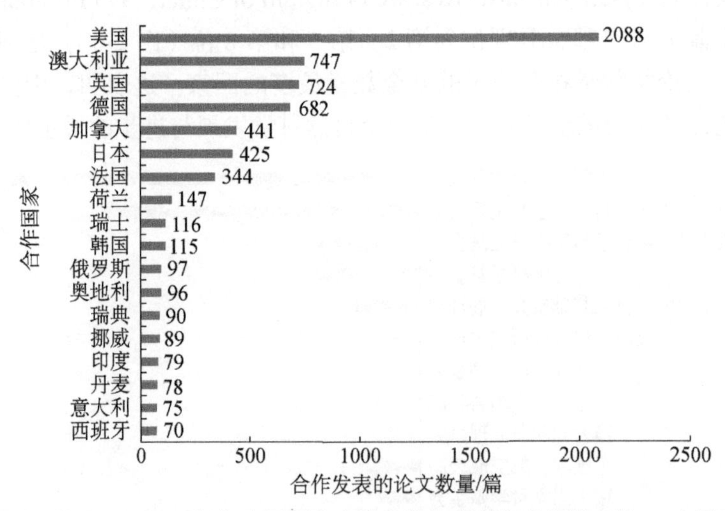

图2-7　2000～2016年与中国研究人员合作发表研究成果最多的18个国家

自 2000 年以来，中国沉积学迅猛发展，发生了日新月异的变化，在全球沉积学界的地位也不断提升，成为推动全球沉积学发展的主要力量之一。中国沉积学界在国际期刊上发表的论文数量以年均增长率 18.71%的速度飞跃式增长，目前已成为全球沉积学论文年发表数量第二多的国家；中国沉积学研究成果对国际沉积学研究的影响力不断提升，成果总被引次数已位居世界第二位，篇均被引次数也在迅速增长；全球沉积学研究越来越多地出现与中国相关的热点地区和热点领域；中国研究机构和自然科学基金对全球沉积学发展的推动作用日趋明显；中国研究人员越来越广泛地开展国际学术合作；等等。种种迹象均表明，中国沉积学已经成为全球沉积学不可或缺的一部分，中国沉积学也正在逐步走向全球沉积学舞台的中心，开始产生越来越多的影响甚至引领全球沉积学的发展。

第三节　中国沉积学的发展态势

一、中国沉积学发展的基本态势

是否有源源不断的原创思想，是否具备开发核心探测技术的创新能力，是衡量一个学科强国的核心实力的重要标志。反观中国沉积学的发展现状，大致可以概括为以下几个方面。

（1）我国沉积学研究和教学队伍庞大，体系比较完整。沉积地质资源的勘探和开发，特别是油气工业对其的巨大需求，提供了强大的支撑。但顶尖人才（领军人物）少，精兵不多。

（2）“碎片化”的研究、重复性的研究较多，针对“小问题”或生产上需要的具体性问题的研究较多，但在国际上有影响的、领先或前沿性的研究课题较少。沉积学研究主导的国家层面的大项目（如国家自然科学基金重大项目、国家自然科学基金重大研究计划、国家重点基础研究发展计划项目等）与大奖（国家自然科学奖二等奖以上）基本是空白。目前国家支持力度相对较小。

（3）沉积学相关的研究成果较丰富、涉及面广。发表论文、国际会议论文等的统计数据显示，中国沉积学已经成为全球沉积学发展的一个重要组成部分，且正在逐步走向全球沉积学舞台的中心。目前中国沉积学在第四纪、古海洋学、沉积学应用等方面的研究成果较突出，但沉积学总体上的研究水平，尤其是在基础沉积学方面与国际沉积学研究存在较大的差距，创新性、原创性成果少。

因此，我们有理由对中国沉积学从大国向强国的发展转变拭目以待，但我们也应清醒地看到，中国沉积学的强国之路才刚刚开始，任重而道远。

二、中国沉积学的研究发展方向及建议

关于中国沉积学研究的发展方向及建议，在本书的第三、第五章等部分有具体的论述，这里仅是总体上或一般层面上的讨论。根据有关学科调研，中国沉积学的研究发展方向值得重点从以下几个基本点进行梳理和思考。

（一）基础沉积学方向

这一方面的研究是我国沉积学研究的一个极其薄弱的环节。结合我国沉积盆地和沉积体系类型的地域特色，设立专门性的研究课题，坚持长期的、系统的多学科的综合研究，是取得重要进展的关键。例如，古老碳酸盐岩（含前寒武微生物碳酸盐岩）台地的建造和破坏过程研究，认识灰泥丘、白云岩成因机理与分布特征；细粒、混积沉积的机械作用、地球化学与生物过程，以及细粒、混积岩形成分布机理的深化研究；独具特色的我国多期叠合盆地及大陆边缘盆地动力学过程及其沉积-成岩响应的深化研究；大陆边缘海沉积演化和大陆斜坡-深海沉积作用研究；大陆至海洋和内陆湖盆的源-汇系统研究；深部流体-岩石作用研究；系统重建中国陆块群的多重古地理和古气候，深入认识深时地球表层演化、生命效应及其地球深部机制等。同时，应在大数据框架下全面研究、构建中国全新世沉积体系的过程机理信息及其演变预测系统。

（二）应用研究方向

围绕国家的重大需求开展沉积学研究，为国家的发展不断做出重大贡献，是中国沉积学发展必须坚持的重要研究方向。中国大陆和海域沉积层序与经过多期改造的叠合盆地蕴藏着丰富的油气、煤、铀等资源，未来应加强海相、陆相细粒沉积成因模式与富有机质页岩分布，深部储层孔隙发育、保持机理与有利储层评价预测；非常规油气储层的结构特征、形成机制及预测；超厚煤层成因模式与洁净煤沉积学；天然气水合物的沉积要素和成藏机

制，以及砂岩型铀矿的超常富集环境控制因素和大规模成矿作用研究等。

（三）实验平台研发和建设方向

中国沉积学实验平台已有相当规模，但技术依赖明显，原创基础较差。在微观-超微观、中观、宏观-超宏观乃至全球观测方面，均需要发力。

为了有效推进上述研究发展，提出以下总体建议。

第一，深化沉积学教育改革，加强素质和国际化教育，提升沉积学教学队伍的素质和教学质量。

第二，在服务国民经济建设的同时，应加强基础研究。结合中国实际，建议特别重视如下研究领域：①重力流与深海沉积；②源-汇体系与古地貌；③微生物岩沉积学；④细粒沉积作用；⑤盆地深层流体-岩石作用；⑥盆地动力学与模拟；⑦前寒武纪沉积学；⑧重大地质转换时期高分辨率沉积记录与古气候；⑨构造古地理重建与超大陆旋回等。

第三，研究体制方面要寻求更广的出路，应建立由沉积学引领的国家重点实验室联盟。

第四，紧扣地球科学重大问题（深时、深地、深海问题），结合中国沉积地质特色和人才基础，集中优势力量，开展沉积学立项研究。

第五，围绕国家目标（影响国家安全和民生的资源环境目标），紧密结合大科学工程（如深海钻探、大陆深钻、行星探测）开展沉积学立项研究。

第六，加强人才队伍建设，特别是中青年优秀人才、领军人物的推荐和培养。

本章参考文献

陈世悦，刘焕杰. 1994. 华北石炭二叠纪层序地层学研究的特点. 岩相古地理，14（5）：11-20.

程猛. 2016. 新元古代至寒武纪化学分层海洋中的钼生物地球化学循环. 武汉：中国地质大学博士学位论文.

邓运华. 2013. 中国近海两个油气带地质理论与勘探实践. 北京：石油工业出版社.

关士聪，演怀玉，丘东洲，等. 1980. 中国晚元古代至三叠纪海域沉积环境模式探讨. 石油与天然气地质，1（1）：2-17.

何登发，贾承造，李德生，等. 2005. 塔里木多旋回叠合盆地的形成与演化. 石油与天然气地质，26（1）：64-77.
何志威，杨瑞东，高军波，等. 2014. 贵州松桃道坨锰矿含锰岩系地球化学特征和沉积环境分析. 地质论评，60（5）：1061-1075.
姜亮，李保华，钟石兰，等. 2003. 东海陆架盆地台北坳陷新地层单位——月桂峰组. 地层学杂志，27（3）：210-211.
焦养泉，吴立群，彭云彪，等. 2015. 中国北方古亚洲构造域中沉积型铀矿形成发育的沉积-构造背景综合分析. 地学前缘，22（1）：189-205.
金之钧. 2006. 中国典型叠合盆地油气成藏研究新进展（之二）——以塔里木盆地为例. 石油与天然气地质，27（3）：281-294.
李超，彭平安，盛国英，等. 2002. 蓟县剖面中—新元古代沉积物的稳定碳同位素生物地球化学研究. 地质学报，76（4）：433-440.
李思田. 1988. 断陷盆地分析与煤聚积规律. 北京：地质出版社.
李相博，刘化清，张忠义，等. 2014. 深水块状砂岩碎屑流成因的直接证据："泥包砾"结构——以鄂尔多斯盆地上三叠统延长组为例. 沉积学报，32（4）：612-622.
李增学，韩美莲，李江涛，等. 2006. 鄂尔多斯盆地多种能源矿产共存富集形式及沉积控制. 山东科技大学学报（自然科学版），25（4）：18-21.
李忠，高剑，郭春涛，等. 2015. 塔里木块体北部泥盆—石炭纪陆缘构造演化：盆地充填序列与物源体系约束. 地学前缘，22（1）：35-52.
林畅松，李思田，刘景彦，等. 2011. 塔里木盆地古生代重要演化阶段的古构造格局与古地理演化. 岩石学报，27（1）：210-218.
林春明，张霞，邓程文，等. 2016，江苏南通地区晚第四纪下切河谷沉积与环境演变. 沉积学报，34（2）：268-280.
刘池洋，赵红格，谭成仟，等. 2006. 多种能源矿产赋存与盆地成藏（矿）系统. 石油与天然气地质，27（2）：131-142.
刘焕杰，贾玉如，龙耀珍，等. 1987. 华北石炭纪含煤建造的陆表海堡岛体系特点及其事件沉积. 沉积学报，5（3）：73-80.
刘金水，曹冰，徐志星，等. 2012. 西湖凹陷某构造花港组沉积相及致密砂岩储层特征. 成都理工大学学报（自然科学版），39（2）：130-136.
刘章月，董文明. 2011. 塔里木盆地北缘铀及多金属成矿与油气成藏的耦合. 矿物岩石地球化学通报，30：156-157.
马本俊，吴时国，高微，等. 2018. 深水斜坡类型与沉积过程及其产物研究进展. 沉积学报，（89）：1-19.
毛铁，杨瑞东，高军波，等. 2015. 贵州织金寒武系磷矿沉积特征及灯影组古喀斯特面控矿特征研究. 地质学报，89（12）：2374-2388.
米立军. 2011. 南海北部陆坡深水海域油气资源战略调查及评价. 北京：地质出版社.
庞雄奇. 2010. 中国西部叠合盆地深部油气勘探面临的重大挑战及其研究方法与意义. 石油与天然气地质，31（5）：517-541.
彭大钧，庞雄，黄先律，等. 2007. 南海珠江深水扇系统的形成模式. 石油学报，28（5）：7-11.
彭苏萍. 1989. 复合型三角洲平原上网状河的基本特征. 科学通报，32（17）：1326-1328.
邵龙义，董大啸，李明培，等. 2014. 华北石炭—二叠纪层序—古地理及聚煤规律. 煤炭学报，39（8）：1725-1734.
邵龙义，高彩霞，张超，等. 2013. 西南地区晚二叠世层序——古地理及聚煤特征. 沉积学报，31（5）：856-866.
邵龙义，刘红梅，田宝霖，等. 1998. 上扬子地区晚二叠世沉积演化及聚煤. 沉积学报，16（2）：55-60.
史晓颖，李一良，曹长群，等. 2016. 生命起源、早期演化阶段与海洋环境演变. 地学前缘，23（6）：128-139.
王德发，陈建文. 1996. 中国中东部沉积盆地在中、新生代的沉积演化. 地球科学——中国地质大学学报，21（4）：441-448.
王剑. 2000. 华南新元古代裂谷盆地演化：兼论与 Rodinia 解体的关系. 北京：地质出版社.
王毅，杨伟利，邓军，等. 2014. 多种能源矿产同盆共存富集成矿（藏）体系与协同勘探——以鄂尔多斯盆地为例. 地质学报，88（5）：815-824.
王颖，邹欣庆，殷勇，等. 2012. 河海交互作用与黄东海域古扬子大三角洲体系研究. 第四纪研究，32（6）：1055-1064.
吴昌荣，彭大钧，庞雄，等. 2006. 南海珠江深水扇系统的沉积构造背景分析. 成都理工大学学报（自然科学版），33（3）：221-227.
熊国庆. 2006. 湘西—黔东地区震旦纪沉积特征与沉积模式. 北京：中国地质科学院硕士学位论文.
杨建业. 2004. 多能源矿产共存成藏（矿）机理和富集规律的研究——能源领域研究的新趋势. 中国煤炭地质，16（5）：1-4.
杨仁超，金之钧，孙冬胜，等. 2015. 鄂尔多斯晚三叠世湖盆异重流沉积新发现. 沉积学报，33（1）：10-20.
杨烨. 2013. 华北地台中元古代下马岭组沉积期古海洋环境的地球化学证据. 北京：中国地质大学硕士学位论文.
叶连俊，李任伟，王东安. 1990. 生物成矿作用研究展望——沉积矿床学的新阶段. 地球科学进展，5（3）：1-4.
于兴河，李胜利，乔亚蓉，等. 2016. 南海北部新生代海陆变迁与不同盆地的沉积充填响应. 古地理学报，18（3）：349-366.
张功成，刘震，米立军，等. 2009. 珠江口盆地—琼东南盆地深水区古近系沉积演化. 沉积学报，27（4）：632-641.
张银国，葛和平，杨艳秋，等. 2012. 东海陆架盆地丽水凹陷古新统层序地层的划分及控制因素. 海相油气地质，17（3）：33-39.
郑绵平，张震，张永生，等. 2012. 我国钾盐找矿规律新认识和进展. 地球学报，33（3）：280-294.
郑荣才，李国晖，戴朝成，等. 2012. 四川类前陆盆地盆—山耦合系统和沉积学响应. 地质学报，86（1）：170-180.
朱伟林，张功成，高乐. 2008. 南海北部大陆边缘盆地油气地质特征与勘探方向. 石油学报，29（1）：1-9.
邹才能，赵政璋，杨华，等. 2009. 陆相湖盆深水砂质碎屑流成因机制与分布特征——以鄂尔多斯盆地为例. 沉积学报，27（6）：1065-1075.
Horne J C，Ferm J C，Caruccio F T，et al. 1978. Depositional models in coal exploration and mine planning in Appalachian region. AAPG Bulletin，62：2379-2411.
Liu Z，Zhao Y，Colin C，et al. 2016. Source-to-sink transport processes of fluvial sediments in the South China Sea. Earth-Science Reviews，153：238-273.
Sun S，Li J L，Lin J L，et al. 1991. Indosinides in China and the consumption of Eastern Paleotethys//Müller D W，McKenzie J A，Weissert H. Controversies in Modern Geology. London：Academic Press，363-384.
Wu S，Yang Z，Wang D，et al. 2014. Architecture，development and geological control of the Xisha carbonate platforms，northwestern South China Sea. Marine Geology，350：71-83.
Wu S，Zhang X，Yang Z，et al. 2016. Spatial and temporal evolution of Cenozoic carbonate platforms on the continental margins of the South China Sea：response to opening of the ocean basin. Interpretation，4：1-19.

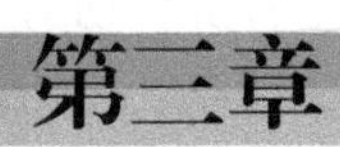

第三章 中国沉积学研究的重要方向

第一节 沉积环境与沉积相

一、学科领域的科学意义与战略价值

沉积学主要研究形成沉积物（岩）的沉积环境、沉积过程和沉积作用结果（沉积相），它与数理化一样，是一门古老的学科。沉积学的发展与矿产资源，特别是石油的开发利用密切相关。随着近代石油工业的发展，沉积学理论和方法也得到相应快速进步。人们根据冲积扇发育构造背景建立了不同类型盆地的冲积扇沉积模式；依据进入盆地的河型以及沉积物粒度划分了扇三角洲、辫状河三角洲和正常三角洲；也可根据成分、位置、成因等地质标志划分滩坝类型，建立不同主控因素的滩坝成因模式；人们研究沉积物重力流（sediment gravity flow）类型划分（泥石流、颗粒流、液化流、浊流）、沉积机制和沉积模式（水道型、非水道型）；以悬浮载荷为主的异重流和以底床载荷为主的异重流沉积过程以及沉积特征研究得到人们的高度重视；碳酸盐岩礁滩沉积作用过程和主控因素以及沉积模式的建立有效指导了矿产（油气）资源的勘探发现，彰显了沉积学在国民经济可持续发展中的科学意义和战略价值。通过实施深海钻探计划（Deep-Sea Drilling Project，DSDP），研究全球气候与冰川演变；通过气候与地表环境以及海平面变化，开展深时研究；加强源-渠-汇系统研究，表明沉积物源（水系）、沉积过程与沉积结

果之间的动力学关系；关注碳酸盐岩台地沉积环境以及微生物岩（microbialite）、混积岩研究；高精度层序地层格架与河流、三角洲（陆架边缘三角洲）、重力流（异重流）沉积体系关系以及地震与事件沉积（海啸岩）、块体搬运过程与沉积；泥质沉积物形成过程和泥岩沉积动力学及其控制因素；中生代特提斯域沉积；沉积过程模拟（水动力跳跃、重力流底床形态等）和古地貌恢复；构造转换带与沉积物源、沉积体系关系；构造沉积学、火山沉积学与事件沉积学；地震沉积学[地震岩性学（seismic lithology）与地震地貌学（seismic geomorphology）]等的创新研究将有助于在新领域指导矿产资源综合勘探开发，为国民经济建设服务。

中国油气资源丰富，沉积环境与沉积相研究（特别是陆相沉积）在中国沉积盆地石油和天然气工业可持续发展中不仅具有重要的科学意义，而且具有重要的战略地位。中国东部断陷湖盆三角洲、滩坝、水下扇等多种类型储集体充填模式的建立推动了渤海湾盆地、松辽盆地岩性油气藏的勘探进程；松辽盆地、鄂尔多斯盆地、准噶尔盆地等浅水三角洲、砂质碎屑流模式的建立，拓展了湖盆中心岩性油气藏的勘探领域；前陆冲断带冲积扇、扇三角洲粗粒沉积模式的建立，推动了中国西部盆地大油气田的勘探发现；海陆过渡相三角洲体系的成因模式研究，推动了鄂尔多斯苏里格大气区的发现；细粒沉积与富有机质页岩分布模式的建立，推动了渤海湾盆地、松辽盆地、鄂尔多斯盆地、准噶尔盆地等致密油气与海相页岩气的勘探；碳酸盐岩台地礁滩沉积模式的建立，指导发现了四川盆地普光、塔里木盆地塔中Ⅰ号坡折带等大油气田（区）（吴崇筠和薛叔浩，1993；朱筱敏等，1994，2012，2013a，2013b；李丕龙，2003；马永生等，2007；王招明等，2007；邹才能等，2009；赵文智等，2012；鲜本忠等，2013；杨仁超等，2015；朱如凯等，2017；陈安清等，2017）。

随着油气勘探的快速发展，沉积环境与沉积相研究遇到了一些重大理论和方法问题，如沉积过程和沉积动力学、沉积作用与构造活动、事件沉积作用、细粒沉积环境以及水槽实验和多学科综合开展沉积环境与沉积相研究等。显然，加强沉积学研究对于寻找矿产资源，特别是油气资源具有重要的科学意义和战略价值。

二、学科领域的发展规律和特点

沉积学的发展经历了从简单到复杂、从单学科到多学科的发展过程，沉积环境与沉积相研究的发展规律及其特点与人类的生存和矿产资源（特别是油气资源）的勘探开发密切相关（朱筱敏，2008）。

近代地质科学的奠基者是英国著名地质学家莱伊尔。1830 年，他出版了具有划时代意义的《地质学原理》，建立了地质学研究的现实主义方法，成为地质科学领域各方面研究的指南。“现代是打开过去的钥匙”或“将今论古、古今对比”就是对现实主义的阐明。

沉积学作为一门独立的学科出现于 19 世纪后半叶。1850 年，英国地质学家索比首次使用显微镜对沉积岩进行研究。从此，沉积岩石学的研究领域由宏观深入微观，这是一个突破性发展。

1894 年，德国地质学家瓦尔特出版了《作为历史科学的地质学导论》，提出了现今被大家广泛使用的瓦尔特相律，使地质学及沉积学成为比较系统的地质科学。

1894～1931 年，沉积学进入专业化研究阶段。1913 年，美国经济古生物学家和矿物学家学会（SEPM）出版了《沉积岩石学杂志》第一卷，成为沉积学专业化的标志。1914 年，吉尔伯特利用水槽实验研究沉积作用机制。1926 年，艾特沃斯提出了符合流体力学规律、以 2 的幂次作为划分碎屑颗粒的粒级界限，以 2mm 直径作为砂的粒级上限。

到了 20 世纪，沉积环境与沉积相研究得到综合发展，特别是 20 世纪中叶以后，沉积学理论方法发展与矿产勘探利用密切相关，人类社会对油气资源的需求是沉积学发展的内在动因。例如，浊流学说的提出（Kuenen and Migliorini，1950）和完善（Bouma，1962）不仅促进了深水沉积研究的发展，而且在深水沉积区域发现了巨大的油气资源。

进入 21 世纪，沉积学已经成为系统研究沉积作用、沉积过程和沉积岩形成机理的一门学科。全球深海钻探、板块构造学说的兴起，多个重大地学研究计划等大大促进了沉积学的发展，成为沉积学发展的直接推动力。这一时期，人们加强了对深水沉积，如重力流、等深流、风暴流、深水潮汐等沉积作用的研究，加强了沉积环境与沉积相研究成果在沉积矿产资源（油气资源）勘探开发中的应用。其最大的特点是，与沉积学、沉积岩石学交叉的学科大量出现，如应用沉积学、层序地层学、地震沉积学、资源沉积学、环境沉积学、构造沉积学、事件沉积学等。除了诞生交叉学科外，还在理论的逐步完善，新概念的提出，新技术、新方法的发明应用，以及能源勘探开发成效等方面均取得了显著进展。

中国沉积学是在国外沉积学的影响下逐步发展起来的。近代通过自我创新，在陆相沉积体系研究方面取得了举世瞩目的研究成果，并有效指导了沉积矿产的开发利用。近年来，随着国民经济的快速发展和中国沉积学家的不懈奋斗，中国沉积学不仅追踪国际沉积学研究前沿，而且结合中国沉积盆地和现代沉积环境特征，在滩坝、浅水三角洲、砂质碎屑流、碳酸盐岩台地沉积理论和油气勘探等方面均取得了创新性成果，充分反映了我国沉积学与国际沉积学同步发展的态势（朱筱敏等，1994，2012，2013a，2013b；李丕龙，2003；马永生等，2007；王招明等，2007；邹才能等，2009；赵文智等，2012；鲜本忠等，2013；杨仁超等，2015；朱如凯等，2017）。

三、学科领域的发展态势及其与国际比较

当前国际沉积学领域的发展态势和主要研究热点包括：①陆相沉积环境；②滨岸与浅水沉积；③深水沉积与事件沉积；④碳酸盐岩沉积；⑤沉积过程与新方法（朱筱敏等，2019a，2019b）。

（一）陆相沉积环境

1. 风成沉积

近年来，沙漠沉积、风成沉积受到了极大重视，学者们根据沙漠中河流沉积、风成沙丘的沉积构造、沉积速率以及沉积作用对气候条件的指示作用进行了深入的研究。通过现代沙漠野外考察，结合塔里木盆地、撒哈拉沙漠、哈萨克斯坦伊犁河以及澳大利亚中部的遥感（remote sensing，RS）图像，记录分散河流体系（distributive fluvial systems）与相邻风成和湖泊沉积的关系，建立了一系列与基底岩性、气候等控制因素有关的沉积物搬运机制、沉积结构以及相分布的模式，定量研究沙丘聚集和侧向迁移的速度，以及风成和河流的交互作用（图3-1），并进一步提出10种半定量化的交互作用类型，反映了沙丘边缘沉积体系的复杂性，是一系列内因和外因的综合表现（Al-Masrahy and Mountney，2016；Bristow and Duller，2016；Hartley et al.，2016）。

2. 河流沉积

目前，河流体系研究的特点是注重对河流露头和现代沉积的观测研究，在河道类型的划分、河道演变与河型转换、河道沉积与河流砂体的建筑结构要素、河漫滩沉积、季节性河流与分支河流体系、河流沉积相模式、河流沉

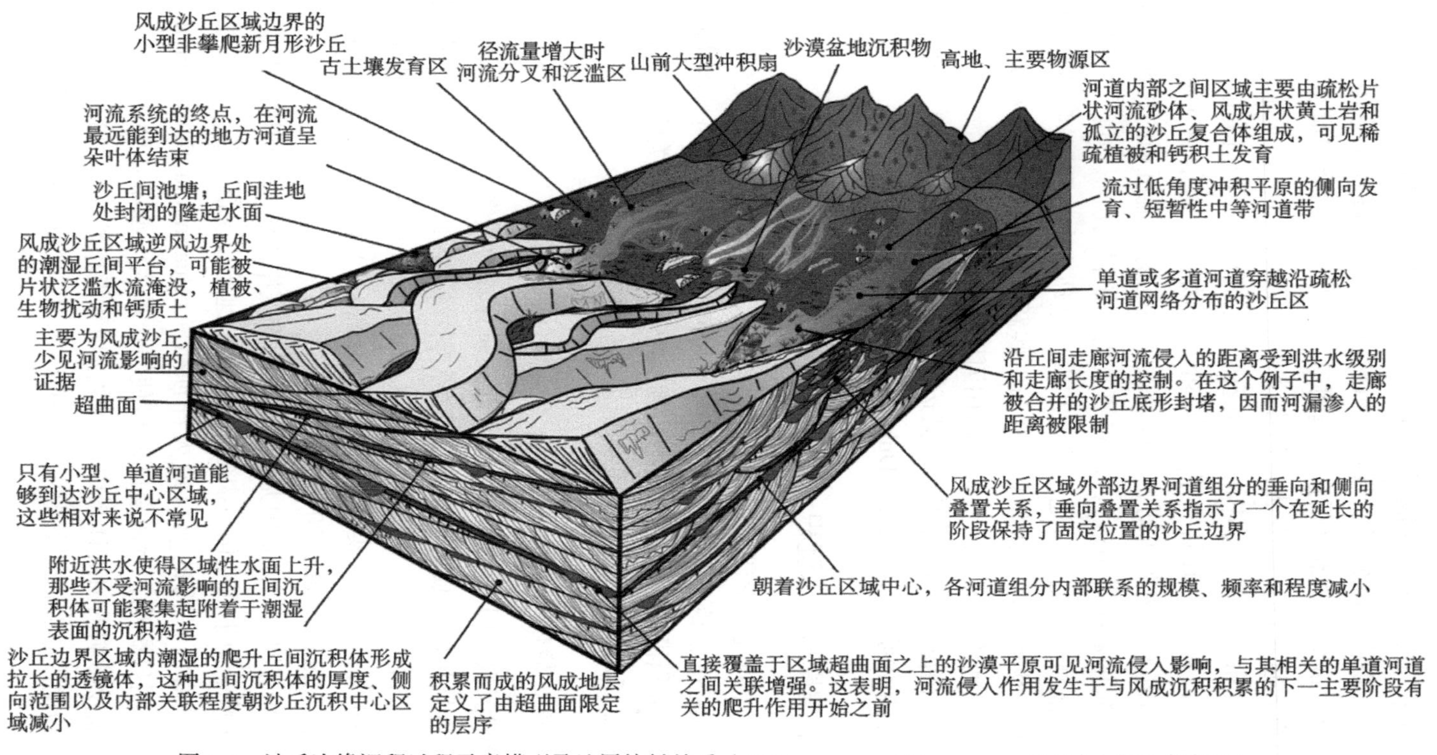

图 3-1　沙丘边缘沉积过程示意模型及地层接触关系（Al-Masrahy and Mountney，2016）（文后附彩图）

积学研究技术与方法等方面取得了重要进展。河道的演变受河道比降、流量变幅、河岸沉积物粒度构成、气候、植被以及构造沉降速率等多方面因素的影响，运用建筑结构要素分析法重建河道内大型地形的地貌形态是河型判别和河流相模式重建的正确方法。河漫滩是河流沉积事件记录最为齐全的部位，对河漫滩和天然堤、溢岸沉积和泛滥平原沉积层序的研究能够揭示更多古河流沉积过程和古环境、古气候和古生物方面的信息（张昌民等，2017）。人们也关注构造活动、气候及人类活动对河流沉积的影响。也有学者利用河流演化来探讨构造-古地貌的演化，如利用沉积厚度、粒度大小以及沉积构造推测河道宽度、地形坡度和水流流动速度，利用河道宽度来估算水量和沉积物供给。河流沉积相研究与一些新的技术方法密切相关，如应用遥感技术刻画河流点坝平面形态，运用河床实时观测数据（测扫声呐、多波束测深等）刻画河床底部沉积物质搬运的时空演变过程，利用水槽实验和数值模拟重建曲流河沉积特征等（Dubon et al.，2016）。

（二）滨岸与浅水沉积

作为传统的沉积学研究领域，滨岸与浅水沉积近年来再度受到沉积学家的重视，研究热点涵盖了海相滨岸带（无障壁、有障壁海岸）与陆棚区域的沉积作用和沉积机理，其中滨岸、陆棚及潮汐沉积作用的关注度较高；浅水（陆架边缘）三角洲沉积的研究受到重视。

1. 滨岸、陆棚及潮汐沉积

滨岸带沉积作用与沉积模式等方面的研究较为成熟，但近年来滨岸带沉积机理、定量化研究成为新的研究趋势与探索方向。研究认为，在宽陆棚（>200km）的背景下，波浪再悬浮（wave resuspension）作用与异重流（hyperpycnal flow）是陆架快速进积（150km/Ma）和沉积（0.53×10^{-3}m/a）的主要因素（Balila et al.，2016）。

潮汐作用在河口湾体系中尤为明显，影响滨岸潮汐沉积作用的因素诸多，包括构造沉降、海平面变化、物源供给、地貌地形以及沉积营力。同时，气候作用如台风对河口湾的河口最大浑浊带（estuarine turbidity maximum，ETM）具有明显影响，台风登陆时可使河口最大浑浊带宽度达 10km。在河口湾及受潮汐影响的河流体系中，潮汐沙坝和点坝砂体构型的时空分布与演化主要受到潮汐-河流能量强弱、波浪作用、降水量以及基底地形等因素影响（Choi，2016）。

2. 浅水（陆架边缘）三角洲沉积

浅水三角洲是当今三角洲划分的新类型（浅水三角洲和深水三角洲），在海相、陆相沉积盆地中均有发育，在中国油气勘探中占有重要的地位。例如，松辽盆地下白垩统泉头组、鄂尔多斯盆地上三叠统延长组、四川盆地上三叠统须家河组等重要油气产层均有浅水三角洲沉积。大型浅水三角洲的发育条件包括：平坦的古地貌或宽缓的斜坡环境，构造沉降稳定；古气候湿热和干旱周期性变化，植被发育；古水深较浅（<10m），湖岸线周期性进退明显；古物源供给充足，有大型的河流供源。浅水三角洲沉积多为牵引流作用下的细粒砂质沉积，具有较强的水动力条件；发育间断正韵律的分流河道砂体，河口坝较难保存；平面上沉积范围广阔且沉积亚相界线模糊，单层厚度较薄，剖面上无明显三层结构，以叠瓦状前积结构和席状地震相为特征（朱筱敏等，2012，2019a，2019b）。

自 20 世纪 90 年代以来，陆架边缘三角洲（shelf-edge delta）因其厚度大、分布面积广、储层物性好、常常与陆坡深水扇体伴生、成藏条件好等特点而引起了广泛关注，成为当前国际沉积学界的研究热点和油气勘探的新领域。陆架边缘三角洲一般形成于相对海平面下降或低位时期，主要受控于物源供给、可容纳空间和气候变化，并受到陆坡构造活动影响；也可发育在高位时期，受到波浪与潮汐的影响。利用陆架边缘迁移轨迹预测深水沉积和基于陆架斜坡发育模式预测深水沉积的模型，即强烈抬升的陆架边缘迁移轨迹、强烈加积的陆架斜坡发育模式，对应的深水区物质传输体系为泥质；水平-轻微下降的陆架边缘迁移轨迹、强烈前积的陆架斜坡发育模式，预示大量砂体被搬运至深水区；轻微抬升的陆架边缘迁移轨迹、加积与前积的陆架斜坡发育模式，指示深水沉积砂体发育介于上述陆架边缘迁移与深水扇预测模式两者之间（Gong et al.，2016；朱筱敏等，2017a，2017b）。

（三）深水沉积与事件沉积

1. 深水重力流沉积

现代，人们利用物理模拟、数值模拟和实地监测等技术方法对重力流性质、沉积过程、流体转化等多个方面展开了综合探讨。当今实地监测海底重力流（浊流）将成为研究重力流性质的重要发展方向。

近期，人们深化了对浊积岩沉积特征、混合事件层（hybrid event bed）沉积过程、浊流与底层（substrate）相互作用及流体转化过程的认知。浊流与底层相互作用包括5种过程：侵蚀、过路、混合、沉积及注入。浊流性质明显影响了浊流对底层泥岩的侵蚀程度。若浊流侵蚀相当规模的底层泥岩，紊流能力就会受到抑制，浊流向碎屑流转化，最终形成混合事件层。由于底层的侵蚀作用，浊流在沉积过程中也可在局部形成过渡性流体（谈明轩等，2016）。

沉积物沉积过程一度成为深水沉积体系的研究热点。其中，影响沉积物过路作用的因素包括粒径、坡度、规模及沉积物浓度。可借助多种数学模型对浊流中颗粒全部悬浮及其产生过路作用所需的剪切速度进行拟合，拟合结果对于定量计算富含不同粒度沉积物、具有不同沉积物浓度浊流产生沉积过路的临界坡度具有重要意义（朱筱敏等，2016）。

层内流作用仅存在于浊流与软泥质底层的相互作用中，主要表现为浊流进入底层泥岩内部以液化泥（fluid mud）形态沿底层层内流动的特征。典型的层内浊积岩表现为四段式特征，自下而上分别为富含泥砾石的砂质泥岩段（Ⅰ1段）、块状泥质砂岩段（Ⅰ2段）、含少量泥砾的砂质泥岩段（Ⅰ3段）及纯净砂岩段（Ⅰ4段）。

Shanmugam（2000）研究了重力流分类、沉积作用过程和深水重力流沉积模式，他认为以碎屑流为主的海底沉积模式可划分为两种类型，即有水道模式和无水道模式。经典的浊流在平面上呈扇形，水道砂体在剖面上呈孤立的透镜状，扇体在剖面上表现为厚层块状砂体；砂质砂屑流在平面上呈不规则舌状体，在平面上有三种形态：孤立的舌状体、叠加的舌状体、席状的舌状体，它们在剖面上分别呈孤立的透镜状、叠加的透镜状和侧向连续的砂体（图3-2）。

2. 极端事件沉积

极端事件沉积是沉积学研究的一个重要的、人们不太熟悉的领域，其发生频率一般较低，但通常与地震、火山喷发、洪水、海啸等地质灾害相关联，并且可以触发泥石流、海底滑坡、强侵蚀性浊流等次生灾害，这些灾害对人类的生存环境造成威胁，因此极端事件沉积的触发机制、沉积过程以及沉积特征逐渐受到广泛关注。随着观测、取样方法与实验手段的提升，极端事件沉积近年来也取得了较大的突破。

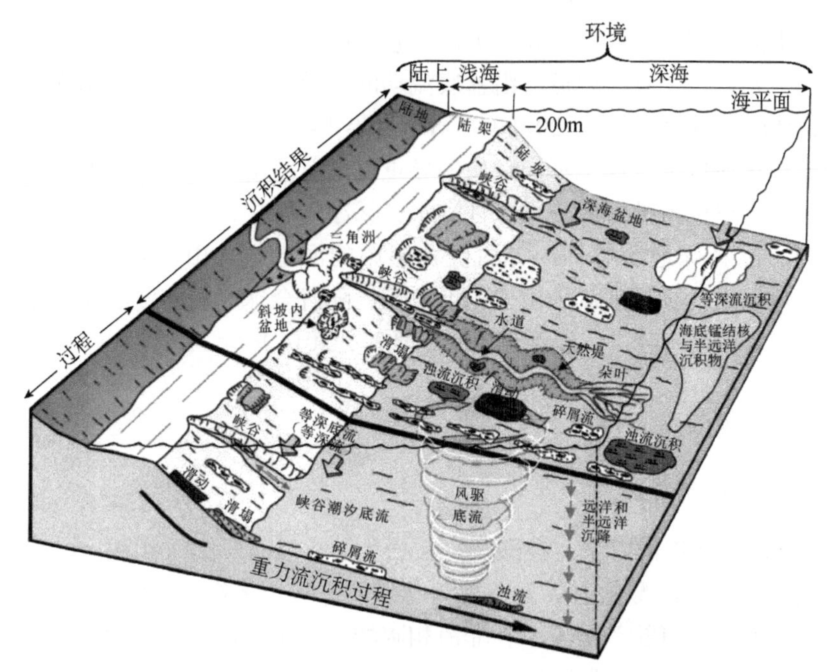

图 3-2　深水重力流（砂质碎屑流）沉积过程和沉积模式
（Shanmugam，2000）（文后附彩图）

通过野外露头观察和数值模拟相结合的方法对海啸沉积进行了探讨，指出海啸事件与风暴事件的发生频率相差较大，前者的周期为 14 000～35 000a，单次持续时间仅为数小时，而后者的周期一般为数十年至数百年，单次持续时间可达数天。

海底滑坡广泛分布在大陆边缘，多由海底地震、天然气水合物泄漏等触发，其沉积物通常以块体形式发生沉积，被称为块状搬运沉积（mass transport deposits，MTD），MTD 的结构单元包括滑塌头部、滑动底面、滑塌主体、滑塌后期浊流沉积。MTD 内部的岩石块体不仅可以来自物源区，还可通过 MTD 在搬运过程中对下伏的软沉积物进行侵蚀、卷席而形成。MTD 通常以（泥质）碎屑流为主，内部非均质性较强。

地震、火山作用发生于构造活动强烈区，是滑坡（陆上和水下）、海啸、浊流等事件性沉积的主要触发机制。因此，地震、火山活动可在这些事件沉积中得到记录。此外，地震、火山中心地区，通常形成一些可直接指示这些突发事件的特征沉积，如具有砂质液化脉的震积岩、火山碎屑岩等（Huneke and Mulder，2011；朱筱敏等，2016）。

异重流近期受到人们的高度关注，它是由河流供源、密度大于周围水体密度、主要以递变悬浮搬运、沿盆底流动的负浮力流体。在现代海洋沉积观测中，Huneke 和 Mulder（2011）在对全世界 147 条河流的调研中发现，71%的河流会从河口位置产生不同频次的异重流。总结出 6 种异重流形成的环境条件：①干热少植被地区的季节性洪水；②冰川融化；③融雪性洪水；④河坝决口；⑤特殊地质条件（如流经黄土塬的河水和火山泥石流等）；⑥飓风、台风在山区小型河流中诱发的洪水等。随着全球变暖和沙漠化加剧，异重流的发育频率将会进一步增加（朱筱敏等，2016）。

（四）碳酸盐岩沉积

1. 陆相碳酸盐岩

20 世纪 50 年代以来，碳酸盐岩在岩类学、岩石学、沉积模式、白云岩形成机理及深水碳酸盐岩等方面取得了重要进展（朱筱敏，2008）。南大西洋（如巴西、安哥拉等国家）在非海相碳酸盐岩中获得了巨大的油气勘探突破，使其成为国际沉积学界的研究热点（Barilaro et al.，2016）。

沉积学家利用沉积学、岩相学、能谱、同位素、地球化学等沉积学理论和现代分析测试技术，对石灰华露头的几何形态、内部结构、矿物成分类型、岩相特征、形成条件及沉积环境进行了分析，认为生物/非生物过程的组合是石灰华沉淀的关键，石灰华丘形建造的几何形态和相应沉积主要受控于环境与水动力条件。在干旱-半干旱气候条件下，玄武岩等基岩在风化作用下，可产生红色蒙皂石与微晶白云石（阶段 1）、粗粒白云石与菱沸石充填孔隙（阶段 2）、有利于白云石与方解石聚集的成土过程（阶段 3、4），总体上基岩的风化作用提供硅与富镁碱性水，利于菱沸石与白云石的形成（Barilaro et al.，2016）。在埋藏条件下，火山物质成岩蚀变，可以形成自生方解石和白云石及黏土矿物等蚀变产物。目前在中国准噶尔盆地西北缘二叠系风城组和二连盆地下白垩统阿尔善组火山岩屑质碎屑岩和火山碎屑岩中均发现了与火山物质蚀变产物伊蒙混层共生的白云石，形成的云质岩储层是目前复杂致密油气储层勘探的热点（Zhu et al.，2012；Zhu S F et al.，2017a，2017b）。

2. 海相碳酸盐岩

海相碳酸盐岩主要关注碳酸盐岩沉积环境、台地与生物礁的沉积特征和成因机制，研究热点主要集中于生物礁的生长模式与数值模拟、深水碳酸盐岩形成过程、微量元素分析与古环境恢复，以及碳酸盐岩台地地质和地震综合表征等方面。

层序地层学与碳酸盐岩沉积研究紧密结合开展研究，认为构造作用、岩浆作用控制的差异沉降、地层构型控制的差异沉降联合控制了礁体可容纳空间（礁缘为高可容纳空间，礁核为低可容纳空间），礁体可容纳空间的变化主要是受控于底部沉积物的压实作用，进而形成高差大、坡度陡的礁体进积样式。碳酸盐岩台地发育的进积型、向上变浅的碳酸盐岩序列底部的大规模生物建造是受包壳生物与钙质细菌影响的，中上部富蓝藻的、潮间-潮上带碳酸盐岩形成于可容纳空间减少的进积过程中。微量元素是较为可靠的古环境指标，古代浅水碳酸盐岩的微量元素具有高镁、铁（白云石），低钙、锶（砂岩），高铁、锰（硅质碎屑）及高钙、锶（灰岩）的组合特征（朱筱敏等，2016）。

3. 微生物岩和混积岩

微生物岩是指由底栖微生物群落（蓝细菌为主）通过捕获与黏结碎屑沉积物，或经与微生物活动相关的无机或有机诱导矿化作用在原地形成的沉积岩。目前研究较多、分布最广的是微生物碳酸盐岩，其种类繁多，包括叠层石（stromatolite）、凝块石（thrombolite）、树形石（dendrolite）、均一石（leiolite）、核形石（oncolite）和纹理石等。时代上可以追溯到太古代，中新元古代和早古生代的微生物岩最为发育（Riding，1991）。

微生物组分[包括胞外聚合物（extracellular polymeric substance，EPS）、微生物膜、微生物席（microbial mat）等]是微生物岩形成的生物基础和研究焦点。微生物及其群落的微观形态主要受到微生物内部遗传基因、微生物之间的竞争、太阳照射、沉积环境及成岩过程等因素影响；而微生物碳酸盐岩的宏观形态和巨型构造主要与沉积环境的水动力条件、碎屑沉积物的沉积等有关。一般情况下，微生物岩生长于温暖、清澈以及较浅的水体环境中。微生物碳酸盐岩在地史中有着广泛的分布，但其经历了从局部出现到广泛发育再到逐步衰退的演变过程，对于其发育与衰退的原因尚存在着争议（Riding，1991）。

混积岩属于碳酸盐岩和陆源碎屑岩之间的过渡类型，在我国分布较广。这里的“混积”是指陆源碎屑与碳酸盐沉积物的混合沉积。混合沉积可分为狭义的混合沉积和广义的混合沉积：狭义的混合沉积是指同层陆源碎屑与碳酸盐组分的混合；广义的混合沉积包括狭义的混合沉积和交替互层或夹层的陆源碎屑与碳酸盐层的混合。

Mount（1984）采用硅质碎屑砂、硅质碎屑泥、碳酸盐碎屑（异化粒）和灰泥（泥晶）四端元对混积岩进行分类命名。在对陆源碎屑和碳酸盐的混合作用描述的基础上，将混积岩的成因划分为4种类型：间接混合、原地混合、相源混合、蚀源混合。混积岩主要由碳酸盐及陆源碎屑成分组成，主要形成于具备陆源碎屑和碳酸盐矿物同时输入或交替输入的物源或地理条件。有利于混合沉积的沉积相主要是滨海、滨浅湖，其次是浅海陆棚、陆表海、三角洲等。

（五）沉积过程与新方法

1. 沉积过程

物理沉积过程涉及动力学机制及其影响因素分析。人们利用风洞实验探究密度比和粒子间作用力对风速阈值及风成沉积过程的影响，并认为其结论也可用于解释地球以外环境的风成沉积。细粒悬浮沉积物形成的紊流动力学机制研究表明，在迅速减速的流体中，沙泥混合物可塑造不同类型的底床形态（Burr et al.，2015）。

依据同位素示踪原理，可估算古水温、判断成因机制及成岩作用等。Immenhauser 等（2005）就“是否基于碳氧同位素数据来确定古海水温度”提出疑问。正常情况下，海相碳酸盐岩中稳定的氧同位素可用于估计碳酸盐胶结物析出时周围的古海水温度，但是否同样适用于封闭埋藏的流体环境，仍需要进一步探究论证。

2. 地震沉积学新方法

1998年，美国得克萨斯大学的曾洪流等在 *Geophysics* 上发表利用地震资料制作地层切片的论文，首次使用了“地震沉积学”一词，认为地震沉积学是利用地震资料研究沉积岩及其形成过程的一门学科。2001年，曾洪流等又将“地震沉积学”定义为利用沉积体系的空间反射形态和沉积地貌之间的关系研究沉积相、沉积岩和沉积建造的学科。2006年，朱筱敏认为，地震沉积学是以现代沉积学、层序地层学和地球物理学为理论基础，利用三维地震资料及地质资料，经过层序地层、地震属性分析、地层切片、分频处理、岩心和沉积相刻度研究，确定地层岩石宏观特征、砂体成因、沉积体系发育演化、储层质量及油气分布的地质学科（包含地震岩性学和地震地貌学）。

地震沉积学是继地震地层学、层序地层学之后的又一门由沉积学、地层学和地球物理学等学科交叉形成的边缘学科。有别于传统的地震地层学，它强调利用地震资料的横向分辨率（菲涅耳带）、特殊地震参数处理识别岩性，利用不同成因类型沉积砂体的地貌形态恢复沉积类型和沉积演化历史。目前，地震沉积学可细分为地震岩性学和地震地貌学。地震岩性学主要是建立岩性与地震速度关系，将三维地震数据体转换为测井岩性数据体，建立岩性测井与井旁地震道关系，以确保储层段井数据与地震数据的最佳匹配；地震地貌学就是依据不同沉积体系的几何形态和地貌特征，将经地震特殊处理的平面或立体地震数据体进一步转换成沉积类型，指出砂体成因和分布特征，分析沉积体系和砂体形态演化历史（曾洪流，2011）。

中国油气勘探已进入复杂油气藏（薄层、深层、非常规油气藏等）精细勘探阶段。在薄层砂体（砂体厚度小于 10m，甚至厚度为 1m）之中存有众多油气资源，目前采用常规地质学理论和方法识别薄层砂体是困难的，而当今地震沉积学却能通过地震岩性学和地震地貌学的综合分析，研究沉积岩性、识别薄层砂体、确定沉积类型及其演化。但由于地震沉积学起源于海相沉积盆地厚层砂岩的研究，而中国陆相盆地研究案例尚不充分系统，在中国陆相沉积体系和薄层砂体研究等方面还存在许多诸如砂体储层薄、横向变化快、成岩演化历史复杂、岩性-速度关系变化大、地震分辨薄层砂体难等科学和技术难题。当今世界油气勘探开发已面向复杂沉积盆地、复杂地区、复杂构造和复杂沉积类型，现代沉积学和地球物理技术的快速发展以及所形成的交叉学科——地震沉积学为勘探开发复杂勘探领域油气资源提供了新的途径（朱筱敏等，2017a，2017b，2019a，2019b）。

（六）中外沉积学研究差异浅析

国外沉积学系统研究始于 17 世纪中叶，研究历史悠久。随着沉积矿产的开发利用以及油气资源的发现，沉积学得到了快速发展，已经形成了完整的沉积学理论和方法技术体系。中国陆相盆地油气资源丰富，也不断形成了具有中国地域特色的陆相湖盆沉积学理论和方法体系。在研究方向方面，中国沉积学以应用型沉积学研究为主，河流、滩坝、三角洲和重力流沉积始终是其研究热点，深水沉积研究不断受到重视。在研究内容方面，中国沉积学研究偏重于沉积描述，缺乏系统机理性探讨。在研究方法方面，中国学者更多是利用钻测井、露头、地震及多种分析测试手段等传统地质学方法探讨古代沉积体系的沉积特征，国外学者开始尝试使用数学、物理、化学和生物等多种技术手段，结合古代沉积研究、现代沉积考察以及实地监测数据，使得沉积学研究变得更为系统化、多样化（Zhu et al.，2016）。

1. 碎屑岩沉积学发展对比

在碎屑岩沉积学研究方面，国外重点开展了海相、海陆过渡相沉积体系研究，已建立海相三角洲（建设性与破坏性三角洲、粗粒与细粒三角洲、深水与浅水三角洲）、海底扇（扇形与非扇形模式、有水道与无水道模式）等经典沉积模式，指导了海相、海陆过渡相碎屑岩沉积矿产勘探开发。自中华人民共和国成立以来，依据沉积盆地性质（断陷、拗陷、前陆），不断完善并建立了冲积扇、河流、三角洲、重力流、湖泊等沉积模式，特别是在湖盆浅水三角洲、重力流以及细粒沉积等方面取得了显著进展（Zhu et al.，2016）。

自 Postma（1990）明确提出深水与浅水三角洲分类后，中国学者明确了浅水三角洲的发育有利条件和沉积特征，建立了多因素控制的浅水三角洲沉积模式，指出浅水三角洲发育于湖盆演化晚期或不同类型湖盆的缓坡。稳定的构造沉降、平缓的地形坡度、频变的湖平面升降、充足的物源供给有利于浅水三角洲发育；浅水三角洲前缘常发育不同规模的分流河道砂体，砂体较薄但延伸远，由于物源和气候变化，三角洲平原与前缘面积可发生变化（朱筱敏等，2012，2013a，2013b）。

20 世纪 90 年代以来，随着重力流研究不断深入，经典鲍马序列和 Walker 扇模式以及传统的重力流沉积过程解释不断遭到质疑，砂质碎屑流等成因模式促进了深水沉积的创新性发展（Shanmugam，2000）。

中国中生代—新生代含油气盆地发育陆相重力流沉积。随着近年来油气勘探的深入及陆相湖盆中心多种形态、广布砂体成因机理的深入研究，人们认识到湖盆中心厚层块状砂体是砂质碎屑流成因，是三角洲前缘等砂体在洪水、地震等诱导因素作用下，通过重力滑动/滑塌、块状搬运、冻结式沉积而成的。砂质碎屑流沉积物呈不规则的朵叶状或舌状分布，无水道或不发育水道。同时指出，湖盆中央也存在经典浊流沉积（刘芬等，2015）。

20 世纪 80 年代以来，国外开展了系统细粒沉积研究，在生物化学和沉积机理等方面取得了重要进展，认为海（湖）平面变化、构造作用、沉积物源、气候变化以及盆地底形会影响细粒沉积相带的分布，并建立了多种沉积模式。国外关于细粒沉积模式的研究，主要集中于海相黑色页岩，已经建立了海侵、门槛和洋流上涌 3 种类型的沉积模式，认为海相黑色页岩的形成主要受物源和水动力条件控制，滞流海盆、陆棚区局限盆地、边缘海斜坡等低能环境是其主要发育环境。海相富有机质的黑色页岩形成需要两个重要条件：一是表层水中浮游生物生产力高，二是必须具备有利于沉积有机质保存、聚积与转化的沉积条件。"海洋雪"作用和藻类暴发是海相富有机质细粒沉积物的主要成因。陆相湖盆沉积水体规模有限，水体循环能力远不及海洋，富有机质页岩以水体分层和湖侵二种沉积模式为主（Malarkey et al., 2015）。

中国石油地质领域关于细粒沉积的研究特色是湖泊沉积，在湖泊成因与湖泊作用、湖泊相沉积特征、烃源岩分布等方面取得了创新成果，推动了中国陆相石油地质理论的建立。中国沉积学家根据湖泊的构造成因、地理位置和气候等条件以及沉积岩颜色、成分、结构、有机碳含量和化石等多种标志对古代湖泊沉积亚相进行划分，建立了湖盆细粒沉积分类方案与富有机质页岩发育模式（袁选俊等，2015）。主要研究成果可以概括为 5 个方面：第一，从石油地质观点出发，根据湖泊的构造成因、地理位置和气候（盐度）等条件，对中国中生代—新生代湖泊类型进行了划分，并系统研究了不同类型湖泊的沉积特征与生油能力。第二，从沉积环境与沉积特征解剖入手，根据沉积岩的颜色、成分、结构、构造展布和化石等多种标志对古代湖泊沉积亚相进行了划分，并预测了生油岩与储集岩的分布。第三，通过青海湖等现代湖泊考察，对湖泊物理、化学、生物过程、沉积作用特点、富有机质页岩的分布，以及早期成岩作用等进行了卓有成效的研究，深化了湖泊相的认识。第四，开展了以有机地球化学为主的沉积-有机相研究，揭示了生油岩中有机质数量、类型与产油气率和油气性质关系。第五，通过对鄂尔多斯、松辽、渤海湾等盆地细粒沉积解剖研究，初步建立了湖盆细粒沉积分类方案与富有机质页岩发育模式（袁选俊等，2015）。但总体来说，陆相湖盆细粒沉积体系研究目前还比较薄弱，亟须开展典型细粒沉积岩组构特征解剖，揭示陆相湖盆细粒沉积岩的分布规律与主控因素，建立细粒沉积体系成因模式。

2. *碳酸盐岩沉积学发展对比*

国外对碳酸盐岩的系统研究始于 20 世纪 60 年代，近年来在碳酸盐岩沉积环境（温度、水深、生物作用）、礁滩沉积模式等方面取得了快速进展。指出碳酸盐岩不仅可以形成于水温、水浅、水咸和水清的沉积环境，在较深水、低温以及陆相环境，特别是微生物参与下，也可形成规模碳酸盐岩沉积。在大量现代沉积考察基础上，国外学者已建立了不同台地背景下的碳酸盐岩沉积模式，明确了不同沉积相带的亚相与微相特征，系统分析了地质历史时期古生物生态学与生物礁演化特征（Mount，1984；Riding，1991；朱筱敏等，2016；Zhu et al.，2016）。

追踪国际先进的碳酸盐岩沉积理论，结合我国碳酸盐岩沉积特点，在碳酸盐岩岩类学、台地礁滩沉积模式等方面取得了一系列创新性成果，指出碳酸盐岩规模储层主要发育于蒸发台地、碳酸盐缓坡及台地边缘三类沉积背景。特别是在古老小克拉通碳酸盐岩构造演化与沉积过程（白云化作用）等方面取得了具有中国地域特色的研究成果，指出在小克拉通内部，由于断裂活动，可形成次级碳酸盐岩台地边缘礁滩沉积（沈安江等，2015）。

国外很早就开始重视微生物碳酸盐岩的研究。微生物碳酸盐岩是富有勘探潜力的古老碳酸盐岩地质体，主要发育于中元古代—侏罗纪，目前在震旦系—寒武系、侏罗系微生物碳酸盐岩中发现油气最多。我国大规模微生物碳酸盐岩多发育于下古生界前寒武系，微生物碳酸盐岩研究不断受到重视（Mount，1984）。碳酸盐岩台地沉积模式与应用研究已基本与国际接轨，微生物碳酸盐岩是下一步攻关重点。

3. 沉积学研究方法

国外的沉积学研究方法先进成熟，已经形成了包括现代沉积考察、数字露头与岩心、薄片鉴定与粒度分析、水槽模拟、数字正演/反演模拟、地震沉积学（包括地震属性分析）、沉积古环境恢复等方法技术体系。国内目前主要是在引进国外方法技术/软件基础上的开发应用，在现代沉积考察、软件开发、数字模拟与物理模拟等方面与国外存在一定差距（朱筱敏等，2016；Zhu et al.，2016）。

四、学科领域的关键科学问题、发展目标和重要研究方向

（一）关键科学问题

沉积学理论就是要阐明地球的沉积演化过程。当代地球科学正在不断地朝着全球化、科学化、综合化、数字化、信息化的方向发展。沉积学也将适应历史潮流，将沉积学置于全球沉积地质综合研究之中，加强全球和大区域的沉积作用机理，沉积作用与全球海平面变化、构造作用之间关系的研究。

除了构造沉积学、区域沉积学、地震地层学、层序地层学、事件沉积学以及天文沉积学等以全球变化为研究对象外，其他领域均有待于沉积学家从整个地壳演化的角度来重新认识沉积作用的规律和各种沉积现象，如大洋缺氧事件（oceanic anoxic events，OAEs）、大洋分层事件、气候突变事件、星球撞击事件、凝灰沉积事件、全球冰川活动事件、生物减少和灭绝事件，以及米兰科维奇（Milankovitch）旋回现象等。

在盆地沉积地质学研究中，海相碎屑岩和碳酸盐岩沉积体系、陆相湖盆沉积体系及其模式的建立，地球物理和模拟方法技术的应用，为沉积学理论发展和工业化应用提供了基础。中国发育多种沉积类型盆地以及碎屑岩和碳酸盐岩沉积体系，特别是陆相湖盆具有多物源、近物源、相变快、构造活动强烈、气候变化快、源-汇系统类型多和规模小、混源沉积发育的特点，给创新沉积地质学理论和技术带来了困难，也带来了发展机遇。今后，中国沉积环境与沉积相发展还面临着许多制约，包括：①大陆边缘（中国南海）现代沉积环境和沉积作用。大陆边缘构造环境与沉积环境之间具有多变的耦合关系，大陆边缘的演化与环境变迁、沉积作用类型及其沉积过程具有密切联系。通过大陆边缘构造环境与沉积环境之间关系的综合研究，基于源-汇系统思想，发展海相沉积学理论，建立不同构造演化阶段的海相沉积模式。②多类型陆相沉积盆地沉积过程和沉积相模式。中国发育裂陷、前陆、走滑等多种类型的陆相沉积盆地，不同类型的沉积盆地具有不同的结构特征，进而控制形成了不同的地貌单元。在不同的地貌单元中，沉积作用过程不同，会发育不同沉积类型的沉积体系（特别是混积和细粒沉积）。通过盆地类型和发育演化阶段的综合研究，建立具有中国特色的陆相沉积盆地立体沉积模式，完善陆相湖盆沉积学理论。③裂解克拉通碳酸盐岩沉积模式（礁滩和微生物岩）。中国古生代发育裂解（微小）克拉通沉积盆地，这种沉积盆地难以使用通用的碳酸盐岩沉积模式描述沉积过程和沉积类型，应该充分考虑克拉通的裂解过程及其对沉积地貌的控制作用，建立（微小）克拉通沉积盆地的碳酸盐岩沉积模式。

总之，加强沉积环境与沉积相基本理论、沉积作用机理研究及其研究成果在勘查沉积矿产中的实际应用，是我们发展沉积学的核心科学问题。

（二）发展目标

目前，国际沉积学仍将围绕资源、环境、灾害和全球变化四个方面开展创新研究工作。除了全球沉积和气候变化、全球古地理学、层序地层学、储层地质学、盆地分析研究和定量沉积学等不断发展和完善外，还出现了构造沉积学、气候沉积学、火山沉积学、地震沉积学等许多新的分支学科和交叉学科。

随着能源需求的增长和勘探技术的进步，中国沉积学家将追踪当前全球沉积学研究的三大热点（全球气候变化沉积记录、深水沉积与事件沉积、碳酸盐与微生物沉积），不断形成中国多类盆地背景下的粗粒沉积、宽缓湖盆浅水三角洲沉积、滩坝与混合沉积、湖盆重力流与细粒沉积、咸化湖盆微生物作用沉积（灰泥丘）、海相滨岸砂岩沉积、火山碎屑沉积、裂陷槽有机质沉积和碳酸盐岩台地沉积等沉积理论体系及其相关研究方法（朱筱敏等，2016）。

未来沉积地质理论和方法研究将会在以下几个方面得到发展。

（1）开展多类型盆地沉积动力学研究，恢复原型盆地的沉积面貌和古地理格局，发展构造沉积学。如何恢复重大构造变革期的多尺度沉积背景，如何说明中国不同类型沉积盆地地质背景、构造变革与沉积岩性、沉积相带的差异性，如何利用沉积学新理论解释古老深埋新地层砂体发育规律及其与深埋老地层砂体发育规律的差异性均是未来发展方向。依据中国不同类型盆地构造演化阶段特征，加强物源区母岩、汇水面积，沉积物搬运通道形成发育与定量刻画以及构造变化带对物源通道的控制，沉积区沉积类型与沉积响应特征等方面的综合研究（耦合关系研究），建立基于源-汇系统理论的湖盆沉积学理论体系；加强青藏高原、东亚、印支和印度板块地区再造山作用研究，了解不同级次构造活动与沉积作用之间的因果关系；加强不同构造背景、反映生物差异性沉积特征（特别是低等微生物碳酸盐岩）的碳酸盐岩台地模式（老地层常发育小礁大滩沉积模式，新地层发育大型生物礁滩沉积模式）研究，实现从静态碳酸盐沉积模式转变为活动构造与碳酸盐岩台地演化的动态研究，灰泥丘有可能成为继礁滩、岩溶之后又一个碳酸盐岩油气勘探的新领域；明确构造活动、生物差异性沉积与碳酸盐岩台地建造，生物作用与沉积（成岩）作用的关系。生物具有搬运和沉积作用，随着研究深入，沉积学在地球生物框架下将会产生一个新的分支学科——微生物席沉积学，以微生物席为研究对象，研究地球早期生命的演变，探索生物圈对水圈和大气圈的长时间影响。

（2）结合我国盆地类型和构造背景研究，形成具有中国区域特色的陆相沉积学理论体系。建立多尺度层序地层格架与沉积体系之间的关系，用源-

汇系统新观点说明沉积体系分布。加强海相、陆相盆地细粒与混积沉积体系特征和沉积动力学机理研究，形成粗粒沉积、宽缓湖盆浅水三角洲沉积、滩坝沉积、重力流等沉积动力学理论，详细研究沉积物侵蚀、搬运、堆积过程和机制及沉积环境效应；加强事件沉积学研究，即加强不同地质时期构造运动、古地震、古气候的突变、火山活动等诱发因素造成的正常连续沉积或不连续沉积序列研究，构造事件、地震事件等触发机制与事件沉积作用的相互关系研究；重视陆相湖盆深层细粒及有机质沉积过程、物质转化条件、作用机制以及微相划分、沉积模式研究，建立中国小克拉通盆地碳酸盐岩微地块沉积模式以及明确白云岩与微生物岩成因模式。

（3）多学科交叉渗透，开展综合定量沉积学研究。综合研究岩性组合、沉积构造、沉积序列以及地球物理响应特征，促使地质学由定性描述向定量研究发展；由过去的宏观沉积相研究细化到现在的沉积砂体和岩石相分析，系统探索砂体成因、沉积过程、控制因素等动态特征；现代沉积考察、水槽实验和数值模拟等将成为未来沉积地质学研究的重要手段，实验地质学的发展使地质学的研究从以野外观察、描述、归纳为主发展到归纳与演绎并重的阶段；鉴于我国陆相湖盆还存在诸如砂体储层薄、岩性-速度关系变化大、地震分辨薄层砂体难等科学和技术难题，应建立一套适合陆相盆地的地震岩性学新方法，创立各类陆相盆地的地震地貌学模式，建立不同类型陆相盆地地震沉积学研究规范；创新具有中国特色的测井沉积解释模型，发展测井沉积学研究理论、方法与技术，实现不同层次的沉积类型的有效识别和岩性油气藏高效勘探；多类型（深层、深水、深海）砂体及储层定量预测技术，这是未来沉积地质学研究的热点和难点。该技术关键在于建立正确的地质模型、数学模型及地球物理模型，采用多学科综合方法定量预测（深层）砂体规模及其物性等；发展和完善井震结合的砂体描述与构型技术，这是沉积地质学及油气勘探（包含海洋深水油气勘探等）的重要关键技术；利用测井和地震资料开展碳酸盐岩岩相古地理恢复研究，在地质资料稀少的情况下，发展碳酸盐岩岩石结构组分测井定量识别及碳酸盐岩岩相地震识别等多项新技术；在未来沉积地质学研究和油气勘探开发过程中，利用计算机和互联网技术，综合利用岩心、钻井、测井、试井、地震等各种资料进行沉积环境与沉积相研究，解决沉积相、砂体分布和储层物性时空分布问题，计算机建模技术和大数据分析将是沉积地质学研究中最复杂、最核心的技术（Zhu et al., 2016）。

（4）创新沉积学研究方法和开展实效应用。如何在少井、地震资料品质较差的情况下，创新研究方法开展盆地覆盖区定量沉积学研究；如何建立沉积相与矿产资源勘探开发之间的对应关系，以指导矿产资源的高效勘探开发。如何创新与沉积学发展密切相关的交叉学科，如深时沉积学、构造沉积学、气候沉积学、火山沉积学，地震沉积学等；如何面向未来人类生存问题，科学地研究人类生存环境。随着全球人口的快速增长，以及自然资源需求的增加，预示着地球历史研究中一个新的时期（第四纪后时期）即将到来。沉积学在预测自然突变（洪水、海啸及风暴等），恢复不平衡的自然系统（河谷、海滩等），控制和预测环境污染，勘探和开发矿产资源，处理城市垃圾和有毒物质，以及工程地质等方面将发挥重要的作用。

（三）重要研究方向

盆地沉积地质学研究，如跨越重大构造变革期沉积盆地的岩相古地理恢复，浅水三角洲和深水沉积砂体分布规律的新认识，碳酸盐岩及其白云化沉积新模式建立，细粒沉积学和富有机质页岩发育模式，地震沉积学分析技术、遥感沉积学分析技术、物理模拟和数值模拟沉积相建模技术、数字露头研究技术等新技术和新方法不断应用于沉积地质学的研究，为沉积学理论发展和工业化应用提供了支撑。

今后的重点研究领域或方向应该主要集中在以下几个方面。

（1）重大构造期、重大事件沉积环境与沉积相研究。将沉积学与构造地质学相结合，应用现代沉积学理论、技术、方法，通过层序地层格架、沉积结构构造、物源、重矿物、古环境、同位素年代学和旋回地层学等分析，从沉积碎屑记录、多种元素同位素、矿物和地球化学特征等多方面信息入手，重建不同历史时期的古气候与古地理格局，解决全球性黑色烃源岩与红层分布、不同级次层序界面分布、湖-海平面响应等基础问题。

（2）陆相盆地沉积动力学机制研究。根据中国含油气盆地构造背景特点，应用源-渠-汇成因动力学思想，分析盆地构造、古气候、古水文、古地貌特征，研究造山带剥蚀与沉积盆地的沉积过程、地貌演化、物源以及气候对沉积体的影响；分析单向水流、多向水流对砂体分布的影响，加强滩坝、浅水三角洲、陆架边缘三角洲、深水沉积、混合沉积等研究，建立多维变化、不同尺度的沉积体系模式。

（3）碳酸盐岩微地块沉积模式研究。根据中国小克拉通盆地发育特点，通过典型碳酸盐岩沉积体系分析，研究古老大型碳酸盐岩台地的建造和破坏过程，发展完善小克拉通盆地碳酸盐岩微地块沉积模式；解剖大面积分布的白云岩与微生物岩成因，解决白云石成因机理与分布预测等问题。

（4）细粒沉积与混积体系研究。细粒与混积岩岩性复杂，研究方法不系统，需要创新建立细粒与混积岩研究方法体系；通过海相、陆相典型细粒沉积、混积岩岩石学、地层古生物、元素地球化学等分析，研究细粒、混合沉积的地球化学特征与生物作用过程，建立统一的岩性分类体系；通过沉积物理模拟和数值模拟，明确细粒、混积岩沉积动力学机理，阐明富有机质页岩分布规律。

（5）多尺度沉积地质建模与高效油气勘探开发。中国沉积矿产勘探开发实践表明，沉积砂体构型和内部结构解剖成为储集体描述的重点。通过对沉积露头和密井网区资料的精细解剖，与现代沉积进行对比分析，加强水槽模拟实验验证分析，得到不同尺度沉积体构型的分布规律和地质统计学描述参数数据，建立标准化沉积模型，用于指导油气勘探评价预测。

五、学科领域发展的有效资助机制与政策建议

沉积学作为独立的地球科学分支，目前的重点和前沿仍将围绕资源、环境、灾害和全球变化四个方面开展研究工作。沉积学（沉积环境与沉积相）与能源矿产勘探开发密切相关。随着我国能源需求的增长和油气资源勘探向深层、深水、深海转移，我们将面临新的沉积环境与沉积相研究的科学和工程问题。针对我国当前在沉积地质学理论及方法技术方面的研究现状以及与国外存在的差距，我们应当追赶前沿、强基拓新、形成特色、不断前行。下列具体措施和建议供参考。

（一）加强精细基础沉积研究，创建中国区域特色的沉积学理论

精细的基础沉积地质研究包括露头精细沉积地质建模、岩心沉积精细观察描述、测井精细沉积识别、地震精细目标刻画，开展不同沉积条件下现代沉积环境、多边界条件的水槽实验和数值模拟实验，建立不同沉积类型和不同尺度沉积体系（沉积亚微相）模式等。深刻认识深层、深水、深海沉积砂体成因、分布特征和相关圈闭的有效性等，为深层、深水、深海沉积地质学学科和矿产资源勘探开发的发展提供依据。深层、深水、深海沉积地质学需要加强精细基础研究，只有做到理论体系化、基础重点化、研究精细化、领

域深入化、创新区域化，才能推陈出新，并建立中国特色的深层、深水、深海沉积地质学理论体系。

（二）学科交叉，坚持可持续性研究，创新发展新学科

学科交叉是创新中国特色沉积地质学的有效途径。应该瞄准深层、深水、深海沉积地质学的前沿科学问题开展可持续性研究，大数据、多尺度和多用户融合重建沉积古地理，追赶国际沉积学学科前沿，专注于某些前沿科学问题，持之以恒、坚持不懈地开展研究，定能在不远的将来，创新具有中国区域特色的沉积地质学理论和方法体系，创新沉积学与其他学科交叉形成的边缘新学科。

（三）设立国际合作交流基金，培养具有国际视野的高层次人才

我国矿产资源勘探开发利用已经取得了许多具有特色的成果认识，但是与国外相比在理论和方法技术方面还有一定的差距。从“百花齐放、百家争鸣”的学科发展角度，深层、深水、深海沉积地质学研究同样需要国家支持，需要扩大合作、增进交流和人才培养。积极开展国内外沉积岩石学和沉积学相关研究成果的学术交流，中国的沉积岩石学和沉积学，特别是陆相沉积学理论和研究方法必将得到更快与更好的发展，也必将对国际沉积学界以及整个地质学界做出突出的贡献。

在沉积地质学领域扩大国内外、科研院所、油气生产单位之间的交流与合作，除了可以达到相互学习、共同发展的目的，还可以降低风险，提高深层油气钻探成功率。从学科建设角度来说，引进新的战略思想、新的地质理念和新的软硬件设备，可以升华出更好的理论观点和技术方法，有利于高层次人才的培养。

（四）完善沉积学实验系统，强化前沿技术研究

我国矿产资源十分丰富，但地质条件复杂。深层、深水、深海的油气勘探难度很高，这就需要在不遗余力地改善传统技术方法的同时，进一步完善沉积学实验系统，加大前沿技术的研究，重视前沿技术在我国深层、深水、深海沉积地质学理论及油气勘探中的应用，确保国家能源安全，使得经济社会能够持续稳步发展。

（五）理论与实践相结合，实践推进理论发展

实践是理论的基础，科学的理论对实践有指导作用，要坚持理论与实践相结合。中国老一辈地质学家以扎实的地质理论基础结合多年石油勘探经验，建立了适合中国的陆相生油理论，先后发现了一大批油气田。未来深层、深水、深海沉积地质学理论和方法技术的发展一定要与资源勘探开发相结合，在实践中发现科学和生产问题，通过理论和实验研究解决勘探开发问题，推动高效资源勘探开发。一项新理论或技术的完善和成熟，都要经历研究—应用—再研究—再应用的良性循环过程。将沉积地质学新理论、新观点、新方法、新技术与中国地质条件相结合，有助于解决我国深层、深水、深海油气勘探实际问题，丰富和发展具有中国特色的沉积地质学理论与方法体系。

六、研究重点和展望

中国沉积学家在沉积学研究中发展形成了具有中国地域特色的陆相沉积学理论方法体系。中外沉积学研究对比发现，中国沉积学应充分发挥中国区域地质和陆相沉积研究的优势，重视露头、现代沉积和覆盖区地质、地球物理资料的解剖与应用，利用多学科理论和新方法技术，继续深入探索陆相沉积体系，如河流、三角洲、滩坝、重力流沉积机理，结合全球沉积学研究热点，如全球气候变化沉积记录、深水沉积与事件沉积、混合与细粒沉积、碳酸盐与微生物沉积，应用源-渠-汇沉积体系分析方法，研究造山带剥蚀与沉积盆地的沉积过程、地貌演化、物源以及气候对沉积体的影响，探讨陆相盆地沉积动力学机制。根据中国盆地构造背景，编制重大构造期、重大事件沉积古地理系列图件，重建不同历史时期的古气候与古地理格局，努力解决全球性黑色烃源岩与红层分布、不同级次层序界面分布、湖-海平面响应等基础问题；实现湖盆沉积过程和事件沉积研究的新突破，研究地质时期构造运动、古地震、古气候的突变、火山活动等诱发因素以及古地形的变化，探讨不同地质因素与重力流或事件沉积过程之间的关系，建立反映不同盆地背景的重力流或事件沉积系列模式；建立具有中国地域特色的碳酸盐岩微地块沉积模式，根据中国古老小克拉通盆地发育特点，研究古老碳酸盐岩台地的建造和破坏过程，探讨大面积分布的灰泥丘、白云岩与微生物岩成因，明确白云石成因机理与分布特征；深化细粒沉积与混积体系研究，创新建立细粒岩与混积岩研究方法体系，建立统一的岩性/岩相分类体系，研究细粒、混合沉

积的机械作用，地球化学与生物过程（多种沉积过程叠加）以及细粒、混积岩沉积动力学机理（细粒沉积学和混积沉积学）；不断深化现代沉积和露头沉积学、实验沉积学、地震沉积学、遥感沉积学、大数据技术、物理和数值模拟沉积学等新方法技术在沉积机理与砂体预测等方面的应用，不断促进沉积学由定性描述向定量研究发展，加强应用研究与沉积机理研究紧密结合，形成具有中国地域特色的沉积学理论和方法体系。

第二节　盆地动力学

一、学科领域的科学意义与战略价值

沉积盆地是人类最重要的资源宝库，蕴藏着丰富的化石能源、沉积矿产以及水资源。人类社会对矿产资源和水资源的大量需求推动盆地分析领域的快速发展，通过沉积盆地形成演化、沉积充填、变形过程和机制以及相关资源富集理论的系统研究，形成了一门新兴的学科——盆地动力学。盆地动力学研究不仅可以揭示不同类型化石能源、沉积型层控矿产、砂岩型铀矿和水资源等自然资源的分布规律，为矿产勘探提供直接依据，而且能为大地构造演化过程、重大构造事件、全球环境变迁及气候演变研究提供丰富资料和详细证据。

盆地动力学的研究内容就是以沉积盆地为对象，分析盆地形成及演化过程中各盆地要素的变化规律，由此再造盆地的发展史，并对盆地内各种沉积矿产资源做出合理的预测和评价，最终为能源资源及其他沉积和层控矿产的勘探和开发服务（李思田，2004a，2004b）。近年来人们对矿产资源的需求量增大和矿床勘查的难度增大，促进了盆地分析中多学科和多种手段的结合，沉积学、大地构造学、地球物理学、地球化学和矿床学等许多学科的进展及其与盆地分析互相渗透，使得盆地分析领域得到突飞猛进的发展。多学科联合研究和新技术的使用，促使盆地分析领域逐渐拓宽，当今盆地分析已进入盆地动力学研究阶段。沉积盆地动力学可以理解为盆地内充填物（包括沉积充填和地层流体）形成过程、演化机制及其控制因素分析，既包括盆地内沉积充填、流体形成演化及其控制机制分析，也包括直接控制和明显影响盆地沉积充填和地层流体的地球内、外动力地质作用及其动力学机制分析。盆地动力学的研究内容包括三部分，即以沉积学分析为主的盆地沉积充填研究、以构造作用分析为主的盆地形成演化研究和多学科交叉的盆地流体研究（解习农和任建业，2013）。

1. 盆地沉积充填研究

盆地沉积充填分析就是研究盆地内充填沉积物的内部构成、空间展布及其演变规律。一般而言，盆地沉积充填物分析包括两方面内容：一是充填沉积物的成因及其沉积作用过程分析，也就是沉积体系分析的主要内容；二是充填物的地层属性分析，强调充填物序列、地层格架及沉积体的空间配置，也就是层序地层分析的主要内容（王成善和李祥辉，2003）。近年来，层序地层学及精确定年技术提出了建立等时地层格架、确定盆地中沉积体系三维配置的理论与方法，大大推动了盆地沉积充填研究的发展（孙枢，2005）。构造地层学、事件地层学、层序地层学和地震沉积学等相关分支学科的密切结合，更好地揭示了各类构造背景下发育的盆地构造格架和层序地层格架，更好地阐明了构造、海平面变化和沉积物补给等各种因素的影响，也为资源勘查及有利储层与矿层预测提供了坚实的基础。

2. 盆地形成演化研究

盆地形成演化分析就是研究沉积盆地形成演化同期及其后期变形、反转的动力学机制及其演变过程，包括盆地与板块构造格架和地幔深部过程的动力学关系，盆地发展演化各个阶段的动力学背景、控制因素及其对盆地沉积沉降、能量场等多个方面的影响，盆地后期变形与反转的构造样式及其表现形式。许多沉积盆地的形成演化都是多重机制的联合（李思田等，1999），在盆地的不同演化阶段其主要控制作用各异，不同的区域地球动力学背景及复杂的板块活动重组事件往往形成复杂的盆地构造样式。

3. 盆地流体研究

盆地流体是指盆地内任何占据沉积物孔隙、裂隙和在其中流动的流体。沉积盆地作为一个动力学演化的整体，随着盆地形成及不断演化，地层流体形成并随之发生相应的流动，从而构成盆地演化过程中重要的组成部分。盆地流体分析就是试图揭示盆地流体活动以及相关的物理化学作用过程。盆地流体研究可以理解为在沉积盆地范围内，通过对温度场、压力场和化学场等各种物理化学场的综合分析，在流体输导网络的格架下，再现盆地内流体运动过程及其活动规律的多学科综合的研究领域（解习农等，2006）。地质历史时期沉积盆地的形成和演化经历了一个相当复杂的过程，同样地，盆地内流体运动也经历了一个复杂的过程。盆地流体活动是控制盆地中物质演变和能量再分配的主导因素，对各类矿藏的形成、聚集具有关键的控制作用。大型层控金属矿床形成过程中金属元素的活化、迁移和富集与盆地及深部的流体作用有关，油气生成、运移和成藏过程与盆地流体作用等有密切关系，因此，盆地流体分析成为油气勘探和某些层控金属矿床勘探研究的重要手段之一。

二、学科领域的发展规律和特点

（一）盆地动力学的发展历程

沉积盆地分析（sedimentary basin analysis）作为地质学中的重要领域，是地质学家以沉积盆地为对象，在沉积盆地及相关资源富集研究中所形成的理论和方法体系。从概念提出到分析原理和方法的系统化，已有数十年历史。追根溯源，沉积盆地分析经历了三个发展阶段。

1. 沉积盆地分析早期阶段

早在20世纪60年代初，波特和裴蒂庄出版了《古流与盆地分析》（1963年出版，1977年再版），率先提出了盆地分析的整体思想，并强调古水流体系在盆地分析中的重要性。随后Conybeare（1979）在《沉积盆地岩性地层分析》（*Lithostratigraphic Analysis of Sedimentary Basins*）中详细论述了沉积盆地岩性地层分析及其系统编图方法。沉积盆地分析的早期发展主要属于沉积学范畴，地质家着重于研究盆地的沉积充填特征和盆地不同演化阶段的古地理重建。

2. 沉积盆地分析综合研究阶段

20世纪80年代以来，沉积盆地分析体现了沉积学和构造地质学等多学科的综合，其研究内容和分析方法日益完善。一系列有关沉积盆地分析的著作相继问世，如Miall（1984，1990）主编的《沉积盆地分析原理》（*Principles of Sedimentary Basin Analysis*），Einsele（1992，2000）主编的《沉积盆地：演化、相和沉积输入》（*Sedimentary Basins: Evolution, Facies, and Sediment Budget*），Kleinspehn和Paola（1988）主编的《盆地分析新进展》（*New Perspectives in Basin Analysis*），Allen 和 Allen（1990）主编的《盆地分析原理和应用》（*Basin Analysis：Principles and Applications*），Lerche（1990）主编的《盆地分析中的定量方法》（*Basin Analysis：Quantitative Methods*）。另外，美国石油地质学家协会（American Association of Petroleum Geologists，AAPG）也组织编写了各类型盆地的系列专著，包括离散/被动大陆边缘盆地、克拉通盆地、活动大陆边缘盆地、前陆盆地和褶皱带、陆内裂谷盆地等（Edwards and Samtogrossi，1990；Biddle，1991；Leighton et al.，1991；Landon，1994）。此外，一系列动力学模型的提出大大推动了盆地结构与深部过程成因联系的研究（McKenzie，1978；Wernicke，1985）。我国学者早在 20 世纪 70 年代末和 80 年代就开始了断陷盆地分析，并形成独具特色的研究思路和方法体系，《断陷盆地分析与煤聚积规律》是当时这一领域的代表作（李思田，1988）。许多中国学者在陆相盆地和大型叠合盆地领域也出版了大量有特色的著作（Zhu，1983；李德生，1992；田在艺和张庆春，1996）。

3. 沉积盆地分析蓬勃发展阶段—盆地动力学研究阶段

20 世纪末期沉积盆地动力学学术思想的提出，使沉积盆地研究进一步深化。美国地球动力学委员会（USGC）聘请以迪金森（Dickinson）为首席科学家的专家组编写的《沉积盆地动力学》（*The Dynamics of Sedimentary Basin*）（Dickinson，1997），提出了具有前瞻性和指导性的沉积盆地研究纲要，突出了盆地分析的重大课题应与全球气候变化、流体流动和地球动力学密切结合。该纲要既强调了板块构造和地幔对流系统对盆地形成演化的控制作用，而且强调了盆地流体以及盆地中古气候古环境记录的研究。显然，盆地动力学成为地球动力学研究的重要组成部分，强调对于盆地不同演化过程与动力学机制的理解（Ziegler and Cloetingh，2004；Huismans and Beaumont，2011）。不难看出，从盆地分析到盆地动力学分析显示了研究重点从盆地基本要素及静态盆地分析转向盆地的过程、动力机制分析。

（二）盆地动力学的发展特点

人类社会对能源、矿产及水资源的大量需求，大大推动了盆地分析领域的快速发展，使得当代盆地分析不断从单一沉积学分析拓展到综合分析，从静态要素分析拓展到过程和动力机制分析，从定性分析拓展到半定量、定量分析，逐渐形成了盆地动力学的系统理论和方法体系。纵观盆地动力学的发展历程，其学科领域快速发展具有如下特点。

1. 地球动力学快速发展大大推动盆地动力学发展

特别是近20多年来，许多国际机构开展了多个与盆地分析相关的综合性研究项目。1989年3月，美国地球科学家提出了1990～2020年为期30年的具有科学导向的“大陆动力学”研究计划，其中大型沉积盆地的成因和演化是重要的科学问题之一（许志琴等，2008）。由国际地质科学联合会（International Union of Geological Sciences，IUGS）和国际大地测量与地球物理学联合会（International Union of Geodesy and Geophysics，IUGG）资助的国际岩石圈计划（International Lithosphere Program，ILP）将沉积盆地成因作为主要研究内容开展了持续20多年的研究，从1990年开始几乎每年召开1次工作会议（Cloetingh and Bunge，2009；Roure et al.，2010）。从2005年开始，国际岩石圈计划开展了以沉积盆地为主要任务的研究，如环极地沉积盆地（Kirkwood et al.，2009），非洲盆地及其大陆边缘沉降与隆升，墨西哥湾及拉丁美洲与环太平洋盆地动力学，中东、亚洲-澳大利亚沉积盆地动力学（Roure et al.，2010）。近年来国际岩石圈计划资助的TOPO-EUROPE计划开展的地球深部与地表过程研究也涉及大量盆地动力学研究内容（Cloetingh and Negendank，2010；Cloetingh et al.，2007）。此外，欧洲科学基金会（European Science Foundation，ESF）还资助了大量与盆地动力学相关的研究课题，如综合盆地研究（integrated basin studies，IBS）（Mascle et al.，1998；Durand et al.，1999）、欧洲探测之地质裂谷计划（EUROPROBE GeoRift）（Stephenson et al.，1996；Starostenko et al.，2004）、欧洲大陆边缘计划（EUROMARGINS）等。美国国家科学基金会（National Science Foundation，NSF）于1998年启动大陆边缘研究计划（MARGINS），该计划于2010年结束，随后于2013年正式启动“裂谷与俯冲带边缘的地球动力学过程”（Geodynamic Processes at Rifting and Subducting Margins，简称GeoPRISMS或称地学棱镜计划），其中涉及盆地动力学研究计划包括两个方面，即大陆岩石圈破裂（rupturing continental lithosphere，RCL）和源-汇系统。综合大洋钻探计划（Integrated Ocean Drilling Program，IODP）、国际大洋中脊协会（InterRidge）和地球探测计划（EarthScope）等也开展多项与盆地动力学或大陆边缘盆地相关的研究课题。近年来，我国也相继实施了“华北克拉通破坏”“南海深海过程演变”“特提斯地球动力系统”“西太平洋地球系统多圈层相互作用”4个重大研究计划，其中盆地动力学分析是这些重大研究计划中的主要内容之一。这些重大研究计划的实施，无疑为盆地动力学研究提供了许多相关信息和丰硕成果，特别是深部过程的突破，使得人们更宏观地从地球动力学角度审视沉积盆地的形成与演化过程。

2. 研究手段不断更新大大推动盆地分析从定性到定量研究的发展

高精度地球物理技术和方法不断更新。一方面，促进盆地充填研究从盆地级别的层序地层分析到储层级别的高精度层序地层或地震沉积学分析。近代在油气勘探中最具重要意义的是三维地震及其配套技术，如三维可视化等。目前三维地震技术已成为正确识别圈闭和储集体的最有力工具，也是地震沉积学研究的技术基础。另一方面，高精度的地球三维成像技术、地震层析成像技术等一系列研究地球内部的地球物理技术不断创新，使得整个地球深部结构影像分析精确度日益提高。利用天然地震和地球环境噪声进行表面波成像技术为从地表到地幔岩石圈的速度结构以及深部动力学参数反演提供可能。遥感、地理信息系统（geographic information system，GIS）、全球定位系统（global positioning system，GPS）等研究地球表层的技术也不断应用于地表形变分析。盆地模拟技术快速发展推动了盆地动力学模拟和定量过程模拟，如基于地幔对流模型的计算机模拟技术为定量地认识盆地形成演化过程提供了可能性，依据正反演对比和约束的有限元数值模拟技术可以再现盆地形成与演化过程。此外，针对盆地沉降史、热历史、成烃与排烃史模拟已在石油界成功地普及，目前的三维模拟系统则重点解决流体的运动和油气运移过程，再现盆地形成演化中的油气生成、运移和聚集过程。

3. 能源需求的快速增长带动盆地动力学更深入的理论研究和总结

目前我国油气资源在供求关系方面正面临严峻形势，在寻求多种渠道解决国民经济对能源需求快速增长的同时，最关键和最根本的问题仍然是找寻大型油气田和页岩气、煤层气等新的油气勘探领域。找寻大油气田的关键是在盆地中识别富生烃凹陷及其所控制的油气系统，没有富生烃凹陷就没有大油气田赖以形成的首要基础，而富生烃凹陷及大型油气系统的形成又有其特有的盆地动力学背景。数十年勘探历程的经验，使人们意识到只有开拓新领域才能找到更多的对可持续发展起支柱作用的大型油气田。显然，以需求为导向的目标驱动了盆地动力学的快速发展，反过来盆地动力学成果又重新认识了含油气盆地及其油气系统演化的动力过程，有效地指导了油气勘探工作。

三、学科领域的发展态势及其与国际比较

我国学者早在20世纪70年代末就开展了盆地整体分析，在陆相盆地和大型叠合盆地领域也出版了大量有特色的专著（李思田，1988；李德生，1992；胡见义和黄第潘，1991；田在艺和张庆春，1996；张国伟，2016）和相关的本科生及研究生教材（王成善和李祥辉，2003；李思田，2004a，2004b；解习农和任建业，2013）。近年来，我国实施了国家油气专项研究，如国土资源部启动的深部探测技术与实验研究专项（SinoProbe，简称深部探测计划），国家自然科学基金重大研究计划“华北克拉通破坏”“南海深海过程演变”“特提斯地球动力系统”“西太平洋地球系统多圈层相互作用”，以及科学技术部国家重点基础研究发展计划（简称973计划）等重大项目。其中，盆地动力学的分析均是其主要的研究内容之一，相继涌现出一大批优秀研究成果。近年来，盆地动力学的主要研究进展体现在以下几个方面。

（一）盆地形成演化研究进展

盆地形成演化分析包括沉积盆地形成演化同期及其后期变形、反转的动力学机制及其演变过程，以及盆地与板块构造格架和地幔深部过程的动力学关系。基于我国沉积盆地形成演化的特点，特别是含油气盆地的特点，将盆地与造山带作为统一系统进行研究，并考虑更大范围中板块的相互作用，将会揭示其统一的动力过程，其突出进展如下。

1. 重建大型叠合盆地演化史及动力学过程

板块构造理论虽取得了巨大的成功，但许多动力学过程并没有解决，特别是发生在大陆范围的动力学过程。盆地和造山带是大陆最基本的构成单元，在其时空演化过程的特定历史阶段中成对耦合，因此将盆地与造山带作为统一系统进行研究，并考虑更大范围内板块的相互作用，将会揭示其统一

的动力过程。我国西部盆地是板块汇聚及碰撞造山响应研究的最佳地域。在以往西部盆地研究认识的基础上（贾承造等，2005；金之钧和蔡立国，2007），近年来以周缘造山带非史密斯地层及沉积记录的解析为切入点，识别了洋盆、洋岛、海山等沉积地层序列，重建了洋陆作用与转化格局，进一步认识了西部典型叠合盆地的早期区域动力学体制（Lin et al.，2013；Dong et al.，2016）。以同造山-后造山期高分辨率碎屑沉积记录分析和不整合面分析为切入点，识别了陆内构造变形-造山阶段原型盆地大区域隆拗过程，在叠合盆地的定型构造及其驱动模型方面取得了新的认识进展（许志琴等，2008；林畅松等，2002，2011；李忠和彭守涛，2013）。总之，我国学者及石油地质工作者经过几十年的努力，通过造山事件和过程的精细定年、盆地中不整合界面与构造-地层对比，对塔里木盆地、准噶尔盆地、四川盆地等大型叠合盆地及其相邻造山带形成演化取得了一系列成果和新认识，对大型叠合盆地演化的动力学过程做出了合理的解释。此外，对我国中东部的秦岭、大别山、燕山等造山带及其周缘盆地形成演化，多年来也已取得丰硕的研究成果（张国伟，2016）。

2. 大陆边缘盆地动力学进展

大陆边缘是洋陆两大巨型地质、地貌单元的过渡地带以及地球物质循环交换的主要地区（Manatschal，2004；Lavier and Manatschal，2006），我国的海域位于欧亚板块、太平洋板块和印-澳板块的交汇地带，其演化受控于洋板块、陆板块的相互作用，是全球构造运动最为活跃的地带之一，也是地球系统动力学研究的前缘与热点地区。作为区域特色，在总体汇聚的区域板块构造动力学背景下，我国海域形成了主动型、被动型和走滑型大陆边缘的规律分布与有机组合，从中生代到新生代经历了从主动大陆边缘到被动大陆边缘、又从被动大陆边缘到主动大陆边缘的多次转换过程，岩石圈表层发育了各种成因类型的沉积盆地。1999 年春我国科学家领衔的南海大洋钻探，2000 年和 2007 年先后启动两轮海洋地质领域的“973”项目、2011 年启动的国家自然科学基金“南海深海过程演变”重大研究计划和多次国际、国内的专题考察航次，使得我国海域成了国际海洋科学研究的聚焦区，特别是 2014 年实施的 IODP349 航次和 2017～2018 年实施的 IODP367 和 IODP 368 航次，将我国大陆边缘盆地动力学研究推向了新的高点。晚中生代以来东亚大陆及其陆缘裂谷构造演化谱系的建立（Ren et al.，2002；李思田，2004a，2004b）阐明了中国东部和海域中新生代盆地演化的多幕裂陷和多幕反转过程，明确了南海处于该演化谱系的终端，蕴含着东亚大陆岩石圈伸展、薄化、破裂扩张过程的丰富信息（任建业等，2015；Lei et al.，2015；Lei and Ren，2016）。基于南海形成演化的动力学背景分析和陆缘盆地的详细解剖，人们已经认识到红河-越东-卢帕尔（Lupar）断裂是东南亚地区一个重要的构造界线，该界线将南海划分出两个构造特征和演化过程迥异的区域构造变形区（任建业和雷超，2011），即界线的西侧为印度-欧亚大陆碰撞所产生的“挤出-逃逸构造区”，界线的东侧为“古南海俯冲拖曳构造区”。不同构造区内陆缘盆地成盆主控机制迥异，“挤出-逃逸构造区”内有许多与大型走滑带有关的盆地，且受伸展与走滑运动双重机制控制，引起伸展的力主要来源于地幔物质的上隆，所谓的“转换伸展”成为该构造区成盆主控机制（李思田，2004a，2004b）。“古南海俯冲拖曳构造区”盆地主要受拉伸作用控制，在南海的北部陆缘形成了一系列的伸展盆地和边缘海海盆。发育在南海北部陆缘深水区/超深水区的大型拆离断层及其所控制的拆离盆地群是近年来南海构造研究方面的重要进展。这些拆离断层在跨越南海北部陆缘远端带与洋陆转换带的长电缆剖面和连片三维地震剖面上清晰显示出来，规模巨大，且位移距离长，向下延伸最终汇聚到地壳底界莫霍（Moho）面，与控制陆架浅水区盆地的高角度正断层形成鲜明的对比。研究表明，南海北部岩石圈在新生代期间经历了纯剪切变形控制的伸展、拆离断层作用控制的强烈薄化、剥离断层控制的地幔剥露和洋中脊扩张作用控制的裂解过程，且表明岩石圈伸展破裂过程不是理论模型所预测的“瞬时”过程，而是经历了阶段性明显的“非瞬时”伸展破裂过程，其中“地壳拆离薄化作用”是南海北部陆缘深水盆地成盆的主控因素（图 3-3）。大型拆离断层及其所控制的拆离盆地的发现（Yang et al.，2018；任建业等，2018），改变了传统深水盆地形成和演化为高角度正断层控制的认识（Xie et al.，2019a，2019b），为科学地评价深水或超深水盆地的油气勘探潜力提供了重要的理论基础，对于正在快速走向深水的中国海洋油气勘探具有重要的意义（朱伟林等，2013）。此外，南海北部大陆边缘裂后期异常沉降现象的揭示和机理的解释是我国大陆边缘盆地动力学研究的又一个重要进展（Xie et al.，2006）。McKenzie 模型是阐明伸展型大陆边缘盆地演化的最经典的理论模式，其探讨了岩石圈拉伸、减薄、盆地沉降、软流层上隆以及相应的热历史之间的定量关系（McKenzie，1978），作为裂谷盆地动力学模式被广泛采用，其最主要的贡献是将盆地的沉降区分出断层控制的、瞬时性的同裂陷期沉降和随时间呈幂指数衰减的热回沉作用控制的裂后期沉降。但是研究表明，南海北部大陆陆缘与经典的大西洋型被动边缘模式不同，裂后期仍显示了较强烈的构造活动，并有一系列构造热事件发生，表现为快速的构造沉降、幔源岩浆活动、新的断裂体系形成以及大规模盆地热流体活动（Mao et al.，2015）。南海北部边缘盆地构造样式虽然是伸展和离散的，但是发育在总体汇聚板块构造背景之下的非典型被动大陆边缘，其裂后期沉降是在总体热沉降背景之上叠加了周缘板块重组事件引发的边界应力作用和深部地幔动力作用，由此产生了一系列与经典被动大陆边缘形成鲜明对比的构造热事件活动。利用南海陆缘沉积盆地充填序列反演盆地沉降过程的方法可用于地幔动力学与岩石圈表层耦合关系的研究，是大尺度地球动力学研究的重要途径。

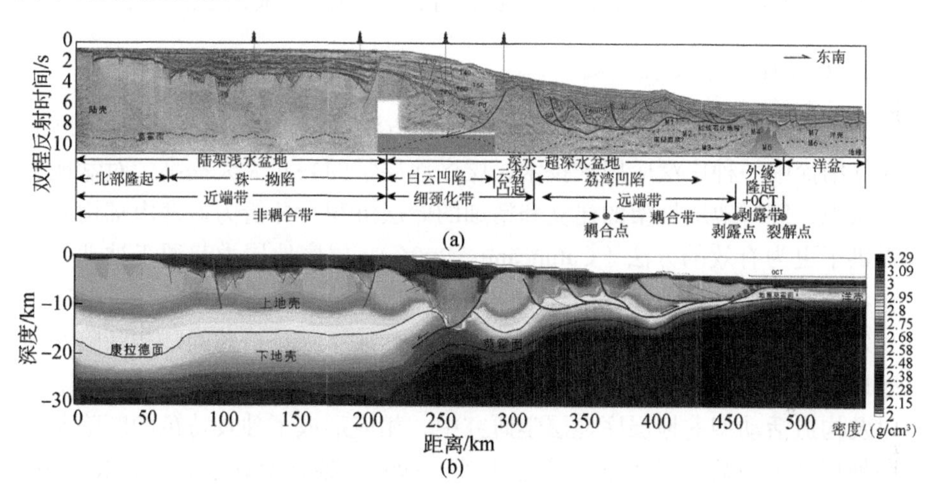

图 3-3 珠江口盆地被动陆缘构造样式及地层格架图（任建业等，2018）（文后附彩图）

3. 从地幔对流系统及深部背景进一步认识盆地的形成与演化

沉积盆地是岩石圈变形的产物，岩石圈的伸展产生裂陷类盆地，岩石圈挠曲则产生前陆盆地，但是大规模裂陷作用或挠曲变形的发生则需要地幔对流作用的参与（宋晓东等，2015）。岩石圈与地幔对流系统的界面，也就是软流层的顶界面是最活跃、最重要的界面，岩石圈的变形和这一界面的起伏呈耦合关系，并决定着沉积盆地的热状态。对沉积盆地形成演化有重要控制作用的地幔对流系统剧变的原因尚处于探索阶段。20 世纪 90 年代以来，天然地震层析技术的进步提出了地球深部结构的图像，其精确度虽较差，但为盆地深部的地幔对流系统研究提供了重要的资料基础。应用天然地震成像技术和岩浆岩岩石-地球化学方法对中国东部及海域中新生代板块俯冲、地幔流上涌、岩石圈减薄及破裂过程的研究成功地解释了晚中生代—新生代断陷盆地群、火山岩省和大型裂谷盆地的成因及演化，如针对中国东部地幔对流系统的研究成果为盆地动力学研究提供了深部背景。此外，“华北克拉通破坏”重大研究计划从深部地球化学及构造演变等角度揭示了渤海湾盆地及周缘构造演化差异性。

（二）盆地沉积充填研究进展

与盆地形成对应的沉积充填过程和层序发育演化是盆地动力学过程的响应。基于我国特色的地质背景及盆地类型，形成诸多的盆地沉积充填的研究成果及分析方法，如陆相盆地层序地层分析方法等。其突出进展如下。

1. *层序地层学发展迅猛*

20 世纪 90 年代，层序地层学的概念和方法逐渐形成完整体系，并已成为油气勘探中一种广泛应用的技术，层序地层学的兴起大大提高了对盆地整体的认识，等时地层框架的建立和精细的储层沉积学分析为盆地内部构成研究提供了更为有效的方法（Catuneanu，2006）。层序地层学起源于被动大陆边缘盆地的研究，我国学者结合中国陆相盆地的特点，有力地推动了层序地层学发展，突出体现在以下几方面：一是，形成了独具特色的陆相断陷盆地层序地层分析方法和流程。我国多数含油气盆地为陆相盆地，在陆相断陷盆地以及构造活动型盆地层序地层学研究中，相应形成了独具特色的断陷盆地层序地层学分析思路和方法（李思田等，1999；蔡希源和李思田，2003）；也提出了基于中国地质特色的概念和分析方法，如构造坡折带概念（林畅松等，2000）和古地貌恢复方法，成为陆相盆地层序地层分析的有效方法，并取得了良好的经济效益。二是，高精度层序地层分析方法有效地应用于油气勘探。我国的主力油田多已进入高含水阶段，勘探和开发井已达很高的密度，构造圈闭大多已被发现，找寻地层和岩性圈闭，特别是在凹陷区找寻岩性油藏尚有较大潜力。正是油气勘探工作的迫切需求，大大推动了我国高精度层序地层学发展，然而，由于陆相盆地地层年龄的确定非常困难，大大制约了高精度层序地层分析。由王成善教授牵头的国际大陆科学钻探计划（International Continental Scientific Drilling Program，ICDP）“松辽盆地大陆科学钻探”完整地揭示了大型陆相盆地充填演化系列，同时也构建了陆地白垩纪高精度层序地层框架（王成善，2016），为陆相高精度层序地层学研究提供了极好的范例。

2. 沉积体的地震沉积学精细解剖

近年来，依赖于高分辨能力的三维地震为主的地球物理技术和以找寻储集体为目标的高精度层序地层学和地震沉积学研究成为热点。地震沉积学业已形成的一整套思路和方法体系已经被证明是油气勘探中非常有效的工具，是地震地层学和层序地层学的进一步延伸与发展，其在识别沉积体系和储层的几何形态、内部构成及定量预测储集性能等方面成效显著。目前油气勘探开发中广泛采集的三维地震资料，为在沉积盆地内进行地震沉积学的研究提供了前提条件，地震沉积学的应用将促进储层和烃源岩的研究达到更高水平，并有望在隐蔽油气藏的找寻上做出重要贡献。

3. 深水沉积学进展明显

20 世纪 90 年代以来，越来越多的证据也揭示了深海沉积作用的复杂性（Stow and Mayall，2000；Hernandez-Molina et al.，2011）。随着近年来我国海洋调查及深海油气勘探深入，我国学者也相继报道了我国南海发育的复杂的深水沉积体系（汪品先，2009a），如珠江口盆地复杂的陆架陆坡沉积体系及沉积样式（图 3-4）（Lin et al.，2018）。我国相继在珠江口盆地白云凹陷和琼东南盆地陵水凹陷深水区取得了天然气勘探的重大突破，如深水海底扇和深水峡谷储层（王振峰，2012；Su et al.，2015）。在现代海洋中，常沿大陆边缘形成大型等深岩丘或等深岩席等一系列与洋流相关的沉积体。近年来涌现了大量等深流沉积实例的报道，同时等深流沉积形成与演化机制，以及与其相关的全球洋流系统也得到了系统的探索（Chen H et al.，2014，2016）。针对南海洋陆演化过程在其大洋钻探历史中首次采用连续两个航次（IODP367 和 IODP368）的方式，对该地区实施了 7 个站位钻探了 17 个钻孔，总钻探深度达 7669.3m，在其中 6 个站位成功获取 2542.1 m 具有极高科学价值的沉积物、沉积岩、玄武岩和变质岩等宝贵岩心，相信一批新的成果将会迅速涌现。

（三）地球表层动力学与源-汇系统研究进展

基于“从源到汇”和“隆升-剥蚀-气候”过程，探讨盆地沉积充填和层序发育对盆地整体动力学的响应过程，这是当前盆地动力学研究的一个热点方向（Lacombe et al.，2007）。

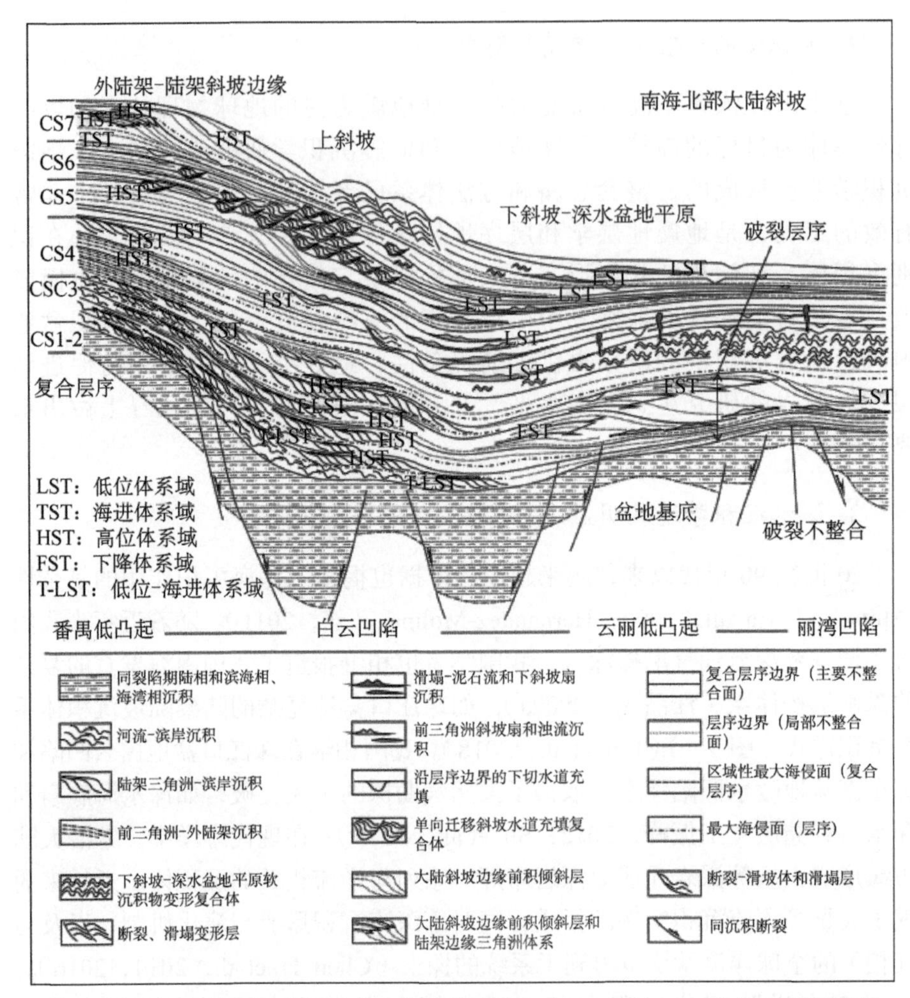

图 3-4　珠江口盆地被动陆缘沉积构成及充填样式（Lin et al.，2018）（文后附彩图）

地球表层动力学研究的快速发展，深化了源区剥蚀过程及其对深部响应过程的认识。沉积物源的供给量变化对沉积盆地的充填过程具有深刻的影响。物源区的剥蚀过程及剥蚀速率研究是沉积盆地分析所要涉及的重要科学问题。在物源区研究中，构造-气候-地球表层过程的系统分析成为这项研究的关键问题。地球上起伏不平的山脉反映了构造抬升和剥蚀作用之间最密切的相互作用，尤其是在活动汇聚山链中，山坡的垮塌、河流的下切、冲沟的形成及其他灾变事件，这些剥蚀作用控制了岩石圈表层岩石的分解和卸载，进而强烈地影响着变形作用的速率和方式。沉积盆地作为造山带物源区卸载物质的堆积场所，物源区的构造和剥蚀演化过程对盆地构造和沉积演化具有重要作用。近年来，我国学者在中生代以来的造山过程、气候变化等及其对沉积物源的影响方面开展了广泛的研究。低温热年代学研究表明，青藏高原新近纪强烈构造活动主要分布在青藏周缘的藏南、西昆仑、阿尔金、藏东及川西等地区，并具有大体同时性，集中表现为13～8Ma期间和5Ma以来的两次快速和重大隆升期（Harrison et al.，1992；Coleman and Hodges，1995；张克信等，2008），这一过程与盆地内快速充填具有很好的耦合关系。

源-汇系统研究进展迅猛。沉积物从山区剥蚀到河流搬运输送到汇水盆地（湖泊或海洋）经历了一个复杂过程，地表受到侵蚀的沉积物和溶解物质通过一系列相互连接的地貌环境单元，沉积或沉淀在冲积平原、海洋大陆架或深海平原上，这套相互连接的地貌环境地貌单元构成了源-汇系统。源-汇系统分析就是分析从剥蚀区到沉积区各种外来的和内在的控制沉积物分散的各种因素共同作用导致的这套相互连接的地貌环境单元的动力学过程及其响应机制（Sømme et al.，2009），是地球系统科学中复杂的组成部分之一。源-汇系统研究构成了沉积学领域一个新的方向（汪品先，2009a）。有关“源-汇”的概念提出较早，但系统性的研究工作是近20余年开展起来的。许多重大的国际地球科学计划设立了有关源-汇系统的长期性研究课题。例如，美国国家科学基金会海洋学联合会（Joint Oceanographic Assembly，JOA）组织的“大陆边缘计划”，把源-汇系统列为近十年的四大重要研究领域之一。在我国，尽管对地球表面大型的源-汇系统的系统性研究处于起步阶段，但我国一些学者已经注意到“源-汇系统”的重要性，特别是针对物源供给对盆地沉积充填过程影响方面的研究，取得了较多的进展。例如，在我国西部中、新生代陆内前陆盆地中造山带物源体系与前陆盆地沉积充填关系，中国东部的中、新生代断陷盆地古隆起物源与沉积充填过程等方面的研究取得了一系列重要进展。这些研究多集中于含油气盆地，紧密结合了有利储集体分布的预测。中国沉积学者较早就在断陷盆地的研究中注意到了“源、沟、扇”成因关系的分析，并应用于砂岩油气藏的预测（潘元林和李思田，2004）。近年来，在我国海域，特别是南海的陆架边缘到深海盆地的源-汇系统研究也取得了许多重要的进展（林畅松等，2015；Jiang et al.，2015；Shao et al.，2016；Lin et al.，2018）。总体来看，这些研究或局限于物源体系，或过分关注其与油气成藏要素的关系，并未将这些局部地质问题扩展成一种源-汇系统及其相关普适的地质机理，如沉积盆地充填动力学示踪气候变化、沉积盆地充填过程反演重要山脉地形地貌演化等，仍需多学科队伍联合制定长期的研究纲要。

四、学科领域的关键科学问题和重要研究方向

（一）盆地动力学研究的关键科学问题

沉积盆地是人类最重要的资源宝库。当今人类社会正面临环境、资源与灾害问题的严峻挑战，要获得对人类社会繁荣发展至关重要的能源资源就需要更深入地研究盆地，盆地动力学研究具有广阔的应用前景。我国具有复杂的大地构造背景和独特多样的盆地类型，已有的大量盆地研究多数为局部的、零散的，这些独具特色的盆地动力学的整体性和全面性认识尚显不足，特别是跨学科综合研究尚较为薄弱。因此，我国今后相当长时期内盆地动力学分析有必要强调系统性和多学科的综合研究。其中两个关键科学问题是“汇聚背景不同构造域盆地动力学演化过程及其沉积响应”“东亚源汇系统：从造山带到边缘海”。

（二）盆地动力学的重要研究方向

1. 复杂多期叠合盆地及大陆边缘盆地动力学过程及其沉积响应

中国地域辽阔，沉积盆地类型多样，构造作用复杂，因此，基于不同类型盆地，特别是复杂多期叠合盆地及大陆边缘盆地动力学过程及其沉积响应一直是地球系统动力学研究的前沿问题。本方向将以中国独具特色的复杂多期叠合盆地及边缘海盆地为重点，研究这些盆地形成演化动力学过程及其资源环境效应。随着我国油气勘探向海相、深层、非构造及深水等复杂领域的纵深拓展，深水沉积学及有效储层识别是海上油气勘探的关键。中国海域盆地，特别是洋陆转换带盆地发育机制和分布规律是目前研究相对薄弱的领域，海域盆地陆架-陆坡形成和演化、深水扇发育和分布、陆架三角洲沉积体系和大型峡谷系统的发育机制及分布规律，这些研究将有助于开拓我国海域油气勘探新领域。

2. 基于不同构造属性盆地层序构型多元化体系及沉积体系精细刻画

层序地层学及精确定年技术不仅提出了建立等时地层格架、确定盆地中沉积体系三维配置的理论与方法，而且大大推动了沉积充填整体性的研究。以中国大陆和海域典型盆地的研究为重点，采用层序地层学、事件地层学、构造地层学和地震沉积学等相关分支学科的密切结合，查明各类动

力学背景下发育的盆地的构造地层格架和高精度层序地层格架。努力探索沉积盆地充填地层的精确的定年技术，以解决高精度地层对比、沉积速率、地层间断的时间和剥蚀量的确定等一系列沉积充填动力学研究中的关键问题。在中国东部油田开展以找寻储集体为目标的高精度储层层序地层学和地震沉积学研究，深化高勘探程度盆地内隐蔽油气藏勘探的理论与技术方法。

3. 物源区地貌演化和源-汇系统

沉积物从山区剥蚀到河流搬运输送到汇水盆地（湖泊或海洋）经历了一个复杂过程，地表受到侵蚀的沉积物和溶解物质通过一系列相互连接的地貌环境单元，沉积或沉淀在洪积平原、海洋大陆架或深海平原上，这套相互连接的地貌环境单元就构成了源-汇系统。本方向以中国的造山带为天然实验室，特别是以造山过程活跃的青藏高原和台湾周缘的沉积盆地为研究对象，开展源-汇系统方面的研究，通过物源区地貌演化、连接物源区和沉积区的沉积物输导系统以及沉积区的多学科综合研究，可以更好地揭示地球表层动力学过程及其气候演变。

五、学科发展的政策建议

我国盆地动力学研究正处于历史的最好时期，在建设创新型国家总体布局下，我国盆地动力学创新发展进入新的阶段。加强盆地动力学的学科前沿探索，着力源头创新能力的培育，相信在盆地动力学领域一定能取得重要进展与突破。主要政策建议如下。

1. 加强盆地深部过程分析

板块相互作用和地幔动力过程是盆地形成演化最重要的控制作用，因此，对盆地深部过程的认识是盆地动力学研究的关键，同时也是研究的难点。近年来，岩石圈变形复杂动力学过程模拟、深部探测计划实施、各种地球物理方法及新技术研制，大大加深了人们对盆地深部过程的理解，但仍需加强原创性重大科研仪器设备和平台研制，提高各种观测和探测方法的精度，为科学研究提供更有效的手段和工具，提升盆地动力学的原始创新能力。

2. 加强源-汇系统分析

源-汇系统中保存了丰富的从山地到盆地的整个地球表层动力学过程的信息，也是深部岩石圈动力学过程与地球表面物理、化学与生物及气候条件等相互作用的产物，因此源-汇系统研究涉及沉积学、地球化学、气候学等多学科的相互结合与融合，也是当前国际地球科学领域中一个人们广泛关注的课题。我国发育多个源-汇系统，如从青藏高原到西太平洋边缘海就构成了独具特色的东亚源-汇系统，相信这一研究内容能为世界沉积盆地动力学研究提供普世机制。

3. 积极申请以盆地动力学为主题的重大计划或重大项目

一些国际组织开展了与盆地动力学相关的大型研究计划，如由欧洲科学基金会资助的综合盆地研究、欧洲探测之地质裂谷计划等，而我国至今还没有以盆地动力学为主题的重大计划或重大项目。尽管已有大量盆地动力学研究成果，但较为零散和碎片化。实际上，我国沉积盆地大多位于特提斯和西太平洋两个构造域范围内，具有独特的构造背景和地质现象，也存在诸多科学问题。我们有理由相信，以盆地动力学为主题的重大计划或重大项目将大大促进我国沉积学与各学科融合，推动中国沉积学快速发展。

第三节　古地理重建

一、学科领域的科学意义与战略价值

古地理（paleogeography 或 palinspastic）的概念最早来自 1872 年（Hunt，1872），被定义为利用古植物学和古动物学系统研究地质历史时期的地理学科。随后，它被定义为古生物地理学（paleobiogcography）（Willis，1910）。早期的古地理概念强调古环境。直到 Wegener（1912）提出著名的大陆漂移学说以后，古地理才具有了真正的活动含义，其研究范畴得以大大地拓展，越来越多的地质科学家加入其中。古地理学逐渐成为地质学的重要分支，其内涵为研究地质历史时期地球表面的自然地理，既描述地球过去的大陆轮廓、纬度、地形起伏、气候、生物等，又对岩石圈、大气圈、生物圈和水圈

历史面貌进行综合研究，涉及古生态、古环境、古气候、古海洋以及古生物等方面，是一门综合性的地球科学。例如，根据化石的性质，推测生物原先栖居的环境；根据沉积岩的成分、粒度和结构，推测当时水盆地的地形形态和深度；根据古地磁学的研究，判断岩石形成时的古纬度和古地磁极的变化；用同位素方法推测古海洋温度等。相应的古地理图则是对某个时期某个范围内各种地质地理现象特征的具体表达。

古地理学的科学意义和战略价值在于：再现地球表面系统过去的状态，为地质学、地理学、海洋学和气候学等研究提供一个理想的框架约束；科学认识现代地理环境的本质特征，预测未来地理环境演变的趋势，并提出合理利用、改造环境的正确对策；对某一地质时期某个地区的古地理研究（如古地貌、古水深、古水温、古盐度、古水化学成分、沉积物组成、粗细变化、搬运方向等要素），有助于揭示油气、煤矿、铀矿和有关的残积风化矿床以及地下水等矿产资源的成矿规律、形成条件和分布规律，指导矿产资源勘探开发，为国民经济建设服务。

二、学科领域的发展规律和特点

古地理学科的发展先后经历了前板块构造理论期、板块构造理论期和大数据古地理重建期。前板块构造理论期，即第一代古地理编图时期，可追溯至 19 世纪末 Suess 提出的特提斯洋和冈瓦纳大陆（Suess，1893，1906）。Haug（1900）编制了标有非洲—巴西古大陆—澳大利亚—印度—马达加斯加古大陆的世界地图，拉开了古地理重建的大幕。最具有跨越意义的是 Wegener（1912）提出了大陆漂移学说，第一张泛大陆古地理再造图诞生。第一代古地理编图主要基于地层学、古生物学的资料（King，1962），缺乏足够的定量证据约束，特别是对于大陆漂移学说，诸多学者强烈反对（Cole，1922；Coleman，1925；Jeffreys，1976），因此可以说是在争议中度过的。板块构造理论期，即第二代活动古地理编图时期，具有精确定位作用的古地磁学的广泛应用，以及深部地球物理揭示了板块构造动力机制（如地体构造的提出增进了对造山带和大陆地壳生长的理解），使板块构造理论在争议中被大量科学证据证实而大获全胜（Fisher，1953；Clegg et al.，1954；Creer et al.，1954；McElhinny and Luck，1970；Smith et al.，1973；Scotese et al.，1979，1980），实现了古地理重建从定性推断迈入精确定量约束的阶段。美国科学家斯科泰塞（Scotese）教授领衔的“PALEOMAP Project”（古地理图项目），是当今最为系统的全球板块构造古地理重建工程之一，重建了1100Ma以来的洋、陆分布及盆地的板块构造演化，并通过一系列彩色的二维和三维古地理图件展示了古陆高程、古岸线和古气候带的变迁，还预测了未来板块的位置，形成了公开的数据库及互联网展示平台（具体参见http://www.scotese.com）。欧洲科学家托尔斯维克（Torsvik）和考克斯（Cocks）教授同样长期致力于板块构造全球古地理重建研究，以古地磁为基础重建了板块分布与演化历史，并最终出版了*Earth History and Palaeogeography*一书。澳大利亚穆勒（Müller）教授的EarthByte团队不但融合了海量的地质和地球物理数据重建四维板块构造地球模型，还开发了开源古地理信息系统软件平台GPlates。从2006年以来，GPlates集合了来自悉尼大学、加利福尼亚理工学院、奥斯陆大学和挪威地质调查局的相关国际科学家和软件开发人员，逐渐成为最受欢迎的主流古地理重建、数据共享和可视化平台。上述当前的主流团队目前都转向基于GPlates平台开展古地理重建，他们利用多学科的定量和定性双重约束重建了不同版本的全球活动古地理演化图。这标志着古地理重建得到了蓬勃发展，也体现了大数据时代地质数据融合与共享的发展趋势。

中国古地理图最早见于20世纪30年代由葛利普编撰的《中国地质史》。限于当时的资料条件，该书的少数几幅古地理图所涉及的国土范围较小，内容局限于几个地质时代的海陆分布，然而其对于后来的古地理研究却具有重要的启蒙意义。之后，Huang（1945）出版了具有划时代意义的经典性著作——《中国主要地质构造单位》，将大地构造与古地理相结合，编制了5幅寒武纪、泥盆纪、二叠纪、白垩纪和第四纪的中国古地理图。20世纪50年代中期，刘鸿允（1959）以古生物地层学方法编制的《中国古地理图》是第一本系统论述我国各地质时代沉积地层的古地理轮廓专著，具有开创性意义。20世纪60年代中期，卢衍豪等（1965）从古生物学的观点和资料出发，并适当配以简单的岩性，编制出以“组”为单位的8幅中国寒武纪岩相古地理图。20世纪70年代后期至今，以冯增昭先生为代表，采用单因素分析多因素综合作图法先后编制了下扬子地区中下三叠统青龙群岩相古地理图和中国南方早中三叠世岩相古地理图等一系列岩相古地理图，这一方法的核心是定量化，引领了定量古地理编图的发展（冯增昭等，1977）。20世纪80

年代早期，关士聪等（1984）完成并出版了《中国海陆变迁、海域沉积相与油气》一书，该书列出了中国中-晚元古代（长城纪—震旦纪）到三叠纪海陆分布及海域沉积相图 20 幅与海陆变迁图 5 幅，着重论述了海陆变迁、海域沉积相与油气的关系，并试图探讨中国海相油气远景。王鸿祯（1985）编制了《中国古地理图集》，包括古地理图、古构造图、生物地理图、气候分带图等一系列图件。中国科学院《中国自然地理》编辑委员于 1986 年出版的《中国自然地理・古地理（下册）》以“构造运动为纲”的思路编制了小比例尺不同地壳运动时期的海陆分布图 8 幅，以及断代的晚元古代震旦纪、早古生代和晚古生代古地理图各 1 幅。

随着 20 世纪 60 年代末期提出的板块构造理论壮大为主流大地构造学派，给地球科学各学科带来了革命性影响，古地理学也进入了一个新的发展阶段。在全球构造“活动论”与历史演化“阶段论”有机结合思想的主导下，王鸿祯等（1990）又出版了《中国及邻区构造古地理和生物古地理》，不但再次充分体现了构造古地理和生物古地理研究成果，而且有岩相古地理内容，系统表达了对中国地壳在地质历史中的地理发展和构造演变基本过程。刘鸿允（1991）的《中国震旦系》一书中，详细讨论了震旦系古构造特征及古地理沉积演化，并编制了当时国内相同时期最为详尽且与已出版的其他相同时代的图有颇大不同的中国早震旦世、晚震旦世南华大冰期和陡山沱期及灯影期岩相古地理图各 1 幅。

具有里程碑意义的是刘宝珺和曾允孚（1985）出版的《岩相古地理基础和工作方法》，标志着我国岩相古地理学已成为沉积地质学的重要分支。此后，刘宝珺和许效松（1994）出版了《中国南方岩相古地理图集（震旦纪—三叠纪）》，全面阐述了中国南方板块沉积地壳的活动史、沉积史、封闭史和成矿史；突出了盆地分析和盆地演化、事件和成矿作用；恢复和重建了不同地质历史时期的古地理单元；重建了古海洋和古大陆的变迁，建立了动力演化模式；把沉积-构造-成矿看成是盆地地质作用统一体，提出了“盆、相、位”三位一体和“统一地质场”的成矿理论，开拓了新的找矿思路；体现了“构造控制盆地、盆地控制沉积”和构造活动论思想，具有综合性、系统性和全球性，是我国第三代岩相古地理图。应用古地理的研究也是我国的一大特色，李思田（1988）以含煤盆地岩相开展的古地理编图研究是其中的一个经典范例，近年来，页岩气的勘探需求正催生着深水细粒沉积区古地理研究及编图方法的创新（李忠，2006；鲜本忠等，2014；牟传龙等，2016）。

值得一提的是层序-岩相古地理在我国的广泛应用。Vail 等（1977）提出的层序地层学理论从四维时空认识沉积体，不仅把时间界面、全球海平面升降、构造沉降、气候和沉积物供应有机地联系起来，而且将岩石地层、生物地层统一于地质年代格架内，从而可以比较真实地再现沉积盆地各演化时期的沉积物来源、构造沉降、沉积充填过程及古气候的相互关系。王成善和陈洪德（1998）以层序地层学理论为基础，出版了《中国南方海相二叠系层序地层与油气勘探》，首次按层序的体系域编制了层序-岩相古地理图，以层序或体系域为编图单元编制古地理图件，不仅是年代地层段和等时地质体，而且其顶、底是可确定的物理界面。之后，马永生等（2009）在刘宝珺和曾允孚先生的指导下，运用这一思路将构造、层序与岩相古地理有机结合，历经十年组织近百位专家与研究人员研究编制出版了《中国南方构造-层序岩相古地理图集》，以层序的动态充填过程为主线，揭示了盆地的构造-层序岩相古地理演化，更接近盆地沉积演化的真实性。此后，陈洪德等（2010）进一步提出了不同级次的层序-岩相古地理编图理论与方法，着眼服务于不同层次的沉积矿产勘探，特别是对油气勘探具有重要指导意义。无独有偶，以 Cross（1994）提出高分辨率层序地层学理论为指导，郑荣才等（2000）、邓宏文（1995）利用基准面旋回为时间轴的高分辨率层序-岩相古地理研究以相域和短时间尺度层序为编图单元编制岩相古地理图，也在我国的油气勘探开发中得到了广泛的应用。

总的来说，我国的古地理研究以服务于矿产资源勘探开发为主，即我国古地理编图研究主体上是以资源勘探为导向的应用古地理学。应用古地理研究在我国得到了蓬勃发展，并且不断往更小的空间尺度和时间尺度的精细岩相古地理编图的方向发展，走在世界前列。这也造成中国的古地理重建图件大多以国界线为界，而国界线往往不是地质板块的自然界限。上述以资源勘探为导向的应用古地理学能成为一个基本的、显著的学科特色，是因为其是由我国特定历史阶段性中长期的资源型经济发展特点所决定的。

三、学科领域的发展态势及其与国际比较

当前国内外古地理学研究显示，除了传统意义上不同尺度的古地理编图外（Hall，2009），逐渐从地球时间（ET）尺度来分析古地理的变迁，逐渐将

构造、地形地貌、气候变化、盆山耦合、源-汇系统、汇水盆地特征、古生物、古海洋等融入古地理研究之中（Kanygina et al.，2010；Montañez，2014）。地球内部的动力系统与古大陆、古构造域的地理变迁的耦合关系越来越受到重视，如格伦维尔（Grenville）造山运动-陆陆碰撞、罗迪尼亚超大陆新的重建（Piper，2010）、特提斯构造域东特提斯、冈瓦纳大陆等的形成演化及动力学过程（Armendáriz et al.，2008；Mackintosh and Robertson，2012；Stampfli et al.，2013；Torsvik et al.，2012；Santosh，2010；Yoshida and Santosh，2011）。古地理变迁过程中表生系统的全球性或地区性事件成为研究热点，全球性气候变暖事件、全球成冰事件、大洋缺氧和富氧事件，地区性的如飓风事件、洪水事件、地震事件、火山事件等（Campbell et al.，2001；Becker，2007；Mulder，2014；Esper and Gersonde，2014；Capua and Groppelli，2016）。特别是古地理变迁中的生命效应的研究不断深入，如 P/T（二叠纪—三叠纪之交）生物集群灭绝事件（Kearsey et al.，2009；Hofmann et al.，2011）。在研究方法上，传统方法不断完善，岩相学（Michalski et al.，2012）、古物源和古流向（Riera et al.，2010）、重矿物分析（Bojar et al.，2010）、黏土矿物分析（Alcalá et al.，2013；Raucsik and Varga，2008）等用来恢复沉积环境、古气候变化、源-汇系统、海平面变化和海岸地貌变化。高新和高精度的分析测试技术和方法不断引入，如地球化学方法（Azmy et al.，2014）、古地磁学方法（Domeier et al.，2012；Ruiz-Martínez et al.，2012）、古生物学方法（Ran et al.，2011；Chen et al.，2011）、定年方法（Michalski et al.，2012）、纳米级的岩矿分析技术、元素扫描技术、微区矿物分析技术、QEMSCAN 岩矿分析等。地球物理数据与方法（高精度的三维地震地层学、地震地貌学和地震沉积学）等对盆地内地层埋藏区古地理重建起着越来越重要的作用。实验和模拟技术不断提高，如水槽实验、深水沉积作用观测、三维古地理重建技术（Vérard et al.，2015）、数学模拟技术（Liang et al.，2013）等。除此之外，还包括利用一些特殊方法来进行古地理重建，如 Becker（2007）基于地形参数，通过 GIS 的三维模拟技术对阿尔卑斯山脉的磨拉石（Molasse）前陆盆地开展了河流阶地地形沉积的模拟，进而为古地理研究提供了依据。Dewever 等（2010）通过喀斯特地区古水流的重建，系统分析了西西里（Sicilian）岛北部-中部白垩纪西西里褶皱和冲断带的构造演化过程。古地理研究中的等时性对比分析逐渐丰富和完善，除了同位素年代学、化学地层学、生物地层学以及层序地层学起到重要的作用外，旋回地层学也促进了地质定年从过去某个界面的瞬时年龄发展到如今地质持续年龄轴逐渐被建立（Ogg and Deconinck，2013）。总体上，基于大数据的多方法指标综合应用和地球全时古地理重建是当前的主要态势。

从学科发展规律、特点和态势来看，中国古地理学侧重于应用古地理研究，国外则侧重于全球尺度的板块构造古地理重建。随着我国从资源型经济向绿色型经济的转型，环境和资源成为未来共同的科学主题。我国的古地理研究也越来越侧重于认识过去地球表生系统的全球变化规律和深层机制，并且开始起步于基于大数据和软件平台的古地理重建。我国古地理研究投入最多的是含油气盆地，以往以恢复岩相为主，便于矿产资源勘探开发的实用性。当前逐步以盆地原型分析为理论基础，着力于盆地的复原与复位研究，恢复盆地发展某一个阶段有相对稳定的大地构造环境的盆地实体，包括恢复沉积充填组合、地理环境、盆地原始边界、盆地性质、成盆动力等（何登发等，2010）。造山带作为盆地的“孪生姐妹”，我国科学家开拓性地开展了卓有成效的造山带古地理研究，特别是针对青藏高原的古地理重建研究，其素材不再局限于沉积岩，而是系统地将沉积学（包括沉积岩石学、古生物学、沉积地球化学等）、变质岩岩石学、岩浆岩岩石学、构造地质学和地球物理学等多学科交叉结合，研究高原隆升带来的全球尺度的地理、气候、环境效应，并力图回答高原隆升过程中地球深部过程和地球表面系统的耦合机制（Wang C S et al.，2008；王成善等，2010）。许效松等（2004）重建了中国各陆块在显生宙几个主要时段的相对位置分布，探讨了四川盆地、鄂尔多斯盆地和塔里木盆地的古地理环境演化与油气资源效应。万天丰和朱鸿（2007）根据中国大陆及邻区的古生代和三叠纪古地磁数据，复原了中国各陆块在全球大陆中的位置，探讨了它们的运动学特征。李江海和姜洪福（2013）在《全球古板块再造、岩相古地理及古环境图集》一书中系统地列出了古板块再造图、古地理环境恢复图、沉积岩相图、烃源岩分布图、主要古生物分布图等一系列图件。Li 等（2018）开展了一系列有关原特提斯洋关闭和东亚微陆块群聚合的研究，既有对主要造山带演化细节的构造约束研究，也有对岩相分布的编图。近几年，中国地质调查局实施的“中国西部主要大型盆地碳酸盐岩油气资源调查评价”地质调查与研究项目，涉及四川盆地、鄂尔多斯盆地、塔里木盆地，且系统地开展了三个盆地的盆地岩相古地理重建编图与研究，揭示了我国克拉通盆地深层海相地层古地理的诸多新面貌（如对上扬子区寒武纪陆内拉张槽的发现和刻画），初步形成了盆地岩相古地理编图标准化和数据库建设的方案，包括古地理图的标准图例、比例尺、沉积相分类标准、各类基础图件、各种数据的数据库汇编规范等。后来，我国也开始尝试建设大数据古地理重建平台，开发了基于 GBDB 数据库与大数据技术的古地理重建技术（樊隽轩等，2016；Hou et al.，2020）。

四、学科领域的关键科学问题、发展思路、发展目标和重要研究方向

（一）古地理重建的关键科学问题

尽管我国古地理学研究经过数十年的发展已取得广泛而深入的进展，但一方面，我国小板块多旋回叠合演化的特色造成板块重建和盆地恢复的复杂性；另一方面，虽然应用古地理在我国蓬勃发展，但以重大科学问题为导向的古地理系统工程较少，缺乏以地球过去全球变化为主题的古地理学研究。前寒武纪板块构造体制之前的古地理研究仍处于探讨和假说阶段。从研究现状看，首先，我国古地理缺乏系统性研究，没有形成大的科研团队；其次，我国古地理演变过程以前着重关注扬子、华北和塔里木板块，没有囊括众多陆块群的古地理重建；最后，对我国小陆块群重大聚散期的机制及古地理效应的研究不够。我国陆块群显生宙所处的古地理位置和独特的沉积地层，对于揭示地球重大古地理变迁的细节和机制意义重大，面临诸多亟待解决的重大关键科学问题。

1. 中国小陆块群古地理演变过程

中国板块构造具有小板块拼合、多旋回聚散演化的特色，当今又具有“世界屋脊”青藏高原和黄土高原两大独特的地貌单元，这些重大构造、地貌为中国所独有。小板块拼合前后的古地理面貌转变，如扬子板块与华北板块拼合形成了中央造山带（秦岭—大别山造山带），虽然关于两者如何碰撞（Yin and Nie，1993；Okay et al.，1993）及碰撞的时间还存在争论（刘少峰等，1999），但其造成华南板块和华北板块成为统一大陆，古秦岭洋最终闭合以及古特提斯洋海水完全退去（赖旭龙等，1995；Zhang et al.，1996；程日辉等，2004），到晚三叠世南北秦岭已发育陆相沉积而转入新的演化阶段（张国伟等，2004）。这一构造事件伴随着海陆变迁的发生，控制着四川、鄂尔多斯等多个沉积盆地古地理环境甚至古气候的变化，进而制约着沉积盆地

油气、煤、铀等多种矿产资源的形成与分布。白垩纪以来，中国地势由东高西低转变为西高东低，这带来了古地理沧海桑田的变化。中国东部古高原可能在170Ma之前开始出现（华北北部可能在165Ma之前），在晚侏罗世高原范围达到最大，早白垩世高原从边部开始垮塌（张旗等，2001）。例如，在辽西—冀北地区晚侏罗世末期以挤压构造为主，而早白垩世以伸展构造为特征，古地理古环境明显改变（赵越等，2004；张宏等，2005）。至新生代，伴随着青藏高原的阶段性隆升（潘桂棠等，1990；李吉均，1995；潘裕生，1999；Wang et al.，2011）以及太平洋板块与亚洲板块碰撞造就的中国东部伸展性构造发育（Ren et al.，2002；Mercier et al.，2007，2013），中国的古地势发生反转。最为典型的古地理效应是青藏高原的隆升和中国现今构造地貌格架的形成直接影响了中国与全球气候环境的变迁（葛肖虹等，2014），如盛行于超大陆的超级季风在白垩纪解体（Parrish and Curtis，1982；Parrish et al.，1986；Raup，1979），代之以东亚季风，由此造成中国古气候的巨变。虽然青藏高原隆升及其深时地理环境效应是当前的研究热点，但也亟须拓展研究白垩纪以来的中国东西部地势反转过程的机制及其深时地理环境变迁。

2. 重大生命环境事件期的古地理转换

地球生命自约38亿年前诞生之后经历了多次生命环境突变事件，突出表现为生物大辐射和大灭绝事件。距今约20亿年前的地球大氧化事件，导致真核生命的出现，使生物的多样性第一次获得快速的发展。第二次大氧化事件迎来了多细胞后生生物的大发展，并在寒武纪呈现了爆发式的大辐射。寒武纪演化生物群，奠定了现代生物门类的整体框架和多样性发展的基础。奥陶纪演化生物群引领了古生代生物群的发展。中新生代生命演化形成了现代生物群。

地球生物进化既有高潮，也有低潮。显生宙以来，地球生物发生了5次大规模生物集群灭绝事件。第一次大灭绝事件出现在距今4.4亿年前的奥陶纪末，导致大约85%的物种灭亡。第二次大灭绝事件出现在距今3.65亿年前的泥盆纪后期。2.5亿年前的二叠纪末期发生了规模最大的第三次生物大灭绝事件，超过96%的地球生物灭绝。2亿年前的三叠纪晚期发生了第四次生物大灭绝事件，爬行类动物遭受重创。第五次生物大灭绝事件出现在6500万年前的白垩纪末期，又称恐龙大灭绝。二叠纪末期生物集群灭绝事件是这些事件中研究最多的，被认为是显生宙海洋动物最大的绝灭事件，古生代动物群落由此被现代动物群落所取代，陆地植物群落也受到很大的影响（McKinney，1995；Retallack，1995；Jablonski et al.，1996；Benton and Twichett，2003；Erwin，1994；Bambach et al.，2004）。该次生物绝灭事件在我国华南、西藏等地区绝佳的地质剖面中留下了完好的沉积记录。在川、渝、黔等地的剖面，显示为海洋碳酸盐岩台地的突然死亡及凝灰岩层的覆盖，或为硅质岩的突然结束和粉砂质页岩对台盆的充填，或者是以灰绿色为主的含煤陆相、过渡相陆源碎屑岩层为紫红色陆源碎屑岩层替代。在这些地区，事件地层上下岩性、颜色、古生物的剧烈变化，显示了古地理的显著变迁（Xie et al.，2005；Shen S Z et al.，2011）。这些生物事件是地球生物与古地理环境相互作用的结果，勾勒了生命世界的精彩与悲凉。中国在这些重大生命环境事件期，有着独特而丰富的沉积记录。科学家对这些事件的促发机制研究非常深入，不同学者从不同的学科角度提出了不同的模型，如对 P/T 生物集群灭绝事件提出的火山活动导致温室气体快速释放和全球极热化导致生态系统快速崩溃模型。但是对于重大生命环境事件期的古地理面貌的综合认识不够。古地理重建能够帮助我们将不同的模型融合起来，综合认识地球关键期的生命环境互馈机制，为地球环境保护和可持续发展提供启迪与借鉴。

（二）古地理重建的发展思路

中国古地理重建是中国沉积学发展战略的重要一环，也是最宏观、最综合的一环。在基础研究上，中国古地理学的发展思路首先以重大科学问题为导向，系统重建囊括中国所有陆块及其周缘陆块的多重深时古地理，包括构造古地理、生态古地理、岩相古地理、气候古地理等。聚焦两大重大科学问题，即重建中国小陆块古地理演变过程、重塑重大生命环境事件期的古地理转换。深入认识中国小陆块群重大聚散期的机制及古地理效应，特别是重大生命环境事件的关键古地理条件变换。在研究方法上，形成中国古地理重建的替代指标体系，认识不同古地理信息替代指标的基本原理和方法，通过学科交叉，发掘新的古地理替代指标，同时根据中国陆块群的独特性，体现出中国独有的古地理记录。在平台建设上，首先，组建古地理重建的研究团队，通过 10 年的持续资助形成一支有国际影响力的中国古地理研究团队；其次，形成具有弹性的不同时空尺度和不同类型的古地理图件编制的标准化方案，建立中国古地理数据库，研发基于大数据的智能古地理重建技术与平台，持续更新全球和中国陆块群的古地理系列图件，包括中国陆块群的板块属性位置变迁图、沉积相图、沉积环境图、古气候分带图、古生物分带图、古地形图等。

（三）古地理重建的发展目标

总体发展目标：中国陆块群及其周缘地区的数字古地理重建与智能古地理重建平台研发。深入认识中国小陆块群古地理变迁的机制及其环境资源效应，重塑重大生命环境事件的关键古地理条件；综合应用多学科的古地理恢复指标，发掘新的古地理替代指标和中国地区独有的古地理替代指标；形成具有弹性的不同时空尺度和不同类型的古地理图编制的标准化方案；建立中国古地理数据库，系统编制囊括中国所有陆块及其周缘陆块的多尺度、多用途融合的古地理系列图件，实现基于智能软件平台的任意时间、任意地区的古地理图件重现；古地理重建的成果应继续为能源矿产勘探开发服务，特别要注重为页岩气等新的资源勘探开发服务；建设一支有国际影响力的中国古地理研究团队，使中国的古地理重建成为国际古地理重建的重要组成部分。

（四）古地理重建的重要研究方向

古地理学主要关注地质历史时期地球表面的系统特征，古地理学研究一方面需要满足人类对地质历史中未知领域的好奇心，探讨地球生命圈演化的过程机制，并以之作为预测地球未来的依据之一；另一方面，该学科也有益于矿产勘查，对寻找和利用人类生活必需的能源等资源有指导意义。未来中国古地理学研究不仅要继续加强服务于矿产资源勘探，如非常规油气、砂岩型铀矿等沉积矿产资源勘探所驱动的应用岩相古地理编图及方法探索仍然是研究热点，还应加强板块构造古地理与盆地尺度古地理研究相结合，融合来自沉积学、古生物学、岩石学、构造地质学、地球化学、地球物理学等多学科的古地理记录，建设对接国际的中国古地理数据库，系统重建中国陆块群及其周缘地区的多重古地理，深入认识深时古地理变化及其地球生命效应与深部机制，特别是显生宙以来重大古地理转换变迁期的关键要素及中国独有的地质记录。多学科古地理重建方法指标的综合应用与开发，如造山带和消失的古大洋的古地理记录往往被复杂改造而缺乏较完整的记录，亟须开发造山带古地理重建的替代指标；板块位置的古经度恢复一直是个难点，需要多学科结合寻找古经度恢复的替代指标，如岩浆事件、深部残余结构等。当今的中国所处的区域是由众多小板块群集结起来的，重建各小板块的离散和集结过程及各小板块与大板块的亲缘关系是最为基础的一步。中国古板块特殊的位置发育特有的古地理演化信息记录，特别是中国南方的沉积地层记录了诸多全球生命环境转换的关键信息，是“金钉子”的集中区，因此中国南方关键古地理转换期的古地理环境恢复尤为重要。青藏高原作为世界第三极，长期以来是全球科学家的关注热点，应继续加强其古地理演化过程和全球变化重建研究。

古地理重建作为一项地质研究的系统工程，是地球系统科学研究成果的终端展示窗口之一。因此，地球科学与计算机科学的深度融合，研发数据化、标准化和智能化的古地理重建平台是当前的发展趋势，使古地理重建成为地球系统科学研究成果的重要集大成平台之一，发展成为地质历史期的“谷歌地球”。同时，古地理重建成果不能局限于地球科学工作者的学术范畴，还需发展友好的、大众化的科普古地理，成为人们了解地球历史的窗口。

五、学科领域发展的有效资助机制与政策建议

古地理重建研究属于重要的基础地质研究范畴，对矿产资源的勘探开发具有重要的应用价值。因此，根据当前的学科发展态势，不但要继续资助以服务矿产资源为目标的应用古地理研究，如对页岩气等新的矿产资源需要开展以细粒沉积物为主的应用岩相古地理研究，更要资助基于大数据软件平台的全球古地理重建，全面认识地球古地理演化历史及其对人类的启示。建议科学技术部把“中国及邻区古地理重建”写进国家重点研发计划的指南中，分年度持续资助不同地质时代的古地理重建项目，重点支持生命环境关键转换期和关键地区的古地理重建工作，同时资助中国科学家参与全球古地理重建计划。国家自然科学基金委员会就古地理重建所涉及的关键科学问题和重要的研究方向设置重点或重大项目，国内各科研院所参与申请，公平竞争。待中国古地理重建研究进行到一定阶段，并有一定国际影响之时，国家自然科学基金委员会可通过资助古地理学科创新团队的形式，有针对性地资助该领域优秀的团队深入开展中国古地理重建工作，争取通过 10 年左右的建设，到 2030 年前后，中国的古地理重建能达到世界领先水平，形成中国古地理数据库和软件平台。除此之外，自然资源部、中国石油、中国石化、中国海洋石油集团有限公司等根据资源、能源矿产勘查的需求，大力资助相关

单位开展不同比例尺的古地理重建工作，一方面继续为矿产资源勘探开发服务，另一方面丰富中国古地理重建的数据库。

目前，中国的古地理重建工作需要与澳大利亚穆勒教授的 EarthByte 团队等国际知名的古地理、古板块重建团队广泛深入地开展国际合作，建议每年设置 2～3 项国际合作基金，研究中国及邻区古地理重建基础理论问题，由中国科学家负责组织实施。古地理重建是地球系统科学研究的一项重要的集大成工作，是一个浩大的系统工程，其与环境地质学、古气候学、地球生物学、前寒武地质学、构造地质学、岩石学、地球物理学等学科及其环境科学、海洋科学、地理科学等众多相关学科紧密联系和交叉。值得重视的是，还应吸纳计算机科学领域的人员进行古地理软件平台的开发，以及将计算机领域的深度学习等融入古地理重建技术中，形成智能古地理编图的技术方法与平台。因此，国家自然科学基金委员会等设置古地理重点或重大项目时，应该鼓励或要求不同领域的专家组成团队积极申请。

中国古地理重建研究的当务之急是建立古地理重建的软件平台和数据库，沉积地质专业委员会和沉积学专业委员会可建议科学技术部或国家自然科学基金委员会先期资助一定的经费在有相当研究基础的高校或科研机构成立中国古地理重建研究中心，要求该中心组建年龄结构合理、学科专业齐全的队伍（人员可以来自国内不同单位、不同领域），并购置先进的软件和设备。长期支持古地理重建研究中心的建设，整合不同行业的古地理重建数据和开发网上数据抓取工具，将多源异构的地质资料数据化和标准化，然后通过建立知识图谱和深度学习模型，推动智能古地理重建。

第四节　深时古气候

一、学科领域的科学意义与战略价值

深时通常指不能通过冰心恢复而必须依赖岩石记录所恢复的那段时间，即前第四纪的地质记录（Soreghan et al.，2005）。深时气候学研究从整个地球历史的角度，通过对前第四纪沉积记录开展多种时空尺度研究，全面深入了解地球气候系统的变化以及控制这种变化的物理、化学、生物过程，着眼于并试图为未来气候预测提供依据（孙枢和王成善，2009）。

化石燃料是工业革命和近现代人类活动的主要能源。近现代人类活动导

致大气中的 CO_2 浓度不断提高，由工业革命前的 2.8×10^{-4} L/L 激增到现在的 4.0×10^{-4} L/L 以上（Lindsey，2018）。与人类活动有关的温室气体排放导致的全球环境和气候变化，已经对生态系统、粮食系统、基础设施以及人类健康等产生明显影响（秦大河，2007）。例如，根据政府间气候变化专门委员会（Intergovernmental Panel on Climate Change，IPCC）的报告，全球陆地和海洋综合平均表面温度在 1880～2012 年升高了 0.85℃，且自 1992 年以来，在海拔 3000m 到海底之间已经变暖；1901～2010 年，由冰川消融和温度升高产生的海洋热膨胀使全球平均海平面上升了 0.19m（IPCC，2013）。最新研究表明，2017 年相对 1850～1879 年，人类活动导致的全球温暖指数上升了 1.01℃，而自然因素导致的变化是（-0.01 ± 0.03）℃，相对人类活动的影响几乎可以忽略不计。根据数据估算，人类活动导致全球变暖的速率达到每十年上升 0.16℃（Haustein et al.，2017）。这些变化使得全球范围内的极端天气事件增多，严重自然灾害出现频率增加，对人类社会造成了巨大的影响（秦大河和罗勇，2008）。因此，气候变化已成为涉及政治、经济、环境和社会发展等学科的综合科学问题。而认识气候变化的趋势，可以有效地降低各种不利影响，协助人类应对未来气候变化（Rogelj et al.，2017；Kang and Eltahir，2018）。

现今的大气 CO_2 浓度已明显高于第四纪冰期大气 CO_2 浓度值。地球大气 CO_2 浓度上一次超过 400ppm①为新近纪上新世时期，距今 530 万～260 万年。当时全球平均气温较现在高 3～4℃，极低气温较现在高约 10℃，海平面较目前至少高出约 5m。若 CO_2 的排放速率不能有效降低，按现在的增长速度，21 世纪末大气 CO_2 浓度可能达到近 34 Ma 以来的最高值，即达到始新世温室气候期的 CO_2 浓度水平，人类生存、演化的冰室气候将可能面临大陆冰川消融、温度升高等一系列气候环境变化问题（Montañez et al.，2011）。

虽然地球过去 300 多万年以来一直处于冰室气候（以高纬度地区发育大陆冰盖为特征），包括整个人类演化历史，但是地球历史是以温室气候（以全球温暖、极地高纬度地区无冰或者冰盖很小）为主的，很多时期的气候系统比现代更温暖，如白垩纪，冰室气候只占极低的比例。目前虽然已经积累了大量有关地球气候系统复杂性（非线性）、地球气候系统对自然作用和人类活动干扰响应的观察数据与气候模拟结果，但是主要限于最近冰室气候时期的气候系统。显然，以第四纪冰室气候为基础的气候系统模型已不足以充

① $ppm=1\times10^{-6}$。

分揭示未来气候的发展趋势。更为重要的是，以第四纪冰室气候为基础的气候系统模型，应用于前第四纪深时气候研究时也有非常大的局限性（Zhang L M et al.，2016）。在温室气体排放驱动的地球气候系统由冰室向温室推进过程中，气候系统如何响应和过渡、是否存在阈值和边界条件、边界条件怎样、系统进入温室气候体制后能否再次回归到冰室气候，迫切需要我们对全球变暖背景下的气候系统特征和反馈机制有深入理解（Montañez et al.，2011；王成善等，2017；杨江海等，2017）。对地球地质历史时期地质过程了解的迫切需求，实际上是沉积地质学难得的发展机遇（Montañez and Isaacson，2013；Parrish and Soreghan，2013）。

二、学科领域的发展规律和特点

深时气候学采用地层中记录的多种地球科学和生命科学替代指标，再造地质历史时期全球或者特定地区的气候状态特征及其气候系统演化，能够综合反映地质历史时期的地球环境和生命多样性变化，是连接地球系统中大气圈、水圈、生物圈和岩石圈的重要一环，为地球科学的重要组成部分。

深时气候学研究开始于 19 世纪后至 20 世纪初的冰期识别和气候变化。在魏格纳提出大陆漂移学说之前，大多数人认为整个地质时期的气候都是温暖的，包括著名地质学家莱伊尔等，把较高纬度地区出现的珊瑚礁、沙漠沉积和煤层解释为洋流影响下的温暖气候，如将欧洲石炭纪—二叠纪煤层解释为热带气候。但是在南方冈瓦纳地区发现的晚古生代冰川沉积使得地质学家认识到地质历史时期也存在冰川沉积，冰川沉积不再是更新世所独有，并被作为大陆漂移学说提出的重要依据。自此，海陆分布格局与深时气候之间的联系开始受到重视。

20 世纪初既是大陆漂移学说酝酿形成和提出的年代，也是多种古气候假说提出的时期，是深时气候学发展成为一门相对成熟的独立学科的时期，使得后续深时气候学研究不再局限于海陆分布，而是将注意力转向诸如地球的热平衡、热辐射分布、大气环流、全球洋流系统、全球气候带等，并将当代气象学和气候学研究成果应用于地球深时阶段。在此期间，地质学其他分支学科，如沉积岩石学、岩相古地理学、古生物学、古生态学和生物古地理学等的发展，大大地促进了深时气候学研究水平的提高，已经能够快速地（定性）确定研究对象形成环境的温度（冷热）和湿度（干湿）。根据研究内容和研究重点的差异，深时气候学大致可以分为描述气候学、成因古气候学、应用古气候学以及历史古气候学等（赵锡文，1992）。

20 世纪 60 年代全球板块学说建立，海陆分布格局与深时气候之间的联系再次引起人们重视，地史时期的全球洋流格局、海平面变化、圈层相互作用成为深时气候带分布及演化成因研究的重点。气候预测是人类面临的世界难题，古气候模拟是突破这个难题的重要途径（于革等，2007）。到 20 世纪 90 年代，随着计算机技术的迅猛发展和广泛使用、计算机模型模拟结果可信度的提高、分析测试技术的发展、米兰科维奇冰期理论的观察证实（Kutzbach and Ziegler，1993），深时气候学研究开始深入成因机理探索，并呈现多学科交叉趋势。在古气候学基础上发展起来的古气候模拟的核心和发展依赖三个主要环节，气候模型功能的完善依赖于物理模型的发展，气候变化的成因把握取决于对地球能外力动力机制的认识，而古气候模拟结果的验证有待于地质资料的集成和更新（于革等，2007）。在对地球气候系统演化机制、观察资料和模拟结果之间差异的解释中，深时气候学研究的重要性得到了进一步体现。自 20 世纪 90 年来以来，在深时气候学研究方面发表的论文呈现指数式增长。尤其是 2006～2016 年，论文总量大幅度增加，每年发表论文量达 10 000 篇以上，表明自 20 世纪 90 年代以来，深时古气候研究已经成为地学领域研究的重点（许艺炜等，2017）。

在现今整体地球系统科学思路下的深时气候学，数据的系统集成、数据模型的系统模拟成为深时气候学研究中不可或缺的一环。在空间尺度上，重视各圈层相互作用、物质和能量在各圈层之间的相互渗透，成为探索深时气候演化机理的基础（汪品先，2009b）。除各地质时期气候特征与演化、气候研究替代指标外，古海洋特征与水循环、海陆分布格局（古地理）、生物演化及生物与气候环境之间的相互关系成为深时气候研究的重要组成部分。

如果说“将今论古”奠定了现代地质学的认识论和方法论基础，那么“以古鉴今”无疑应当是预测未来时最强有力的工具。全球变化从任何意义上来说都是一种地质过程，而现代是历史的继续，因此历史观是地质学的灵魂，全球变化的研究不能离开地质历史。深时气候研究正是致力于地球近 40 亿年的沉积记录，挖掘埋藏在其中的地质历史时期地球气候变化的信息（孙枢和王成善，2009）。

三、学科领域的发展态势

地球 40 多亿年的演化历史也是一个地球环境不断改变、发展的历史。

早期地球太阳辐射强度、大气成分和海水化学成分甚至地球转动速率都与现在有着显著的差异，地质历史时期海陆分布格局也经历了多次的古大陆形成与裂解重组，生命起源、生命阶段式向前发展、海洋生物登陆不仅仅改变着全球碳循环，也深刻地改变着陆地生态系统和地表气候反馈系统。因此，不同地质历史时期的气候在主要控制因素甚至气候体制上，都与当代或者新生代存在着显著的差别，如新元古代罗迪尼亚大陆形成和“雪球地球”、石炭纪—二叠纪联合古大陆的形成和全球巨型季风气候体制、中生代期间的温室气候，均是无法用基于第四纪数据建立起来的气候模型解释的，甚至可以称之为“极端”，但同时也为我们深入认识地球气候系统运行机理、正确评价多种驱动因素对气候系统的影响提供了极好的机会，这正是深时气候学研究的优势和必要性所在。

历史古气候学研究已经识别出了一系列重要的深时气候-生物-环境变化事件，如地球早期（低太阳热辐射）气候、休伦冰期与大氧化事件（约2400Ma）、新元古代末期“雪球地球”（716～600Ma）和寒武纪初生命大爆发、安第斯-撒哈拉冰期（约450Ma，即奥陶纪末期冰期）和奥陶纪末期生物大灭绝事件、石炭纪热带雨林系统崩溃（约300Ma）和冈瓦纳冰期、古生代末期生物大灭绝事件（约251.4Ma）、中生代大洋缺氧事件、中生代末期生物大灭绝事件（约 66Ma）、古新世—始新世极热气候事件（约 56Ma）等。限于篇幅，下面选取三个代表性阶段介绍深时气候研究现状、进展和发展态势（图3-5）。

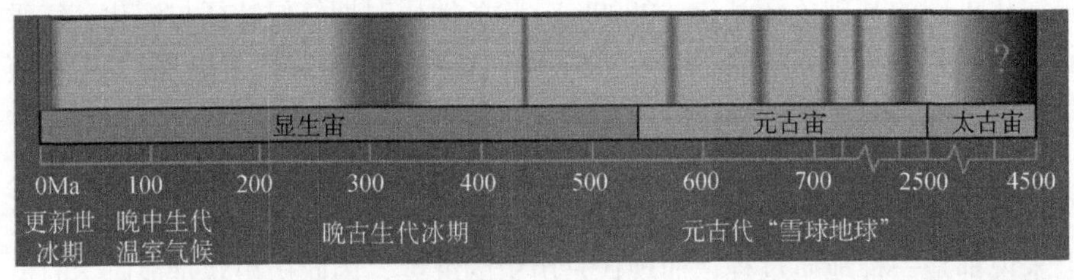

图3-5　地球历史中冰室时期与温室时期分布（Parrish and Soreghan，2013）（文后附彩图）

（一）新元古代极端气候变化事件

大量研究表明，前寒武纪的地球曾经历过极端的气候变化，远远超出显生宙气候变化范围。作为占据地球历史长达88%的前寒武纪，是研究地球深时变化不可忽视的重要时期，正在引起越来越多的关注。涉及的重要科学问题包括：早期地球大气成分是怎样的、海洋何时出现、地表温度经历了怎样的变化历程、是否出现过温室气候和冰室气候等。但是前寒武纪地质记录保存相对较少，地质记录的时间分辨率较低，受后期地质作用改造强烈，这些因素无疑都增加了前寒武纪古气候变化研究的难度。也正因为如此，前寒武纪地球气候变化的研究才充满了挑战性，更是未来很有可能取得突破性进展的领域。作为前寒武纪古气候研究程度相对较高的部分，新元古代晚期气候变化研究在近 20 年来取得了显著进展。

新元古代极端气候对理解早期地球系统演化提出了挑战。在显生宙，地球表面气候呈现纬向分带的特征。在这种体制下，冰川主要出现在极地或者高纬度地区。而新元古代时期在热带地区出现过多期次的冰川活动，显示了地球系统在前寒武纪的特殊性。在近 30 年来的研究中，研究者提出了多种模式来解释新元古代的极端气候现象。其中最广为人知的就是“雪球地球”假说（Hoffman et al.，1998）。在新元古代中期的古地理格局中，大部分陆块均处于低纬度地区，是“雪球地球”假说的核心证据之一。早在 1992 年，Kirschvink 就曾提出一个大胆的假说，指出海平面下降会导致海水表面吸收的太阳热辐射能减少、陆地反射太阳能增加，从而使地球表面的总体热量积累减少，地球表面将趋向变冷（Kirschvink，1992；Hoffman et al.，1998；Hoffman and Schrag，2002）。另外，陆壳中硅酸盐矿物的风化作用将消耗大气 CO_2，是造成地球进入冰川时代的重要驱动力。还有，当时的陆块分布在年平均降水量高的低纬度地区，同时低纬度地区还广泛发育由地幔柱活动形成的大陆溢流玄武岩，这些都有利于增强陆壳风化强度并降低地表温度（Godderis et al.，2003；Cox et al.，2016）。

有关“雪球地球”的另一个重要科学问题是其消融机制。目前主要有两种解释：①大气 CO_2 的急剧升高。主流观点认为，“雪球地球”期间地表被冰雪覆盖，硅酸盐风化作用停止会导致大气 CO_2 积累，最终将导致“雪球地球”快速融化，随后地球进入极端的温室气候时期。对大气 CO_2 达到多高的浓度才可触发“雪球地球”的消融，目前模型研究结果仍存在差异。如果不考虑云层负反馈辐射效应，根据能量平衡模型得出的 CO_2 含量阈值范围是 0.12～0.30 个大气压（Hyde et al.，2000）。然而，如果使用海气耦合模式并考虑云层负反馈辐射效应，即使 CO_2 含量达到 0.2 个大气压，热带地区的温度也只有 240K，要达到新元古代极端温室气候的温度，CO_2 含量必须达到 3.2 个大气压。②大规模甲烷渗漏。Kennedy 等（2001）提出，新元古代晚期的甲烷渗漏事件可能促进了冰期后的气候变暖。新元古代时期，由于气温较低，在永久冻土层和大陆边缘海底沉积物中，可能形成了地球历史上数量最大的天然气水合物库。冰期之后气候变暖，海侵使大陆架和相邻内陆盆地的大面积永久冻土层被海水淹没，甲烷水合物失稳分解进入大气。大气中甲烷气体含量的增加增强了温室效应，进一步加快冰盖的融化。水合物释放的大量甲烷被氧化并与 Ca^{2+} 和 Mg^{2+} 结合，形成全球分布的盖帽碳酸盐岩，成为支持新元古代大规模甲烷泄漏的重要地质证据。

在“雪球地球”形成和融化条件的模拟方面，我国学者也开展了富有成效的工作。使用海气耦合模型，并考虑到大陆分布情况，Yang 等（2012a，2012b）、Liu Y 等（2013）和 Hu 等（2011）发现只有当 CO_2 降低到 1.7×10^{-5}～3.5×10^{-5} L/L 时，海洋才能够完全冰封。Liu Y 等（2013）使用新元古代地形分布，得到的 CO_2 阈值是 0.50×10^{-4}～1.00×10^{-4}L/L。对于地球融化所需要的 CO_2 阈值，Hu 等（2011）在前人工作基础上，指出模型中应该考虑 CO_2 压致增宽效应，在大气压力增加的情况下，CO_2 的吸收谱线变宽，温室效应增强，因此给出的 CO_2 阈值较低，为 0.21 个大气压。

我国华南广泛出露新元古代成冰纪—埃迪卡拉纪连续沉积，并且发育不同水深、不同相带的剖面，为研究新元古代气候变化事件提供了理想对象，长期以来是国内外研究的热点地区，且近年来涌现了一批新成果。例如，Wang J S 等（2008）在华南宜昌和长阳地区陡山沱组盖帽白云岩中发现了两处具有极负碳同位素（$\delta^{13}C_{carb}$ 低至−48‰）信号的碳酸盐胶结物，进一步佐证了前人提出的“雪球地球”末期大规模甲烷释放事件（Kennedy et al.，2001；Jiang et al.，2003）。Ye 等（2015）在神农架地区新元古代南沱组冰碛岩中的黑色页岩夹层中发现了大量保存完好的碳质压型化石，包括底栖宏体藻类，从而证明马里诺（Marinoan）冰期地球中纬度地区曾经出现过阶段性的开阔水体，为底栖宏体藻类生物提供了避难所。Wang Z 等（2017）在鄂西樟村坪地区陡山沱组剖面中部发现了六水碳钙石假晶（Glendonites），表明华南埃迪卡拉纪可能存在对应于噶斯奇厄斯（Gaskiers）冰期的寒冷气候时期。

（二）联合古陆时期冰室气候到温室气候的转变

广泛分布于南方冈瓦纳大陆的石炭纪—二叠纪冰川沉积和冰海沉积，见证了晚古生代冰期（Late Paleozoic ice age，LPIA）。冈瓦纳大陆成冰作用不仅影响了晚古生代南半球高纬度地区的气候和沉积特征，而且改变了当时整个地球的海洋环境、陆地环境和全球生物面貌，是晚古生代古气候、古海洋和古生态发展演化过程中的重大事件（Montañez et al.，2007），早在 150 多年前就受到地质学家的注意，并引起多次研究热潮，如在大陆漂移学说提出期间。北美大陆中部地区发现的石炭纪旋回层（cyclothem），是冰量巨大的冈瓦纳大陆冰盖在低纬度地区的远程效应（对应极地冰川的生长和消融）；石炭纪旋回层概念自 20 世纪 30 年代提出以来曾几度风靡地学相关研究领域，激发了广泛和持久的关于沉积自旋回-他旋回（构造-全球海平面变化）等成因讨论。近期 LPIA 研究热潮的再次兴起，正是源于地球科学对深时气候兴趣的日益增长，因为晚古生代冰期是第四纪冰期之前研究程度最高的。LPIA 之后，地球经历了最近一次从冰室到温室的气候转变。这一时期的沉积记录和气候模型研究揭示，冰川活动、大气 CO_2 分压（pCO_2）和气候状态间存在复杂的耦合和反馈机制，同时发生陆表植被更替和生物迁移。随冰川消融、大气 pCO_2 升高和全球变暖，低纬大陆区趋于干旱，季节性降水增强（Montañez and Isaacson，2013），冰室之后季风气候开始出现并在三叠纪盛行（Parrish，1993）。因此，晚古生代—早中生代是理解未来地球冰川消融、全球变暖等气候转变的重要窗口。

LPIA 也是过去 500Myr 中持续时间最长、最严酷的一次全球性冰川事件。但是 LPIA 冰川发育历史不是一次单一的冰川进退事件，而是由多个不连续的冰川事件构成的，整体发育规模在早二叠世趋于顶峰。Fielding 等（2008）对冈瓦纳大陆多地近场冰川沉积进行了详细对比，研究表明，晚古生代冰期可分为 8 个不连续的冰期，每个冰期时间持续 1～8Myr[包括石炭纪的 4 次（C1～C4）和二叠纪的 4 次（P1～P4）]，内部还可识别出更次一级的全球性气候变化事件，因此 LPIA 记录的深时气候过程是一个动态多变的过程。恢复这些近场冰川成因沉积记录的高精度事件序列，是深入了解当时气候系统演变的关键。但是由于缺少高精度生物地层学研究材料和高精度定年数据，更短时间周期（小于 1Myr）旋回的识别和全球等时对比仍有待进一步解决（Fielding et al.，2008）。

LPIA 期间低纬度地区沉积序列，记录了高频、大幅的冰川型海平面旋回变化，是大陆冰盖扩张和消融事件的反映，已经成为 LPIA 期间气候研究的重要内容。旋回层不仅是 LPIA 期间气候事件远程等时对比的基础（Crowley and Baum，1991），也反映了 LPIA 期间陆地冰盖大小规模及变化幅度。目前对海平面变化幅度的认识仍存在较大差别，有的认为幅度不足 40m，有的认为幅度超过 100m（Heckel，1977；Adlis et al.，1988；Soreghan and Giles，1999；Smith and Read，2000；Rygel et al.，2008；Sweet and Soreghan，

2012）。海平面波动的幅度在很大程度上取决于高纬区冰川的冰量大小，因此大幅的海平面波动指示大规模冰盖的存在。然而如上所述，晚古生代近场冰川成因沉积记录显示，高纬冰川活动以多中心、多期次、不连续为特征，基本没有形成统一的高纬冰盖，其冰川总量比以前预想的要小，可能不足以形成大于 50m 的海平面波动（Montañez and Poulsen，2013）。冰盖-气候模型模拟结果显示，若如此大的全球海平面波动确实是巨大陆地冰盖所为，则冰川表层温度会非常低，只有在异常高的大气 pCO_2 驱动下才能有效消融（Horton and Poulsen，2009）。基于地质参数模拟的海平变化幅度仅为 25～40m（Horton and Poulsen，2009；Horton et al.，2010）。上述差异反映了数据与模型对冰量认识的差异，这种矛盾在一定程度上反映了基于地层记录海平面变化幅度估算的不确定性，如晚古生代边缘海密度跃层深度比现代海洋浅，因此类比现代海洋的密度跃层深度可能会高估海平面的变化幅度（Heckel，1977；Montañez and Poulsen，2013）。

高纬冰川活动是否导致了低纬热带区显著的冷暖波动，学界也还存在较大的分歧。腕足壳稳定氧同位素变化趋势表明，从早二叠世冰盛期到之后的冰川消融期，热带海洋经历了从 12℃以下到大于 20℃的明显冷暖变化，因此高纬区冰盖扩展与消融对低纬区气候具有显著影响（Powell et al.，2009；Giles，2012）。Soreghan 等（2008a，2008b）甚至在联合古大陆西侧近赤道地区识别出了可能指示低纬山岳冰川的杂砾岩和风成古黄土沉积，认为在晚古生代冰盛期低纬度大陆地区经历了显著的温度降低。模型研究也揭示出，联合古大陆中部发育的山岳冰川可以导致低纬度区广泛的低温和寒冷气候（Heavens et al.，2015）。然而，也有腕足壳氧同位素研究结果（Grossman et al.，2008；Angiolini et al.，2009）给出了与现代低纬表层海水相近或更高的温度值（大于或接近 18℃），而且即使低大气 pCO_2 气候模型模拟的热带海水温度也接近或大于 20℃。最新的牙形石磷灰石氧同位素研究表明，尽管热带海水的温度存在波动，但整体均处于相对温暖的气候状态（Chen et al.，2013）。Tabor（2007）基于冰盛期古土壤矿物氢氧同位素获得了 20～35℃的近地表成壤温度，认为其可近似反映陆表温度的变化（Tabor et al.，2013），与低纬区山岳冰川沉积记录形成鲜明对比。Zambito 和 Benison（2013）计算了北美大陆早二叠世末岩盐流体包裹体均一温度，其平均值在 20～45℃。上述研究结果的差异，主要涉及所用气候指标的有效性和准确性。例如，基于生物壳氧同位素计算的古海水表层温度在很大程度上取决于周围海水 $\delta^{18}O$ 值，后者通常被假定为固定值（−1‰～1‰）。同时，海水的 pH 值和碱度也是氧同位素组成的重要控制因素，钙质壳气候指标的温度差异可能与边缘海的上升流活动有关（Montañez and Poulsen，2013）。

LPIA 期间气候的另一个显著特征是低纬大陆地区逐渐转向干旱，并明显呈现东西差异。早二叠世早期开始，随冰川解体、大气 pCO_2 升高和全球变暖，欧美热带大陆区呈现显著的干旱化趋势和季节性波动，且具有自西向东推进的空间规律（Tabor et al.，2008；Tabor and Poulsen，2008；Michel et al.，2015），指示赤道西风作用的季风气候特征。这种大陆赤道地区的干旱化趋势与季风活动在东特提斯低纬大陆上出现较晚（颜佳新和赵坤，2002），如我国华北和华南在早二叠世基本都具有聚煤作用发生的气候条件。华北在早二叠世晚期之后开始出现紫红色泥岩沉积，煤层减薄、层数减少，出现耐旱性植物组合，这可能与板块北移至亚热带干旱气候带有关。华南在晚二叠世仍处于大规模成煤的无季节性分异的暖湿气候条件下，发育铝土矿和喜湿性植物群落（Yu et al.，2019），自二叠纪末—早三叠世开始才出现干旱气候特征的沉积和植物组合（Li F et al.，2015）。在热带大陆干旱化的同时，热带海洋-大气环流也发生了明显变化（Angiolini et al.，2007；Rigo et al.，2012）。

LPIA 期间也是最早开展深时气候模拟的层段，依据气候敏感沉积物的空间分布，结合联合古大陆时期的海陆分布格局与演化，大大深化了我们对晚古生代冰室时期的气候系统的认识，有效地降低了有关气候敏感沉积物成因解释的不确定性（Heavens et al.，2015）。在高频海平面变化（旋回层）对比基础上，结合古土壤氧同位素分析技术和植物叶面积指数等替代指标分析，发现晚石炭世期间大气 pCO_2 浓度在 2×10^{-4}～7×10^{-4}L/L，存在明显的轨道周期（10^5 年）和构造周期（10^6 年）变化，在驱动机制和变化周期方面类似第四纪冰室时期，而且清楚地显示了植物生态反馈效应（Montañez et al.，2016）。北美地区晚石炭世地层稳定氧碳同位素特征也表明，高纬度地区的冰川环境，甚至影响到赤道低纬度地区海洋化学和碳酸盐岩沉积体系（Koch and Frank，2012）。

（三）晚中生代—古近纪温室气候

晚中生代（本研究包括侏罗纪、白垩纪和古近纪）地质时期的气候特征已经成为全球深时气候关注的重点（许艺炜等，2017）。晚中生代是显生宙温度最高时期，亦是距离当代最近的一次全球典型的温室气候时期。该时期的地质记录保存最为完整，古气候呈现波动式的变化，在这样的温室气候背景下发生数次快速的升温事件（百万年至千年尺度），如早侏罗世图阿尔（Toarcian）早期、白垩纪阿普特（Aptian）早期、塞诺曼—土伦（Cenomanian-Turonian）期和古新世—始新世（Paleocene-Eocene）期等，升温幅度为4～8℃（Jenkyns，2003，2010；胡修棉等，2020）。如今，快速升高的大气CO_2浓度有可能在几个世纪内驱动地球重新回到地质历史时期所经历过的温室气候状态（王成善等，2017），这迫切需要国际社会更积极地去探索地质历史时期这些快速气候变化事件背后的气候动力学机制以及对地球整个生态系统的影响。因而这些快速气候变化事件是研究温室气候系统运行规律、生物应对温室气候、温室时期的海陆相互作用的关键（Montañez et al.，2011）。重要科学问题包括：快速气候变化的期次、幅度、规模；快速气候变化的机制；快速气候变化对生物、环境的影响；快速气候变化的内在规律和机制；快速气候变化对当今人类社会如何应对可能的全球变暖趋势的启示。

晚中生代这些快速升温背景下发生的全球性大洋缺氧事件T-OAE（early Toarcian，约183Ma）、OAE 1a（early Aptian，约120Ma）、OAE 2（Cenomanian-Turonian，约94Ma）和PETM（Paleocene-Eocene Thermal Maximum，约56Ma）等，对整个地球生态系统有着深刻的影响，以全球广泛分布富含有机质沉积和碳同位素发生明显的正异常或负异常为特征（Jenkyns，2010；王成善等，2017）。来自全岩、有机质、木化石和生物标志化合物的碳同位素表明，T-OAE、OAE 1a和PETM启动时均伴随着剧烈的碳同位素（$\delta^{13}C$）的负异常（Hesselbo et al.，2007；van Breugel et al.，2007；McCarren et al.，2008；Jenkyns，2010；Hesselbo and Pieńkowski，2011；Takashima et al.，2011）。但是OAE 2启动时以$\delta^{13}C$正异常为特征（Jenkyns，2010；Li Y X et al.，2017）。高分辨率的碳同位素显示，T-OAE、OAE 1a和PETM启动时存在多期次的次级负偏移，这表明轻碳是呈脉冲式注入大气-大洋系统的（Kemp et al.，2005；Jenkyns，2010；Zhang Q H et al.，2017；王成善等，2017）。虽然OAE 2启动期间以正异常为特征，但是大部分剖面在正偏移开始前都显示了微弱的负偏移（Kuroda et al.，2007；Li Y X et al.，2017），同样证明OAE 2启动时有大规模的轻碳快速注入大洋-大气系统中。这些快速升温事件的触发机制目前仍存在较大的争议，多被认为和大火成岩省大规模喷发、岩浆侵入富含有机质的沉积物中释放甲烷和海底天然气水合物分解等相关。这些过程可能是独立发生的，也可能是相互作用而同时发生的（Dickens et al.，1995；Hesselbo et al.，2000；Beerling et al.，2002；McElwain et al.，

2005；Snow et al.，2005；Bond and Wignall，2014）。这些事件期间地球化学指标普遍发生异常，如大洋酸化、海洋生物快速更替、碳酸盐岩台地死亡、水文循环加强、大陆风化作用增强、输入大洋营养物质增多和初始生产力增强等。这些响应都与碳库的快速扰动和全球急剧升温存在着密切的关系（Jenkyns，2010；邓胜徽等，2012；Godet，2013；王成善等，2017）。

海洋生态系统对全球快速升温和海洋缺氧事件的响应给海洋生物造成了重大影响，包括一系列的生物更替事件。T-OAE 期间特提斯西北部和北冰洋地区的菊石分别发生了 40%～65%和 70%～90%的灭绝（Dera et al.，2010），特提斯生物地理区东部的中国特提斯喜马拉雅（Wignall et al.，2006）以及属于太平洋生物地理区的南美（Aberhan and Baumiller，2003）、北美（Caruthers et al.，2014）和西伯利亚（Zakharov et al.，2006）都发现了生物集群灭绝的现象。同时在全球快速升温的背景下，菊石、有孔虫、介形虫和箭石等表现出向极地迁移避难的现象（Nikitenko et al.，2008；Dera et al.，2011；Caswell and Coe，2014）。OAE 1a 期间对海洋生物的影响相对较小，白垩纪最常见的造礁生物厚壳蛤-珊瑚-层孔虫组合突然被 *Lithocodium-Bacinella* 组合取代（Yamamoto et al.，2013），钙质微生物（calcimicrobial）中微锥类的丰度发生剧烈下降，具有全球性特征，被称为“微锥类危机”，但是并没有发生灭绝（Erba，1994，2004）。OAE 2 期间有 26%的属发生灭绝，并且种级水平的灭绝速率极快，特别是对海相无脊椎动物，因此此次生物灭绝事件通常被认为是二级灭绝事件（Leckie et al.，2002）。浮游有孔虫与钙质超微化石在数量和种属上也急剧减少（Erba，2004；Coccioni and Luciani，2005）。在 PETM 期间，底栖有孔虫经历了晚白垩世以来最大的灭绝，之后又迅速被早始新世时期特征的底栖大有孔虫组合取代（Scheibner and Speijer，2009）。同时低纬度地区占主导的造礁生物珊瑚、藻类等被底栖大有孔虫所取代，成为碳酸盐岩台地上的主要生物类型（Scheibner and Speijer，2008）。

OAEs 的发现和提出始于海相体系，但近年来越来越多的证据表明陆相湖泊在相应的时期也有着深刻且同样明显的响应，如 T-OAE 期间四川盆地、OAE 1a 和 OAE 2 时期松辽盆地都发生了剧烈的碳同位素异常和黑色页岩沉积（Wu et al.，2009；Zhang X L et al.，2016；Xu W M et al.，2017）；PETM 期间中国衡阳盆地和内蒙古二连盆地虽然没有明显的黑色页岩沉积，但是碳同位素同样发生了急剧的负异常（Bowen et al.，2002，2005）。Toarcian 早期，高温驱使陆地生物离开低纬度地区向高纬度地区迁移，如中国南方型喜热、耐干型植物向高纬度迁移，在同一地区喜热、耐干型分子比例显著增加，部分生物发生灭绝（Benton，1995；邓胜徽等，2012）。然而对欧洲中高纬度地区木化石的研究结果表明，高纬度种群在Toarcian早期向低纬度地区迁移，指示变冷的趋势（Philippe et al.，2017），这和T-OAE期间快速升温的背景是相矛盾的。据此推测，植物迁移的控制因素很可能不是温度，而是干湿变化（Philippe et al.，2017）。OAE 1a陆相记录的报道目前主要来自中国甘肃的昌马盆地下沟组（Suarez et al.，2013）与松辽盆地热河群义县组和九佛堂组（Zhang X L et al.，2016）。昌马盆地下沟组主要发育泥岩、页岩和细砂岩夹砂岩，保存着很好的、丰富的早期鸟类化石，伴生的还有叶肢介、介形虫、轮藻、昆虫和淡水蚌类等（Suarez et al.，2013）；松辽盆地热河群义县组和九佛堂组中发育湖相黑色泥页岩，保存有非常丰富的热河生物群，如植物、昆虫、介甲类、介形虫、虾、双壳、腹足、鱼、两栖动物、爬行动物、鸟类和哺乳动物等（Zhang X L et al.，2016）。OAE 2期间，中国东北松辽盆地发生了重大的湖泊缺氧事件（Wu et al.，2009）。缺氧事件层之后，松花江生物群主要湖生生物介形虫、叶肢介等出现了爆发性繁盛，生物属种增多，纹饰结构趋于复杂化，生物演化进入一个新的阶段（黄清华等，2006）。PETM的陆相记录相对详细，这一时期北美比格霍恩（Bighorn）盆地早始新世地层中出现大量的奇蹄类、偶蹄类、齿类及灵长类等新物种的暴发。通过对中国衡阳盆地和内蒙古二连盆地碳同位素、古地磁和生物地层的对比研究发现，这些动物首先出现在亚洲，在PETM期间逐渐扩展到北美大陆（Bowen et al.，2002，2005）。北美怀俄明（Wyoming）地区的植物化石记录表明，该地区在PETM之前以针叶林和阔叶林植物群落为主，而在PETM期间被豆类植物所替代，同时植物群落向北迁移了1500km（Wing et al.，2005）。此外，非洲西北部和阿拉伯半岛沿岸地区黏土矿物研究，北美盆地叶片形态学、古土壤形态学及风化指数，东非坦桑尼亚地区单体氢同位素指标等均指示，PETM期间气候变干（Bolle et al.，2000；Wing et al.，2005；Kraus and Riggins，2007；Handley et al.，2008，2012；Kraus et al.，2013）。

（四）学科领域的研究现状

相比国际深时气候学研究，我国在此领域起步相对较晚。赵锡文（1992）主编的《古气候学概论》首次较为系统地介绍了古气候学的基本概念、理论和方法，也较全面地总结了我国地质历史时期的古气候轮廓。陈旭等（2001）系统收集整理了我国古生代气候敏感沉积物的时空分布和生物古地理资料，总结了我国古生代期间的板块运动、古生物地理和古气候演化。可喜的是，21 世纪以来我国在深时古气候学研究领域进展非常明显，在国际科技期刊上发表的科技论文数量显著上升，论文总数量已经排名全球第三（许艺炜等，2017），涌现出大量的优秀成果。

在前寒武纪，我国华南地区保留了成冰纪至埃迪卡拉纪的良好沉积记录，具有研究新元古代极端气候事件得天独厚的地质条件。近年来，我国学者对华南新元古代年代地层学框架进行了重新审视和系统研究，大规模修订了地层时代（An et al.，2015；Zhang et al.，2008；周传明，2016；张启锐和兰中伍，2016），所获得的新数据与全球代表性剖面成冰系底界可进行直接对比，证明了司图特（Sturtian）冰期的全球同步性（Lan Z W et al.，2014）。Zhang 等（2013）在南沱组获得了新的可靠的古地磁成果，否定了南沱组形成于赤道附近的认识，提供了马里诺冰期时代华南与澳大利亚西北部相连的新证据。这些基础地质研究，为未来开展深时古气候的进一步研究奠定了良好基础。

晚古生代冰室气候时期，我国华北和华南与北美-欧洲类似，位于低纬度地区，因此广泛发育与冈瓦纳冰川增长和消融同步的海平面变化旋回是无疑的。例如，刘本培等（1994）、李儒峰等（1997）根据碳酸盐岩稳定氧碳同位素特征，在我国华南地区晚石炭世地层中识别出了这种变化。之后，Ueno 等（2013）、Wang X D 等（2013）对这种高频旋回沉积的宏观特征进行了较为细致的描述。通过对右江盆地北缘巴马孤立台地碳酸盐岩沉积微相研究，Liu C 等（2017）在早二叠世末期发现了 7 个“高频”三级相对海平面变化旋回。严雅娟等（2015）记述了黔南地区早二叠世碳酸盐岩地层中记录的大幅度海平面下降导致的显著碳酸盐岩暴露构造，可能与冈瓦纳大陆冰盖的推进有关。武思琴等（2016）识别出了早二叠世冈瓦纳大陆冰盖消融以后快速海平面上升期间陆源碎屑沉积体系的响应。华北地区在石炭纪—二叠纪经历由海相—海陆过渡相—陆相的盆地沉积转变，发育含煤碳酸盐岩-碎屑岩沉积旋回。依据多种沉积层序界面的确定和分析，华北石炭系—二叠系沉积序列被认为与海平面变化存在成因联系（陈世悦和刘焕杰，1995a，1995b；李增学等，1996；邵龙义等，2014），可识别出多个三级和四级海平面变化，与北美中大陆同期海平面变化可以对比，具有全球性和等时性，属于冰川型海平面变化。吕大炜等（2009，2015）获得更多地层数据支持上述观点，并对海平面变化属性，即周期性和高频性进行较深入的剖析，认为旋回性沉积所指示的高频海平面变化受高纬冰川消长的控制。然而，与北美和俄罗斯台地相比（Eros et al.，2012；Schmitz and Davydov，2012；Sweet and Soreghan，2012），华北地区在高精度地层格架建立和海平面变化幅度定量化方面仍没有取得实质性进展。因此，华北和华南发育的旋回性沉积的特征以及与北美地区旋回层的对比，仍然是一个值得深入研究的课题。聚焦我国华北、华南等地晚石炭世—早二叠世良好的地层记录和沉积序列，开展高精度年代地层学研究及海平面变化定量估算，不仅仅是地层学的重要内容，也是重建气候模型参数确定的重要依据。

华北在早二叠世全球变暖期仍发育含煤沉积，表明其与欧美大陆区同时期的干旱化气候明显不同。但自早二叠世晚期开始随板块北移，华北地区煤层减少、变薄并出现较多的杂色和紫红色泥岩，喜湿性植被群落衰落而耐旱性植被逐渐繁盛（Wang et al.，2001；Wang and Pfefferkorn，2013），在长时间尺度上也出现气候的干旱化趋势（吴汉宁等，1990；Zhang et al.，1999；张泓等，1999；何志平等，2005；李守军等，2014）。华南在石炭纪—二叠纪以碳酸盐岩沉积为主，发育两套含煤碎屑岩沉积，自下而上依次为早二叠世晚期梁山煤系和晚二叠世龙潭煤系。华南早二叠世铝质泥岩也发育旋回性沉积序列，指示多期次的淡水淋滤作用（余文超等，2013），可能指示湿热气候条件下降水的季节性特征。华南在二叠纪末开始至中晚三叠世经历了较长时期的干旱-半干旱性气候，发育蒸发岩和紫红色泥质岩沉积，而晚三叠（及早侏罗）世含煤地层再次出现，表明湿润气候的重启和成煤植物的繁盛。通过泥岩化学-矿物组成定量示踪陆表风化强度，Yang J H 等（2014）对华北南部陆表古温度状态进行了（半）定量研究。在早二叠世萨克马尔中-晚期，华北与冈瓦纳大陆及其北缘同期细屑岩的化学风化强度具有一致的升高趋势，表明全球大陆化学风化增强，对应于早二叠世的冈瓦纳冰川消融和全球变暖（Yang J H et al.，2014）。此外，萨克马尔期细屑岩具有与现代大河流河口泥岩一致的化学风化-纬度分布模式，基于纬度对陆表温度的控制，推测也应具有相似的化学风化-陆表温度分布模式，据此估算早二叠世冰盛期晚期的低纬（华北，北纬约 10°）与高纬（冈瓦纳，南纬 50°～60°）间的陆表温度梯度大约为 20℃（Yang J H et al.，2014）。基于现代花岗质基岩表层土壤风化强度与气候条件的相关性统计分析，Yang 等（2016）建立了一个应用化学风化指数（CIA）进行陆表年均温度估算的经验转换方程。在降水量或湿度可以独立约束的条件下，该方程可用于深时陆表古温度的定量估算，据此推测华北南部在早二叠世萨克马尔期的陆表古温度约为20℃，为暖湿性气候，而联合古大陆西侧热带区则为干冷性气候（约4℃）。

毫无疑问，位于东特提斯低纬区的华南、华北地区发育较连续的碳酸盐岩沉积序列，可进行高分辨率的低纬区古海水化学成分和古温度研究（Chen B et al.，2013，2016；Wang X D et al.，2013），也发育碎屑岩沉积序列，便于进行陆表古气候恢复和重建（Yang J H et al.，2014，2016）；与中高纬的冰川型沉积序列和泛大陆西侧低纬区沉积记录对比研究，可深入理解全球和区域气候的转变机制与影响因素。此外，通过泥质岩风化地球化学和古土壤记录估算陆表温度和降水量，进而与古海洋的海水化学组成和海表温度对比，可更好地理解深时地球气候系统。

目前，东特提斯低纬大陆的干旱化趋势研究较少，与联合古大陆的对比还缺少足够的年代地层学和气候指标数据的支持，学界对这种全球尺度热带大陆干旱化的具体成因机制也不甚了解。与欧美大陆所处的联合古大陆相比，华北和华南具有对全球气候变化的不同沉积响应。更重要的是，这些东侧大洋内部地块上的古气候记录，是联合古大陆期间气候体系的一个重要组成部分，对全面、深入了解当时的气候区带展布和演化格局至关重要（杨江海等，2017）。

全球持续增温促使晚中生代温室气候成为研究热点之后，该时期古海洋、古气候变化在全球海相地层中不断被揭示出来，我国西藏地区东特提斯洋的地质记录也取得较大突破。目前最新的研究成果证实我国西藏地区东特提斯洋沉积记录着完整的晚中生代快速增温气候变化事件（Wan et al.，2003；Li et al.，2006；Bomou et al.，2013；Han et al.，2016，2018；Li Y X et al.，2017；Li J et al.，2017；Chen X et al.，2017a；Zhang et al.，2018）。藏南定日和聂拉木地区的T-OAE记录显示有机质碳同位素发生急剧负偏移，并伴随着海平面急剧上升、大型底栖生物灭绝、碳酸盐岩台地淹没和风暴作用增强（Han et al.，2016，2018）。藏南古错地区的菊石生物地层和有机质碳同位素负偏移首次证明OAE 1a在东特提斯的存在（Chen X et al.，2017a）。相较而言，西藏OAE 2工作开展较早，藏南有孔虫和钙质超微生物地层以及碳同位素地层证明了OAE 2在东特提斯的响应（Wan et al.，2003；Li et al.，2006；Bomou et al.，2013）。Li Y X等（2017）利用高分辨率磁化率数据建立轨道时间尺度，并以此来校正高分辨率碳同位素数据，据此估计OAE 2碳同位素偏移的持续时间约为820 000年。

西藏PETM的研究也掀起热潮，藏南定日和岗巴地区的有孔虫生物地层和碳同位素地层详细地记录了这次事件。同时大型底栖有孔虫组合和碳同位素曲线之间的关系表明，该地区有孔虫的灭绝和起源并不是发生在 PETM 启动时，而是在恢复阶段，这可能与大陆风化作用增强以及海水富营养化相关（Li J et al.，2017；Zhang Q H et al.，2017，2018）。另外，塔里木浅海环境也发育了 PETM 记录（Jiang et al.，2018）。这些记录来自消失的东特提斯，与现今来自大洋钻探计划和深海钻探计划所获得的材料相比，其具有不可替代性，是和其他海相地区进行对比整合研究、深入了解快速增温事件期间海洋-气候系统响应及运行机制不可或缺的材料。

总体而言，科学界对晚中生代古气候和古环境演化的认知主要来自海相沉积记录，而当时陆地沉积主要发育在东亚地区。受全球古地理和古气候控制，东亚地区晚中生代陆相沉积主要发育在我国大陆。近年来在中国东北开展的松辽盆地大陆深部科学钻探工程（松科一井、松科二井和松科三井），获取了白垩纪以湖泊沉积为主的连续的陆相沉积记录。目前松科一井已建立以磁性地层学、锆石 U-Pb 年代学、天文地层学、同位素年代地层学、生物地层学和旋回地层学为主的中国晚白垩世陆相年代地层标准，并与国际地质年代进行了对比（Li et al.，2011；Deng et al.，2013；Wu et al.，2013；Wang P J et al.，2016）。同时，东北地区的白垩纪地层中先后发育有热河生物群、阜新生物群、松花江生物群和嘉荫生物群（万晓樵等，2017）。这些基础研究成果的取得为研究白垩纪大陆环境与气候演化规律，以及与生物演化更替之间的关系提供了绝无仅有的研究材料，已经发表了一些初步研究成果（Wu et al.，2009；Hu et al.，2015；Wang P J et al.，2016），引领了国际白垩纪陆地气候研究。中国的侏罗系、古近系同样发育良好的陆相沉积，一些科学家利用这些材料探讨快速气候变化的陆地响应（Bowen et al.，2002，2005；Chen Z et al.，2016；Xu Y L et al.，2017）；也有一些科学家利用这些材料探讨温室时期行星风系、古温度、古 CO_2 等，这预示着这些材料具有巨大的研究潜力。

晚中生代时期我国大陆的塔里木盆地、松辽盆地、华南等构造稳定的大陆地区还出现海侵层位（如塔里木海），是探讨全球海平面变化和水循环良好的研究对象。对这些海侵-海退的精确厘定和深化研究对于理解海平面变化、大陆水循环具有重要的意义。青藏高原的隆升研究深化了对亚洲季风的认识。晚中生代时期西部是否存在原青藏高原？东部地区是否存在沿岸山脉？其存在的规模、高度及其对气候的影响如何？对这些问题的回答将深化我们对大陆气候、环境的认识。

鉴于此，我们应该充分发挥我国发育丰富晚中生代海相沉积的地域优势，加强和深化研究 OAEs 在东特提斯洋的响应，并兼顾全球。同时，充分依靠晚中生代中国北方陆相地层，发现并精确厘定陆地生态系统的 OAEs 事件，重建不同时间尺度上 OAE 期间陆地古环境-古气候变化和生物演替，进而和古海洋 OAEs 事件进行对比整合研究。在这些工作的基础上，探索晚中生代快速增温事件和生物变化的耦合关系，揭示海陆相生物群组成、群落结构和生物地理区系变化对地球温室环境的响应过程与机理，从而认识不同时间尺度快速增温事件背景下气候-环境-生物之间的相互关系，实现温室时期地球快速气候-环境-生物演变理论上的突破，为预测全球气候环境变化的生物响应提供科学依据。

四、学科领域的关键科学问题、发展思路、发展目标和重要研究方向

（一）深时气候学研究的关键科学问题

通过一个多世纪的研究，人们不再认为地质历史时期地球气候全部是温暖时期，认识到地球经历过多个严酷的寒冷气候时期，只不过温暖的温室气候体制占主导地位。早期的研究已经清楚地表明，地球圈层相互作用、海陆分布格局等因素对地球冰室气候的形成发挥了重要作用。值得指出的是，这些早期研究成果有相当大一部分是利用气候敏感沉积物的空间分布特点，借鉴三圈型圈层气候模型，为古地理再造提供古气候依据。由于三圈型圈层气候模型也只是概念性的，其结论的局限性是不言而喻的，但是也为认识地球深时气候演化奠定了基础。例如，20 世纪 70 年代末代表性的总结性著作《地质历史中的气候》（*Climate throughout the Geologic Time*），较为全面系统地总结了地球各地质历史时期的气候特征。该书著者 Frakes 在介绍中指出，某一板块上的岩石记录综合反映了全球气候和该板块移动产生的气候演化（Frakes，1979）。

计算机技术的发展使得较大规模气候模拟成为现实。结合对气候体制及气候体制转换的认识（如白垩纪中期温室气候、联合古大陆时期的冰室及随后的巨型季风气候体制），深时气候学领域利用气候模型进行系统模拟研究，开始深入探索深时气候系统的边界条件、驱动因素、气候替代指标的可信度等方面的研究，弥补了深时气候观察描述的不完整性（如地层发育保存

方面），弱化了地质记录时间分辨率的不足等问题，并极大地推动了深时气候学研究向前发展，使得气候模拟（理论古气候学）和观察描述成为古气候学的两个同步发展的重要方面（Crowley and North，1991；Parrish，1993）。深时气候学研究热潮的再次升起，源自我们对地球将来环境的关切，实际上是对深入了解深时气候演化的迫切需求。纵观地球的前第四纪演化历史，深时气候学研究中的关键科学问题是：温室地球时期气候系统在构造尺度-轨道尺度上的演化机理。

空间尺度不同的圈层在地球演化历史中，通过圈层相互作用在运动过程中存在时间尺度上的差异已经成为地球系统科学研究中的共识（汪品先，2009b）。从时间的角度看，深时古气候研究存在四个明显不同的时间尺度（胡永云和田丰，2015）：①季节-年际至千年（1000年）际气候变化，主要受控于海洋环流；②万年（10 000年）至十万年（100 000年）际气候变化，对应于地球轨道变化周期；③百万年（1Myr）至亿年（100Myr）际气候变化，受控于构造运动周期；④十亿年（1Gyr）际气候变化，对应于太阳辐射强度变化和大气组成的长周期变化（行星时间尺度）。

由于固体与流体地球科学发展的起点在时间尺度上并不相同，也由于在时间上穿越能力的限制，地球系统科学的发展在时间域里遇到的障碍比空间域里大（汪品先，2009b）。对前寒武纪气候变化的研究，由于相关地质记录和研究精度的缺乏，还主要集中于板块和行星时间尺度。对显生宙大部分时段，深时气候研究的时间分辨率可以达到构造尺度-轨道尺度，该尺度周期的气候变化及驱动因素也是深时气候变化中最为关键的因子。

（二）深时气候学的发展思路

从全球来看，深时气候学研究的发展趋势将是围绕深时气候系统，通过对气候替代指标、深时气候记录的详细研究，借助数值模拟和广泛的多学科合作，开展深时气候系统敏感性、动力学（热传输）、冰盖稳定性和海平面变化、温室时期的水循环、系统体制转换和温室时期的生态系统等方面的系统整合（Montañez et al.，2011）。

近年来，中国在深时气候研究领域的科研实力逐渐增强，科研文章数量显著增加，但是我国深时气候学研究相对国际深时气候学研究，还需要在系统性和针对性方面更加聚焦。在类别方面主要侧重于区域古气候特征与演化、部分古气候指标等研究，需要重视整体气候系统及其影响因素；在深时气候模型和模拟方面仍有待加强。此外，我国具有很多连续的地质记录，大多数层段和地史时期的基础地质具有很好的研究基础，如年代地层学格架；不少地史时期的地质记录可以构建跨区域性古气候断面，属于深时气候系统不可或缺的重要组成部分。因此，认识和发挥我国地学资源优势的意义就显得非常重要。

围绕温室地球时期气候特征与演化，深时气候学研究需要在高精度年代地层框架下，针对整个地球气候系统及其与地球其他圈层的相互作用，通过观察与模拟相结合开展。尤其值得注意的是需要针对如下问题进行系统深入的研究。

1. 高精度年代地层框架的建立

高精度年代地层框架的建立是深时气候研究的基础和关键，包括开展高精度年代地层学和化学地层学研究，高精度定年技术的采用，时间跨度长、序列连续的地层剖面或者钻孔岩心的获得（如大陆超深钻）。通过高精度年代地层单位对比，识别气候敏感沉积物或者气候替代指标的空间变化，包括经线方向的变化和纬线方向的变化，以及海陆对比的变化。

2. 生态系统的适应和反馈作用

包括生态系统对气候变化的响应以及生物演化对气候系统的反馈。地球演化历史中保存了大量生态系统在气候转变期间快速演化的实例，包括生物大灭绝和生物大灭绝之后的生物复苏。了解地质历史中生物对气候变化的响应过程与机制，可以增加我们预测未来温室效应不断增强情景下生态系统演化趋势的能力。同时，生态系统对气候系统具有明显的反馈作用，如在晚古生代冰室气候时期，间冰期内热带植物由湿地植物群向适应季节性干旱植物群的演变，有效地降低了有机碳埋藏，相当于增加了大气 pCO_2 输入，成为维持间冰期气候稳定的重要因素；而间冰期后期的苔原植物分布区的扩张，形成潜在的、足可影响极地冰盖再次发育的驱动因素（Montañez et al., 2016）。

3. 气候系统演化机理

包括深时记录的气候变化速率和极限、大气成分与大洋海水成分变化、大气环流与大洋环流、深时气候与生物圈、固体地球以及太阳的联系，都属于深时古气候研究的重要内容（王成善等，2017；孙枢和王成善，2009；许艺炜等，2017）。

（三）深时气候学的发展目标和重要研究方向

根据国际深时气候学研究的动向、前沿和发展趋势，结合我国深时气候学的研究现状和地质记录优势，课题组经过两年多的研讨，包括2016年9月香山科学会议第571次学术讨论会，提出如下将来深时气候学研究中值得重视的一些重要科学论题。

（1）深时气候记录的年代约束，包括生物地层、化学地层、古地磁、年代地层、天文周期与旋回地层。

（2）地表植被、水文循环以及大陆化学风化剥蚀，包括低纬大陆干旱化和突发大规模降水事件与季风气候的成因联系，大陆风化剥蚀与全球气候变化的耦合和反馈机制，陆源碎屑沉积作用中的气候因素和构造因素的定量评估等。

（3）海陆相互作用，如大陆对大洋缺氧事件和海平面变化的响应，大洋缺氧事件的表现形式与气候驱动过程，两极无冰或少冰的温室气候条件下的海平面波动，极热事件发生与结束的大洋环流-大陆风化-大气 pCO_2 等气候因素间的反馈和相互作用，冰室气候适宜期的表现形式和驱动因素，全球碳循环等地球化学旋回。

（4）生命-气候-环境的相互作用，包括气候变化与生态气候演变间的耦合与反馈机制。

（5）岩石圈-冰盖相互作用，包括海水化学组成变化和控制因素、冰室时期海洋环流驱动与陆表气候响应、全球海平面变化等。

（6）不同气候体制下，深时气候系统的驱动机制，包括冰室-温室气候转变、大陆-海洋-冰冻圈相互作用、板块构造影响与大火成岩省和板块运动间的耦合机制等。

（7）现实主义原理（“将今论古”）在深时气候学研究中的适用性，包括冰期-间冰期与温室-热室效应时期的不同气候体制。

（8）深时气候模拟，包括深时气候模拟研究的参数选择、深时气候模型的边界条件限定、模拟结果与观察结果的差异及其成因分析等。

（9）深时气候演化与固体矿产、能源资源形成。

对上述深时气候学研究中的重要问题的深入探讨，离不开方法和技术手段的更新。下列方面尤其需要加以重视。

（1）深时定年技术研究，包括高精度年代学、定年方法、轨道参数的校准等。

（2）新的深时气候替代指标开发，多种气候替代指标的综合应用，以及如何有效评估成岩作用、生物发育过程中的生命效应等对其叠加影响。

（3）非传统同位素指标和古地温指标的研究，分析技术方法的改进。

（4）精确的地表古高程确定技术。

（5）较长时间跨度、连续地层序列的大陆超深钻探项目的开展。

（6）多学科方法的综合，包括沉积学、地层学、地球化学、古生物学、古植物学、古土壤和水岩反应、地质微生物学等。

（7）高级深时气候模型的开发。

（8）国家级深时气候数据中心的建立。

因此，深时气候学研究需要着眼于整个地质历史时期地球气候系统的发展变化。通过建立一个多学科交叉的交流平台，在高分辨率的年代研究基础上，开展多替代性指标的古气候重建，并与最前沿的气候学与地球化学模拟等手段相结合，打破过去深时研究片断化的不足，建立起深时气候系统的整体框架，是深时气候学的重要发展目标。发展完善大陆科学钻探项目，获得保存良好、高分辨率的沉积记录，发展与优化古气候替代指标，提高地质年代学的精度，着重温室地球时期深时气候模型的建立，是近阶段研究中的重中之重（孙枢和王成善，2009；王成善等，2017）。

五、学科领域发展的有效资助机制与政策建议

由于现有气候模型主要是依据更新世以来的气候变化资料建立起来的，而人类活动导致的 pCO_2 排放已经超过自然因素的 5 倍（相较于古新世—始新世之交），人类即将面临的气候变化的速度将至少比地质历史时期最快的气候变化速率快 2 倍，因此迫切需要了解地球气候系统对此类变化的响应。地质历史中记录了有关气候体制转换、快速气候变化、水循环周期变化、生态系统对气候的响应和反馈的大量实例，解决人类即将面临的气候问题的答案就在深时地球记录中，也是沉积地质学家义不容辞的责任，更是沉积地质学一个重要的发展机遇（Montañez and Isaacson，2013；Parrish and Soreghan，2013）。为此，中国沉积学界需要做好如下准备，以实现深时气候学研究的更快发展。

（1）积极宣传和科普深时气候学研究的重要性与必要性，加强基础研究的投入，包括一些大型综合性和联合攻关性研究项目的开展。

（2）多学科之间协调合作，不仅应该包括沉积地质学、古生物学，还应该包括地层学、地质年代学、计算机模拟、地球化学等。

（3）突出我国地域优势和特色，同时密切关注国际研究动态，广泛开展国际合作研究。

（4）重视青年领军人才的培养。由于涉及多学科协同和合作，所需知识面广泛，因此选拔和培养同时掌握先进分析测试技术的青年科学人才尤其重要。

第五节　生物沉积学

越来越多的证据表明，从前寒武纪早期到现在，生物（包括微生物）活动参与了几乎所有的沉积过程（Chen Z Q et al.，2017，2019a）。近期一些重要的地学国际会议（如国际沉积学大会、美国地球物理学家联合会年会、美国地质学年会等）的热门主题表明，生物参与/诱导的沉积学（又称为生物沉积学）吸引了全球越来越多的微生物学家、生物地质学家、古生物学家和沉积学家的关注。

生物沉积学是研究有关生物参与/诱导的沉积作用过程的一门沉积学与生物学的交叉学科，其核心内容是揭示生命参与地球环境中物理沉积的过程，反映现生和深时生命-环境的相互作用与协同演化。一般认为地壳物质是物理、化学、生物三大过程的产物。特别地，生物参与了地球深部和表层的C、O、S、N 循环，对岩石圈的作用明显，包括参与和生物有关的矿物、矿化过程、生物沉积与成岩过程、生物成矿、化石能源、土壤形成、生物侵蚀与风化、生物扰动。地质微生物在岩石、矿物、矿产形成过程中起到非常大的作用。例如，生物可以直接组成某些岩石或者诱导其他矿物物质形成碳酸盐岩，如白云岩、黑色页岩、硅质岩。微生物也可以介导某些物质形成大约 2500 种矿物（Hazen and Ferry，2010）。相关研究表明，微生物也参与了一些低温热液生物地球化学成矿作用与过程，如金、银、铅、锌、铜、砷、汞、锑及其他含有机热液的矿床。地质历史时期的（微）生物更是化石能源（煤、油、气）的主要来源。由微生物介导而形成的沉积矿产也非常多，如一些铁矿、锰矿、铝土矿、磷块岩等。

全球的生物沉积记录为评价生物（包括微生物）在贯穿整个地质历史时期的沉积过程中所发挥的作用提供了重要素材。目前，运用多学科手段对我国地史时期记录的典型实例进行重点解剖和综合研究也具有紧迫性与必要性，这是因为生物沉积学是地球科学领域一门新兴的热门学科，在全世界范围内业已较深入研究并产生了许多理论假说。一方面，在我国该沉积学分支学科的研究刚刚起步。例如，由陈中强、周传明等共同编辑的第一部《中国生物沉积记录：从前寒武纪至当代》（*Biosedimentary Records of China from the Precambrian to Present*）于2017年出版（Chen Z Q et al.，2017），共收录了22篇关于我国生物沉积记录最新的研究论文；另一方面，我国记录了许多典型的生物沉积序列，这些实例不但对同期全球性事件有明显响应，而且为丰富全球生物沉积学的理论模式提供了实证。因此，本节基于对保存在中国的典型实例的分析和总结，探讨地质历史时期生物活动与物理沉积作用之间的相互关系。

总之，本节的主题是讨论贯穿地球从前寒武纪至当代整个演化时期所有沉积作用的生物（包括微生物）学过程，特别强调对中国保存完好的沉积记录和典型范例进行解剖。为了发展我国的生物沉积学，除了介绍生物沉积学的主要研究方向和对象外，本节特别强调目前国际上关于该领域最引人关注的研究热点，并提出中国学者的对策。另外一个重点就是突出对现代生物沉积过程的观察研究，利用“将今论古”原则和方法解剖一些生命演化重大突变期的生物与环境相互作用的典型案例，并探讨漫长的前寒武纪时期生物与环境的关系以及其中的生物沉积学过程与机制。

一、学科领域的科学意义与战略价值

如何正确理解（微）生物参与各种环境中的沉积过程以及可能的控制因素是生物沉积学亟待解决的重要科学问题之一。一个行之有效的方法是对现生海洋和陆地环境中（微）生物参与沉积过程的现场观察研究。另外，实验室培养模拟实验也提供了一种独特的方法以揭示沉积作用中的生物学过程。该方法是利用实验室培养特定的微生物并模拟它们参与沉积作用的过程，评价微生物在此过程中的作用以及各种环境因素对该过程的控制机制。在此基础上，利用“将今论古”的原则解释（微）生物在前寒武纪漫长的演化过程中如何一步一步地参与各种环境中的沉积过程并改变地球环境，使之从一个荒芜无生命迹象的星球变为有利于生命繁衍、进化的绿色行星之一。

在漫长的显生宙历史长河中，地球生命也经历了多次极端环境、气候的冲击，但它们一次又一次地从废墟中复苏重建，再现往日的辉煌。在此期间，生物沉积作用和过程起到了不可或缺的作用。其中，两类与生物相关的沉积物，即由钙质介壳后生生物分泌所生成的碳酸盐岩和由低级菌藻类介导所形成的微生物碳酸盐岩最为重要，是较好地揭示沉积作用过程中生物学过程信息和海洋地球化学条件的重要介质。它们也是自然界中最为常见的两类沉积岩，在某些地质历史突变期的地层序列中交替出现。因此，后生生物和微生物碳酸盐岩是生物沉积学的重要研究对象，为探讨深时生物、环境和气候变化之间的相互作用提供了必要的信息。总之，为了发展生物沉积学，我们需要重点关注如下三个重大科学问题。

（1）现今（微）生物参与沉积作用的物理、化学和生物学过程和驱动力是什么？矿化、石化和成岩作用对（微）生物结构的影响如何？

（2）晚前寒武纪至显生宙地层中记录多少个由微生物主导向后生生物主导过渡期（microbe-metazoan transition，MMT）？当时海洋碳酸盐工厂的工作机制以及环境背景是什么？

（3）前寒武纪沉积作用中的生物、物理、化学过程是什么？

特别地，在我国许多完整的地层剖面上发现，由微生物主导向由后生生物主导过渡期的沉积体系转折期通常与地质历史时期重大的环境、气候和生物事件耦合得非常好。在这一领域方向的研究中，我们需要重点关注如下三个科学问题：①微生物主导向由后生生物主导过渡期沉积体系中的生物沉积特征是什么？②晚新元古代以来地层中记录了多少个MMT？③MMT期间海洋碳酸盐工厂的工作机制以及环境、气候和生物对此转换如何响应？对MMT生物沉积特征的研究既是国际生物沉积学的研究热点，也是我们基于我国的沉积记录可望在沉积学上取得理论创新与突破的重要方向之一，因此，本节将对生物沉积学内容进行较深入和详细的介绍。

二、学科领域的发展态势及其与国际比较

（一）现今（微）生物沉积作用的重点研究方向

地球生命，特别是微生物，几乎参与现今各种环境中的沉积过程。野外现场的观察研究和实验室培养模拟实验是两种最重要的直接观察生物参与沉

积作用过程的手段和方法。通过对现代海洋中微生物席生长环境的观察表明，与宏体生物的群落类似，微生物席生态系统内部也存在着广泛的物质交换和能量传递，在其生物沉积过程中包含若干复杂的地球生物学、生物化学过程（图 3-6）。对现代微生物席的深入研究表明，微生物群落存在着表层和深层二元结构。其中，微生物席表层暴露在阳光下，微生物以营光合作用为主。由于氧气的含量随微生物席深度增加而降低，以氧化-还原界面为分界点，其上存在产氧光合微生物功能群（以蓝细菌为主，并伴随有氧呼吸作用），而其下则主要包含厌氧光合微生物功能群（伴随铁还原作用）。后者以硫化氢厌氧氧化细菌（紫硫细菌、绿硫细菌等）为主导。该类微生物将硫化氢作为电子供体（相当于产氧光合作用的水），以太阳能作为能源来进行厌氧光合自养作用。微生物席的深层则以有机物的降解和异养分解作用占主导，主要包含产甲烷微生物功能群和甲烷厌氧氧化功能群。前者位于微生物席的最底层，多以有机物为电子供体，将二氧化碳转化为甲烷。而后者一般和硫酸盐还原细菌共生，将甲烷氧化为二氧化碳，同时完成硫酸盐的还原，反应方程如下：

$$CH_4 + SO_4^{2-} \longrightarrow HS^- + HCO_3^- + H_2O$$

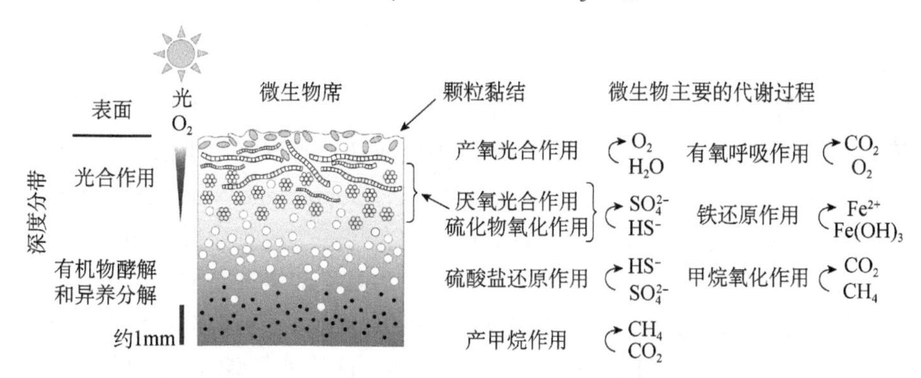

图 3-6　微生物席内部也存在着广泛的物质交换和能量传递，其生物沉积过程包含若干复杂的地球生物化学过程

这只是现代微生物参与沉积过程的一个例子。其实，在许多不同的环境，包括那些极端环境，（微）生物如何参与沉积过程以及其生物化学过程仍然神秘不解，有待更多的现代生物沉积学的深入研究来揭示其过程和机制。

近年来，越来越多的地球生物学家在实验室中培养不同的微生物，然后模拟不同环境和水化学条件并观察微生物如何参与特定矿物的生成（或者碳酸钙的沉淀）过程。最成功的例子就是利用微生物介导产生白云石的模拟实验，揭示微生物在白云石形成过程中的作用（Liu D et al.，2014）。白云岩在当代稀少且多为成岩作用的产物，由于硫酸根与钙、镁的结合形成白云石的动力学障碍，当代海洋一般不直接沉积白云岩，实验室在常温常压下亦不能沉淀白云石，这便是白云岩成因问题困扰沉积学家长达1～2个世纪的重要原因之一。近年来，学者在实验室内对微生物作用的模拟实验解决了白云岩成因问题，并获得如下基本认识。

蓝细菌、硫酸盐还原菌、嗜盐菌和产甲烷菌的活动消耗硫酸根离子，使抑制白云石成核作用的硫酸盐浓度降低，周围水体pH上升，形成碱性的微环境，有利于碳酸钙、碳酸镁达到饱和状态而沉淀下来。元古代海洋中硫酸根离子浓度低，故白云岩发育。这些微生物作用在盐碱环境中表现更为突出，其过程用化学公式表达为

$$C_2H_3O_2^- + SO_4^{2-} \longrightarrow HS^- + 2HCO_3^-$$

负电荷的微生物细胞壁、荚膜胶鞘以及EPS均能提供碳酸钙、碳酸镁的晶核生长圆点（globules）。

微生物分泌的有机酸对溶液中钙离子的亲和力要比镁离子强，能增加溶液中的Mg^{2+}/Ca^{2+}，有利于白云石的形成。此外，白云石酶可促进白云石的沉淀。

在以上作用诱导下，沉积学家在实验室内成功沉淀出了原生白云石。无独有偶，沉积学家在自然界类似的环境中也成功地观察到原生白云石的形成过程（Lith et al.，2003；Dupraz et al.，2004；Dupraz and Visscher，2005）。在自然界中微生物也诱导了白云石的形成，在每一个过程中微生物有其特殊形态。首先，许多微生物以丝状体形态出现，其上的微球粒成为碳酸钙、碳酸镁的晶核位点；其次，在晶核位点上形成原始的白云石沉淀；再次，白云石晶体逐渐长大，形成哑铃或纺锤形状的晶体，这就是典型的微生物诱导的白云石晶形；最后，这种哑铃或纺锤形状的晶体进一步结晶变大，形成四边形或八面体形晶体。同样地，许多证据表明，微生物参与了更多矿物的形成（沉淀）过程，有待更多的实验室模拟实验来揭示微生物参与沉积或矿物的形成过程，将来会有更多的理论模式解释不同沉积物或矿物的沉淀或生成过程。

（二）前寒武纪生物沉积学的关键研究要点

在地球40多亿年的历史长河中，生命从无到有、从低级到高级一步一

步地演化，其背后的形成机制一直是一个谜，吸引了众多学者对此科学问题的关注。不过，如何识别前寒武纪的生命形式和微生物在地层中的保存状态是探索该时期生命如何参与沉积作用过程的先决条件。“将今论古”是解释前寒武纪沉积作用的生物学过程的一个最重要的方法。通过对当代以及地质历史时期生物沉积记录的对比研究发现，由微生物介导的微生物岩可能是我们地球上最古老的生命形式在沉积地层上的记录，也是地球早期生命参与沉积过程的最重要证据之一。因此，本节主要介绍前寒武纪各种形态的微生物岩及其在地层上的分布规律，同时重点介绍微生物活动和海洋生物化学条件与微生物岩/白云石和条带状铁建造（BIF）地史分布的关系。

1. 微生物岩的分类

据其内部物质组成和组构特征的多样性，微生物岩可以进一步分为叠层石、凝块石、树形石和均一石（Burne and Moore，1987）。其中，叠层石以细小而清晰的纹层和柱形结构为特征；凝块石以脑纹、云块组构为特征；树形石以树枝状、火焰状组构为特征；均一石以均匀、无结构碳酸盐沉积物为特征。其中，第四种微生物岩在地层中不容易识别，与灰泥丘类似。

这些类型的微生物岩都在现代海洋和部分咸化湖中出现，并且都是微生物成因。类似的例子在显生宙和前寒武纪地层中也频繁出现。许多研究揭示了显生宙微生物岩中确实富含形态多样的微生物，因此，这些例子都被普遍认为是生物成因。然而，前寒武纪的微生物岩，特别是中元古代或更早的例子，它们的生物成因假说经常被学者挑战。这是因为前寒武纪的微生物由于多次受成岩、变质作用的影响而不容易被保存下来。

2. 发育不同岩石组构类型的微生物岩在地史时期的分布

深入了解前寒武纪微生物岩的形成过程和机理是正确理解该时期碳酸盐沉积作用中的生物学过程的先决条件。这些微生物岩内部都具有不同的岩石组构特征，并且它们在整个地质历史时期的分布不尽相同（图 3-7）。不同的岩石组构特征主要保存于凝块石/叠层石、纹层明显的叠层石（laminated stromatolite）和具叠层石结构的薄/厚层（stromatolite thin/thick layers）三类微生物岩中。其中，具叠层石结构的薄/厚层出现最早，发育亮晶放射状结晶（sparry crust）、窗格组构（fenestral fabric）和亮晶放射状结晶-叠层混合（hybrid）三类岩石组构。特别是，具有亮晶放射状结晶组构的叠层石薄层自35 亿年前就开始出现，在距今 28 亿～15 亿年期间非常繁盛，然后逐渐衰退，

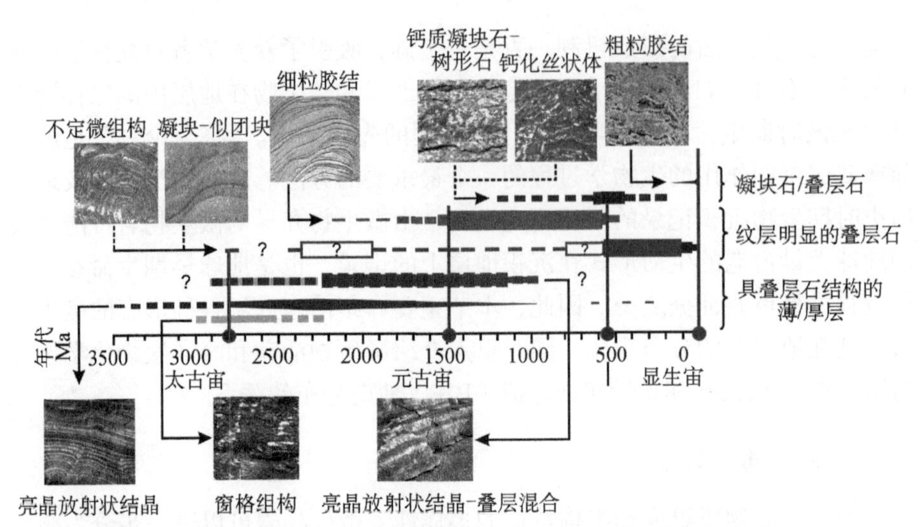

图 3-7 发育不同岩石组构类型的微生物岩在地质历史时期的地层分布

在 Riding（2006，2011）资料的基础上增加、修改而成

至距今 9 亿年左右完全消失。后来，该类组构的微生物岩在晚前寒武纪至三叠纪又零星出现。值得注意的是，这类组构叠层石在第一次大氧化事件前后（距今 24 亿～20 亿年）处于鼎盛时期，然而在第二次大氧化事件的前夜却完全消失。具窗格组构的叠层石薄/厚层自 30 亿年前左右开始出现，在距今 29 亿～25 亿年期间极度繁盛，然后逐步衰退，至 22 亿年前左右（第一次大氧化事件期间）彻底消失。与此相关的是放射结晶-叠层混合组构的微生物岩，它们于 29 亿年前左右开始出现，在距今 23 亿～11 亿年期间繁盛，至第二次大氧化事件的前夜（9.5 亿年前左右）完全消失。当亮晶放射状结晶组构的叠层石层于 28 亿年前开始繁盛时，具有凝块-似团块组构的纹层发育的叠层石开始出现。虽然还没有确切的化石证据报道，但一般认为这类叠层石极可能在第一次和第二次大氧化事件期间非常繁盛。不过，化石记录显示它们在显生宙大部分时期相当繁盛，直到侏罗纪晚期开始逐步衰退，但一直残存至现代海洋之中。因此，这一类叠层石地史上的分布值得深入研究。

此外，一类具有细粒胶结的纹层叠层石在第一次大氧化事件期间开始出现，以后陆陆续续出现，直到距今 15 亿～5 亿年期间繁盛发育了近 10 亿年，然后很快衰退，至寒武纪早期完全消失。在演化上与之具有接力关系的是发育有凝块-树形微生物组构的凝块石或叠层石，它们在细粒胶结的纹层叠层石繁盛的中后期开始出现，不过当时非常少，在地层中零星分布。在细粒胶结的纹层叠层石繁盛期结束的前夜凝块石/叠层石却开始大量繁盛，当前者在寒武纪早期急剧衰退期间，发育有凝块-树形微生物组构的微生物岩却极度繁盛，它们在奥陶纪末期开始衰退，一直到三叠纪末期彻底消失。另一类发育粗粒胶结的凝块石或叠层石在新生代接力出现，繁盛于当代的海洋之中。

不同岩石组构类型微生物岩在整个地质历史时期的发育过程总体上可以概括为起源、增加、广泛展布、组构类型分异以及逐渐减少五个主要阶段。它们在每个阶段的沉积作用中都伴随着不同的生物、物理化学过程。30 亿年前的地球严重缺氧，当时海洋中广泛发育硅酸盐，碳酸盐沉积则相对稀少。虽然发育有叠层石结构的碳酸盐偶尔出现，但在太古宙地层中最常见的碳酸盐岩是亮晶放射状结晶，即海底扇（sea-floor fan）、碳酸盐沉淀物（cement precipitates）、叠锥（cone in cone）结构碳酸盐、牛排（beef）或毛发放射状碳酸盐（fibrous calcite）脉或条带。这些碳酸盐在较早的文献中通常被认为是非生物成因的（Grotzinger and Knoll，1995）。不过，越来越多的证据表明，微生物确实参与它们的碳酸钙沉淀/沉积过程（Cobbold et al.，2013；Heindel et al.，2015；Kershaw and Guo，2016；Maher et al.，2017）。在距今 29 亿年前后，地球上出现了利用光合作用的蓝细菌，其时地球的氧气明显增加，海洋中的铁元素明显减少，这些化学条件的改变明显促进了微生物的钙化作用。其结果是窗格组构、放射状结晶和叠层状混合组构和凝块-似团块组构的微生物岩开始出现。特别是具有窗格组构的微生物岩在从距今 29 亿年至第一次大氧化事件的前夜这一长达 4 亿年的时间内大量繁盛，而在第一次大氧化事件期间消失，说明充足的氧气条件并不有利于此类微生物岩生长。总之，在这一时期（距今 29 亿～25 亿年）与微生物相关的碳酸盐沉积明显增加。

在第一次海洋大氧化事件前后，海洋的化学条件进一步朝多氧、少铁状况发展。虽然具窗格组构的微生物岩消失，但海洋中与微生物相关的碳酸盐沉积分布更加广泛。在距今 15 亿年前后随着大气和海洋中氧气的进一步增加，二氧化碳明显减少，同时硫酸盐也明显增加。这样，海洋中的微生物，特别是蓝细菌就可以消耗硫酸盐促进它们的钙化作用。这些蓝细菌在钙化过程中不断捕获和沉积聚集碳酸钙，形成了大量的微生物岩。特别是细粒胶结微生物岩进入繁盛期。该时期的微生物岩在形态和内部组构等方面出现高度多样化。以蓝细菌为主的叠层石明显比早期的叠层石要高大得多。同时，海洋中的钙质微生物也极其繁盛，以钙质微生物为主的微生物岩开始出现。进入元古代末期和显生宙最早期，整个微生物岩的沉积急剧衰退，除了凝块-似团块组构和钙质微生物为主的微生物岩继续发育外，其他组构类型的微生物岩大多消失或极度衰退。究其原因，后生生物的崛起，加强的生物间竞争和生物扰动作用以及后生生物的钙化作用与海水碱性明显降低都是微生物岩在地球上急剧减少的原因。在显生宙期间，微生物岩除了在寒武纪大量发育外，主要出现在大灭绝之后的高压海洋环境。例如，二叠纪末大灭绝之后海洋中广泛发育微生物岩（Chen and Benton，2012）和一些不饱和碳酸盐的沉积（Knoll et al.，1996）。

3. 地球早期微生物演化与叠层石发展的关系

近期研究表明，地球在冥古宙（Hadean）早期（45 亿年左右）可能是一个温度较高并且到处很热的星球，然后经历了距今 43 亿～40 亿年长达近 3 亿年的冰期时代，地球从原来的热球状态下急剧降温。地球最早的生命可能起源于这一冰期时代。目前，39 亿年前格陵兰的伊苏亚（Isua）硅质岩中记录了一些具有以硫为主要代谢功能的微生物。同时，最早的甲烷古菌也可能起源于该时期（Nicholas and Nisbet，2012）。沉积记录的证据进一步佐证了地球最早生命起源于距今 40 亿～43 亿年冰期的假说。近期，学者在澳大利亚西北部皮尔巴拉（Pilbara） 地区的 Barberton 沉积序列（35 亿年前）中发现许多保存完好的叠层石，说明厌氧光合细菌和产甲烷古菌至少在 35 亿年或之前就开始繁盛了。另外，有确切证据的蓝细菌化石首现于 27.25 亿年前，但产于南非的 29 亿年前左右的白云岩碳同位素却表明蓝细菌产氧光合作用在那时已经出现了。同时，地球上首次出现大型的钙质微生物礁。从此，地球的海洋也结束了长达 16 亿年的贫氧环境。因此，继 39 亿年以后，29 亿年是地球生命演化发展的另一个重要时间节点。

后来，大量的叠层石和富含有机质的页岩于 27 亿年前左右开始大量沉积。同时，最早的真核生物也被从 27 亿～26 亿年前的沉积物中利用生物标志化合物分析而得到证实。自此，叠层石才真正大规模繁盛。总之，在 29 亿～24 亿年前，尽管海洋水体中还存在缺氧水分层的情况，但是海水中的游离氧含量却在不断积累和增长，这是不争的事实。这些化学条件造就了叠层石的早期繁盛，并持续发展。24 亿年也是地球生命演化发展的另一个重要时间节点，此时，海洋中氧的积累导致了第一次大氧化事件。从此，蓝细菌形成的叠层石日趋繁盛。

4. 叠层石建造在整个地质历史时期的分布

总体上，地球最早的叠层石出现在35亿年前左右，由此至29亿年前期间叠层石以厌氧光合作用产物为主，其建造以硅质沉积物为主。在29亿年前至新元古代的“雪球地球”期（8.0亿～6.5亿年前）之间，钙质微生物成因的叠层石进入繁盛期，它们的地层分布非常广泛，并一直是前寒武纪最主要的生物诱导沉积。“雪球地球”期间，叠层石迅速衰退，直到伊迪卡亚纪后期（灯影期）才恢复（Riding，2006；Knoll，2011；史晓颖等，2016）（图3-8）。显生宙以来总体趋于衰退状态，只是在寒武纪早期以及几个显生宙生命大灭绝之后短暂繁盛，与后生生物为主的生物沉积交替出现。

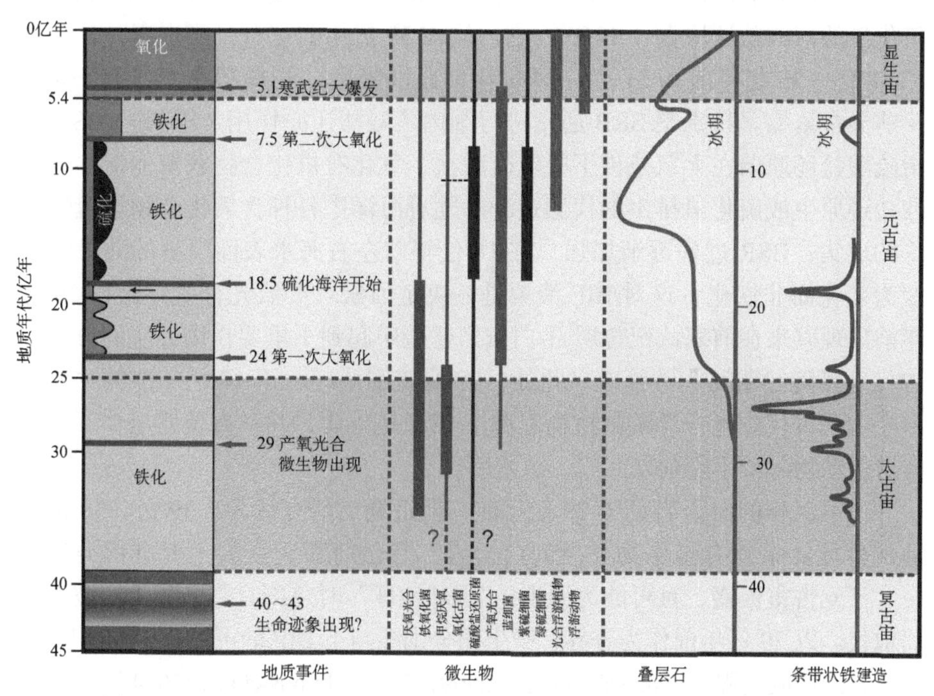

图3-8　地质历史时期海洋海水化学条件、微生物演化、主要生命事件、叠层石/白云石和BIF地层分布之间的关系

BIF资料引自Holland（2006）、Planavsky等（2009，2011）；叠层石资料改编自Riding（2006，2011）；其他资料由本研究汇总多种文献而成

5. 前寒武纪BIF和叠层石/白云岩的地层分布及与微生物、海洋化学条件的关系

前寒武纪微生物对沉积的作用除了它们促成叠层石或白云岩的生成外，

还参与了 BIF 的生成。BIF 是指铁含量≥15%的薄层、纹层状赤铁矿或磁铁矿与 SiO_2（石英、燧石）互层。其铁矿储量约占全球铁矿总储量的 80%，是最重要的铁矿石。BIF 最早出现在 39 亿～38 亿年前[格陵兰的伊苏亚带（Isua Belt）]，集中分布于 35 亿～18 亿年前，高峰出现在 28 亿年前后，在 18 亿年前后 BIF 急剧减少并很快消失。在 7.55 亿～5.5 亿年前，又出现仅存的几个 BIF（Holland，2006）。BIF 形成的三种可能情况（Bekker et al.，2010）：①低氧条件下的微好氧菌（起始为 29 亿～24.5 亿年前，高峰期为 24.5 亿～23.2 亿年前）；②厌氧光合铁氧化菌[在第一次大氧化事件之前（24.5 亿年前）]；③紫外光介导的非生物氧化，该假说现在不大被认可。

早期地球上存在营甲烷厌氧氧化（AOM）的甲烷古菌（ANME）和产生硫化氢的硫酸盐还原菌（SRB）。它们均在 39 亿年前左右已经出现，并分别在 38 亿～35 亿年前和 31 亿～24 亿年前极度繁盛。SRB 却在 17.5 亿～8 亿年前异常繁盛。特别是 SRB 通常进行细菌硫酸盐还原作用（BSR）。BSR 是指硫酸盐还原菌在无氧条件下吸收硫酸盐，氧化有机化合物获取能量并将硫酸盐还原生成硫化氢排出的代谢过程。随着海洋中各种含氧化合物如硫酸盐等的聚集，BSR 过程逐渐加强，在 18 亿年前左右海水表面以下的陆缘海洋变为硫化而非铁化，这对 BIF 消失是一决定因素。产氧光合蓝细菌自 29 亿年前出现以来在前寒武纪叠层石/白云岩建造中起到了重要作用，它们自中元古代至奥陶纪期间非常繁盛。此外，紫/绿硫细菌起源于 18 亿年前并主要繁盛于中元古代。光合浮游微植物起源于 13.5 亿年前，并一直繁盛至今。光合浮游微动物起源于晚前寒武纪，也繁盛至今。

最早沉积的白云岩见于 29 亿年前，但近期的研究认为，39 亿～38 亿年前的伊苏亚带就有微生物介导的白云岩。它是前寒武系的主要沉积类型之一，于元古宙极盛，且可能为原生；“雪球地球”时急剧衰落，显生宙被石灰岩取代。以 29 亿年前作为分界，微生物分别参与了 BIF 的沉淀过程和叠层石/白云岩的形成过程（Planavsky et al.，2009，2011；Lyons et al.，2014）。

（1）29 亿年以前，即早太古代时期，当时大气和海洋中主要为缺氧状态，在该条件下海洋富含 Fe^{2+}，大气中富含 CO_2 和 H^+。多数学者认为，BIF 是厌氧光合铁氧化菌对二价铁（Fe^{2+}）的氧化作用产物。其实，38 亿年前，地球海洋中已存在 BIF 的代谢合成作用，其过程用公式表达如下：

$$4Fe^{2+}+CO_2+4H^++\text{光}\longrightarrow CH_2O+4Fe^{3+}+H_2O$$

此代谢合成的产物中有叠层石所需的有机物（CH_2O）和 BIF 中的铁（Fe^{3+}），所以在 35 亿年前左右厌氧光合成因的叠层石也就开始出现。

（2）29 亿年前及以后，地球上出现了蓝细菌产氧光合作用。在近中性低氧条件下，微好氧菌可通过酶促反应氧化 Fe^{2+}以获得能量促进生长，其过程用公式表达如下：

$$4Fe^{2+}+O_2+10H_2O \longrightarrow 4Fe(OH)_3+8H^+$$

另外，BIF 和叠层石地史分布呈现出此消彼长关系，并显示出以下特征：①太古宙（及古元古代早期）是富 Fe^{2+}贫 SO_4^{2-}的还原海洋，且因大气富 CO_2 而呈酸性。在 38 亿年前伊苏亚硅质岩中出现了最早的微生物迹象和 BIF。在 35 亿年前左右，厌氧光合的叠层石出现，BIF 开始繁盛。在 BIF 集中和高峰期，叠层石不繁盛。晚太古代 29 亿年前后，出现沉积白云岩，而叠层石开始具有蓝细菌产氧光合作用的成因特征。②第一次大氧化事件后，元古宙海洋表层逐渐氧化，深部仍然铁化，而两者之间的氧化还原界面是时起时伏的，叠层石在元古宙 25 亿年前开始繁盛，在 20 亿～18.4 亿年前曾有自由氧减少的时段，出现 BIF 小高峰和叠层石的衰退。③中元古代叠层石达到高峰。18.4 亿～8.0 亿年前出现时大时小的硫化（即含游离 H_2S）带，H_2S 将海水中的 Fe^{2+}以黄铁矿的形式沉淀，从而结束了 BIF 的全球性沉积。④总体上，叠层石喜暖，在 8.0 亿～6.5 亿年前的冰期迅速衰落，而此时出现少量 BIF。⑤显生宙海洋整体氧化（虽然深海仍然是还原的），而 BIF 绝迹。后生生物繁荣，白云岩及叠层石总体衰落。

6. 前寒武纪 BIF、叠层石/白云岩、微生物演化与海洋化学条件的关系小结

（1）BIF 和叠层石/白云石的沉积及地史兴衰均与微生物活动有关；早、中太古代厌氧细菌首先诱导了 BIF 沉积，后来又诱导了硅质叠层石沉积；晚太古代是 BIF 鼎盛时期，同时蓝细菌（产氧光合）、硫酸盐还原菌等作用导致白云岩的出现。

（2）第一次大氧化事件对沉积白云岩的促进作用与对 BIF 的限制作用十分巨大；BSR 导致陆缘硫化海洋的出现及发展对 BIF 在第一次大氧化事件后日益衰微，以致在 18 亿年前后消失，有决定性影响；在 8.0 亿～6.5 亿年前的“雪球地球”时期，白云岩/叠层石由于寒冷而衰退，BIF 却因硫化海洋的消失而重现。

（3）在显生宙，三者都衰退或消失。BIF 是由于生物爆发氧化海洋而绝迹；白云岩则是由于后生生物爆发限制了微生物作用，只能限于干旱、咸化的局限海域中。

（4）海洋化学条件的变化。太古代酸性海洋的BIF和叠层石都以硅质为主。元古代海洋硫酸盐浓度低，微生物作用适于形成大量白云石和叠层石。而到显生宙，海洋富硫酸盐且不再呈酸性，后生生物繁殖，故多变为灰岩。

此外，目前对早期地球和生命过程的研究大多数是，先发现早期地球的极端环境、气候事件并探讨各种物理、化学和火山事件彼此之间的相互作用，然后再来探讨生物（包括微生物）对这些极端事情的反馈。其实，在这些极端事件发生之前地球的生物，特别是微生物大都积极参与，有时会主导改变环境，使之诱导极端事件的发生。因此，在一次大的极端物理、化学和火山事件之后许多（微）生物努力适应环境的过程中，同时也在积极改变环境直至诱发第二次极端事件。然后，新的生物—环境—生物—环境旋回又重新开始。研究生命如何改变环境显得非常重要，并极具挑战性。

（三）新元古代晚期至显生宙关键微生物-后生生物过渡期的生物沉积学特征及科学问题

在两类生物成因的碳酸盐岩中，后生生物礁和微生物礁灰岩是最典型的生物沉积产物。这两类生物礁在地层中的交替出现反映了地史时期典型的微生物-后生生物转换期沉积体系的变化（Chen et al.，2019b）。全球数据表明，各个主要地质时期后生生物礁累计厚度峰值分别出现在晚泥盆世早期和中二叠世。前者以发育珊瑚和层孔虫礁为主（Copper，2002），后者则以发育海绵礁为特征（Flügel and Kiessling，2002）。次一级峰值分别出现在中奥陶世、中三叠世和晚侏罗世至早白垩世（图3-9）。相反，显生宙微生物碳酸盐岩（礁）的累计厚度峰值分别出现在寒武纪和晚泥盆世，次一级峰值则分别出现在早志留世和早-中三叠世（Riding and Liang，2005）。总体来说，显生宙后生生物礁的累计厚度峰值对应于同期微生物碳酸盐岩累计厚度的最低值，后生生物礁的累计厚度最低值对应于同期微生物碳酸盐岩的地层丰度最高值，说明这两类生物礁累计厚度在地质历史时期出现负相关现象。

上述两类生物成因的碳酸盐岩的全球数据表明，自晚前寒武纪以来地球至少经历了5次重要的微生物-后生生物过渡期（microbe-metazoan transitions，MMTs）（Chen et al.，2019b）。第一次MMT发生在埃迪卡拉纪晚期，见证了微生物席占主导地位的海洋生态系统中相对高等复杂多细胞生物的诞生与发展。以低级菌藻类为主的藻席生态系统为该时期后生动物的出现和繁盛提供了适宜的海洋环境，微生物的参与也为以后生生物为主导的生态系统的建立

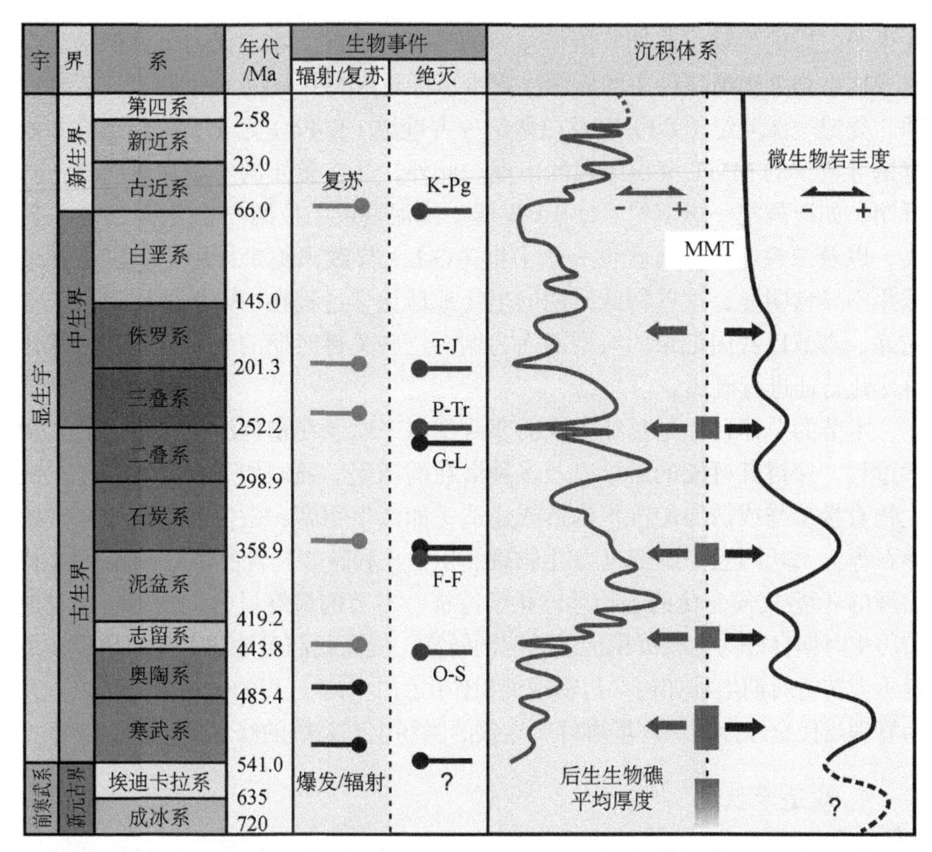

图 3-9　新元古代晚期以来生物沉积体系中的五次 MMTs 时期以及它们对同期重要生物事件的响应（Chen et al., 2019b）。地质年代数据引自 Ogg 等（2016）；生物多样化、复苏和灭绝阶段引自 Sepkoski 等（1981）、Sheehan（2001）、Chen 等（2014a）；后生生物碳酸盐岩累计厚度引自 Flügel 和 Kiessling（2002）；微生物成因碳酸盐岩丰度引自 Riding 和 Liang（2005）

起到重要作用。同时，海水中丰富的微生物也为埃迪卡拉纪晚期异常发育的动物胚胎的特异埋葬起到至关重要的作用（Xiao et al., 1998）。自寒武纪生命大爆发以来，全球广泛分布的浅海频繁地从以微生物席为主的海底转变为被后生生物强烈扰动的基底类型。这两种类型的海洋基底频繁转换一直贯穿寒武纪的早-中期海洋生态系统的发展过程中。与此同时，微生物礁和后生生物礁大量发育，它们在地层中交替出现或者同时出现，这些生物沉积的转化也是寒武纪 MMTs 的重要特征。其余三次重要的 MMTs 与全球三次主要的生物大灭绝和同期的极端环境事件密切相关，分别发生于奥陶纪—志留纪（O-S）、晚泥盆世弗拉期—法门期（F-F）以及二叠纪—三叠纪（P-Tr）之交大灭绝之后的生物复苏期。值得注意的是，这三次生物大灭绝事件似乎比全球五次生物大灭绝事件中的后两次灾难事件对 MMTs 的影响更明显。后者，即三叠纪—侏罗纪（T-J）以及白垩纪—古近纪（K-Pg）之交大灭绝事件并没有诱导典型的 MMT 沉积序列的出现。此外，几次重要的生命和环境演化转折期，如奥陶纪—志留纪（O-S）界线、晚泥盆世弗拉期—法门期（F-F）界线，以及二叠纪瓜德鲁普世—乐平世（G-L）界线灭绝事件中生物沉积和地球化学异常明显，这些特殊时期的生物地球化学过程在中国的地层记录非常完好。本节以我国记录的典型剖面为例对这些关键时期的生物沉积和地球化学变化特征进行概述。

本节的总体目标是总结自晚前寒武纪以来赋予在物理沉积作用中的生物学过程，探讨其可能的后果以及多种潜在的诱因。强调如下三个方面：①微生物直接参与或诱导的沉积构造或建造（如微生物席、微生物岩、鲕粒、核形石等）；②后生生物建造（如生物礁、生物丘和碳酸盐岩台地）；③它们交替出现的环境/气候变化的生物地球化学特征。本节的最终目的是希望通过对地质历史时期良好的生物沉积记录的解剖研究，提高我们对地球生命和环境在关键重大转折时期生物如何参与物理沉积作用的生物学过程的全球视野认识，并为管理当代全球性极端环境事件所导致的脆弱生态系统的修复提供理论指导。

1. 埃迪卡拉纪

埃迪卡拉期“雪球地球”事件之前，在多达 25 亿年内，以低级菌藻类为主的微生物群落在海洋生态系统中占据主导地位。其中，叠层石是最典型的代表之一。这类微生物碳酸盐岩自太古代首次出现，在古-中元古代极度繁盛，最终其出现的数量在新元古代晚期剧减（Riding，2006；Knoll，2011；史晓颖等，2016）。相反，后生生物礁或建造在新元古代晚期“雪球地球”事件之后才首次出现。例如，克拉德管虫（*Cloudina*）代表早期动物的骨骼，在纳米比亚埃迪卡拉期拉马（Nama）群经常与微生物礁（如凝块石、叠层石）一起形成礁体的骨架（Penny et al.，2014；Lee and Riding，2018）。值得说明的是，*Cloudina* 是一类管状化石，它与二叠纪—三叠纪界线微生物岩/礁（microbialite/microbial reefs）中非常丰富的微管虫（Microconchid）化石（Yang et al.，2015）在形貌和生态特征方面都非常相像，两者完全可以类比。Microconchid 也是后生生物，并与微生物生活在一起组成微生物礁，表明埃迪卡拉晚期的微生物-后生生物礁在生态学上与二叠纪末期大灭绝之后的微生物礁生态系统具有某些类比的方面。同时，也为二叠纪末大灭绝之后的海洋生态系统退化到前寒武纪时的水平这一假说（Knoll et al.，1996）提供了新的实证。

许多埃迪卡拉型多细胞动物在南澳大利亚弗林德斯山脉和纽芬兰错误角地区（Mistaken Point）与微生物席共生（Gehling，1999；Liu et al.，2015）。在华南，新元古代早期微生物礁广泛分布在华北克拉通边缘，特别是山东、辽宁东部、江苏和安徽北部（曹瑞骥和袁训来，2003；Xiao et al.，2014），但是后生动物（如 *Cloudina* 和其他）在埃迪卡拉纪"雪球地球"事件之后，在湖北和陕西交界处，与凝块石密切共生。另外，在早期生命演化研究中，最引人注目的发现之一是我国贵州埃迪卡拉纪陡山陀组中保存完好的动物胚胎（Xiao et al.，1998）。这些个体极小的动物胚胎代表了最原始的繁殖方式，标志着地球上最早的动物在那时已经出现。微生物在胚胎保存过程中也发挥了至关重要的作用（Xiao et al.，1998）。在我国另一个关于早期动物起源研究的重要发现是安徽埃迪卡拉纪早期蓝田动物群。这个动物群可能代表已知最早的形态各异的宏体真核生物，包括形态多样的宏观藻类、微观藻类和推测结构较为复杂的动物化石（Yuan et al.，2011；Guan et al.，2017）。因此，微生物和后生动物共存似乎开启了埃迪卡拉纪晚期后生动物全面发展的新篇章。

2. 早古生代

古生代最早期见证了地球生命演化过程中最著名的寒武纪大爆发（Zhuravlev and Riding，2000），该事件以多门类后生动物群的突然出现为标志。随着众多动物群的繁盛和演化，广大浅海基底得到了根本性的改变，由新元古代微生物席覆盖的基底类型转变为寒武纪时具有强烈生物扰动的基底类型。这种海洋基底的转变被称为"寒武纪底质革命"（Bottjer et al.，2000）。不过，在碳酸盐沉积环境常见的由微生物介导的生物沉积构造，如叠层石、凝块石、树形石、巨鲕、核形石、扁平砾石等广泛分布于我国寒武系沉积序列中（Chen et al.，2009；Lee et al.，2014，2015，2016；Adachi et al.，2015；Yan et al.，2017；Ezaki et al.，2017；Lee and Riding，2018）。此外，后生生物礁（主要由古杯和石海绵动物构成）与微生物岩/礁（主要由叠层石和凝块石构成）共存，它们在地层剖面上同时或者交替出现。凝块石主要由形态各异的表附丛状藻（*Epiphyton*）肢体构成，与含后生生物碳酸盐岩互层（Yan et al.，2017），代表了显生宙第一次主要的 MMT。在华北地区寒武系地层中微生物-后生生物碳酸盐岩层交替出现的例子比比皆是。特别是，寒武系自第二世开始的碳酸盐岩地层中微生物岩/礁序列频繁地被强烈生物扰动（虫管遗迹化石发育）的岩层或者后生生物礁地层所打断，形成了在野外非常醒目的微生物-后生生物沉积交替出现的序列（齐永安等，2014，2017），此类序列跨过寒武系第二统至第四统（芙蓉统）的地层，持续时间大约3500万年（Lee and Riding，2018）。如果在野外近距离观察，就会发现地层中以叠层石为主的泥灰岩层和发育垂直虫管遗迹化石（*Skolithos*）并被强烈扰动的灰岩层交替出现，此岩层分布模式在野外露头剖面上多次重复出现（齐永安等，2014，2017），反映了寒武纪海洋基底和MMT频繁变化的典型特征。

寒武纪之后，海洋生物在中奥陶世出现空前的繁盛，生物多样性迅速成倍增长，此次生物繁盛是继寒武纪生命大爆发以来又一次推动地球生命演化的重要生物事件，又称为奥陶纪生物大辐射（GOBE）（Harper，2006；Servais and Harper，2018），同时标志着寒武纪MMT之后后生生物礁的首次繁盛。在早奥陶世，后生动物 *Calathium* 礁在全世界范围内极度发育，在中国 *Calathium* 和大量的微生物共生，形成 *Calathium*-微生物礁（Li Q J et al.，2017；Wang J P et al.，2017）。直到晚奥陶世，后生生物礁逐渐减少，微生物占主体隆起的建造在碳酸盐岩环境下繁盛起来（Chen Z Q et al.，2017）。在奥陶纪末期生物大灭绝之后，微生物种类和丰富度都重新迅速增多。在中国，微生物礁和后生生物礁在早志留世（如埃隆期晚期）均发育。叠层石礁发育于近滨环境，然而珊瑚礁代表了奥陶纪末期大灭绝之后的生物复苏，却形成于外大陆架缓坡带。埃隆期晚期微生物礁和后生生物礁同时存在或交替出现（Li Y et al.，2017），标志着早志留世MMT的形成。

3. 晚古生代

全球生物礁在泥盆纪出现空前的繁盛。由微生物主导的礁或碳酸盐沉积在晚泥盆世大量出现，应该与晚泥盆世弗拉阶—法门阶（F-F）生物大灭绝有关。然而，微生物碳酸盐不仅在F-F大灭绝后发育，而且在整个弗拉期都很发育。在中国，弗拉期早期后生生物礁主要由层孔虫和珊瑚构成（范嘉松，1996；巩恩普等，2013）。弗拉期晚期为全球泥盆纪最后一次后生生物礁繁盛时期（Copper，2002）。法门期碳酸盐沉积中通常包含叠层石和凝块石，同时也有后生生物建造。它们在广西、湖南地区广泛发育（Shen et al.，1997，2017；Chen D Z et al.，2001，2002），代表F-F大灭绝之后微生物大暴发（Yao et al.，2016a）。因此，晚泥盆世MMT持续时间比较长。

微生物和后生生物碳酸盐沉积在石炭纪地层序列的分布模式不是非常明

显，总体来看，早石炭世微生物碳酸盐建造较为常见，后生生物礁在晚石炭世时有出现（巩恩普等，2013；Yao and Wang，2016；Yao et al.，2016b）。二叠纪后生生物礁出现三次空前繁盛期，分别发生在早二叠世、中二叠世和晚二叠世晚期。第一次生物礁的繁盛主要出现在俄罗斯的乌拉尔山脉、我国新疆和北美地区（Flügel and Kiessling，2002）。在低纬地区同期的生物礁非常稀少。特别是在中国南方地区，下二叠统地层发育了大量的碳酸盐岩，但缺乏生物礁。取而代之的是在二叠纪最早期船山组中发育大面积的核形石，又称“船山球”。核形石也是微生物参与碳酸盐沉淀而形成的微生物碳酸盐沉积产物，其分布延伸达 2000km 遍布整个华南地区。核形石在华南地区大规模的发育被解释为是对低纬地区由于冈瓦纳地区冰期鼎盛时期冰川作用而导致的海平面下降的一种沉积响应（Shi and Chen，2006）。中二叠世出现全球性后生生物礁的繁盛，以海绵、珊瑚礁为主（Flügel and Kiessling，2002）。在我国也是如此，在贵州、广西、云南、四川和湖北地区中二叠统茅口组发育大量的海绵、珊瑚礁（Shen and Xu，2005；巩恩普等，2013）。后生生物礁晚二叠世出现了第三次繁盛，在华南地区尤为明显，长兴组中、上部发育大量的海绵、珊瑚和宏观藻类生物礁（范嘉松，1996）。在长兴期繁盛之前，后生生物礁在晚二叠世早期（吴家坪期）出现全球性萧条景象（Chen Z Q et al.，2017，2019b），其时生物礁以微生物骨架为主，在华南地区吴家坪期仅仅出露一处后生生物礁，其他的均为以微生物为主的礁体（巩恩普等，2013；Huang et al.，2019）。在欧洲德国盆地此时发育大量的苔藓虫-微生物礁（Peryt et al.，2012，2016；Raczynski et al.，2017），从某种程度上也反映了 MMT 的特征。

4. 古生代—中生代之交

古生代—中生代（即二叠纪—三叠纪，P-Tr）之交见证了显生宙以来地球上最大的一次生命危机，海洋生态系统也遭受严重的破坏。这次大灭绝事件的总特点是灭绝率最大、冲击最惨烈、复苏最迟缓、生态系统发生根本性重组、出现现代海洋生态系统结构的雏形（Chen and Benton，2012）。在 P-Tr 之交生物大灭绝之后，下三叠统地层中广泛发育异常的生物沉积构造和建造（又称错时相沉积）（Chen Z Q et al.，2017）。显生宙以来，早三叠世是除寒武纪之外发育各类微生物成因的碳酸盐岩建造或沉积构造最丰富的时期。在下三叠统地层中最为常见的由微生物介导的沉积建造或结构包括叠层石、凝块石、树形石、似核形石、巨鲕、藻席、砂裂、皱纹、蠕虫灰岩

（vermicular limestone）、钙质结核（calcareous nodule）、扁平砾石、碳酸盐海底扇（图 3-10），它们的分布、生物沉积学特征简述如下。

（1）微生物岩/礁（microbialite/microbial reefs）。这类沉积建造在全球下三叠统地层中广泛分布。特别是，微生物岩在许多碳酸盐岩台地相的 P-Tr 界线地层中非常发育，由于它们和 P-Tr 界线形影相随，又称为 P-Tr 界线微生物岩。该时期的微生物岩在热带古特提斯地区广泛发育（Baud et al.，2007；Kershaw et al.，2011，2012；Adachi et al.，2017；Fang et al.，2017；Tang et al.，2017；Wu et al.，2017；Friesenbichler et al.，2018；Pei et al.，2019；Chen et al.，2019b）。它们在野外形成隆起的微生物礁或丘，因此在地貌上成为 P-Tr 界线的明显标志。在华南地区前人报道了 17 处 P-Tr 界线微生物岩（Wu et al.，2017；Chen et al.，2019b），通常包括三种形态沉积，即叠层石[图 3-10（A）]、凝块石[图 3-10（B）]和树形石。

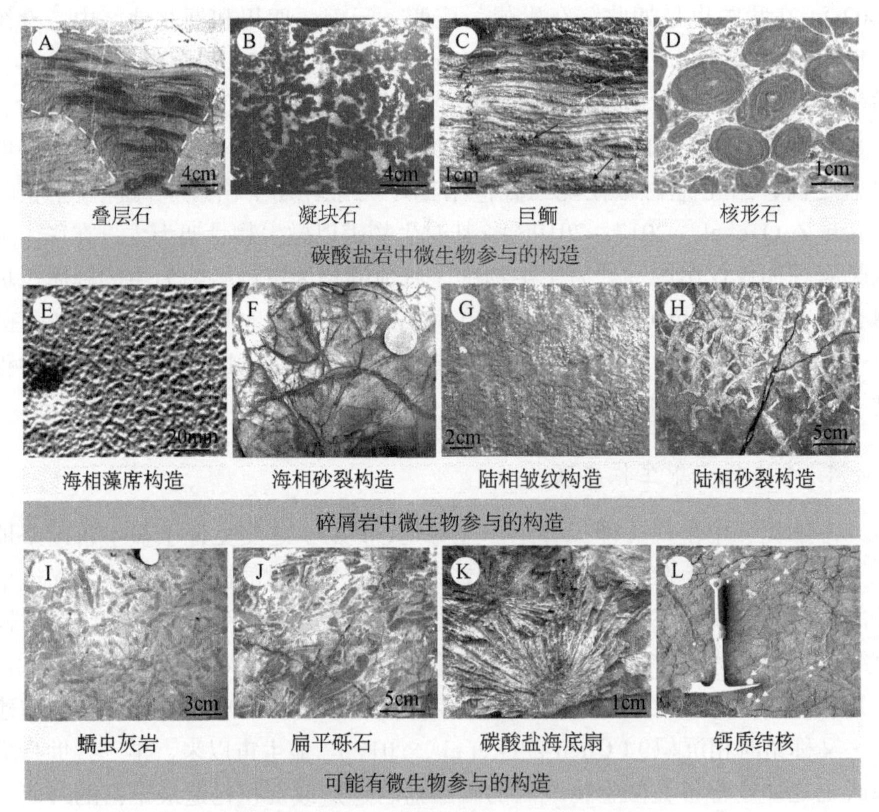

图 3-10　二叠纪末大灭绝之后海洋和陆地生态系统中出现三大类 12 种由微生物介导而形成的沉积建造或沉积结构

华南地区高分辨率的牙形石生物地层和碳同位素地层学把P-Tr界线微生物岩的时代限制在晚二叠世长兴最晚期至早三叠世印度最早期（Yang et al.，2011；Kershaw et al.，2012），对应于煤山"金钉子"剖面最新的牙形石*Clarkina meishanensis*带、*C. changxingensis*带、*C. taylorae*带、*Hindeodus parvus*带和*Isarcella staeschei*带（Chen Z Q et al.，2015）。它们一般分布于潮下带正常浪基面和风暴浪基面之间的生境中，偶尔出现在较深的远陆棚环境（风暴浪基面之下）。尽管目前已经有许多文献对P-Tr界线微生物岩进行了多学科综合研究，但围绕华南地区该层微生物岩的成因有五大问题仍然亟待解决：①广泛发育于该层微生物岩之底的不规则接触面到底是海洋酸化作用导致的水下溶蚀面还是因为海平面下降而形成的古暴露面？②尽管多数研究者相信目前报道的一些钙质微生物可能是P-Tr界线微生物岩的主要建造者，但该微生物岩的生物成因的直接证据还是比较缺乏。这是因为极少数研究涉及对微生物岩的地球生物学特征的描述和对其沉淀过程的深入探讨。③微生物岩生态系统及其海洋环境真的不利于后生生物生存和繁盛吗？其生态系统的营养结构特征是什么？④微生物岩代表的氧化还原条件是什么？真的是缺氧或贫氧环境吗？⑤P-Tr界线微生物岩中微生物的爆发式出现是否与火山作用相关，其环境的制约机制如何？目前，越来越多的证据表明，微生物岩中微生物的繁盛与当时火山作用没有直接联系（Pei et al.，2019）。不同的古生态学、沉积学和地球化学方法，包括介形虫古生态学、草莓状黄铁矿分析和稀有、稀土元素分析表明，华南地区同期的微生物岩可能在不同的氧化还原环境中沉积而成，因此微生物岩的大量沉淀和广泛分布与当时水质的氧化还原条件没有直接关系；相反，可能与其他环境因素密切相关（Wu et al.，2017）。不过大量的证据表明，微生物岩的形成与当时超碱性海水条件密切相关，其时浅层水体中钙质碳酸盐岩过饱和导致相当高的沉淀速率，加速微生物岩的沉淀，这或许与深水缺氧、碱性水体上涌及高蒸发速率有关（Woods，2014）。

在华南地区，除了P-Tr界线附近，微生物岩在早三叠世至少还有三次爆发和繁盛，分别发生于晚迪纳尔亚期、晚斯密斯亚期和晚司派斯亚期（Chen Z Q et al.，2014b）。特别是斯密斯亚期的微生物岩以发育良好的叠层石为特征，其时叠层石中保存良好的蓝绿藻类的丝状体、管状体等微细构造，说明当时这些蓝绿藻类生活在相对富氧的水质环境（Chen Z Q et al.，2014b）。或者，巨型叠层石时而出露在野外剖面上，这指示了叠层石在当时极其繁盛。不过，地球生物学特征和草莓状黄铁矿分析指示该微生物岩可能生长于富氧的水质环境（Fang et al.，2017）。微生物岩在早三叠世最后一次繁盛发生在晚司派斯亚期，其时华南地区发育大量的微生物岩，以叠层石为主，主要生长在碳酸盐岩台地边缘地区。

（2）微生物成因沉积构造（microbially induced sedimentary structure，MISS）。MISS主要是由菌藻类介导的沉积构造，在下三叠统碎屑岩相地层频繁出现，广布于早三叠世以碎屑岩沉积物为底质的浅海中，特别是藻席构造（matground）、砂裂构造（sand crack）和皱纹构造（wrinkle structures）[图3-10（E～H）]最为常见。它们的宏观外貌和现生的藻席构造非常相似。其岩石中发育的藻丝体与现代海洋藻席构造中的藻丝体也非常相像。在碎屑浅海和陆地环境中，大灭绝后微生物同样繁盛，以MISS的形式出现（Chu et al.，2015；Tu et al.，2016；Xu Y L et al.，2017），表明P-Tr大灭绝为陆相生态系统MISS发育提供了有利的环境。例如，MISS增加似乎与陆地植被减少、煤层消失、巨颊龙类消失和滨岸带或湖泊沉积扰动减少相关。

（3）巨鲕/鲕粒灰岩（giant ooids/oolitic limestone）。该类沉积在全球下三叠统地层中也非常发育[图3-10（C）]。与P-Tr界线微生物岩类似，鲕粒灰岩在界线地层中分布也十分广泛，全球至少有38个剖面记录了P-Tr界线层鲕粒滩沉积（Li F et al.，2013，2015），并且逾一半的剖面发现鲕粒灰岩与微生物岩共生。鲕粒内部既发育了大量纳米级的生物膜，又记录了与现代微生物岩类似的稀土元素组成和配分模式（Li F et al.，2017），表明微生物（菌藻类）参与了鲕粒特别是巨型鲕粒的形成。因此，鲕粒灰岩也是下三叠统地层中最常见的错时相沉积之一。在早三叠世，华南上扬子区记录了至少四次鲕粒滩大规模发育时期，每次鲕粒滩分布区域的扩展与同期大规模的海侵相关。在上扬子地区此类鲕粒滩十分发育，如在湖北利川地区下三叠统大冶组顶部发育了厚达30多米的巨型鲕粒滩相碳酸盐沉积（Fang et al.，2017）。

（4）蠕虫灰岩（vermicular limestone）。该类碳酸盐沉积也是全球下三叠统地层中最为常见的岩性类型之一。其层面发育类似蠕虫构造，其形态变化多端。不过，多数具深色的“虫体”密密麻麻或稀稀松松地展布于泥灰岩中。“虫体”可以深入岩层一定的深度或者完全穿透整个岩层[图3-10（I）]。在华南，蠕虫灰岩广布于所有类型沉积相区的下三叠统灰岩地层中。长期以来，许多学者对该类碳酸盐岩的成因都进行了探讨，但其成因至今仍未得到满意的答案。这些蠕虫构造被认为是化学沉淀成因、地层压蚀成因、生物虫管遗迹化石（张杰和童金南，2010）。不过，近期的地球生物学微观分析发现，蠕虫灰岩中的“虫体”及围岩中富含无法鉴定的菌藻类化石（陈中强等，未发表）。因此，华南地区下三叠统的蠕虫灰岩极有可能是微生物介导碳酸盐沉淀而形成的。当然，蠕虫灰岩的微生物成因需要将来更多的生物沉积学研究来证实。如果微生物成因这一假说成立，早三叠世海洋中由蠕虫灰岩记录的微生物比由同期微生物岩所反映的微生物要丰富得多，分布也广泛得多，这进一步证实了大灭绝之后海洋充满着微生物的推测；它们只是由不同形式的生物沉积表现出来而已（Chen and Benton，2012）。

（5）泥岩中的钙质结核（calcareous nodule）。钙质结核主要保存在下三叠统的泥岩或钙质泥岩、泥灰岩地层中，在我国下扬子地区尤为发育。一般认为泥岩中的钙质结核与当时海洋中的钙离子富集，然后与碳酸根离子结合形成碳酸钙，经过沉淀作用以及后期成岩压蚀作用而成。不过近期详细的生物沉积学研究发现，这些结核中发育大量的类似叠层石和“海底扇”（自生碳酸盐沉淀）构造，同时也富含一些纳米级的有机质颗粒和生物膜物质，指示微生物很可能参与了这类碳酸盐结核的沉淀过程（Yang et al.，2019）。如果将来的研究证实分布广泛的泥岩中钙质结核的形成过程确实与微生物的参与密切相关，那么早三叠世微生物不但繁盛于碳酸盐底质的海洋环境中，而且广布于泥质基底的浅海环境中。

与分布广泛的微生物岩相反，后生生物成因的沉积物在下三叠统地层中分布非常稀少。虽然下三叠统地层中生物扰动、富含遗迹化石的层位也不罕见，同时海绵类化石以及较原始的海绵-微生物点礁也在美国西部奥伦尼克期地层中报道过（Brayard et al.，2011），但是在地层剖面上很少见到微生物-后生生物岩层交替出现的实例。在华南地区，中三叠世主要造礁的后生生物 *Tubiphytes* 在奥伦尼克期地层中已经大量出现（Song et al.，2011），但它们都未能成礁。因此，微生物礁在早三叠世占主导地位。将来需要更多的研究来探讨早三叠世微生物-后生生物岩层交替出现的现象与环境制约机制。

中三叠世微生物岩/礁也分布非常广泛，在意大利北部的白云岩（Dolomite）地区的安尼阶地层中发育大量的叠层石（Riding，2011）。研究人员也在云南东部罗平地区的关岭组第二段碳酸盐岩地层中发现发育良好的叠层石，其内部发育与现代蓝细菌无异的丝状体、管状体等，表明微生物在大灭绝之后迅速繁盛，一直持续到安尼期早期（Luo M et al.，2014）。

与此同时，后生动物礁（如 *Tubiphytes*、海绵）在中三叠世早期开始出现并繁盛（Payne et al.，2006）。同时，叠层石在早三叠世和中三叠世早期繁盛（Luo M et al.，2014）。因此，微生物礁和后生动物礁在中三叠世早期共存，当时处于安尼期中晚期生态系统的全面复苏（如罗平生物群、青岩生物群）（Chen and Benton，2012）的前夜。在野外剖面上可见微生物-后生生物岩层交替出现的实例。因此，早-中三叠世总体上代表了一个长的MMT。该 MMT 自 P-Tr 大灭绝之后持续了 700 万～800 万年（Chen and Benton，2012）。不过，这个非常长的 MMT 由一个相当长的微生物统治、后生生物隐伏时期（相当于整个早三叠世）和微生物-后生生物交替出现的时期组成。

三、学科领域发展的优先发展方向与政策建议

（一）生物沉积学的优先发展方向

生物沉积学新的研究进展反映该领域在未来主要有以下三个优先发展方向：①观察现代生物沉积学过程；②探讨显生宙以来关键 MMTs 时期沉积和地球化学过程；③基于对当代类比物的观测，识别前寒武纪生物沉积学过程。可在实验室或者野外观测站长期观察现代沉积作用中的生物学过程。现代生物沉积学过程和机制可以让我们更好地理解与解释地质历史时期生物在物理沉积过程中所发挥的作用。显生宙关键 MMTs 是研究生物与环境相互作用绝佳的实例。此外，深入理解生物沉积学过程是探索生命起源的关键，同时对当代类比物的观测和认识也是我们正确理解前寒武纪生命演化与发展的钥匙。

我国学者在上述三个优先发展方向的研究中具有很多机会。首先，中国南海发育了许多保存良好的现代珊瑚礁和微生物碳酸盐岩的类比物，中国西部丰富的盐湖和热泉也为地球生物学与生物沉积学的深入研究提供了天然的实验室。其次，无论是在中国北方地区还是南方地区，埃迪卡拉纪—泥盆纪后生生物和微生物碳酸盐岩非常发育。特别是，中国南方地区发育了非常完整、令人叹为观止的二叠纪—三叠纪微生物-后生生物碳酸盐岩沉积序列。它们为研究 MMTs 地层组合和形成机制及对全球重大事件的响应提供了绝佳的机会。另外，中国发育了非常完整的中元古代和新元古代海相地层与古生物记录，这为研究前寒武纪环境-生物相互作用关系奠定了基础。最后，全球深海、深地钻探项目也为未来生物沉积学的研究提供了新样品，高精尖仪器[如纳米离子探针（Nano-SIMS）]则为生物沉积学的发展提供了新的分析方法。

（二）生物沉积学的发展策略

1. 保护生物沉积岩石类型与沉积相组合典型地质剖面

类似建立全球标准层型剖面和点位（GSSP）（俗称“金钉子”）一样，我国发育的一些典型生物沉积岩石类型和沉积相组合的地质剖面也需要保护起来。这些生物沉积学的层型剖面不但为我国沉积学教育提供了理想的、长久的自然界教材，而且为广大国内外沉积学者提供了研究沉积学的共同语言。久而久之，也就成为我国乃至全世界公认的行业标准，为我国沉积学学者赶超国际水平，最终到引领国际沉积学研究打下坚实的基础。例如，湖北省利川市见天坝地区发育的上二叠统长兴组海绵礁的复合相组合是世界上地质历史时期生物礁保存最完整、最完美的生物礁沉积体系之一。这方面的研究保护工作可以结合当地政府建设国家地质公园的工作，并尽力获得国家和当地政府的支持。

2. 建立现代湖泊系统、河流三角洲体系、海洋生物沉积过程野外观察站

“将今论古”是深时生物沉积学研究的一个重要原则，因此我们需要在一些典型的现代生物沉积体系中进行野外实地、实时实验，观察一些重要的生物沉积过程，并及时总结出沉积与微生物介导过程和模式，探讨生物学、沉积学过程的动力机制，从而对现行的各种生物沉积模式进行修正、完善并发展新的模型。例如，我们可以在条件较好的青海湖、柴达木湖等地建立野外观察站长期实时观察、记录内陆湖区生物参与沉积过程以及各种外界的影响。同样，长江入海的河口地区和南海多个岛礁附近地区也是世界上观察海洋生物-沉积相互作用不可多得的野外沉积学观察站候选地。特别地，目前学者对海洋生物如何适应海洋环境的变化多有关注，但对（微）生物如何影响海洋环境（或海底地貌）关注不够。通过对实地实时实验观察、总结出来的模式将对解释地质历史时期记录的多种生物-沉积体系起到重要作用，深入开展这方面的研究也可能成为中国学者引领国际沉积学研究的重要突破口之一。

3. 建立室内生物沉积学模拟实验室和高精仪器分析实验室

与野外观察站的研究工作一样，实验室内的模拟实验也是“将今论古”的重要方法之一。我们建议在一些条件较好的高等院校和研究机构建立室内

生物沉积学模拟实验室，通过模拟沉积与生物作用过程和水动力、化学条件的关系揭示沉积作用中的生物、水动力、地球化学过程和机制。与其他学科一样，生物沉积学也要充分利用越来越发达的科学技术。一些高精尖的地球化学分析、沉积物和生物形貌分析仪器等，如纳米粒子探针、三维拉曼分析仪等，是提高我们对生物介导的沉积过程认识的重要分析手段。特别是对地球早期的生命活动和沉积过程的研究更是离不开这些尖端精密仪器。因此，先进的科学技术能够帮助我们更快地发展我国的沉积学。

4. 建立生物沉积学大数据中心，利用数字模拟技术综合研究我国乃至全球生物沉积体系对极端气候、环境事件的响应

充分利用我国乃至全球的生物沉积学大数据，建立我国的生物沉积学大数据中心，利用数字模拟技术综合研究我国乃至全球的生物沉积体系对极端气候、环境、生物事件的响应机制。鉴于我国目前对沉积学的数字模拟技术还是刚刚起步，可定期邀请国际名家来华组织数字模拟方面的国际短期培训班。

5. 积极参加并逐渐主导全球性研究计划，定期组织沉积学学术活动，组织集体攻关与生物沉积学相关的重大科学问题

积极参与目前国际上正在执行的全球大洋钻探计划、国际大陆科学钻探计划等。目前我国学者积极参与到这些组织中，但在这些国际组织中担任第一负责人的中国科学家很少。我国学者需要从参与到领导国际组织角色的提升，最终引领国际组织倡导的沉积学重要研究领域和方向的研究工作。同时，可以提出新的全球性与生物沉积学相关的研究计划。在国内，定期召开全国沉积学不同层次的学术大会、研讨会，鼓励生物沉积学学者在国际重大学术会议上组织分会场，在国际沉积学组织任职，组建国内外联合攻关团队，申请大项目，攻关与全国性乃至全球性共同关注的与生物沉积学相关的重大科学问题。

6. 建立我国第一个沉积学国家重点实验室

为了成功地实施上述大多数研究计划，一个最有效的方法是建立一个以（生物）沉积学为主的国家重点实验室。目前，沉积学从业人员是我国地质学最大的单学科研究队伍之一，然而全国没有一家以沉积学为主的国家重点实验室，这使得我国沉积学的发展缺乏重要的支撑力量。因此，建议有条件

的高等院校和研究机构单独或者联合申请组建我国第一个沉积学国家重点实验室。

第六节 前寒武纪沉积学

前寒武纪是指地球形成（约 4.60Ga）到寒武纪（541Ma）之前、长达约 40 亿年之久、占据整个地球演化历史近 90%的漫长时期。前寒武纪沉积学是前寒武纪地质学的分支学科，主要是指寒武纪以前，特别是元古代地球圈层结构（沉积层）基本形成之后至寒武纪这一时期沉积物及沉积岩形成演化过程的综合性研究领域，它是沉积学与前寒武纪年代学、地层学、大地构造学、古生物学、地球化学等相互融合的一门交叉学科。

一、学科领域的科学意义与战略价值

在前寒武纪，地球结构、构造岩浆活动、沉积作用及生命形式等方面都与显生宙显著不同，因而形成了独具鲜明特色的前寒武纪沉积地质作用。前寒武纪沉积学在地球科学领域处于非常重要的地位，其原因主要取决于以下三个方面。

（1）以时间而论，它持续了地球早期（相当于冥古宙—太古宙，4.60～2.50Ga）和地球中期（相当于元古宙 2.50～0.541Ga）两个演化阶段，是地球演化历史中最漫长且十分重要的时期，特别是元古宙地球圈层结构基本形成之后，它是大陆地壳与板块形成的重要阶段，也是认识地球岩石圈发展演化及其动力学机制的关键时期。

（2）前寒武纪也是水圈、大气圈和生物圈等地球表层系统圈层的形成、演化和发展的关键时期。通过前寒武纪 23.3 亿年前后和 8 亿～6 亿年前后的两次成氧事件，大气圈从无氧状态变成了有氧状态。这一变化深刻地改变了水圈、大气圈和生物圈等地球表层系统，生命的起源、真核生物的起源、动物的起源均出现在前寒武纪。地球表层系统的这些变化，不仅是前寒武纪沉积学，而且是整个地质学的最基本问题。

（3）前寒武纪蕴藏着丰富的矿产与能源资源。目前已探明的一些重要矿产，如铁、锰、磷、铅、锌、金、铀等，资源量巨大，往往都形成一些超大

型矿床；而西伯利亚、阿曼、印度、伏尔加—乌拉尔及北非等均发现了规模可观的前寒武纪油气藏，中国扬子、塔里木等地块前寒武纪油气资源勘探近年来取得了重大进展，迄今，四川盆地安岳特大气田已探明寒武纪—震旦纪天然气储量超过 1 万亿 m^3。

总之，在基础理论研究方面，前寒武纪沉积学是解决地球早期演化、生命起源、超大陆聚合裂解、“雪球地球”事件等基础地质问题的理论依据；在社会经济意义方面，前寒武纪沉积学对于勘查利用前寒武纪丰富的能源资源具有重要的意义。因此，前寒武纪沉积学已成为现代地质科学中最重要和最活跃的分支学科之一，具有重要的科学意义和战略价值。

二、学科领域的发展规律和特点

纵观地球科学发展历史，地球科学越发展，前寒武纪沉积学所需解决的科学问题就越多，难度也就越大；同时，前寒武纪沉积学的发展丰富了地球科学的内涵，促进了社会经济的发展。整体上，前寒武纪沉积学研究具有以下几个方面的发展规律和特点。

（一）研究难度大

前寒武纪沉积学是研究寒武纪（541Ma）以前沉积岩形成演化过程的学科。由于存在以下几个方面的问题，前寒武纪沉积学研究难度很大：一是研究对象延续的地史演化时间长，难以追踪；二是各种地质记录大多经历了不同程度的变质作用；三是生物化石稀少和生物学信息缺乏；四是与现代地球环境相差甚远，难以开展“将今论古”的对比研究。

（二）同位素年代学是前寒武纪沉积学研究的重要手段

由于缺乏生物年代学依据，同位素绝对年龄已成为前寒武纪沉积学研究的重要手段之一。近年来，随着同位素定年技术的广泛应用（如 SHRIMP、LA-ICP-MS、SIMS、TIMS 等），对不能用化石进行划分和对比的前寒武纪地层及地质事件（如全球新元古代冰川事件）进行时间的精确标定，取得了诸多突破性和颠覆性的认识。这些方法的运用，对提高前寒武纪沉积学研究起到了至关重要的作用。

（三）盆地演化与超大陆聚合裂解关系密切

全球前寒武纪至少发生了两次大规模的超大陆聚散事件：约 10 亿年前存在的罗迪尼亚超大陆（McMenamin and McMenamin，1990；Hoffman，1991）和 18 亿年前形成的哥伦比亚超大陆（Rogers and Santosh，2002；Zhao et al.，2002）。超大陆的聚合与裂解，制约了沉积盆地的形成与演化，造山带与沉积盆地两者之间源与汇的关系是深刻揭示造山带大地构造演化过程的关键之一。超大陆的聚合过程，决定了从前陆盆地到多岛弧盆体系的转化；超大陆的裂解过程，则控制了大陆裂谷-被动大陆边缘盆地的形成演化、分布特征及其构造属性。同时，整个聚合裂解过程深刻影响或制约着大气圈、水圈及生物圈的巨大变化，进而影响到有机质生产、埋藏方式和全球碳循环（Nance et al.，2014）。因此，以超大陆聚合与裂解为理论依据的沉积盆地分析研究，已成为当前国际地学界前寒武纪研究的热点。

（四）大气大氧化过程与微生物沉积得到特别关注

由于地球早期处于缺氧状态，大气圈的大氧化事件特别受到关注，它直接决定了地球表层系统的演化方向（Luo et al.，2016）。同时，在生物圈方面，由于前寒武纪地层缺乏宏观硬体生物化石，难以像显生宙那样主要从动植物化石角度研究生物的演化及其相关的环境变化，因此近年来微生物沉积学及沉积地球化学得到了广泛的关注，包括各类微生物沉积作用、微生物参与的元素地球化学循环等（Luo G et al.，2014）。

（五）前寒武纪能源资源勘探开发迅猛发展

全球油气勘探资料证实，前寒武纪资源潜力巨大（Craig，2009；Claudio et al.，2010）。东西伯利亚、阿曼、印度、伏尔加—乌拉尔、北非及中国南方等均发现了规模可观的前寒武纪油气藏，部分地区（如东西伯利亚和阿曼）探明的油气储量业已达 10 亿 t 级油当量规模（Craig，2009；Claudio et al.，2010；王铁冠和韩克猷，2011；孙枢和王铁冠，2016）。

我国华北、扬子、塔里木中新元古界具有类似的油气地质条件，并已在四川安岳—威远气田区取得了令人振奋的油气发现，引起了中国石油、中国石化等公司的高度关注。另外，前寒武纪也是十分重要的成矿期，蕴藏着十分丰富的矿产资源，如铁、锰、磷、铜、金、铀、铅、锌、镍、钴、石墨、菱镁矿、滑石、硼等，具有很高的经济价值，十分引人注目（杨春亮等，

2005）。例如，华南扬子区新元古代大塘坡式锰矿、昆阳磷矿及瓮福磷矿等，是我国重要的锰矿及磷矿资源类型。

三、学科领域的发展态势及其与国际比较

（一）我国前寒武纪沉积学的发展态势

我国前寒武纪沉积学研究可追溯到20世纪20年代。例如，李四光和赵亚曾（1924）对三峡震旦系的研究、高振西等（1934）对蓟县震旦系的研究等是我国中、新元古界研究的经典之作。中华人民共和国成立后，随着地质普查勘探工作的快速发展，对前寒武纪地层有了较广泛的研究。1962年，王曰伦等对蓟县中、新元古界剖面运用地层学、岩石化学、叠层石、微古植物及同位素测年等多种方法进行综合性研究，建立了著名的蓟县剖面。20世纪80年代以来，华南中新元古代沉积学研究成为热点，如许靖华等（1987）对华南“板溪群”及其大地构造属性的研究引起了国内外学者的强烈反响与争论；李铨和冷坚（1991）对扬子北缘中元古代神农架群进行了系统的沉积学研究，认为神农架群为碳酸盐岩台地沉积，沉积建造主要为藻礁碳酸盐建造、黑色陆屑含铁建造、碳酸盐复理石建造等。

进入20世纪90年代，刘宝珺和许效松（1994）运用现代板块构造理论及“活动论”观点，完成了中国南方岩相古地理研究，对华南震旦纪—三叠纪的沉积盆地演化、古地理展布及大地构造属性等进行了深入的研究，取得了重要的成果。刘鸿允（1991）较早全面系统地研究了我国新元古代地层，首次提出新元古代“大震旦”的观点。进入21世纪，与前寒武纪超大陆演化紧密相关的沉积学研究成为热点。王剑（2000）从沉积学和盆地分析入手，系统分析了华南新元古代沉积盆地演化及其与罗迪尼亚超大陆聚合裂解的关系，并与南澳大利亚州阿德莱德及北美西部等盆地进行了对比分析，提出了“南华裂谷”及其820Ma开启模式（Wang and Li，2003；王剑，2005；王剑等，2006；王剑和潘桂棠，2009），首次编制了华南新元古代板溪早期、板溪晚期、南华早冰期、间冰期及晚冰期5期岩相古地理图（王剑等，2019），为推动华南新元古代的进一步研究打下了基础。

（二）与国际对比

100余年的前寒武纪沉积学研究历程，充分证明了这个学科的生命力。

进入21世纪，我国地质学家在国际地学刊物上发表与前寒武纪相关的科学论文显著增多，大大提高了我国前寒武纪研究在国际上的地位（王惠初等，2011）。与国际相比，我国前寒武纪沉积学研究的主要优势集中于对中、新元古代的研究，特别是新元古代研究方面。在中元古代，华北地台发育了相当丰富而完善的地层，近几年在年代地层学上也得到了快速发展，这为研究地球表层系统的变化提供了关键素材，将为真核生物的多样性演化、古海洋化学、生物地球化学循环等做出贡献。在新元古代，我国南方具有非常完善的地层系统，很好地记录了罗迪尼亚超大陆聚合与裂解的沉积演化过程，包括"雪球地球"的形成与消融过程、古海洋环境变迁、大气的第二次大氧化过程、动物的起源与演化等重大科学问题。而近年来在神农架地区元古代地层的研究进展（Wang J et al.，2013），可能将华北中元古代地层系统与南方新元古代地层系统形成很好的衔接和对比，构成一个完整且连续的元古代地层系统，为从沉积学角度开展元古代地球表层系统的研究提供重要依据。

然而应该看到，我国前寒武纪沉积学研究主要集中在区域性的地层学、年代学、盆地演化等方面，在全球构造观和成果的原创性等方面，多倾向于追踪国际研究热点，而不太敢于尝试具有一定风险但可能影响巨大的开创性研究。例如，20世纪90年代国际上掀起的罗迪尼亚超大陆研究热潮，我国诸多学者都认为，扬子和华夏陆块的拼合以及之后的裂解与罗迪尼亚超大陆的聚散密切相关（Wang and Li，2003；Li et al.，2003；Li X H et al.，2008，2009；Li Z X et al.，2008）。然而，进一步的研究结果表明，扬子与华夏陆块应参与了罗迪尼亚超大陆的裂解，但其拼合形成江南造山带的时间可能要晚于全球格林威尔造山期，很可能处于罗迪尼亚超大陆的边缘或者不属于罗迪尼亚超大陆的一部分。另外，从近几年我国学者发表的与前寒武纪沉积学有关的学术论文看，其多结合了微区原位测试技术，注重室内的数据分析，而忽视野外沉积学研究，如在新元古代冰碛岩研究方面，我国与国际先进水平相比还存在明显差距。

四、学科领域的关键科学问题、重要研究方向和发展目标

（一）前寒武纪沉积学的关键科学问题

在前寒武纪研究领域，沉积学家主要关注地球早期大气圈、水圈和生物圈的协同演化过程，超大陆聚散与沉积盆地演化等关键科学问题。根据学科

的研究动向和发展趋势，我们提出如下两大关键科学问题。

1. 超大陆聚合-裂解与沉积盆地的响应关系

地质历史记录表明，地球在不同地质历史时期是不断变化的，并且具有旋回性和不可逆转演化的特点。前寒武纪沉积学的发展、深化是与全球构造研究（超大陆的形成演化）紧密联系在一起的。超大陆的聚合与裂解，制约了前陆盆地或大陆裂谷-被动大陆边缘盆地的形成演化、分布特征及其构造属性，并将深刻影响或制约其大气圈、水圈及生物圈的巨大变化，但对有关的动力学过程和机制还了解得较少。另外，前寒武纪沉积盆地蕴藏了丰富的矿产和油气资源，它们均与超大陆旋回控制的盆地演化密切相关，查清与之有关的成矿、成藏规律也是亟待解决的问题。

2. 前寒武纪环境变迁的沉积记录与早期生命演化

在前寒武纪早期某些重要代谢方式和生物类群的起源研究方面，急需新的探索思路。关于生命起源最早的碳同位素证据（>38.5 亿年）已于近期被质疑。关于约 35 亿年前叠层石是最早的可靠的生命存在的证据和最早的产氧光合作用的证据也遭到了质疑。关于产氧光合作用和真核生物在晚太古代（27 亿年前）存在的生物标志化合物证据已被证明遭到了后期有机质的污染。而关于这个时期生命事件的地球化学证据则均为间接的，它们实质上是海洋化学的特征（Konhauser et al.，2009）。我们需要更加综合的思维和新的理论或方法重新审视以前关于这个时期生物圈的研究，为生命的起源和早期生物圈演化提供更加可靠的证据。在深时生命事件与环境事件的研究上，存在明显的脱节，迫切需要从地球生物学角度开展重大地质突变期的研究。地球生命系统的革命性转折发生在距今 6 亿年前后，以极端寒冷的大冰期（“雪球地球”）和动物的“寒武纪大爆发”这两个重大事件的先后发生而区别于地球历史上其他转折时期。地球生命约在 38 亿年前开始出现之后，为什么需要经历长达 32 亿年的缓慢演化，直到距今 6 亿年前后动物才开始出现，并于寒武纪发生快速大爆发呢？这是自 1859 年达尔文进化论代表作《物种起源》问世以来一直困扰科学界的重大谜题之一（谢树成和殷鸿福，2014）。

（二）前寒武纪沉积学的重要研究方向及发展目标

在当代地球科学面临人类与自然协调、可持续发展之际，对前寒武纪沉积学提出了一系列急需解决的课题。由于前寒武纪沉积学涉及领域广泛，为把握好学科关键科学问题和发展思路，紧密结合今后我国的经济建设与社会发展的重大需求，我们归纳了今后需要重点发展的三大研究方向。

（1）以科学问题为导向的多学科交叉研究，包括：①超大陆聚合-裂解与沉积盆地的响应关系；②前寒武纪环境变迁的沉积记录与早期生命演化；③前寒武纪地层划分对比；④前寒武纪重大地质事件（如“雪球地球”事件）分析等。

（2）以国家需求为导向的应用基础研究，包括：①前寒武纪油气资源调查评价与研究；②前寒武纪优势矿产资源（如铁、锰、磷等）调查评价与成矿规律研究。

（3）以学科发展为导向的基础理论研究，包括：①大地构造沉积学；②岩相古地理学；③同位素年代学；④古生物学及事件地层学等。

现就上述主要研究方向择其重点综合讨论如下。

1. 超大陆聚合-裂解与沉积盆地的响应关系

全球构造研究已成为当前前寒武纪研究工作中的重要趋势。在全球构造研究中，超大陆和超大陆旋回成为研究工作中的主线，特别是与超大陆聚合-裂解相关的沉积学响应，已成为超大陆研究的新热点。

20世纪90年代初，地质学家提出10亿年前全球存在一个罗迪尼亚超大陆（McMenamin and McMenamin，1990；Hoffman，1991）。21世纪初，Rogers和Santosh（2002）、Zhao 等（2002）基于造山带对比，提出在18亿年之前存在另外一个超大陆，称为哥伦比亚超大陆。地球历史时期超大陆聚合-裂解及其古构造和古地理格局不仅是深部地球动力学过程的重要部分，而且控制了全球被动陆缘的规模和盆地的演化，深刻影响了大陆的风化-沉积作用和全球碳循环，其中超大陆古地理格局的重建对于理解中新元古代盆地的分布和类型有重要意义。

我国华北中元古代、华南和塔里木新元古代巨厚的沉积分别是哥伦比亚和罗迪尼亚大陆裂谷作用和超大陆聚散作用的产物（Wang and Li，2003；Li Z X et al.，2008；Zhang et al.，2012）。近十多年来，这些主要陆块在全球超大陆的古地理位置和对超大陆聚合-裂解演化的响应研究取得了重要的进展，但仍存在诸多问题和争议。例如，学术界普遍认同华北克拉通参与了哥伦比亚超大陆的聚合与裂解，但华北在罗迪尼亚超大陆的古地理位置一直不清楚而被置于超大陆格局之外或者边缘。华北克拉通是全球中新元古代裂谷活动沉积记录较为完整的克拉通之一（翟明国等，2014），其裂谷活动是认识地球中年期构造背景的关键。然而这些裂谷活动是代表了华北对两次超大陆裂解过程的响应还是代表同一个裂解过程（即“一拉到底”），值得进一步研究。

目前学术界对于华南陆块在罗迪尼亚超大陆重建中到底位于核心位置（Li Z X et al.，2008）还是外缘位置（Zhou et al.，2006a，2006b）同样存在激烈争论。不同的超大陆重建方案对应完全不同的区域构造演化模型。例如，Li 等（2009）提出扬子与华夏陆块的最终完全拼合应当不晚于约880Ma，但 Zhao（2015）则认为两个陆块通过双向俯冲模式聚合，碰撞拼合时限约为 825Ma。对于扬子陆块分布的南华、康滇等新元古代大型沉积盆地的类型也存在明显不同的认识，一些学者认为其代表了裂谷盆地（Wang and Li，2003；Wang X L et al.，2012），另一些学者则认为其代表了弧后盆地（Zhao et al.，2011；Zhou et al.，2006a，2006b）。

实际上，对沉积盆地动力学的探讨首先必须从沉积盆地的充填序列及其阶段性来把握，因为这些宏观的沉积地质记录更具有说服力。王剑（2000）从沉积学和盆地分析入手，系统研究了扬子地块东南边缘、华夏地块西北边缘及扬子地块西缘盆地的演化史，确立了华南新元古代南华裂谷盆地演化模式，其开启时间为 820Ma，南华裂谷盆地演化经历了由陆变海、由地堑-地垒相间盆地变广海盆地、由浅海变深海、盆地由小变大的演化过程。华南新元古代裂谷演化可与南澳大利亚州阿德莱德及北美西部新元古代盆地演化相对比，表明了华南在罗迪尼亚超大陆解体过程中扮演过重要角色（Wang and Li，2003；王剑，2005；王剑等，2006；王剑和潘桂棠，2009）。

2. 前寒武纪环境变迁的沉积记录与早期生命演化

前寒武纪出现了一系列重大地质突变期，如太古代末期的大氧化时期、中元古代的硫化海洋时期和新元古代的“雪球地球”时期等。这些事件也伴随着显著的碳、氮、硫生物地球化学循环异常，对早期生命的起源和演化产生重要影响。

越来越多的研究表明，地球早期生命的起源和生物的演化与大气-海洋系统的氧化还原状态密切相关。人们对早期地球大气与海洋氧化还原化学演化的研究取得了重要进展，并为重塑早期生命与早期地球环境的协同演化关系奠定了基础。随着研究的深入，人们识别出在大约 18 亿年以前大气氧含量可能下降，但基本上与前期的认识一致，即地球表层的大气演化主要经历了两次大的氧化阶段。第一次发生在早古元古代（24.5 亿～23.3 亿年前），大气中的氧含量第一次超过目前大气氧含量水平的 0.001%。这次氧含量的增加很可能与产氧光合作用蓝细菌的出现有关（谢树成等，2012）。

然而，人们对早期地球深部海洋的化学演化存在很大的争议。传统的海洋化学模型认为，由于大气的逐步氧化，太古代和古元古代铁化的深部海洋在大约 18 亿年前就已经彻底氧化（Holland，2006）。但是，Canfield（1998）基于全球硫化物与硫酸盐硫同位素演化模式提出了完全不同的 Canfield 硫化海洋模型，认为早期地球深部海洋的缺氧至少持续到寒武纪初期（约 540Ma），太古代和古元古代铁化的深部海洋在 18 亿年前并未氧化，而是硫化。Canfield 等（2008）又根据新元古代铁组分数据进一步指出，这一硫化的深部海洋在大约 7 亿年以前又重新被铁化的深部海洋所取代，直至寒武纪初期深部海洋才被彻底氧化。在此基础上，Anbar 和 Knoll（2002）提出了著名的生物无机桥（bioinorganic bridge）假说，认为中元古代广泛存在的缺氧硫化水体极大地限制了海洋生物固氮元素 Fe、Mo、Co 等的浓度，从而限制了海洋真核生物的演化。来自 Fe-S-C 系统数据（Fike et al.，2006；Canfield et al.，2007）以及 Mo、Cr 等微量元素的证据则表明，晚新元古代深部海洋的氧化很可能是这一时期多细胞真核生物辐射与早期动物诞生的原因。

Canfield 海洋模型及其与早期生命之间的协同演化关系似乎比较完美。然而，Li 等（2010）根据华南新元古代南华盆地陡山沱组铁组分、硫同位素和微量元素在不同沉积相中的时空差异，提出了新的具有三维差异和动态的“三明治”形古海洋化学结构模型。该模型指出，在新元古代埃迪卡拉纪，在海洋表层氧化的水体之下、深部铁化水体之上，存在着一个由细菌硫酸盐还原作用和黄铁矿沉淀作用共同动态维持的从陆缘向远海楔状展布的硫化物带。该模型可能适用于从晚太古代至寒武纪初期长达 22 亿年的前寒武纪海洋（Poulton et al.，2010；Planavsky et al.，2011）。由此，“三明治”形古海洋化学结构模型的提出构成了对目前占主导地位 Canfield 海洋模型的挑战，即地球的深部海洋可能从来就没有完全硫化过，其硫化部分可能仅局限于陆地边缘近海或局限盆地。这一模型解决了地球早期特别是新元古代多细胞真核生物辐射、早期动物诞生与地球化学记录的缺氧硫化之间的矛盾，也解决了 Canfield 海洋模型与系统基因学揭示的元古代生物酶增加使用 Fe、Mo、Co 等氧化还原敏感元素之间的矛盾。更为重要的是，这个古海洋化学结构模型指出，中元古代硫化的海洋可能根本不存在，其对海洋 Fe、Mo、Co 等生物固氮元素浓度的限制完全与区域硫化楔的发展程度有关。这样，基于Canfield硫化海洋模型建立起来的元古代海洋化学与真核生命之间的协同演化关系需要重新评估。这暗示着元古代真核生物（群）出现的时间可能比我们目前所了解到的更早（谢树成等，2012）。

新元古代与寒武纪之交出现了“雪球地球”、第二次大氧化等一系列环境事件。当时，至少出现了两次全球性冰期（7.17亿～6.8亿年前和6.5亿～6.35亿年前），冰盖推进到赤道海区（Crowley and Berner，2001；Macdonald et al.，2010）。冰期结束后，在华南出现了甲烷渗漏形成的冷泉型碳酸盐岩（Jiang et al.，2003），导致了异常的碳循环及气候环境的剧变。与此同时，发生了多细胞真核生物的辐射等一系列生命事件（戎嘉余等，2009）：“雪球地球”事件之后，6.3亿年前的蓝田生物群呈现了疑似的多细胞动物，5.8亿年前出现以卵和胚胎化石为特征的瓮安生物群，5.5亿年前栖息以宏体软躯体为特征的埃迪卡拉生物群，5.4亿年前以骨骼化为特征的生物辐射，5.25亿年前以澄江动物群为代表的寒武纪生命大爆发的主幕构建了现代最基本的生物多样性框架（谢树成和殷鸿福，2014）。

3. 前寒武纪重大地质事件分析

冥古宙底界年龄采用的是4568Ma，这一数据实际来源于学者们对太阳系最早形成年龄的最新限定（Bouvier and Wadhwa，2010）。冥古宙与太古宙的分界，即太古宙的底界年龄采用的是4030Ma，这是地球上迄今已知最古老的地壳型岩石记录，来自加大拿大地盾阿卡斯塔（Acasta）片麻岩的形成年龄（Bowring and Williams，1999；Iizuka et al.，2007）；太古宙与元古宙分界，即元古宙的底界年龄采用的是2420Ma，代表了地史时期全球最大规模BIF顶界以及已知最早全球冰川事件沉积底界的年龄（苏文博，2014）。

中国学者在厘定华北和扬子陆块中元古代年代地层格架的基础上，尝试提出新的中国及全球中元古代年代地层划分参考方案（全国地层委员会，2014）。作为中国东部的两个古老陆块，华北及扬子前寒武纪地层学研究一直是中国前寒武纪研究的重点。

华北陆块的中元古界地层序列发育很不完整，只在燕山和豫西南等地区发育有中元古代早期（约1320Ma之前）沉积，晚期（约1050Ma之后）则主要见于徐淮和辽东，燕山和豫西南等地区仅保留了很少的一些沉积（1050～900Ma）。即在整体上，华北地台缺失大约2亿年（1300～1100Ma）

的中元古代中期的沉积记录（苏文博，2014；李怀坤等，2014）。相反，扬子陆块的中元古界则相对完整，其中康滇地区保存有较为连续的中元古代早期及晚期的沉积，神农架地区则发育了厚度巨大的中元古代中期的地层序列。神农架群可能部分地填补中国地层表中由于燕辽裂陷槽的新近研究而发现的地层空缺（李怀坤等，2013）。

近年来，根据年代学研究重新标定的一些地层序列，包括扬子陆块及其周缘的四堡群、板溪群等，均已属于850Ma之后的新元古界。但对于以板溪群为代表的沉积单元及相当的地层单元，是置于青白口系还是置于南华系目前尚存在不同的看法（高林志等，2010；王剑，2005；王剑和潘桂棠，2009）。有的研究者提出将以板溪群为代表的和与之相当的高涧群、丹州群、下江群等非冰成沉积地层单独划出，建立“板溪系”（汪正江，2008）。王剑等（2003）认为，根据国际前寒武纪地层划分原则，南华系底界应放在晋宁造山运动不整合面之上；同时，根据板溪群及其相当层位地层底部一系列同位素年代学研究，底界年龄一般推定为820Ma（Wang and Li，2003；王剑等，2003，2006）。尹崇玉和高林志（2013）则将板溪群部分（如渫水河组、莲沱组等）归入南华系，《中国地层表（2014）》将莲沱组归为南华系的底界，沉积时限为 780～725Ma 并与冰期地层长安组相对比。而根据相关研究成果，华南以长安组为代表的冰期启动时限为约 720Ma（汪正江等，2013；Lan Z W et al.，2014，2015a，2015b；邓奇等，2019），与《国际年代地层表（2018）》成冰系的底界年龄完全一致。

4. 前寒武纪能源资源效应

1）油气资源

中-新元古界是世界上油气勘探程度很低的领域。但在西伯利亚、非洲、东欧、印度、阿拉伯、澳大利亚等克拉通盆地，均发现了规模可观的中-新元古界至下寒武统原生油气藏（Craig，2009；Claudio et al.，2010）。在东西伯利亚盆地与阿曼，新元古界—寒武系现探明的油气储量业已达到1亿～10亿t级油当量的规模（王铁冠和韩克猷，2011；孙枢和王铁冠，2016）。早在20世纪60年代，我国就已经开始新元古界油气勘探活动，在四川盆地发现了威远震旦系气田。近年来，中国石油在四川盆地安岳—遂宁地区完成的上百口探井，平均产气量每天在60万 m^3 以上。迄今，安岳特大气田探明天然气储量超过1万亿 m^3。

对于新元古界潜在的油气勘探领域，国外学者重视含油气系统分析与潜力评价。伦敦地质学会于2006年11月召开全球前寒武系含油气系统会议，并出版专辑（Craig，2009；Claudio et al.，2010）。这次会议的宗旨是梳理当前与全球新元古界—下寒武统含油气系统相关的研究认识，同时论证北非的新元古界很值得给予更多的关注。目前看来，北非和中东的新元古界—下寒武系含油气系统已从新勘探领域的概念过渡为整个地区的主要油气勘探目标。国内有学者早在20世纪70～80年代就开始研究元古界油气地质条件，但受勘探程度低、钻井资料少等条件限制，井下地质研究主要集中在威远地区的震旦系（汪泽成等，2014）。

新元古代时期曾发生过至少两次全球性冰川作用的观点已得到普遍承认。尽管对“雪球地球”期是否存在生物存在较大争论，但越来越多的证据表明，重大冰期之后的全球海平面快速上升与局部的盆地发育和裂谷作用耦合，引发了这些富含有机质新元古界地层的沉积（Craig，2009）。

从烃源岩分布的角度考虑，不同时代全球气候、海平面和源岩分布之间存在较好的对应关系。Craig（2009）研究距今1000Ma以来的全球气候变化、海平面和世界主要有效油气源岩时代分布的对应关系，指出高海平面期对应于温室气候期，冰川融化导致海平面上升，有利于富有机质沉积物堆积，是世界许多重要油气源岩沉积的主要时期（Craig，2009；Claudio et al.，2010）。

根据烃源岩发育时代及其与冰川期的先后关系，Craig（2009）将新元古界—下寒武统划分为三个含油气系统。①拉伸系—下成冰统的前冰川期含油气系统，主要局限于古老的克拉通地块。烃源岩为含有藻类有机质的黑色页岩，储层为叠层石碳酸盐岩。②冰川期含油气系统，形成于“雪球地球”期的中成冰世到早-中埃迪卡拉世（距今750～600Ma）。显著特点是发育在盖帽碳酸盐岩层序内，由后冰川海进阶段沉积的富含有机质页岩源岩控制油气系统分布。一般说来，盖帽碳酸盐岩层序是后冰川期海平面上升期的沉积产物，与前冰川期的岩层呈假整合的接触关系。这套层序由深水相-陆架相-潮上相组成，包括微生物岩丘和生物层（叠层石），向上过渡为富含有机质的黑色页岩，两者构成良好的源-储配置关系。③后冰川期含油气系统，层系为上埃迪卡拉统—下寒武统。在冈瓦纳北缘东部以断层为界的盐盆地充填了碳酸盐岩、蒸发岩和页岩。目前，已在阿曼、印度和巴基斯坦等地区发现油气。90%以上的阿曼现有石油产量均来自新元古界—下寒武统的源岩。

我国华北、扬子、塔里木中新元古界具有类似的油气地质条件或油气发现，特别是近年来在扬子震旦系中已取得了重大突破，在四川乐山—龙女寺古隆起区新元古界（安岳—威远气田）获得了上万亿立方米的天然气资源量，引起了中国石油、中国石化等公司的高度关注（邹才能等，2014a，2014b）。然而中新元古代古大陆重建、岩相古地理、原型盆地分布等重大石油地质相关的基础问题还存在较大分歧，有待开展系统的基础地质研究工作。因此，以沉积学研究为基础的古大陆重建和含油气盆地分析预测，将极大地推进前寒武纪油气勘探领域的战略性发展，拓展我国油气资源勘探领域。

2）矿产资源

前寒武纪是十分重要的成矿期，矿产资源丰富，在前寒武纪地体中具有很大的找矿潜力。研究表明，前寒武纪与沉积有关的矿产资源，如铁、锰、磷等矿床，与超大陆裂解离散过程密切相关，特别是与裂谷盆地的早期破裂、裂解，中期隆升，晚期拉伸沉陷等演化有关。需要指出的是，裂解过程对地球大气圈和水圈的碳循环产生重要影响，改变全球气候，如新元古代时期全球形成了两次冰川事件，同时对生物圈的演化和岩石圈表层的铁、锰、磷等矿产的沉积起到重要的控制作用。

在扬子陆块东南缘南华裂谷盆地内，沉积了南华纪和震旦纪火山-沉积岩系及相关的沉积变质及热液矿床。此阶段在华南形成了锰、磷矿等重要的工业矿床，其次还有少量的银铅锌矿、金矿，如湖南湘潭锰矿、花垣民乐锰矿、石门东山峰磷矿，贵州开阳磷矿、瓮福磷矿，江西新余式铁矿床等，此外还有皖南蓝田组中银铅锌矿床和新余式铁矿床中的伴生金矿。自20世纪发现大塘坡式锰矿以来，黔东及其毗邻的湖南、重庆地区已经成为我国最重要的锰工业基地之一。锰矿富集区和较为大型的锰矿床包括贵州松桃、重庆秀山、湖南花垣，鄂西地区最为典型的锰矿是长阳古城锰矿。有关这些锰矿的成因已进行了大量的研究工作，并提出了各种各样的成因观点，如热水成因（王砚耕，1990）、生物成因（刘巽锋等，1983）、洋流上升引起的化学成因（杨瑞东，1991）、类似间冰期盖帽碳酸盐岩成因（杨瑞东等，2002）以及冷泉碳酸盐岩成因（周琦等，2013）等多种成因模式。在层序地层分析中，已把大塘坡组下段作为间冰期后海平面上升的凝缩段沉积或低速沉积物，由富含碳质、有机质和黄铁矿的黑色页岩、含锰黑色页岩和锰矿层组成，厚度不超过30m。锰矿层中含有较多的菌藻和疑源类等，均为还原条件下透光带以上的浮游生物。研究认为，扬子东南边缘在该期拉张活动强烈，沿黔东、湘西和桂北一带形成了陡倾斜的陆缘广海，海底地形为脊槽相间以及均匀沉降的地堑、地垒盆地。然而从沉积盆地演化和古气候旋回演替的角度分析，不管何种模式或假说，其中大地构造背景和古气候条件都是至关重要的制约因素，因为在地质历史上，它是具有专属性的。

5. 前寒武纪岩相古地理研究

前寒武纪岩相古地理研究是前寒武纪沉积学发展的重要方向之一。一方面，由于前寒武纪岩相古地理对于古大陆重建、大地构造演化、古环境古气候恢复及早期生命起源等具有十分重要的意义，其地位非常重要；另一方面，由于前寒武纪时间久远，经历的地质过程复杂，且常常伴有不同程度的变质作用，其岩相古地理不易恢复，研究难度也就较大，目前全球这方面开展的工作相对于显生宙明显较少。

我国前寒武纪岩相古地理工作过去仅限于专题研究与问题探讨，且时代一般限于新元古代震旦系。自刘宝珺和许效松（1994）出版《中国南方岩相古地理图集（震旦纪—三叠纪）》以来，有关前寒武纪岩相古地理的研究成果较少，王剑等（2019）出版的《华南新元古代裂谷盆地演化与岩相古地理》将填补这一领域的空白。

华南前寒武纪岩相古地理研究方向重点解决了两方面的问题。一是，华南新元古代沉积盆地性质、盆地演化动力学机制问题。究竟是裂谷盆地还是弧后盆地？是地幔柱作用机制还是后造山“垮塌”构造作用过程？以往的工作成果大多集中在地球化学及大地构造学方面，忽视了沉积充填序列、沉积相与微相、沉积环境与岩相古地理演化等问题。因此，可供盆地分析的岩相古地理资料就显得格外重要，如盆地早期陆相沉积的分布范围及成因相组合、陆相与移地滨岸相的区域分布特征及其演化过程、与古隆起有关的边缘相及古流向数据、剖面沉积序列与海平面变化特征等，这些问题从根本上制约了沉积盆地球动力学模式的建立。二是，华南裂谷盆地是从什么时候开始接受沉积的？这就不得不探讨沉积超覆的最低层位，也就是沉积超覆是什么时候开始的？沉积超覆具有形成移地滨岸相的特点，因此，需要通过详细的岩相古地理学工作，才能找到沉积超覆的起点，在此基础上才能开展详细的年代学研究，确定真正的最低层位的起始沉积时间。

围绕上述目标，我国华南前寒武纪岩相古地理研究对华南新元古代中期（820～635Ma）板溪—南华纪沉积演化、沉积相时空展布、沉积旋回、事件地层、多重地层划分对比等开展了详细研究，探讨了沉积盆地各阶段充填样式，厘定了盆地地层格架。在此基础上，首次编制了华南新元古代板溪早期、板溪晚期、南华早冰期、间冰期及晚冰期 5 个重要时期（世）的构造-岩相古地理图（王剑等，2019）。通过华南新元古代岩相古地理编图与研究，重建了华南新元古代古大陆裂解模式。

五、学科领域发展的有效资助机制与政策建议

为了进一步促进我国前寒武纪沉积学的发展，在系统总结前寒武纪沉积学学科价值、发展规律、发展态势和重要研究方向等的基础上，我们提出了以下几个方面的发展对策与建议，主要包括加强学科建设、重点领域资助、组织机构和科研平台建设、人才培养等，具体叙述如下。

（一）加强前寒武纪沉积学的学科建设

根据前寒武纪沉积学学科建设发展的需要，鼓励有条件的科研院所大力发展前寒武纪沉积学学科。按照问题导向的原则，建议重点发展以下几个方面的前寒武纪沉积学研究领域：前寒武纪大地构造沉积学、前寒武纪岩相古地理学、前寒武纪古生物学、前寒武纪事件地层学。

通过多学科、多方法技术手段相结合，相互渗透、相互交叉的学科建设途径，促进和发展以上前寒武纪学科领域。同时，要充分发挥我国前寒武纪区域特色的优势，开展前寒武纪典型地区的沉积学研究，建立长期稳定的研究基地。

（二）加强前寒武纪沉积学的重点领域资助

按照学科建设与国家需求的创新性发展要求，重点加强前寒武纪沉积学以下几个重点领域的资助力度。①哥伦比亚及罗迪尼亚超大陆聚合-裂解与沉积盆地的响应关系；②前寒武纪环境变迁沉积记录与早期生命演化；③华南、华北及塔里木地块前寒武纪地层划分对比；④前寒武纪冰川事件及新元古代“雪球地球”事件研究；⑤扬子及塔里木新元古代、华北中元古代油气系统；⑥华南新元古代锰矿、磷矿沉积成矿规律研究。

从前面的讨论可以看出，中国华北、华南和塔里木三大前寒武纪板块独具特色，如华南、塔里木板块与罗迪尼亚超大陆裂解有关的新元古代裂谷系地层发育较为完整，而华北则主要发育与哥伦比亚超大陆裂解有关的中元古代地层。一方面，它们不仅保存了前寒武纪环境变迁与早期生命演化的沉积记录，而且是探讨沉积盆地响应关系、前寒武纪重大地质事件的重要载体。另一方面，我国华北、扬子、塔里木前寒武系都已显示出良好的油气远景，特别是近年来，在扬子震旦系中已取得了重大突破；同时，华北中元古界燕

辽拗陷也有较好前景，扬子陆块南华纪—震旦纪沉积改造型锰矿及磷矿是我国目前非常重要的工业矿床。因此，加强前寒武纪沉积学重点领域的项目资助，对于前寒武纪沉积学学科的创新性建设、满足国家能源资源的需求，都具有十分重要的意义。

（三）加强前寒武纪沉积学相关的组织机构和科研平台建设

前寒武纪沉积学是多学科交叉的新兴学科，在发展过程中对与其有关的重大科学问题进行多学科联合攻关和学术交流是十分必要的，因此成立专门的学术组织尤为重要，如成立前寒武纪沉积学分委会。

此外，建议组织和建立前寒武纪地质学与沉积学的交叉研究平台，在有条件的单位或科研院所设立国家级或省部级前寒武纪沉积学研究中心，从全国层面调整研究机构布局，进行合理分工和相互协作。

（四）加强前寒武纪沉积学的人才培养

从培养前寒武纪沉积学研究生入手，加强专业人才的专门招收与培养。另外，在实施重大计划项目的过程中，培养沉积学与前寒武纪地质学各类专业交叉型、复合型人才，这样既能促进学科发展，又能引导科研人员在关系国家经济发展和学科前沿的重大战略领域开展创新性研究，为国民经济、社会发展提供支撑。

第七节　能源沉积学

一、学科领域的科学意义与战略价值

能源是指自然界中赋存的能够提供热、光、动力和电能等各种形式的能量来源，可分为一次能源和二次能源。油、气、煤和铀为当今世界上最重要的四种不可再生能源矿产。从能源利用角度，人类社会正经历从煤炭时代走向石油时代，进而迈入天然气时代，最后过渡到可再生能源时代的发展历程，这也是从高碳能源向低碳能源，进而转为无碳能源时代的必经阶段。赋存油、气、煤和铀等能源矿产的沉积盆地称为能源盆地，沉积作用及建造是影响油、气、煤、铀同盆共存、成藏及分布的重要因素和物质基础，能源等

沉积矿产及其形成是沉积学的重要组成部分（刘池洋等，2017）。

能源沉积学是指对各种能源的矿源层（或烃源岩）、含矿岩系（或储层）和含水层等进行沉积作用、成岩作用和古地理研究，进而了解成矿地质背景、成矿条件、成矿过程并预测矿产时空分布规律的一个沉积学分支。其科学意义在于通过建立精细的含矿层系沉积地层格架，分析沉积岩系及含矿层系的沉积岩石学特征，揭示其形成的动力学背景，建立成因模式，表征含矿岩系（或储层）的储集空间特征，预测有利相带和矿产分布规律。

能源沉积学与其他盆地或环境的沉积学在基本原理和主控因素诸方面没有质的不同，可相互补充、借鉴，共同发展，其主要特点体现在与能源矿产的赋存、聚集等相关方面。成煤沉积建造在时间演化和空间分布上，总体而言处于成油气建造和成铀建造的过渡、衔接部位和承前启后的演化阶段（刘池洋等，2017）。

纵观国内外沉积学的发展历程，无不与石油、煤炭、砂岩型铀矿等工业紧密相关。石油、煤炭、砂岩型铀矿等勘探开发（采）带动了能源沉积学理论的研究；不断发展的能源沉积学理论指导了石油、煤炭、砂岩型铀矿的勘探开发（采），提高了勘探开发（采）效益。

为保障国家能源安全，中国能源沉积学必须继续定位于能源行业，立足中国特色，放眼国际前沿，服务国内外资源勘探开发，推动中国能源工业的健康发展。

（一）能源沉积学在石油工业发展中的地位及战略价值

中国石油工业经过半个多世纪的发展取得了举世瞩目的成就。全国石油新增探明地质储量连续 9 年超过 10 亿 t，石油产量在 1978 年跃上 1 亿 t 后，在 2010 年跃上 2 亿 t，保持稳定发展态势。全国天然气新增探明地质储量连续 13 年超过 5000 亿 m^3，2017 年天然气年产量达到 1480 亿 m^3，源源不断的清洁能源为我国社会经济的高速发展提供了强大动力。中国石油工业的兴盛推动了中国能源沉积学的进步，同时中国能源沉积学的发展也为中国油气勘探开发做出了应有贡献。

经过半个多世纪的创新与发展，中国能源沉积学在石油工业领域形成并建立了陆相湖盆沉积、海相沉积、大陆边缘新生代海域沉积、细粒沉积与非常规储层四大理论体系，为世界沉积学的发展做出了重大贡献，同时有力地指导了中国石油工业的生产实践（孙龙德等，2010，2015；朱如凯等，2013）。

一是陆相湖盆沉积体系理论为中国陆相大油气田的发现与开发奠定了基

础。对准噶尔盆地西北缘冲积扇群的解剖，发现了世界上最大的冲积扇砾岩油田。对松辽盆地五大河流-三角洲沉积体系分布规律与储集体的精细描述，为大庆油田的稳产做出了重大贡献。渤海湾断陷湖盆多类型油气储集体充填模式的建立，指导了胜利、辽河、大港等油田勘探开发。敞流湖盆大型浅水三角洲、滩坝砂体与湖盆中心砂质碎屑流成因模式的建立，将油气勘探领域从湖盆边缘扩大到湖盆中心，推动了鄂尔多斯、松辽、渤海湾、四川等盆地岩性大油气区的发展。对前陆盆地深层碎屑岩早期浅埋、晚期快速深埋有利储层发育机理的认识，指导了库车深层大气田的发现，为西气东输提供了气源保障（邹才能等，2008，2009）。

二是海相沉积体系理论发展，为中国叠合盆地中深层大油气田的发现与开发奠定了基础。潮滩-海滩体系的建立，推动了四川盆地石炭系、塔里木盆地东河砂岩等大油气田的发现。碳酸盐岩台缘带礁滩沉积模式的建立，指导了普光、塔中等大油气田的相继发现。对古老碳酸盐岩风化壳岩溶储层的认识，指导了塔河—轮南油田、靖边油气田、安岳气田的发现。

三是大陆边缘新生代海域沉积体系的理论发展，推动了我国海洋油气勘探开发，相继在渤海、南海、东海探区发现了多个大中型油气田。

四是对细粒沉积体系与纳米级孔喉系统的认识，推动了鄂尔多斯苏里格特大型致密气田、新安边致密油田、准噶尔昌吉致密大油田、四川蜀南海相页岩气的发现。致密油气、页岩油气、煤层气等非常规资源勘探开发取得一系列重大突破，为我国未来战略接替奠定了坚实基础（翟光明等，2012；邹才能等，2014a，2014b）。

目前中国经济的快速发展对能源需求越来越大，在未来相当长的时期内，油气在能源结构中的主体地位不会改变，非常规油气是我国可持续发展的重要能源之一。中国要保障自身的能源安全，应该积极利用自身的油气资源。实际上，中国蕴藏着巨大的非常规油气资源。寻找油气资源，必须通过对含油气盆地原型分析、沉积层序精细划分、沉积环境和相的精确厘定、多尺度岩相古地理恢复、富有机质页岩成因机理与分布、有利储层评价预测等研究，寻找有利区带，预测“甜点区”分布，指导油气勘探开发部署。

（二）能源沉积学在煤炭工业发展中的地位及战略价值

全球煤炭资源的分布并不均匀，北半球的欧洲及欧亚大陆、亚太地区与北美洲拥有全球94.8%的煤探明储量，南半球的中东、非洲与中南美洲的煤探明储量仅占5%左右（毛翔和李江海，2014）。截至2013年底，全球探明煤储量 8.92 万亿 t，可满足全球 113 年的生产需要，美国、俄罗斯、中国拥有最大探明储量（BP，2016）。截至 2016 年底，煤炭查明资源储量 15 980 亿 t（中华人民共和国国土资源部，2017）。

中国聚煤作用从震旦纪到第四纪均有发生（张泓等，2010）。晚古生代以来，中国大陆经历了海西、印支、燕山和喜马拉雅四大构造旋回，多期性质、方向、强度不同的构造运动，使各成煤期形成的不同类型的成煤盆地遭受不同程度的改造、分解破坏、叠合反转，形成具有不同构造属性的赋煤构造单元，并决定了煤炭资源的现今赋存状态。华北和华南盆地的晚古生代含煤地层煤层稳定，资源丰富。晚三叠世成煤作用主要发生在中国南方，包括四川、云南、江西等地。侏罗纪是中国最重要的成煤时代之一，中国中西部地区发育多个大型、超大型的成煤盆地，总体上处于泛湖盆环境，聚煤作用稳定，如鄂尔多斯早、中侏罗世特大型陆相聚煤盆地。早白垩世主要的聚煤作用发育于东北三江盆地、海拉尔和二连盆地群。新生代在中国东北形成了抚顺、梅河口等古近纪成煤盆地；在中国西南部形成了众多以南北向为主导的新近纪小型断陷盆地，盆地面积小，成煤作用不稳定，局部有巨厚煤层赋存（张泓等，2010；曹代勇等，2016a，2016b）。世界各地广泛存在着厚度巨大的超厚煤层（单层煤厚度超过 60m），石炭纪—新近纪各时期都有超厚煤层发育，如澳大利亚的吉普斯兰盆地煤层总厚 700 多米，单层煤厚 230m；中国胜利煤田胜利东二号露天煤矿 6 煤层厚 244.7m，3 个煤层在聚煤中心区近于合并，煤层最厚处达 320.65m。从超厚煤层分布规律看，古近纪—新近纪是超厚煤层发育最多的时代，其次为侏罗纪，超厚煤层主要分布在北半球，煤变质程度普遍较低。超厚煤层成因机制有三方面：泥炭沼泽水面上升速度与植物遗体堆积速度长期处于均衡补偿状态、异地堆积和多煤层叠加（王东东等，2016）。

煤炭生产和消费仍是当前国内主要的化石能源供应，预测优质煤炭资源是含煤岩系沉积学研究的重点，与煤炭清洁利用相关的煤中矿物质与有害组分研究及油页岩、煤层气、页岩气方面的研究应得到重视。

（三）能源沉积学在砂岩型铀矿工业发展中的地位及战略价值

砂岩型铀矿床是指工业铀矿化主要产于砂岩（包括含砾砂岩、粉砂岩）中的铀矿床。据国际原子能机构（International Atomic Energy Agency，IAEA）1996 年对全球 528 个铀矿床的统计，有砂岩型铀矿 250 个，占总数的 42.90%，主岩时代（砂岩的形成时代）跨度大，从中元古代一直延续到新生代，其中以中、新生代为主，占82%，前寒武纪和古生代矿床总数占2%和14%（蔡煜琦等，2015；李子颖等，2015；张金带，2016）。中国已探明砂岩型铀矿床有50余个（数据截至2015年），约占总矿床数的14.5%，资源量占总探明资源量的43.1%。已探明的砂岩型铀矿主要分布在北方大型沉积盆地，如伊犁盆地、吐哈盆地、准噶尔盆地、塔里木盆地西缘、鄂尔多斯盆地北部、二连盆地、巴音戈壁盆地、松辽盆地等。按矿体形态分类，有卷状、板状，以板状为主；按成因或沉积环境分类，主要有层间氧化型、潜水氧化型、沉积成岩型、复合成因型、古河道（谷）型等（李子颖等，2015；张金带，2016）。

自20世纪90年代以来，中国铀矿勘查调整为主攻北方砂岩型铀矿，陆续探明了一批大型、特大型砂岩型铀矿床，地质找矿实践形成了丰富的地质认识乃至成矿理论，必须不断创新砂岩型铀矿成矿理论，进一步认识我国砂岩型铀矿特点，为砂岩型铀矿勘探开采提供地质基础依据。

二、学科领域的发展规律和特点

能源沉积学的发展历程与石油、煤炭、砂岩型铀矿等资源工业化开采紧密相关。我国能源沉积学的发展历程大致可划分为奠基、发展、完善、创新四个阶段。

20世纪50～60年代是我国能源沉积学的奠基阶段，建立了河湖相沉积理论体系。系统引入国外沉积学概念和工作方法，50年代初，叶连俊、吴崇筠等老一辈沉积学家分别成立了国内第一个沉积学研究室和实验室。在石油地质、煤田地质类高校中开设“沉积岩石学”“沉积岩研究方法”等课程；在松辽、鄂尔多斯等盆地开展沉积岩石学及岩相古地理编图等工作；中国科学院组织了青海湖现代沉积考察，总结了现代湖泊的沉积作用和沉积环境，为我国陆相生油论的建立做出了突出贡献。在含煤地层、含煤地层古生物、含煤岩系变化和分布规律、煤炭资源分布等方面也开展了大量基础研究工作；“旋回层”概念将周期性的海平面变化与聚煤作用联系在一起，为煤层对比提供了理论依据，20世纪60年代，现代密西西比河三角洲沉积学研究成果被应用于阿巴拉契地区晚石炭世含煤地层，认识到幕式或周期性自旋回过程也可产生旋回层现象，从此进入了沉积模式阶段，概括出著名的阿勒格尼三角洲模式，随后障壁岛-潟湖模式、河流-三角洲模式、冲积扇模式、砂质辫状河模式、湖泊模式和风成沙丘模式等聚煤模式被相继提出，这些沉积模式多强调活动的砂质沉积环境控制了其周围的成煤沼泽的发育。在此期间，中国学者提出了多堡岛聚煤模式、潮滩聚煤模式及碳酸盐岩台地综合聚煤模式等。

20 世纪 70～80 年代是我国能源沉积学发展阶段，基本完成了中国陆相沉积学理论体系的建立。中国沉积学研究与世界沉积学发展全面接轨，引进了浊流理论等国际最新成果。中国科学院开展了云南“三湖”现代沉积考察，石油系统开展了松辽、渤海湾等盆地储集体解剖与典型沉积相特征鉴别标志研究，建立了陆相断陷、拗陷盆地的充填模式，以及冲积扇、河流、三角洲、水下扇等沉积相模式，首次组织了全国岩相古地理图编制。该阶段基本完成了中国陆相沉积学理论体系的建立，陆相湖盆充填模式与沉积特征研究走在了世界前列，推动了世界湖盆沉积学的发展。20 世纪 80 年代末提出的层序地层学概念体系将旋回层的全球性特征与自旋回局部性变异的灵活性很好地结合起来，其中“可容空间”概念对深入理解聚煤作用具有重要意义。目前层序地层学作为一种盆地分析方法受到广大地质学者的重视，已发展为沉积学研究及能源矿产勘探中有效的、具有预测功能的重要方法手段。米兰科维奇旋回理论作为一种有效的深时地层年代研究工具，在含煤岩系古气候研究中也得到了广泛的应用。这些沉积学研究方法已渗透到含煤岩系沉积学研究中，促使含煤岩系沉积学更加迅猛发展。

20 世纪 90 年代是我国能源沉积学完善与油气储层地质学建立阶段，建立了油气储层沉积学及其评价技术方法系列，创新发展了陆相层序地层学理论方法体系，在成煤沼泽和环境、含煤岩系层序与旋回、煤岩学、煤层气勘探开发、砂岩型铀矿赋矿沉积体系与水动力条件等方面也取得了重要进展。该阶段对我国沉积学研究成果进行了系统总结与完善，扩大了国内外影响。同时针对油气储层评价生产需求，加强了储层成岩作用特征、成岩阶段划分标志、成岩物理模拟、储层敏感性等研究，揭示了储层次生孔隙的成因机制与分布规律，三维地震、储层表征等新技术的应用为我国油气田勘探开发注入了新的活力。

21 世纪后，我国能源沉积学处于工业化应用与发展创新阶段。岩性地层、古老碳酸盐岩油气系统、致密油气、页岩油气、煤层气、油页岩、煤炭、砂岩型铀矿的勘探开发需求，促进了沉积学多学科、多方法、多技术的融合。地震、测井、遥感、地质实验等技术的发展，使中国能源沉积学进入一个新的创新发展阶段。

三、学科领域的发展态势

随着油气勘探向岩性地层油气藏、非常规油气和深层勘探目标发展，煤炭、铀矿等向更深层、更隐蔽方向发展，能源沉积学在资源勘探发现中的地位越来越重要，已经成为有效发现资源、降低成本的重要途径。近年来，随着资源勘探开发的不断推进和突破，能源沉积学在研究方法、理论认识、服务资源勘探等方面均取得了重要进展。

（一）能源沉积学研究方法的创新与集成

沉积储层研究尺度包括了千米、米、厘米、毫米、微米、纳米六级，研究手段已由传统沉积学和岩石学研究向多学科、多信息方向发展（表 3-1），沉积模式与高精度地球物理技术的结合可直观揭示和定量描述沉积体的空间展布。研究方法中数字技术的应用范围越来越广，已建立现代沉积、露头、岩心、剖面等大数据库（孙龙德等，2015）。

表 3-1　沉积学六个级别尺度研究方法

研究尺度	学科名称	研究内容	关键仪器/方法	实例	实例来源
千米	遥感沉积学、层序地层学、地震沉积学	沉积储层区域演化、分布特征	遥感图像解译、地层对比法、探地雷达	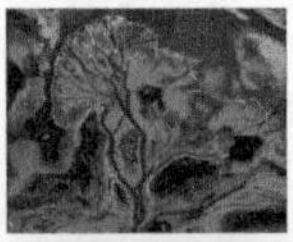	鄱阳湖赣江三角洲遥感影像
米	细粒沉积学、测井沉积学	储集体三维空间特征	激光雷达、地球物理预测、测井解释	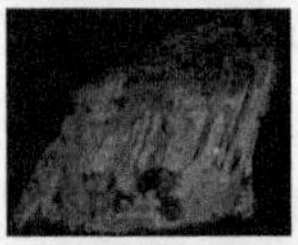	四川盆地须家河组激光雷达扫描图
厘米	细粒沉积学、旋回地层学	层理构造、层间非均质性	激光雷达、元素捕获仪、元素伽马仪		典型岩心照片
毫米	沉积岩石学、储层地质学	沉积作用与过程、矿物岩石特征、成岩作用与演化、孔隙结构	实体显微镜、放大镜、工业 CT		典型岩心纹层构造显微照片
微米			偏光显微镜、扫描电镜、微米 CT	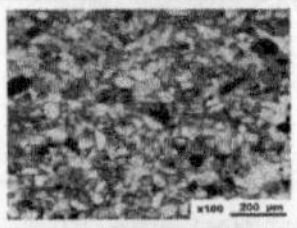	典型岩心显微照片
纳米	非常规储层、地质学	致密储层纳米孔隙结构及油气赋存状态	场发射扫描电镜、纳米 CT、纳米聚焦离子束（focused ion beam，FIB）	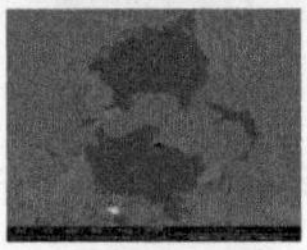	页岩有机质孔场发射扫描电镜照片

1. 遥感技术应用于现代沉积微相划分与演化规律分析

大量国内外研究实例表明，遥感技术可在现代沉积研究中发挥重要作用，遥感技术是现代沉积学研究走向动态和定量化目标的高新技术手段，应用遥感技术可持续观察现代湖盆、河流、三角洲沉积演化，详细刻画河道迁移、岸线变化、砂坝迁移等沉积现象及演化过程，为现代沉积学研究提供更宽广的视角和思路。

2. 激光雷达、探地雷达等技术应用于沉积地层与地质体精细刻画

激光雷达是近年来发展的新型探测技术。地面激光雷达具有小型便捷、精确高速、可操作性强等特点，用于获取露头表层三维点云，从而精确描述露头表层的相对空间几何信息；高分辨率数码相机和差分 GPS，用于获取露头的高精度纹理影像和地理坐标。另外，也可以增加地物光谱仪或光谱成像仪来获取野外地质露头更多的光谱信息。通过应用与发展激光雷达、探地雷达、元素捕获、元素伽马、XRF（X 射线荧光）扫描、3D X-ray、显微光谱等技术，能源沉积学在定量化研究方面取得了重大进展。例如，应用激光雷达、探地雷达技术，对露头剖面进行自动岩性识别、储集体结构分析，为建立三维储层地质模型提供定量数据；通过 XRF 扫描分析，可实现精度小于年的短周期沉积过程研究；通过 3D X-ray 分析，可开展细粒沉积岩厘米-毫米级纹层结构研究（孙龙德等，2015；朱如凯等，2013）。

3. 地震沉积学分析技术应用于海陆相沉积体系重建

地震沉积学分析技术基于沉积体系具有宽度远远大于厚度的特征，地震资料的平面识辨力远大于垂向识辨力的原理，通过井震标定解释岩性，预测有利砂体及储层参数，最大限度地将地震中的沉积信息有效挖掘，并与地质研究紧密结合。地震沉积学分析技术在我国陆相及海相地层沉积相研究中得到广泛应用，已成功应用于四川盆地须家河组、渤海湾盆地沙河街组以及珠江口盆地等不同沉积体系的水道沉积地貌分析。地震岩性学（90°相位化）分析技术在浊积扇、三角洲沉积体系的形貌整体识别中发挥了重要作用（曾洪流等，2013；朱筱敏等，2013a，2013b；孙龙德等，2015）。

4. 场发射扫描电镜及 CT 成像等高分辨率测试技术应用于储层孔喉结构精细表征

针对致密储层以微纳米孔喉系统为主的特点，应用场发射扫描电镜、FIB 聚焦离子束扫描电子显微镜及微米-纳米 CT 成像等高分辨率测试技术，

结合常规测试，可实现致密油气储层微米-纳米多尺度孔隙、喉道的精细识别与定量表征。在此基础上，建立了新的致密储层分类评价标准和方法，综合反映储层非均质性特征（朱如凯等，2013，2016）。

（二）建立克拉通盆地台地沉积、储层新模式，为全球古老含油气系统研究提供理论指导

中国海相沉积盆地主要发育在古生代及以前时代，经过多旋回叠合和改造，油气分布十分复杂，尤其是碳酸盐岩层系埋藏深，储集层较致密，非均质性强（贾承造，2006；孙龙德等，2013）。

克拉通盆地台地边缘发育环带状大型礁滩体，向陆与盆地内古老生烃坳陷相邻，向海与同期海相烃源岩层对接，具备多向油气充注的优越条件，其上稳定分布膏盐岩盖层，形成大型礁滩油气田群。缓坡型台地发育内缓坡、中缓坡、外缓坡、盆地相带，缓坡腹部发育蒸发潟湖与蒸发潮滩，如四川盆地寒武系龙王庙组缓坡型台地中内缓坡具有“水下三隆两凹”特征，水下隆起控制最利于储集岩（颗粒滩）的发育，决定建设性成岩作用及储集层孔隙形成和演化（邹才能等，2014a，2014b）。

白云岩储集层的研究主要涵盖白云石化机理和孔洞成因两方面内容。目前可识别出4类共6种白云石化模式和6类成孔机制。6种白云石化模式分别为相控型萨布哈蒸发泵和回流-渗透两类，成岩型埋藏压实排挤流和热对流循环两类，以及构造型断裂-热液和生物型微生物白云石化两类。古老白云岩多经历多期白云石化作用，如埋藏云化、构造-热液云化可以叠合于先期所有白云石化类型之上。白云石化与溶蚀（同生期大气淡水溶蚀、表生期岩溶和埋藏溶蚀）、构造作用的叠合更利于优质白云岩储集层的形成。在中国中西部含油气盆地，目前可识别出6类成孔机制：矿物体积减小的云化作用、同生期大气淡水溶蚀作用、晚期大气淡水溶蚀作用、埋藏期含硫化合物热裂解作用（TDS）、埋藏期硫酸盐热化学还原作用（TSR）与有机酸溶蚀作用、埋藏期热流体作用。

古岩溶包括浅部岩溶与深部岩溶两大成因类型。浅部岩溶细分为潜山岩溶、礁滩体岩溶和层间岩溶；深部岩溶细分为顺层岩溶、垂向岩溶和热流体岩溶。目前可作为勘探对象的古岩溶储集层包括三种类型：①保存较完好的溶洞，呈串珠状发育，钻井既放空又漏失；②剖面上呈柱状/墙状、平面上呈带状的陷落柱，钻井有漏失、无放空；③剖面上规模大、平面上呈面状的塌陷体，钻井有漏失、无放空。特别是对顺层、层间和垂向岩溶等新类型岩溶

储集层的识别，拓展了塔里木盆地油气勘探领域，勘探深度增加了 1000～2000m，勘探面积增加数倍（马永生等，2011；赵文智等，2012）。

（三）建立海陆相细粒沉积成因模式，揭示富有机质页岩分布规律，为烃源岩评价与非常规油气勘探开发提供重要理论依据

细粒沉积岩既是含油气盆地重要的烃源岩，也是页岩油气勘探开发的主要目的层。细粒沉积岩是指粒级<62.5μm 的颗粒含量大于 50%的碎屑沉积岩，主要由黏土和粉砂等细粒物质组成，包含少量的盆地内生碳酸盐矿物、生物硅质、磷酸盐等颗粒。细粒沉积岩成因复杂，岩石类型多样，包括泥岩、页岩、粉砂质泥（页）岩、泥质粉砂岩、粉砂岩，在全球不同时代广泛分布，细粒沉积岩占全球各类沉积岩分布的 2/3 以上（Picard，1971；Land et al.，1997；Lazari et al.，2015）。

关于泥岩沉积过程，Schieber 等（2010）、Schieber（2011）开发了一套完整的水槽实验，可以完成多种粒级的沉积物搬运模拟，以及各种流速和多种组分混合的搬运模拟。近期水槽研究已经发现，泥可以在一定流速和剪切应力下沉积，这种环境足够搬动和沉积中粒砂。泥悬浮物更倾向于絮凝，并且导致絮凝物在底载中运动，形成波痕。这个新发现暗示，很多纹层状页岩是由流体沉积形成的，而非缓慢沉降。Schieber 等（2010）、Schieber（2011）认为黏土级颗粒在水流作用下同砂一样形成波痕，高 1mm 左右。同时在向前搬运过程中，在后部产生一个“尾巴”，长度远大于“波长”，非常薄，厚度在 0.1mm 左右，一个尾巴叠置在另一个尾巴之上，叠置过程中会剥蚀掉最前端波痕（大部分），只留下一层又一层的“尾巴”，最终形成页理。这一新认识可以更定量地理解页岩沉积作用，也会对页岩储层的参数评价带来更好的理解。

关于富有机质页岩沉积模式研究，在海相地层取得了令人瞩目的成果。地质历史时期，海相富有机质页岩沉积广泛发育于大洋盆地、大陆边缘盆地等，是全球常规-非常规油气中最重要的烃源岩。早期研究普遍认为缺氧的保存条件是富有机质沉积的主要控制因素，通过对缺氧海盆（如黑海）或湖盆等水体沉积物中有机质含量的研究，发现在氧化水体沉积物中的有机质含量偏低，在硫化缺氧水体中其含量明显偏高（Demaison and Moore，1980；Ingall et al.，1993； Bradley，2002）。然而，一些学者对洋流上涌地区的研究发现，由于富营养水体的上涌，表层生物极为繁盛，说明其生物生产力较高，而海底沉积物中有机质含量很高但普遍见到生物扰动，表明底部水体并

不缺氧，并由此推断高生产力才是富有机质沉积形成的主要控制因素，有机质富集沉积与海洋表层较高的生产力关系密切（Dimberline et al.，1990；Caplan and Bustin，1998；Sageman et al.，2003）。大量易分解的代谢有机质沉降至水体底部时，会导致富氢有机质的富集，有机质分解会消耗水体底部的氧气，造成底部水体缺氧（Kuypers et al.，2002），富有机质沉积的缺氧条件可能是高生产力的结果。沉积速率也被认为是影响海相有机质富集的重要因素（Creaney and Passey，1993；Mulder and Alexander，2002；Mulder et al.，2003；Schoepfer et al.，2015）。一般认为较高沉积速率会稀释有机质，不利于有机质富集（Schoepfer et al.，2015），缓慢沉积速率有利于有机质富集（Creaney and Passey，1993；Schoepfer et al.，2015），但均与沉积底部水体保存条件密切相关（Arthur and Dean，1998）。目前，这三个因素常被认为作为主要且相对独立因素来开展海相有机质富集的因素分析（Sageman et al.，2003）。实际上，影响有机质富集的因素较多，还包括黏土矿物含量、海平面变化（Hofmann et al.，2001；Stow et al.，2001；Sageman et al.，2003；Ghadeer and Macquaker，2011）等。综合而言，海洋中高生产力是有机质形成与富集的基础，保存条件、沉积速率等均是影响有机质富集非常重要的因素，它们之间存在着相应联系（Schieber et al. 2010；Schieber，2011；Stow et al.，2001；Macquaker et al.，2010），地质背景不同决定了它们中哪个是关键控制因素。

近年来，中国细粒沉积研究进展明显。在湖泊沉积作用、沉积特征、陆相烃源岩分布等方面总体达到国际先进水平，初步形成了一套细粒沉积研究的方法体系。针对中国南方古生界页岩岩相、沉积环境、富有机质页岩发育主控因素与沉积模式，取得了一系列重要成果，为推动我国页岩气发展做出了重要贡献。

1. 细粒沉积岩分类

细粒沉积岩可以形成于海相、海陆过渡相和陆相沉积环境中。细粒沉积岩岩石类型复杂，目前尚缺乏系统、科学的岩石学分类标准。基于粒级与纹层结构、总有机碳（total organic carbon，TOC）含量、矿物含量，建立了三级划分方案。一级分类基于粒级和纹层结构，分为粉砂岩与泥页岩；二级分类基于 TOC 含量，以 TOC 含量 2%和 4%为界，分为高、中、低三个级别；三级分类基于矿物含量，包括石英与长石、方解石与白云石、黏土矿物。基于这一方案，将细粒沉积岩石类型划分为 16 类，常见有富黏土硅质泥岩、富黏土钙质泥岩、富钙硅质泥岩、富硅钙质泥岩、混积泥岩、混积硅质泥岩、混积钙质泥岩及碳酸盐岩等（图 3-11）。

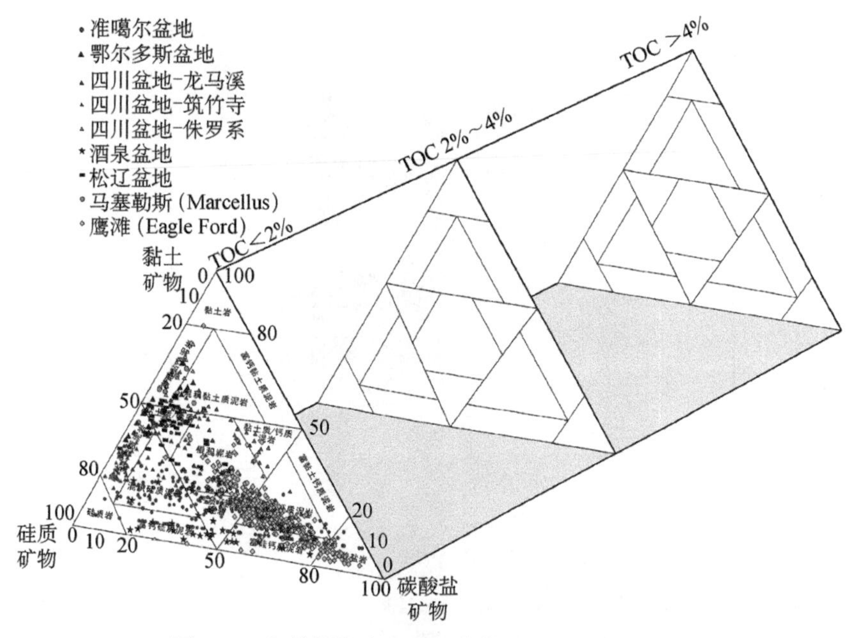

图 3-11 细粒沉积岩四端元分类图（文后附彩图）

2. 海相富有机质页岩形成机理与发育模式

中国南方古生界上奥陶统五峰组（O_3w）—下志留统龙马溪组（S_1l）页岩发育，在上扬子区大面积分布。五峰组沉积早期，气候温暖湿润，海平面上升至高位，海底出现大面积缺氧环境，表层水体营养物质丰富，藻类、放射虫、笔石等浮游生物生产率高，生物碎屑颗粒、有机质和黏土矿物等复合体以“海洋雪”方式缓慢沉降，形成富含有机质和生物硅的黏土质硅质页岩，TOC 含量为 2.0%～8.0%（图 3-12）。五峰组沉积中晚期，海平面下降，海水温度降低，以浮游生物为食物的笔石大量灭绝，水中营养物质浓度剧增，形成表层浮游生物勃发、底层有机质高埋藏率的滞留海盆，形成富有机质和生物硅的硅质页岩、含钙硅质页岩，TOC 含量为 2.7%～8.4%。龙马溪组沉积早期，海平面再次快速上升，川南—川东—川东北坳陷区出现大面积缺氧的深水陆棚环境，藻类、放射虫、笔石等浮游生物出现大繁盛，并以“海洋雪”方式缓慢沉积，以硅质页岩和含钙硅质页岩为主，TOC 含量为 2.1%～8.4%，坳陷周缘主体为浅水陆棚-滨岸相，发育低有机质黏土质页岩、钙质黏土质页岩和泥灰岩。龙马溪组沉积晚期，扬子地块与周边地块的碰撞拼合作用加剧，沉降沉积中心向川中和川北迁移，海平面大幅度下降，四川盆地及邻区为浅水-半深水陆棚，海水封闭性进一步增强，深水水域大幅度缩小和迁移。

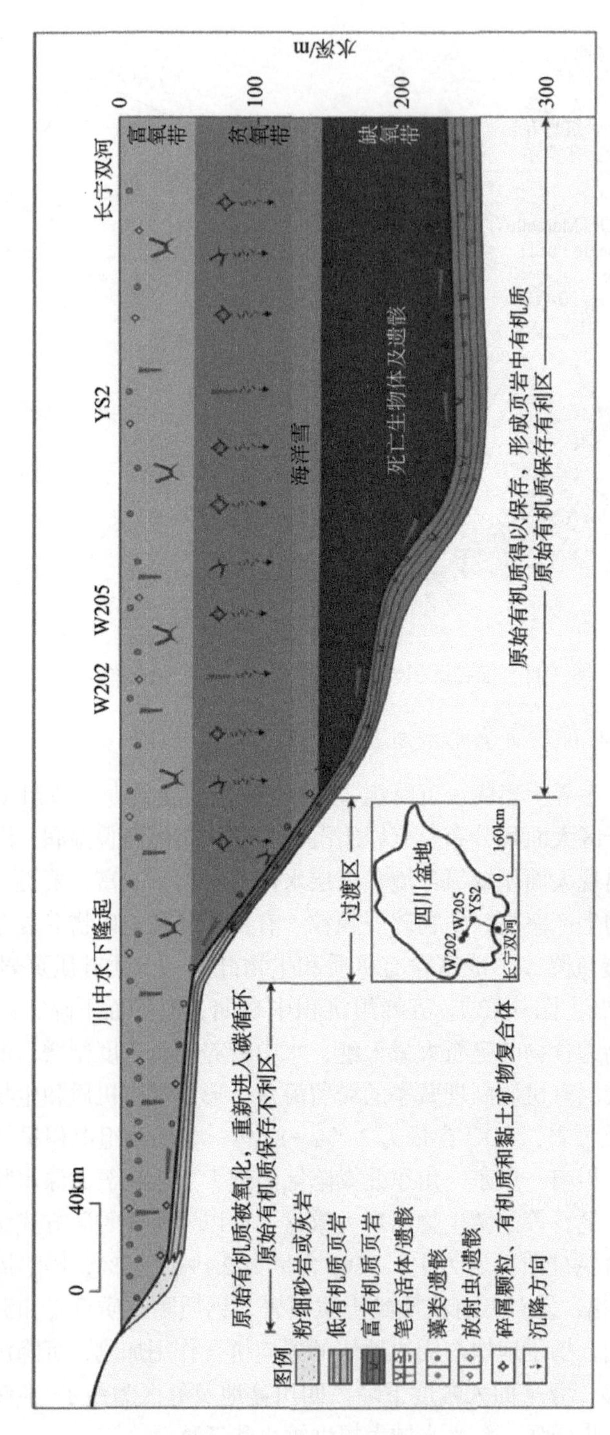

图 3-12 四川盆地奥陶系—志留系富有机质页岩沉积模式图（文后附彩图）

3. 淡水湖盆细粒沉积形成机理与发育模式

陆相湖盆沉积水体有限，水体循环能力不及海洋，富有机质页岩以分层和湖侵两种沉积模式为主，淡水湖盆细粒沉积岩以鄂尔多斯盆地延长组长 7 为例。

鄂尔多斯盆地三叠系延长组沉积时期，湖盆范围和水体深度大，水生生物和浮游生物繁殖，发育了巨厚的湖相暗色泥质沉积。延长组长 7 油层组富有机质页岩的沉积模式以湖侵-水体分层模式为主，湖流、水深、缺氧环境、沉积相带是富有机质页岩分布主控因素（图 3-13）。深湖相宁静水体页岩分布区以页岩为主，有机碳含量高，发育Ⅰ型干酪根，以湖流作用为主；砂质碎屑流背景深湖相页岩分布区以页岩、砂岩互层为主，有机碳含量高，发育Ⅰ型、$Ⅱ_1$型干酪根，受重力流影响。前三角洲背景半深湖相页岩分布区以泥岩、粉砂质泥岩为主，有机碳含量低，以Ⅱ型干酪根为主。河流-三角洲平原碳质页岩分布区，以碳质泥岩为主，有机碳含量高，以Ⅱ型、Ⅲ型干酪根为主。例如，盐 56 井连续取心长度 158m，长 7 油层组主要为深湖、半深湖页岩、泥岩沉积、夹薄层粉砂岩或泥质粉砂岩。黏土矿物含量在 50%～70%，石英含量在 30%～40%，长石含量在长 7^3～长 7^2 较低，小于 5%，长 7^1 长石含量较高，可达 10%～20%；有机碳含量在 4%～12%，黄铁矿含量小于 3%，最高可达 15%。薄片观察表明，盐 56 井岩性与层理构造复杂，既发育波状纹层、平直纹层页岩和似块状页岩，也发育块状层理、粒序层理泥岩，反映沉积时湖泊水体环境变化较大，并控制了有机质的富集。泥岩有机碳含量相对较低，有机质一般分散分布，页岩有机碳含量较高，有机质一般成层分布。

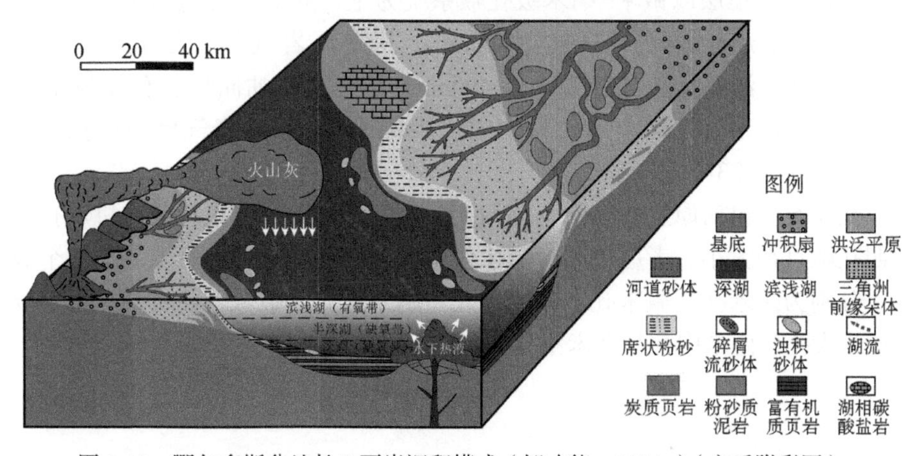

图 3-13　鄂尔多斯盆地长 7 页岩沉积模式（邹才能，2014a）（文后附彩图）

4. 咸化湖盆细粒沉积形成机理与发育模式

咸化湖通常指水体盐度大于0.5‰的湖泊，其中盐度为0.5‰～35‰的称为半咸水湖，盐度为40‰～50‰的称为咸水湖，盐度大于50‰的称为盐湖（Kaufman，1990）。中国广泛发育咸化湖相沉积，包括准噶尔盆地二叠系、渤海湾盆地第三系、柴达木盆地上干柴沟组和下干柴沟组、河套盆地临河组、泌阳凹陷的核桃园组、苏北盆地阜四段与阜二段、江汉盆地潜江组等。由于水体、气候、物源的频繁变化，咸化湖盆细粒沉积组分复杂且非均质性强。

准噶尔盆地中二叠世沉积期，海水由东南方向退去，形成了面积大、水域宽的大型内陆咸化湖盆，盐度约12‰。湖盆演化在芦草沟组沉积期达到鼎盛阶段，形成了以油页岩、白云质页岩和页岩为主的厚层细粒沉积，沉积中心厚度超过1000m。芦草沟组页岩富含有机质，TOC介于2%～15%，平均6%。芦草沟组发育富有机质的白云石泥岩和纹层状富方解石泥岩两类富有机质细粒沉积；富有机质的白云石泥岩主要形成环境为炎热气候，生物多样性丰富，生产力高，水体盐度较高，容易产生分层，使得下部水体缺氧（发育黄铁矿），有机质大量保存；纹层状富方解石泥岩形成条件为温暖气候，微咸水环境，水体稳定，生物活动很弱，有机质遭受破坏较少。

（四）发现非常规致密储层微纳米级孔喉系统，指导非常规油气储层评价

非常规储集层以微米-纳米级孔喉系统为主，局部发育毫米级孔隙。纳米级孔喉系统主体孔径为20～500nm，其中页岩气储集层孔径为5～200nm，页岩油储集层孔径为30～400nm，致密灰岩油储集层孔径为40～500nm，致密砂岩油储集层孔径为50～900nm，致密砂岩气储集层孔径为40～700nm（图3-14）。

孔隙类型包括原生粒间孔、晶间孔、粒间溶蚀孔、粒内孔及有机质孔。按照孔隙直径大小，考虑成因、流体作用力及赋存状态，将孔隙分为4个级别，分别为毫米孔、微米孔、亚微米孔与纳米孔，其中微米孔进一步可划分为微米大孔、微米中孔与微米小孔。

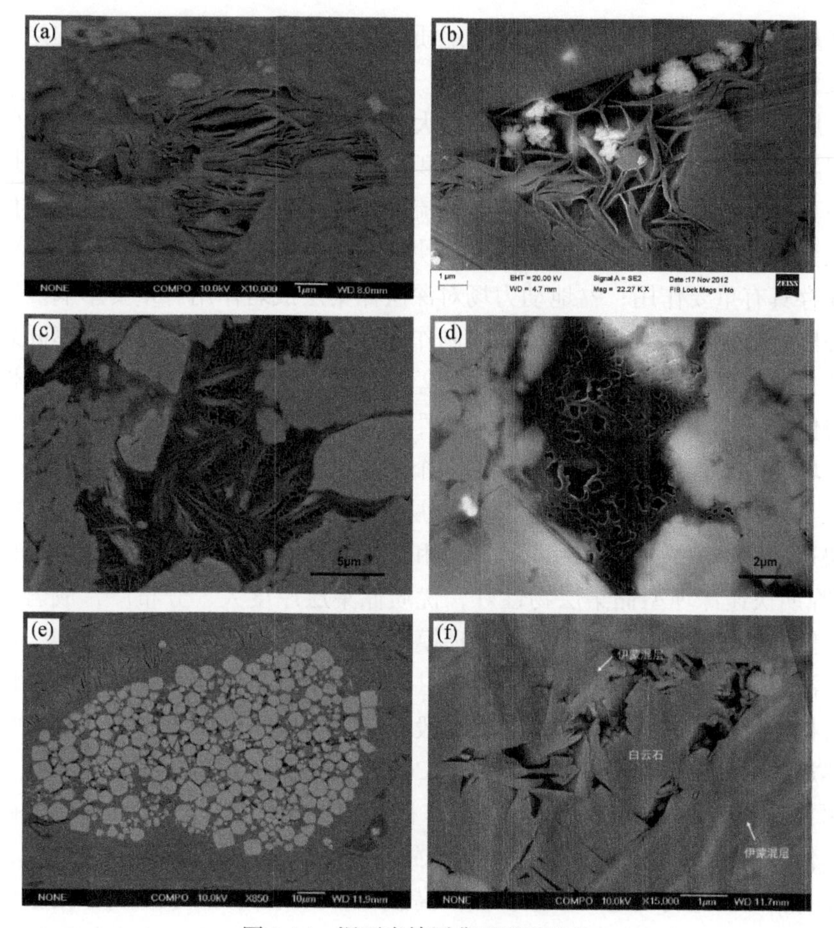

图 3-14　泥页岩储层典型微观照片

（a）准噶尔盆地吉 174 井，3132.50m，二叠系芦草沟组灰色泥岩中绿泥石粒内孔，内部发育黄铁矿晶体；（b）鄂尔多斯盆地张 2 井，960m，页岩中有机质孔与伊蒙混层粒内孔；（c）、（d）四川盆地威 201 井，1531.5m，志留系龙马溪组页岩有机质孔；（e）四川盆地公 4 井，2427m，下侏罗统大安寨组页岩黄铁矿晶间有机质及石膏晶间纳米级孔隙；（f）四川盆地平昌 1 井，3225.3m，下侏罗统大安寨组白云石粒内纳米级孔隙

（五）深层油气储集层发育与保持机理取得新认识，拓展深层油气勘探潜力

深层油气资源尤其是天然气资源潜力大，随着中浅层勘探程度的不断提高，油气勘探目标逐渐转向深层，是否发育有效储集层是制约深层、超深层领域资源勘探的关键因素，深层油气的勘探效益取决于油气的富集程度及规模。深层油气储集层包括碎屑岩、碳酸盐岩、火山岩、变质岩等。深层储集

层在埋藏过程中通常经历了较长的地质历史时期，多次成岩事件叠加使储集层发育控制因素更加复杂。

压实、压溶、胶结及矿物体积增大的交代作用是使深层储集层减孔的主要因素；溶解、破裂、收缩及矿物体积缩小的交代作用是使深层储集层增孔的主要因素；颗粒包膜、油气充注、流体超压作用是使深层储集层孔隙保存的主要因素；早期成藏、构造抬升、快速深埋等因素抑制了成岩效应，对孔隙保存具有重要作用；盆地动力场对深层储集层成岩作用有重要影响。上述五类因素对深部储集层形成均有控制作用，但对于不同地质背景、不同岩性的储集层，各种因素对孔隙影响程度差异很大，确定不同地质背景、岩性储集层保孔、增孔主控因素是深层储集层研究的核心问题。

埋藏压实作用是孔隙度降低的一个重要因素，主要发生于早成岩期及中成岩早期。根据埋藏方式，可以把深层优质碎屑岩储集层分为早期浅埋-晚期快速深埋型、长期缓慢逐渐埋藏型和短期快速深埋藏型三种，其中早期浅埋-晚期快速深埋型储集层物性好，优质储集层厚度大，分布广，成岩演化程度低，油气储量丰度大，成岩物理模拟实验也证实了这一认识。

深层储集层埋藏溶蚀作用的产生主要与有机质成熟过程中产生的酸性水或有机酸有关，深层烃源岩成熟度一般较高，R_0值普遍大于1.0%。在有机质成熟过程中，干酪根热裂解生成大量CO_2，降低了地层水的pH，使其成为酸性水或形成大量有机酸。酸性水或有机酸随泥岩的压实而进入相邻的砂岩中，使砂岩中的某些组分产生强烈溶蚀，形成大量的粒内溶孔和铸模孔，并对原有粒间孔进行改造和溶蚀扩大。高温（180℃）高压（53MPa）溶蚀实验表明，高温高压条件下砂岩快速溶蚀（温度超过150℃后溶蚀速率增大2～3倍），有效储集层深度界限下移，塔里木盆地库车克深地区的勘探实践证明，埋深超过7900m的白垩系仍发育优质碎屑岩储集层。

深层储集层中主要发育以下几种类型裂缝：局部构造变形裂缝、断裂带裂缝、区域性裂缝。大量生产实践和研究表明，深层储集层中发育的裂缝对储集层孔隙度的贡献极小，对储集层渗透性的改善作用十分明显。当储集层中发育裂缝时，渗透率显著增加，如大北202井目的层裂缝发育，砂岩储集层未经改造，日产气110万m^3；如果没有裂缝对储集层渗透性的有效改善，许多深部地层将难以成为有效储集层，充分显示了微裂缝系统的发育使致密储集层内相对“僵滞”的气藏重新“活动”形成高产的作用。

（六）研究含煤沉积体系和聚煤作用，指导煤炭资源评价和煤层气选区评价

煤的形成是古气候、古植物、古地理和古构造等诸多地质因素共同作用的结果。一般来说，泥炭沼泽形成于水域和陆地过渡带环境。在空间上，泥炭沼泽可以形成于多种沉积体系中，呈现分带性。在时间上，受水体进退影响，泥炭沼泽的发育位置和类型也会发生迁移或交替。传统认识以陆相的海（水）退成煤理论占主导，在过去30年间，层序地层学及全球沉积学的理论引入中国后，中国学者在含煤岩系沉积学研究方面取得了长足的进步，相继提出幕式聚煤作用、海侵过程成煤、海侵事件成煤作用等基于层序地层学及可容空间理论的聚煤模式，并将具有区域性可对比的等时性地层单元-层序与岩相古地理研究相结合，进行中国各聚煤期等时性岩相古地理重建、聚煤中心迁移规律分析，以及富煤带预测。在煤层气及页岩气勘探开发时，煤相及沉积有机相被用作研究煤及泥页岩生烃潜力评价的重要方法。“含煤系统”概念将含煤盆地中各种地质信息进行组织与集成，包括古泥炭堆积的原始特征、含煤岩系的地层格架及煤层丰度、反映古泥炭堆积沉积环境和古气候条件的煤中硫含量分布特征、煤变质程度或煤级等。近年来，煤层作为深时古气候信息的载体进一步受到重视，显微煤岩组分丝质体含量可用来研究古泥炭沼泽火灾事件及大气氧含量，米兰科维奇旋回理论作为一种有效的深时定时手段，被用来研究古泥炭地碳聚集速率及相对应大气CO_2变化趋势。

（七）揭示砂岩型铀矿富集机理，指导铀矿资源评价与开采

砂岩型铀矿沉积学是研究沉积盆地形成演化过程中铀的成矿作用、形成环境、含铀岩（层）系特征，以及沉积作用控制下铀的富集机理和分布规律的学科。以盆地分析、砂岩型铀矿地质学为重要理论平台，结合沉积学技术方法，具体研究砂岩型铀矿形成的物质来源、成岩作用与铀的预富集、沉积物结构构造与渗透性、沉积体系与含铀岩系分析、流体作用与后期改造、层序地层与铀的空间分布、铀富集因素与沉积和古气候环境、沉积作用因素与砂岩型铀矿预测，以及管理信息化的三维可视化建模等。近年来，铀矿聚集与沉积物形成-演化过程、沉积物特征及沉积体系分析与铀矿聚集、层序地层学与铀聚集作用等方面均取得重要进展。

砂岩型铀矿床形成的大地构造背景多数为稳定克拉通盆地和介于相对活动褶皱造山带之间的克拉通边缘活动带，如地槽褶皱带与地台相邻近的中生

代盆地，褶皱带前缘的次级断陷或凹陷以及在大型盆地边缘。从构造活动程度看，有利地质构造背景为主岩沉积时相对稳定的构造背景和成矿时相对活动的构造背景（构造活化），该类活化区常处于高幅度造山与稳定地区之间的过渡部位。炎热干旱、半干旱的交替气候有利于后生铀矿床的形成。砂岩型铀矿化的沉积相带主要是河流相、滨湖三角洲相和滨海三角洲相，重要矿化多数产于河流相中。砂体规模、砂体渗透性、砂体间连通性、砂体成层性是以后生成矿作用为主体的砂岩型铀矿形成的重要条件。在铀矿成矿理论创新方面，查明了中国北方重点盆地砂岩铀矿床的地质-地球化学特征、控矿因素和成矿机理，创新建立了产铀盆地叠合成矿模式、层间渗入-越流成矿模式、油气还原铀成矿模式、三位一体控矿模式、砂岩型铀矿断隆（块）成矿模式等（李子颖等，2015；张金带，2016）。

四、学科领域的关键科学问题、发展目标和重要研究方向

中国陆相沉积层序和经过多期改造的叠合盆地深层海相沉积层序中蕴藏着丰富的油气、煤、铀等资源，通过沉积学研究，寻找更多的优质资源，满足我国经济社会发展的需要，仍然是摆在能源沉积学面前的艰巨任务。需要不断应用新技术，创新地质认识，应用于地下资源的勘探开发，突出非常规油气资源、清洁能源的利用。

（一）能源沉积学的关键科学问题

沉积作用发生在沉积盆地之中，总体受盆地属性、构造特征和形成演化的控制，又不同程度地受地球环境（含气候）和生物演变的影响。能源沉积学的发展必须服务于寻找优质资源（油气富集区与“甜点区”、厚煤带与优质煤炭资源、铀富集层和区带），油气工业发展的必然趋势是非常规油气资源、深部油气资源、海域油气资源；煤炭工业发展的必然趋势是寻找厚煤带和深部煤炭资源；砂岩型铀矿发展的必然趋势是寻找富矿层位和富集区。针对上述能源发展的需求，能源沉积学发展目前面临的关键科学问题如下。

（1）克拉通盆地沉积动力学、岩相古地理对海相油气的支撑作用。中国克拉通盆地规模小，构造分异作用强；克拉通内古裂陷的形成、演化与发育规模对后期盆地发育、沉积岩相古地理格局以及烃源灶的规模和储盖组合等

都有重要影响。克拉通内裂陷区控制的烃源灶规模与台缘隆起带有效储层发育区带预测是研究的关键。

（2）细粒沉积学对非常规油气的支撑作用。细粒沉积岩成因复杂，岩石类型多样。岩石纹层结构与沉积古环境的关系，层序地层与岩相古地理及沉积演化过程，有机质类型、丰度及其发育主控因素，富有机质页岩成因模式与分布是研究的关键。

（3）构造沉积分异作用对深层、超深层油气储层的影响。深层、超深层油气储层类型多，发育的古构造背景、古沉积环境差异大。特别是在后期埋藏演化过程中，埋深大，温度、压力高，压实作用强，多期成岩作用的叠加使储层的形成控制因素更加复杂，古流体与成岩演化史恢复、孔隙发育与保持机理、有利储层评价预测是研究的关键。

（4）沉积学对共生资源的支撑作用。超厚煤层成因模式与洁净煤沉积学：通过含煤岩系沉积学及岩相古地理研究，提出超厚煤层聚集机理，寻找优质煤炭资源是关键；从沉积学及层序地层角度研究煤中 S 及其他有害微量元素的聚集规律及赋存特征，从沉积学角度对煤中有害元素（如 S、As、Cd、Cr、Cu、Ni 等）的分布变化规律进行预测，评价和预测洁净煤资源，并提出合理的开发利用建议，是沉积学与煤田地质学结合的关键。

砂岩型铀矿的“超常富集”环境控制因素和“大规模成矿作用”：砂岩型铀矿主要赋存在砂体中，其中，辫状河体系和辫状三角洲体系及灰色沉积建造砂体是最有利的场所，沉积及成矿成因、成岩后或表生成岩阶段的流体蚀变或热-还原流体作用环境与“超常富集”密切相关，含铀岩系（砂体）的识别、空间定位规律、找矿预测等是关键。

（二）能源沉积学的发展目标

盆地的沉积作用和成矿作用，直接受地球表层水圈、大气圈和生物圈演化及其环境演变的影响。在地球环境演化的不同阶段，形成类型不同、特征有别的沉积建造和矿产。有机矿产油气、煤的形成及富集程度，受地球生物演化和气候环境变迁的影响明显，主要形成和赋存在古生代以来发育的沉积盆地中。外生铀矿床的形成和类型与地球表生环境的演变关系密切（刘池洋等，2017）。

能源沉积学的发展目标是在盆地形成演化和改造的时空过程中进行整体、动态、综合研究，重视地球环境与生命演变对沉积成矿作用的影响、沉积盆地后期改造影响程度和原盆古沉积面貌恢复的研究，加强物源与盆地沉积及成矿关系、有机与无机相互作用对能源矿产形成的影响、成油气与聚煤沉积及铀成矿沉积建造的关系、能源矿产的空间分区性的研究，为沉积矿产勘探开发提供理论指导和技术支撑。

（三）能源沉积学的重要研究方向

1. 细粒沉积学、古老小克拉通碳酸盐岩沉积学

海陆相细粒沉积、古老小克拉通碳酸盐台地、陆架边缘海沉积是中国特色的沉积类型，也是优质烃源岩发育、规模储层形成的重要沉积环境。应开展构造背景约束的沉积体系研究，如前陆盆地陡坡带、缓坡带沉积动力条件与沉积相带分布的差异性，大型拗陷盆地基底断裂对沉积相带的控制作用；研究古气候、古物源对沉积作用的影响，研究源-渠-汇沉积体系分布，预测有利相带和储集体分布规律。应建立行之有效的细粒沉积岩研究方法体系，研究海（湖）盆水动力条件和底形对细粒沉积发育与分布的控制作用，揭示富有机质页岩形成主控因素，建立不同类型细粒沉积岩成因模式，预测烃源岩与有利储集相带空间展布。应综合分析古裂陷槽对古老小克拉通碳酸盐台地发育的控制作用，明确礁滩体分布规律和有利微相带；研究微生物碳酸盐岩的岩石类型、沉积构造、相序结构、沉积模式，指出储层有利相带。

2. 储层非均质性、非常规储层表征与深部储层极限

常规与非常规储层评价重点是常规储层精细化研究、非常规储层精确表征与评价。储层非均质研究应着重发展数字露头三维地质建模与精细表征技术，开展成岩演化序列与成岩相类型划分、储层非均质性成因与有利储层评价预测研究。非常规储层孔喉尺寸小、孔隙结构复杂、非均质性强，应加强样品代表性尺度、技术有效适用范围和多尺度定量数据融合，静态表征与动态演化结合，实现孔隙结构全面表征，准确预测规模有效储集体（朱如凯等，2016）。

深部储层包括碎屑岩、碳酸盐岩、火山岩等，深层碎屑岩在长期浅埋、晚期快速深埋背景下利于孔隙保持，溶蚀与裂缝作用改善了储集层物性。受断裂作用、岩溶热液作用、白云石化作用及早期油气充注影响，碳酸盐岩在8000m以深仍有良好的储集性能。深层火山岩受构造作用、火山作用、成岩作用及表生期和埋藏期成岩改造控制，发育原生型和次生风化型两类储集

层。深层-超深层储层研究重点是形成机制、物性下限与规模有效储层分布评价预测，应着重研究深层碎屑岩储层孔隙成因类型与非均质性（微裂缝、微纳米孔等），深部成岩过程与孔隙发育保持机理（原生孔与正常压实作用、欠压实与油气早期进入、沉积相/速率、溶蚀作用等），深部储层演化成岩物理模拟，深层低孔渗-致密裂缝性储层形成机制与评价预测，深层规模储层物性下限与规模有效储层分布评价预测。

3. *砂岩型铀矿、煤系沉积系统*

砂岩型沉积铀矿仍需从控矿因素与成矿条件两方面研究构造作用、沉积体系、古气候、成岩环境等对铀矿富集的控制作用，关注“预富集”、板状矿体成因、深部油气与铀成矿作用关系等问题（李子颖等，2015；张金带，2016）。

中国含煤岩系沉积学在今后应更加注重以下方面的研究。第一，加强含煤岩系层序地层格架、聚煤模式及聚煤规律研究，建立不同构造背景的含煤盆地的层序地层模式，提出超厚煤层聚集机理。如何建立合理可信的高分辨率层序地层格架，如何利用高分辨率层序地层分析方法建立更具预测能力的聚煤模式，除常规的沉积学分析外，还应结合煤系古土壤以及煤层的碳同位素分析，研究层序地层格架及古气候演化。层序地层学可以与旋回地层学结合，通过天文调谐定年为层序地层格架建立时间标尺。中国地质历史上的聚煤期次较多，不同聚煤期的聚煤作用有明显的地质分区，如东北、华北、西北、华南及滇藏等聚煤区，今后的研究需要对不同聚煤区不同聚煤期的层序地层格架及聚煤模式进行深入研究，提出不同聚煤区不同聚煤期基于层序地层格架的聚煤作用模式，探讨层序地层格架下的煤层厚度变化规律、煤质变化规律，为各聚煤区的找煤勘探提供理论依据，特别是为中国东部深部煤炭资源的勘探开发提供理论指导。第二，加强洁净煤沉积学研究，进行优质煤炭资源预测。中国作为世界上最大的煤炭生产和煤炭消费国家，煤炭的开发利用过程会带来一系列社会和环境问题。因此，煤炭的洁净、综合与高效利用中的基础地质研究，是中国煤田沉积学的重要研究课题，特别是燃煤造成的大气污染，已经受到地质学家的高度重视。我国煤中 S 含量分布的地质原因研究表明，煤中 S 含量受到沉积环境及古地理的影响显著。因此，有必要系统地从沉积学及层序地层角度研究煤中 S 及其他有害微量元素的聚集规律及赋存特征，对我国煤炭资源的洁净潜力进行评价。从沉积学角度对煤中有害元素（如 S、As、Cd、Cr、Cu、Ni 等）的分布变化规律与环境、健康效应进行研究。对煤中有害组分的分布特征进行预测，并进行洁净煤资源评价和预测，进而提出合理的开发利用建议。第三，加强煤层气及煤系页岩气资源勘查沉积学及有益矿产沉积学研究。含煤岩系非常规天然气（煤系气）是煤田地质研究的又一热点研究领域，煤层气、页岩气、致密砂岩气的研究与含煤岩系沉积学密切相关，沉积环境通过控制生烃组分、有机质类型而控制烃源岩的生烃潜力，同时沉积环境还通过控制储盖层分布特征而控制煤系气的聚集成藏。针对煤系烃源岩的煤相及沉积有机相的研究，不仅有助于分析古环境演化过程，还有助于优质烃源岩的评价。因此，含煤岩系沉积学还应加强能源盆地煤相、有机相模式的研究，特别是在层序地层格架下预测有利的煤相及有机相的分布模式，为含煤岩系煤层气、页岩气等勘查评价提供理论支撑。近年来在含煤岩系发现的可燃冰、砂岩型铀矿、稀有气体氦气、煤中有益元素（或共伴生矿产）等相关矿产资源勘查，也须与沉积学研究密切结合。第四，加强含煤岩系深时古气候及地质事件信息研究。煤作为一种重要而特殊的沉积岩，蕴含着丰富的深时地质信息，记录了聚煤期的气候条件、沼泽类型、成煤物质、碎屑物质注入、水平面变化、营养条件、构造特征、极端事件、天体周期旋回等信息。通过沉积学方法，并结合煤岩学、地球化学、地球物理学等手段，对含煤岩系进行研究，恢复聚煤期的构造条件、古地理、古气候、古生物及年代信息等，对重大地质事件的认识与矿产资源的勘探具有重要的指导意义。

4. 气、液、固不同能源矿藏空间有序沉积与共生规律研究

随着社会对能源需求的不断增加，多种能源综合勘探越来越受到人们的重视。研究发现，在能源盆地中往往不止发育一种能源，而是多种能源共生，如在煤炭、油气的勘探开发实践中，往往发现煤与油页岩、煤与石油及天然气、煤与石油、油页岩、铀矿等共生，盆地中煤、石油、天然气、铀矿4种能源的相互关系自然成了研究的热点。宏观上，应从地球系统角度建立全球沉积盆地大数据库，包括盆地构造背景、地层层序、烃源岩、储层分布等，以揭示气、液、固不同能源矿藏空间有序聚集规律；微观上，从微纳米尺度研究油、气、煤、铀矿的赋存特征及纳米颗粒尺度效应。

油、气、煤和铀矿在同一沉积盆地演化-改造过程中形成、聚散和成藏（矿），其成因和分布相互关联、彼此影响，应突出煤层气、致密砂岩气、页岩气的一体化攻关，研究其有序共生机理与分布规律。某一种能源矿产的发现，本身就可能隐含着其他能源矿产存在与否等有关重要信息。研究盆地中

气、液、固不同能源矿藏共生机制及其富集规律，为盆地内多种能源矿产立体式、高成效、协同勘探和科学预测奠定理论基础，节约勘探成本（杨明慧和刘池洋，2006；王东东等，2016； 王毅等，2014）。

五、学科领域发展的有效资助机制与政策建议

（1）企业联合基金已在学科基础理论、技术方法探索方面取得了重要进展，有效支持了企业发展，建议进一步加大项目经费支持力度。

（2）各企业单位、高校均已建立了相关学科重点实验室，建议加强资源开放与共享机制，充分提高重点实验室先进设备的利用率。

（3）在人才培养和国际合作方面，进一步加强企业-高校联合招生、培养模式。

第八节 沉积地球化学与有机地球化学

一、学科领域的科学意义与战略价值

沉积地球化学（包括有机地球化学）以沉积岩（物）为研究对象，以现代地球化学理论与方法为依托，揭示地球表层系统环境、圈层相互作用过程、元素循环过程、地质演化历史及资源-环境效应。沉积岩（物）作为地表覆盖面积最广的岩石，由陆源碎屑或生物-生物化学等骨架颗粒及粒间填隙物（包括基质和同生-成岩期胶结矿物）组成，其形成经历了风化、搬运、沉积和成岩作用等一系列复杂地质过程，所以是地球表层环境变化和多圈层相互作用信息的载体。沉积岩（物）化学组成可以记录构造-气候背景（大气组分特征及风化作用强度）、生物面貌与作用（如高等动植物、浮游微体动植物、生物初始生产力及生物地球化学循环）、物质输入通量、沉积水介质条件（氧化还原性质、特征化学组分及含量、温度、pH、盐度等）、地球化学循环及特殊过程（如火山-构造-热液等事件），以及成岩作用（构造-流体事件及时限、成岩流体化学性质、压力与温度）等多重信息，构成了沉积地球化学的主要研究内容。

基于沉积岩（物）组成差异，沉积地球化学可以分为无机地球化学和有

机地球化学，并且与环境地球化学、生物地球化学、海洋地球化学等研究内容相互交叉。其中，无机地球化学主要基于元素地球化学、同位素地球化学等研究手段、方法与理论，通过对地球表层沉积岩（物）的化学组成分析，揭示表层系统过程地球化学响应或行为，是恢复沉积岩（或矿床）形成时的表层环境系统、表征圈层相互作用过程，确定成岩事件时限、流体属性和运移路径，评估其环境-资源效应（或潜力）的关键指标和研究内容，具有重要的科学意义和经济价值。

有机地球化学主要研究沉积岩（物）中的有机质组成、分布及其与自然-人类环境的关系和资源效应，揭示有机质的来源、聚集、分布特征以及有机质演变规律，从而为古气候、古海洋环境、沉积环境演变以及生命起源与演化提供重要信息。同时，为沉积矿产形成、烃源岩形成环境，以及石油、天然气及煤成油气母质来源与成因提供重要判识指标，具有重要的理论意义和应用价值。

二、学科领域的发展规律和特点

（一）学科领域的发展规律

学科经历了从孕育、快速发展到稳步发展的多个阶段。20 世纪 60 年代之前，沉积地球化学学科处于孕育阶段，少量学者开始对沉积岩地球化学数据进行采集和分析（Clarke，1924；Goldschmidt，1954），并对泥质沉积岩及遭受区域变质作用时的地球化学特征进行探讨（Shaw，1954a，1954b，1956）。20 世纪 60～70 年代，该学科进入起步阶段，一方面开始关注沉积地球化学理论和实验，尝试将化学动力学理论应用于沉积过程研究；另一方面开始关注沉积岩（物）形成和演化过程（风化、剥蚀、搬运、沉积、成岩等）中的化学循环过程，其中以 *Mineral Equilibria at Low Temperature and Pressure*（Garrels，1960）、*Geochemistry of Sediments：A Brief Survey*（Degens，1965）、*Handbook of Geochemistry*（Wedepohl，1969）、*Principles of Chemical Sedimentology*（Berner，1971）、*Evolution of Sedimentary Rocks*（Mackenzie and Garrels，1971）等为代表。20 世纪 80～90 年代，该学科进入快速成长期，大量研究成果不断涌现，其中北美平均页岩（NASC）和后太古宙平均页岩（PAAS）等标准（Gromet et al.，1984；Taylor and Mclennan，1985）的建立为沉积地球化学研究提供了重要的参考标尺。同时，*The Continental Crust：Its Composition and Evolution* 的出版（Taylor and Mclennan，1985），展示了地球化学在古今沉积系统研究中的价值及其在地球陆壳化学成分及其长期演化分析中的作用，拓展了学科研究的领域与视野。随后出版的 *Using Geochemical Data：Evaluation，Presentation，Interpretation*（Rollinson，1993）全面介绍了地球化学数据的分析方法及应用领域，为沉积地球化学的研究提供了重要的理论与应用基础。21 世纪以来，该学科发展进入稳步增长期，研究手段日益丰富，研究内容更加广阔，学科交叉融合特征显著，并取得了大量成果，其中以两次出版的专辑 *Treatise on Geochemistry* 为典型代表，如 2003 年首版的第 7 卷 *Sediments，Diagenesis，and Sedimentary Rocks* 和 2014 年再版的第 8 和第 9 卷等。

中国沉积地球化学与有机地球化学的发展历程大致与国际趋势同步。20 世纪 60 年代之前，学科处于孕育阶段，少量学者开始对沉积岩（物）进行地球化学测试分析。20 世纪 60～70 年代，该学科进入起步阶段，一方面，石油及地矿相关的高等院校开设相关课程和专业，培养了大量人才；另一方面，成立了中国科学院兰州地质研究所（现为中国科学院西北生态环境资源研究院油气资源研究中心）和中国科学院地球化学研究所，推动了沉积和有机地球化学的发展。20 世纪 80～90 年代，中国进一步加强国家级研究平台和队伍建设，相继成立了中国科学院地球环境研究所、中国科学院广州地球化学研究所等研究院所，并搭建了环境地球化学、有机地球化学、黄土与第四纪地质等国家重点实验室。此外，企业的研究院所（如中国石化石油勘探开发研究院等）也逐渐成长为重要的研究力量。在此背景下，沉积和有机地球化学研究积极响应国家对化石能源与沉积矿产的开发需求，以及对人居环境的重视，进入快速发展期。21 世纪以来，随着国家科研经费投入的增加，该学科进入快速拓展阶段，一方面，加强了与生物、环境、海洋等学科的交叉，地球化学测试技术进步和理论创新加速；另一方面，紧密围绕社会对能源、矿产开发和生态环境保护的核心需求，不断增强学科对国家经济发展和社会进步的支撑能力，壮大人才队伍，成为沉积学研究的重要领域。

总体而言，沉积地球化学和有机地球化学的发展，依赖于对沉积岩（物）及相关流体的元素、同位素及有机化合物的精确分析，而这与地球化学分析测试技术和方法的进步密切相关。近年来，地球化学分析测试技术在经济、高效、高精准度、高时空分辨率等方面不断进步，推动着沉积地球化学方法、理论及应用的发展。目前，各类质谱仪、光谱仪、色谱仪、电子探针和扫描电镜等仪器，可对多种元素、同位素及有机化合物进行高精度测试分析，已经广泛应用于沉积地球化学研究中。其中，质谱仪结合激光剥蚀或二次离子技术、扫描电镜结合能谱仪、原位微区 X 射线荧光光谱仪、场发射电子探针及激光拉曼光谱仪等，可对沉积岩（物）固体样品进行原位微区成分分析与扫描成像；傅里叶变换-离子回旋共振质谱仪、全二维气相色谱仪、单体同位素分析测试技术等，可对有机化学物进行更加精细的测定，具有广阔的应用前景。同时，样品预处理平台为沉积地球化学分析提供了必要的支持。总之，近年来，地球化学理论、方法和技术取得了长足进步，极大地提升了对沉积岩（物）的分析能力，丰富了沉积学与沉积地球化学的研究深度和广度。

目前，中国已拥有多套国际一流的地球化学分析测试仪器，主要配置于中国科学院下属的研究所（如地质与地球物理研究所、地球化学研究所、广州地球化学研究所、地球环境研究所、南京地质古生物研究所等），中国地质科学院，教育部直属高校（如北京大学、南京大学、中国科学技术大学、中国地质大学、中国石油大学、西北大学等），以及国家大中型企业的研究院所（如中国石化石油勘探开发研究院、核工业北京地质研究院等），相关实验室可为沉积地球化学研究提供必要的公共测试分析平台。然而，中国沉积地球化学和有机地球化学的测试分析仍需面对实验室机时紧张、测试费用较高、专属测试方法和适用对象有限等不利条件。

（二）学科领域的发展特点

沉积地球化学和有机地球化学的发展得益于现代分析测试技术的进步。目前，沉积地球化学和有机地球化学已经开发出一系列元素、同位素及有机地球化学代用指标，并被广泛用于沉积岩（物）的形成过程示踪及构造-气候-海洋环境表征，提升了对地质时期地球表层环境变化与圈层相互作用的认知能力，具有广泛的应用价值和发展潜力。

主量元素（Si、K、Na、Ca、Mg、Al、Ti、Fe、Mn、P）含量高、易测试，常用于物源分析、风化作用、水体化学特征、元素循环及特征地质过程识别等方面的研究。其中，Fe、Mn 等元素广泛用于示踪水体氧化还原性质，K、Na、Ca、Mg 等元素可用于重建水体盐度。此外，TOC、P 及 Si（硅藻类生源组分）也常用于指示生物产力研究。微量元素含量较低，但类型丰富，资源及环境意义显著，是沉积地球化学的重要研究对象。其中，Mo、V、Cr、Co、Se、Cu、Ni、Zn、Cd、U 等元素的富集-亏损情况可较好地示踪水介质条件，尤其是氧化还原状况或生物产力的变化。另外，沉积物中 Ba（特别是生源 Ba）元素丰度则常作为生物产力相关的指标。B、I、Tl、Hg、Ge、As 等元素的沉积地球化学循环及其环境效应也受到广泛关注。此外，Rb、Zr、Nb、Th、Sc 等难迁移元素丰度在一定程度上反映了陆源输入通量、距离以及风化作用强度。稀土元素（REE+Y）的离子半径相近、化学性质相似，但在一定地质条件下，可产生显著的分异。在沉积地球化学研究中，REE+Y 的含量特征及经标准化后的分布样式，可揭示物源类型、风化作用、水体氧化还原性质（如 Ce 异常）、热液活动（如 Eu 异常）及成岩流体属性与路径等（Kato et al.，2006），是常用的研究方法。

近年来，同位素地球化学快速发展，极大地丰富和拓展了沉积地球化学的研究手段与内容。其中，$\delta^{13}C$、$\delta^{18}O$、$\delta^{15}N$、$\delta^{34}S$、$^{87}Sr/^{86}Sr$ 等同位素在构造-古气候、古海洋、古环境及成岩作用等研究方面应用广泛，是建立化学地层的常用手段（Veizer et al.，1999；Algeo et al.，2015）。另外，各种传统或非传统同位素研究方兴未艾，显示出广阔的发展及与应用前景。其中，$\delta^{98}Mo$、$\delta^{56}Fe$、$\delta^{53}Cr$、$\delta^{238}U$、$\delta^{142}Ce$、$\delta^{205}Tl$、$\delta^{82}Se$ 等同位素可用于示踪海洋氧化还原状态（Johnson et al.，2008；Planavsky et al.，2014；Chen X et al.，2015）。$^{87}Sr/^{86}Sr$、$^{143}Nd/^{144}Nd$、$\delta^{26}Mg$、$\delta^{44}Ca$、$\delta^{7}Li$、$\delta^{53}Cr$、$\delta^{60}Ni$、$^{187}Os/^{188}Os$、$^{206}Pb/^{207}Pb$ 等同位素可用于评估陆地风化作用（如风化程度、类型和陆源输入通量等）或火山活动（或海底热液活动）的影响程度（Veizer et al.，1999；Frei et al.，2009；Misra and Froelich，2012；Huang et al.，2016；Teng，2017）。$\delta^{15}N$、$\delta^{82}Se$、$\delta^{66}Zn$ 等同位素可用于指示海洋生物初始生产力变化（Stüeken et al.，2016；Liu S A et al.，2017）。此外，上述以及其他同位素（如 $\delta^{30}Si$、$^{88}Sr/^{86}Sr$、$\delta^{137}Ba$、$\delta^{202}Hg$、$\delta^{199}Hg$、$\delta^{114}Cd$、$\delta^{74}Ge$、^{3}He）的元素循环过程，以及对特征地质过程（如地球深部过程）影响的识别，也是目前沉积地球化学的重要研究内容。值得注意的是，近年来，$\delta^{18}O$ 可作为古高度计或温度计（Rowley and Garzione，2007），Δ_{47}（clumped isotope，团簇同位素）分析技术大发展为温度约束提供了新的方法（Dale et al.，2014），$\delta^{33}S$ 可约束早期大气组分特征（Farquhar et al.，2000），$\delta^{11}B$ 可约束水体 pH 和大气 pCO_2，具有特殊的应用效力和广阔的发展前景（Rasbury and Hemming，2017）。此外，^{14}C、U-Pb、U-Th、Re-Os、$^{40}Ar/^{39}Ar$、K-Ar 等同位素体系可对不同材料进行不同时间尺度和精度的年代学标定，是约束沉积地层年代的关键方法（Selby and Creaser，2005；Clauer et al.，2012；Zhu et al.，2013）。同时，（U-Th）/He、Sm-Nd、Rb-Sr 等同位

素可用于约束成岩作用阶段的构造-流体事件及年代（Yang and Zhou，2001；Su et al.，2009；Henjes-Kunst et al.，2014），得到一定的应用，但不确定性比较大。此外，碎屑锆石 U-Pb、碎屑磷灰石 Sm-Nd 同位素也是物源分析的重要手段。

另外，一些学者通过长时间尺度（如宙、代、纪等）里的各类沉积岩或矿物重建了多种海水地球化学指标的长期演化曲线。例如，地质时期海水的 Mg/Ca（Lowenstein et al.，2001）、Zn/Fe（Liu et al.，2016），BIF 的 Ni/Fe（Konhauser et al.，2009）、P/Fe（Planavsky et al.，2010），海水的 Mo（Scott et al.，2008）、V（Sahoo et al.，2012）、U（Partin et al.，2013）、Cr（Reinhard et al.，2013）及 Se 含量（Stüeken et al.，2015），沉积型黄铁矿的微量元素（Large et al.，2014；Gregory et al.，2015），Ce 和 Eu 异常（Kato et al.，2006），有机质生物标志物（Brocks et al.，2017）的长期变化也得到不同程度的恢复。地质历史时期海水的 $^{87}Sr/^{86}Sr$、$\delta^{13}C$、$\delta^{18}O$ 长期变化（Veizer et al.，1999；Jaffres et al.，2007）以及海水 $\delta^{34}S$（Algeo et al.，2015）和 $\delta^{15}N$ 变化（Stüeken et al.，2016）已经得到很好的恢复，为重建大气 O_2 和 CO_2 变化提供了重要的背景参数（Berner，2006；Lyons et al.，2014）。另外，地质时期海水的 $\delta^{30}Si$（Robert and Chaussidon，2006）、$\delta^{56}Fe$（Johnson et al.，2008）、$\delta^{33}S$（Farquhar et al.，2007）、$\delta^{44/40}Ca$（Farkaš et al.，2007）、$\delta^{7}Li$（Misra and Froelich，2012）、$^{187}Os/^{186}Os$（Peucker-Ehrenbrink and Ravizza，2000）等变化也已得到不同程度的重建。

同时，国际有机地球化学研究近年来取得了一系列重要的进展，提升了对沉积有机质的性质和结构的认识（分子和分子同位素水平）（Grice et al.，2005），定性至定量认识有机质参与的地球化学全过程（如有机质在水柱的改造、降解规律、在成岩阶段的热演化表征和化学反应改造等）。有机地球化学是示踪油气成藏过程（烃源岩、有机质降解、运移、成藏）的关键方法，是油气地球化学研究的核心内容；有机地球化学也被广泛应用于污染源和污染过程示踪的研究中，并衍生出环境有机地球化学分支。生物标志化合物作为有机地球化学研究的核心内容，是重建环境变化与生态演化的重要手段，也是示踪沉积岩（物）有机质来源及沉积环境的重要指标，广泛应用于生物有机质来源示踪、沉积水介质盐度、温度、氧化还原状况（或缺氧硫化）、水体分层判识（Grice et al.，2005），但古老地层中也受到了沉积岩层有机质成熟度的制约。

三、学科领域的发展态势及其与国际比较

中国及国际沉积地球化学在2000年之前总体处于平稳发展阶段，之后呈现明显的快速增长特征，表明随着经济发展和分析测试技术进步，沉积地球化学作为重要研究方法和内容，在地质学、海洋科学、环境科学、能源矿产资源等领域发挥日益重要的作用。目前，美国、中国、德国、法国、英国和加拿大（图3-15）是发表沉积地球化学论文数量最多的6个国家。其中，中国在2004年之前发表的论文数量较少，但之后总体呈现显著增加态势（2010年和2015年略有起伏），并在2012年超越美国，之后成为本领域论文发表数量最多的国家，展现出强劲的发展态势。

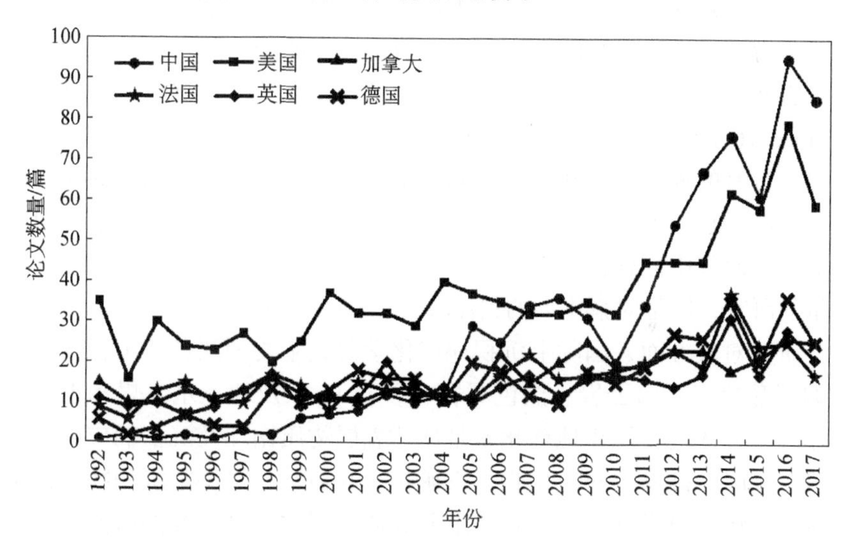

图3-15 主要国家1992～2017年（截至2017年9月25日）在SCIE（Web of Science核心合集）期刊上发表沉积地球化学相关论文的年度数量趋势，引用自周锡强等（2017）

总体而言，中国在发文量、总被引次数和高被引论文数这些指标上已呈现比较明显的优势，但在篇均被引频次上与发达国家相比仍存在较大的差距。近年来，中国的沉积地球化学研究工作，一方面，对含油气盆地及油页岩层段及油气生储等方面保持了高度的关注，反映了相关研究与国家油气资源勘探开发需求紧密相关；另一方面，紧密围绕物源分析、古环境和古气候重建等科学问题开展。同时，国际及中国沉积地球化学领域呈现下列发展特点和态势：①研究方法丰富，新手段日趋增多；②研究对象广泛，新领域增加迅猛；③研究时代广阔，但多聚焦于一些重大地质事件；④研究内容多样，资源环境导向显著。

在研究方法方面，国际上对元素和同位素等地球化学指标有广泛的使用。碳、氧、氢、硫元素在沉积水体及成岩流体里分布较广，其同位素分析方法成熟、测试费用经济、适用对象分布普遍，因此在沉积地球化学研究中应用极其广泛。稀土元素和微量元素也是常用的地球化学研究方法，大量应用于物源分析、沉积环境重建及成岩流体示踪等研究。有机碳、氮、磷等组分与生物生产力密切相关，是研究海洋环境特征、有机质富集及烃源岩成因等内容的必要手段。随着相关分析仪器（如 LA-ICP-MS）的进步，U-Pb 同位素作为同位素年代学研究的核心方法，近年来得到大量的应用。Sr-Nd 同位素可以示踪沉积水体或成岩流体特征，也是化学地层研究的传统方法，因此保持较高的关注度。沉积型铀矿是战略性矿产资源，因此是重要的研究对象。此外，元素铀和钼（及同位素）可以有效约束沉积水体氧化还原状态，日益成为古海洋环境研究的常用手段。值得注意的是，砷及氟（化物）是常见的毒害元素，国际上对它们的地球化学循环过程及沉积响应也保持较高关注度[图 3-16（a）]。中国在研究方法上也普遍使用碳、氧、氢、硫等同位素，以及常有的稀土元素和微量金属元素，并对生物生产力相关的化学组分（如有机碳、氮、磷等）开展了大量工作。同时，U-Pb 同位素方法在中国沉积地球化学研究中同样占有十分重要的地位。此外，中国对毒害元素砷也有一定量的研究，但是对氟化物的关注较少[图 3-16（b）]。

在研究对象方面，国际上沉积地球化学研究主要围绕各类沉积物、沉积岩（如碳酸盐岩、白云岩、黑色页岩、砂岩），以及地下水、煤和土壤等开展工作，充分体现了沉积地球化学是地球表层物质循环及沉积响应的重要研究手段。同时，硅藻、黏土矿物、重矿物、碎屑锆石等特定沉积物是揭示物源、风化作用、海洋环境等变化的重要载体，因此也是主要的研究对象。此外，烃源岩、甲烷、页岩气、条带状铁建造等研究对象也占有很大份额，表明沉积地球化学积极面向能源和矿产勘探开发需求，发挥重要了支撑作用[图 3-16（c）]。中国的研究对象类别与国际相似，但在碳酸盐岩、硅藻、甲烷、地下水、土壤等方面的研究热度相对较弱。中国对湖泊沉积物、黏土矿物、砂岩、白云岩、碎屑锆石和页岩气等方面的研究热情显著增长[图 3-16（d）]。其中，国际和中国关于碎屑锆石与页岩气的研究均呈现快速增长特征，前者可能得益于技术进步（如 LA-ICP-MS），后者可能反映了目前非常规油气资源勘探开发快速增长的趋势。

在研究时代方面，相对聚焦于“一老一新”。国际上沉积地球化学研究涉及元古宙（如新元古代和古元古代）、太古宙等前寒武纪时代较多。这体现了前寒武纪时间跨度大但研究程度相对较低的特点，所以给予了较高的关注。同时，国际上对全新世、中新世、始新世等新生代关注密切，体现了对近现代全球气候变化的关注。此外，国际上对白垩纪、二叠纪、三叠纪、侏罗纪、寒武纪、奥陶纪、石炭纪、志留纪等时代也具有较高的热度，可能响应了相关时代具有重大地质环境-生物演化事件，以及发育富有机质烃源岩及非常规页岩油气资源等特征[图 3-16（e）]。中国对于上述时代，尤其是新元古代、古元古代、古生代（如二叠纪、寒武纪、奥陶纪等）、中生代（如白垩纪）同样保持较高热度，并且 2012～2017 年总体呈现快速增长特征，体现了中国沉积学的研究传统及地层分布特色[图 3-16（f）]。

在研究内容方面，国际上对沉积物源的研究热度最高，与研究对象里的砂岩和碎屑锆石、研究方法里的 U-Pb 同位素等高频热词相呼应。成岩作用和风化作用是影响沉积岩化学特征的重要过程，也得到较高关注度。同时，古气候（及气候变化）、古环境（沉积环境及环境变化）、古海洋（古生产力、氧化还原环境）等内容是沉积地球化学的传统研究主题，因此历来保持着较高的研究热度。地层年代格架及区域对比是沉积学研究的基础，因此随着同位素地层学和年代学方法的发展，地质年代及化学地层研究呈现较高热度。另外，热成熟度、生烃潜力、有机相等研究内容一定程度上服务于烃源岩评价工作，响应了油气勘探开发这一重大应用需求。此外，反硝化作用是重要的生物地球化学过程，与海洋氮循环及生物生产力密切相关，也呼应了古海洋这一研究热点。大氧化事件对地球早期表层环境及生物演化产生了深刻影响，2012～2017 年产出的成果逐渐增多[图 3-16（g）]。与国际研究趋势相比，中国的研究内容同样集中于物源、构造背景、地质年代、古气候、古环境、古海洋和成岩作用等方面[图 3-16（h）]。中国近年在热成熟度、生烃潜力、有机相等研究内容方面的增速较快，体现了我国沉积地球化学对国家油气资源需求及相关勘探开发工作的积极支持与响应。

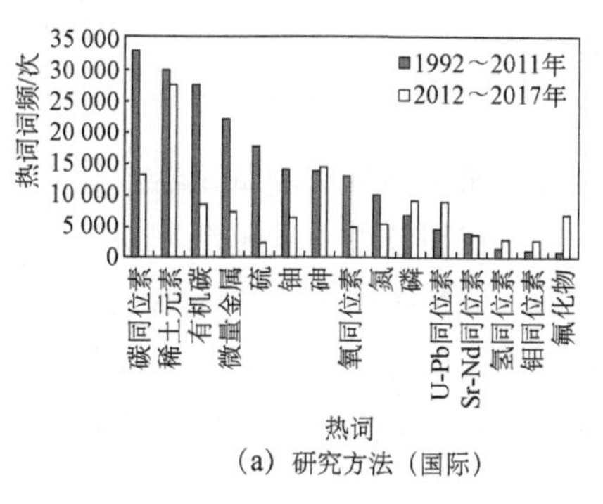

（a）研究方法（国际）

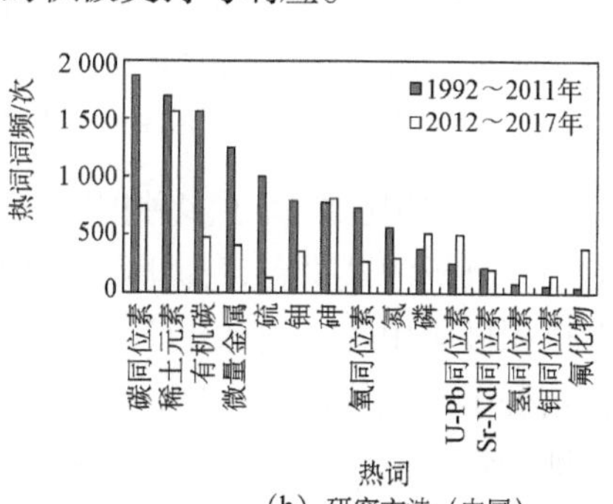

（b）研究方法（中国）

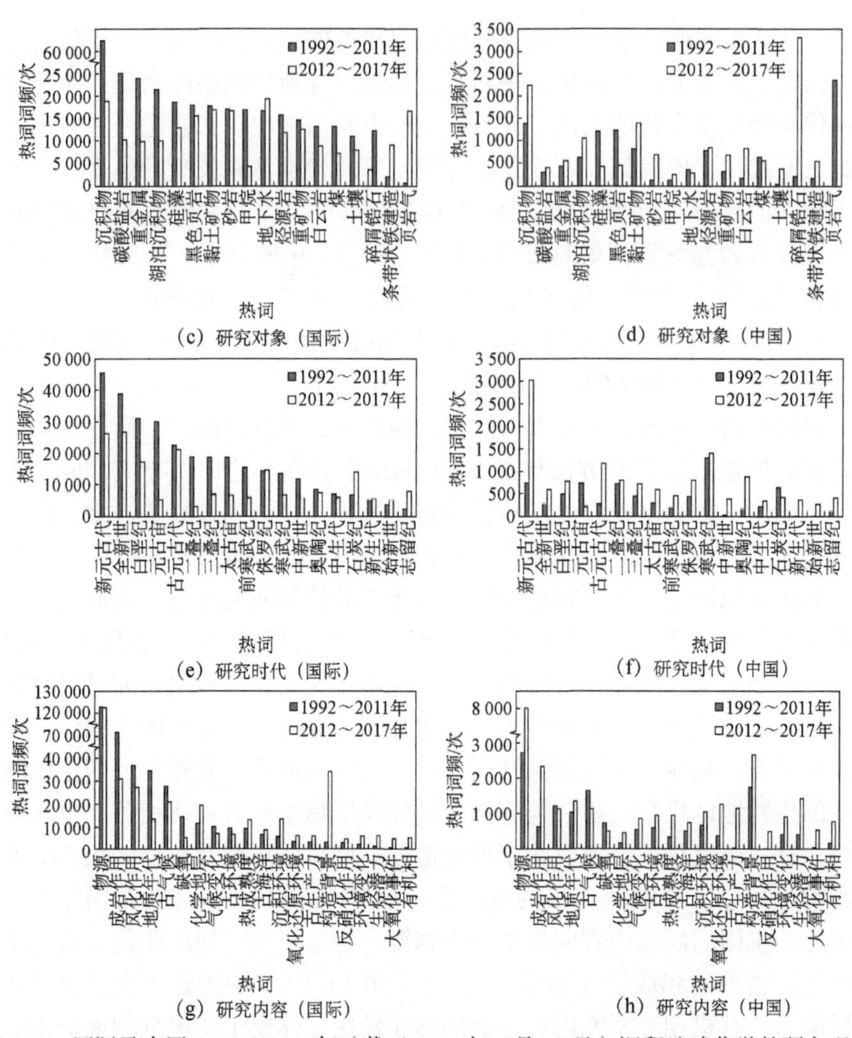

图 3-16　国际及中国 1992～2017 年（截至 2017 年 9 月 25 日）沉积地球化学的研究现状及对比，基于国际 SCIE 期刊（Web of Science 核心合集）相关论文的热词词频分布。值得注意的是，国际部分包含中国数据。横坐标按照国际上 1992～2011 年热词频次降序排列。图 c、g、h 的横坐标有部分省略。引用自周锡强等（2017）

目前，中国已装备了多种国际一流的地球化学分析测试仪器，建立了较好的公共分析测试平台，为学科发展创造了有利条件。中国沉积地球化学研究者也积极应用各类地球化学手段与方法，丰富了研究内容，增强了研究能力，拓展了研究深度和广度，SCI 论文总量已具有领先优势，国际学术影响力逐渐增强。然而，目前中国沉积地球化学和有机地球化学研究还存在一些制约发展的瓶颈问题：①重应用、少机理，重定性、少定量，“拿来主义”心态严重，需强化分析技术优化，改进理论与原始创新；②研究偏于点，偶有“线”，少见“面”，缺乏大时空尺度、定量化的综合性工作，需强化研究深度，拓展研究广度。

四、学科领域的关键科学问题、发展思路、发展目标和重要研究方向

沉积地球化学和有机地球化学是沉积学的重要研究内容和手段，在认识地球表层系统圈层相互作用和资源环境效应方面发挥着不可替代的作用。随着国家科研经费投入的增加，以及地球化学分析测试技术的进步，中国沉积地球化学和有机地球化学迎来了快速发展期。

（一）沉积地球化学与有机地球化学的关键科学问题与发展思路

1. 地球表层系统沉积-成岩（和成藏/成矿）过程示踪与约束

沉积岩（物）是地球表层系统多过程/阶段（风化、搬运、沉积和成岩过程）和多来源（陆源-内碎屑、化学或生物化学沉积、自生矿物及成岩矿物）物质的组合，因此，基于沉积岩（物）特有组分或沉积-成岩矿物的地球化学（元素和/或同位素）分析和多指标共同约束，将为深入认识地球表层系统气候-海洋-生物相互作用、源-渠-汇系统过程、时限沉积物（或资源）超常聚集以及成岩作用过程提供不可替代的示踪和约束工具，深化对地球表层系统圈层相互作用的环境、资源效应的认识。

基于对地球表层系统元素（主微量、稀土元素）及同位素（特别是C-O-N-S及Sr同位素）地球化学行为、具有环境属性有机化合物组成（生物标志物）认识的不断深化，相关理论与方法已经广泛应用于沉积盆地构造（包括火山活动）背景、物源成分、风化作用与沉积输入类型与通量、气候-海洋变化、环境-生物相互作用、深部过程的表层系统响应、表层系统化学（或生物化学）循环以及物质异常富集、有机质成烃-运移-成藏等过程示踪方面的研究，并发挥了常规沉积学方法不可替代的作用，大大拓宽和丰富了（广义）沉积学的研究内容与维度。近年来随着分析技术的进步，原位、微区、微量、高精度地球化学分析得到快速发展，极大地提升了对地球表层系统沉积-成岩过程的约束能力和认识深度。这些技术相对于传统化学分析方法更

加省时、省力、省样，具有明显优势。同时，可获取更为精细的地球化学信息，深化对沉积及成岩过程的认知，具有广阔的应用前景和机遇。例如，通过 LA-ICP-MS、Nano-SIMS、LCM-Raman、Micro-XRF、FE-EPMA、FE-SEM+EDS 等分析仪器，可获取高空间分辨元素或同位素分布图像，有助于重建沉积矿物及微组构的化学组分特征及时空演化（Shanahan et al., 2008；Large et al., 2014；Gregory et al., 2015；Zhou L et al., 2017a），有助于对沉积物-微生物或者水-岩相互作用等沉积-成岩过程进行准确示踪（Wacey et al., 2014；Brasier et al., 2015；Chen J et al., 2016；Peng et al., 2016）。中国已拥有多种大型原位微区分析仪器，并在沉积地球化学方面有所应用。然而由于多种因素（如机时紧张、缺乏合适标样等），这些技术在沉积岩研究领域应用十分有限，但将是未来发展趋势，应加强实验共享平台建设，扩大在沉积岩研究方面的应用。另外，大量非传统（如 Os、Mo、Fe、Cr、Li、Mg、Hg、U 等）同位素方法与理论在沉积体系研究中的应用与完善（Zhu et al., 2000；Johnson et al., 2008；Misra and Froelich, 2012；Chen X et al., 2015, 2017a, 2017b；Huang et al., 2016；Wang X et al., 2016a, 2016b）大大提升了对地球表层系统圈层相互作用、沉积-成岩过程与环境、资源效应的约束力度和认识深度。

2. 沉积-成岩（和成藏/成矿）过程的高分辨率年代格架

时间是约束地球表层系统圈层相互作用过程和化石能源矿产富集机制的准绳，建立沉积与成岩过程的高分辨率年代标尺，意义重大而又充满挑战（Schmitz and Kuiper, 2013）。传统上，一系列同位素指标（如 $\delta^{13}C$、$\delta^{18}O$、$\delta^{34}S$、$\delta^{15}N$、$^{87}Sr/^{86}Sr$ 等）常用于建立化学地层，并间接约束沉积地层时代。然而，海洋地球化学特征非均一性，以及后期地质过程（成岩作用、成烃作用、暴露/风化作用等）的叠加改造，制约着高分辨率化学地层格架的建立。同时，化学地层里同位素指标的各种短周期非稳态波动特征的可靠识别、成因解译、绝对年龄锚定等工作是建立沉积地层高分辨率年代格架的重要基础，值得进一步开展与深化。另外，理论上，多种放射性同位素方法可以对沉积或成岩过程进行年代约束，但是测试周期较长、费用较高、适用材料有限、定年精度不足等因素严重制约着相关工作的开展。目前，沉积地层里的凝灰岩或砂岩的锆石 U-Pb 定年技术已日趋成熟，但测试精度（Nano-SIMS 的年龄精度约为 1%）有时仍难以满足研究需求（如事件地层学研究）。因此，建立单颗粒锆石 ID-TIMS 定年方法将有助于改善中国在相关研究中的被动地位。此外，Re-Os 定年技术在黑色页岩、富有机质碳酸盐岩或者烃类方面有所应用，但是也面临成功率较低的困境（Selby and Creaser，2005；Zhu et al.，2013），需要进一步优化改进。另外，由于适合高精度定年的成岩矿物十分有限，目前对成岩过程（或事件）的年代（时间）约束难度非常大，有待突破。少数研究成功通过石英、方解石、萤石、黄铁矿等热液矿物进行了 Rb-Sr（Yang and Zhou，2001；Middleton et al.，2014）、Sm-Nd 同位素（Su et al.，2009；Henjes-Kunst et al.，2014）定年。类似的年代学工作可利用沉积岩缝洞或脉体充填的热液矿物进行探索，或许能改善目前的研究困局。对于碎屑岩地层，克服矿物分离、纯化难题，黏土矿物（如伊利石、海绿石）K-Ar 或 $^{40}Ar/^{39}Ar$ 法可尝试对成岩过程的年代进行一定的约束（Clauer et al.，2012）。值得注意的是，碎屑独居石、成岩磷钇矿的 U-Pb 同位素定年技术进步，也为沉积地层和埋藏成岩流体事件等年代约束提供了新的手段（Lan Z et al.，2014；Zhang et al.，2015）。

因此，虽然沉积和成岩过程的年代学约束存在诸多困难，但是加强相关技术方法的改进与应用，仍有望产出高质量的成果，并对相关研究产生深刻影响。我国可以地时（Earthtime）地学计划为依托，发挥沉积地球化学（化学地层和同位素年代地层）的技术优势，综合岩石地层、生物地层和天文年代地层资料，为建立高分辨率综合年代地层格架提供关键约束。

3. 地球表层系统过程的定量数值模拟

随着分析数据的积累，以及对地球化学循环过程的深入理解，目前沉积地球化学研究呈现从静态的定性-半定量描述向动态的定量分析与模拟的发展趋势。例如，碳氧同位素等已广泛用于古海洋与古气候的模拟及定量重建（Rothman et al.，2003；Berner，2006；Bao et al.，2008；McInerney and Wing，2011；Hülse et al.，2017）。此外，通过地球化学模型计算，Mo 同位素可定量评估海洋氧化程度（Chen X et al.，2015），有机质或微量元素丰度等可定量评估海洋储库及古气候背景（Reinhard et al.，2013；Zhang S et al.，2016），Cr 同位素可定量评估大气氧气含量（Planavsky et al.，2014），硫酸盐-硫化物（黄铁矿）的硫同位素体系可定量重建海洋硫酸盐浓度并间接反映大气氧含量（Algeo et al.，2015）等。另外，定量分析与模拟方法在早期成岩阶段有机质演化（Meister et al.，2013；Arning et al.，2016）、元素循环、甲烷迁移等研究中发挥着重要作用（Dickens，2001；Malinverno and Pohlman，2011；Paraska et al.，2014）。

建立地球化学模型和数据定量分析，将深化我们对地球表生系统圈层相互作用及其地球化学响应的认识。元素地球化学循环过程、数学模型改进、边界条件优化等方面仍存在大量发展机遇，值得中国相关学者的关注。同时，积极推进沉积地球化学数据库建设，构建共享基础数据平台，增强相关领域创新能力与核心竞争能力。

4. 传统分析测试技术改进、优化与新代用指标体系开发和理论创新

传统地球化学方法具有适用范围广、理论与方法体系相对成熟、测试成本低等特点，对其进行优化和发展，将为沉积地球化学研究提供有力的工具。例如，铁组分分析流程及相关指标的建立（Raiswell and Canfield，1998；Poulton and Canfield，2005），提升了对古海洋化学环境的辨识度（如缺氧铁化和硫化的识别），丰富了我们对地质历史时期（如元古宙及显生宙重大地质事件时期）海洋化学环境及生物演化的认识（Li et al.，2010；Jin et al.，2016）。碳酸盐岩的微量晶格硫酸盐（Wotte et al.，2012；Theiling and Coleman，2015）及稀土元素（Tostevin et al.，2016）分析提取技术的优化，为我们获取真实、可靠的地球化学信号提供了必要的技术支持。碳酸盐岩成岩作用信号的辨识与提取，也为碳同位素化学地层对比及古海洋环境解释提供了新的制约（Swart，2015）。另外，生物营养元素（N、P、Ba、Zn、Cu、Ni、Cd 等）的生物地球化学循环，氧化还原敏感元素（Mn、Mo、U、V、Cr、Se 等）的沉积地球化学过程，以及风化作用下元素迁移活性（如K、Na、Ca 相对于 Ti、Al、Sc 等）和代用指标（如 CIA 、Ti/Al、K/Al）等研究，仍然有待深化。近年来，生物成因碳酸盐矿物和岩（如有孔虫、有壳类生物等钙质骨骼）的元素比值（如 B/Ca、Ba/Ca、Mg/Ca、Sr/Ca、Mn/Ca、Na/Ca）在海洋化学组分重建及古环境解释等方面开展了一些探索，具有广阔的应用潜力（Prendergast et al.，2017；Quintana-Krupinski et al.，2017）。但在适用生物类型的多样性方面仍需进一步开发，在元素富集机理及环境参数定量重建等方面仍需开展大量工作。

“工欲善其事，必先利其器”。地球化学分析测试技术、方法及理论飞速发展，为沉积学研究注入了新的活力。国际上推出了一系列新的地球化学方法或指标，并得到了越来越多的应用和重视，且展示了独特的应用前景。例如，运用 $\delta^{238}U$、$\delta^{33}S$、$\delta^{53}Cr$、$\delta^{98}Mo$、$\delta^{142}Ce$ 等同位素方法评估大气和海洋氧化状态（Farquhar et al.，2000；Frei et al.，2009；Chen X et al.，2015），运用 $\delta^{18}O$ 重建地理海拔（Rowley and Garzione，2007），运用 Δ_{47}（clumped isotope，团簇同位素）约束沉积与成岩温度（Dale et al.，2014），运用 δ^{26}Mg、δ^{44}Ca、δ^{7}Li 同位素指示大陆风化作用（Misra and Froelich，2012；Huang et al.，2016），运用 δ^{66}Zn 同位素约束火山活动或海洋生命营养（元素）循环（Liu S A et al.，2017），运用 δ^{11}B 同位素重建海水 pH 和大气 pCO_2（Rasbury and Hemming，2017），运用各类生物标志物示踪生物来源及沉积环境等（Grice et al.，2005）。同时，一些其他新同位素（如 ^{88}Sr/^{86}Sr、δ^{56}Fe、δ^{60}Ni、δ^{137}Ba、δ^{17}O、δ^{205}Tl、δ^{65}Cu、δ^{114}Cd、δ^{74}Ge、δ^{202}Hg、δ^{82}Se）等也为理解沉积岩（物）形成过程与环境背景提供了新的约束手段或方法。值得注意的是，中国学者已成功将多类新同位素方法应用于古气候、古海洋、古环境等研究中（Shen Y et al.，2011；Chen X et al.，2015；Wen et al.，2015；Huang et al.，2016；Wang X et al.，2016b；Chen X et al.，2017b；Liu S A et al.，2017；Zhang S et al.，2017），并在国际学术界产生较大影响（Zhu et al.，2000；Bao et al.，2008；Teng，2017），这将为中国沉积地球化学的进一步发展提供有利条件和重要推力。此外，随着单体分子分离技术的改进及质谱灵敏度的提高，单体同位素分析测试方法及技术将为精细理解和示踪沉积物质的循环与转化提供有力的工具。例如，单体分子放射性碳同位素分析（CSRA）将为解释有机碳的来源、迁移和转化等提供新的手段，具有广阔的发展潜力。然而，这些新方法与新指标的相关理论基础、实验室校验及应用条件等方面仍存在不确定性，有待进一步探索和完善。

因此，围绕地球表层系统沉积物源分析（物质来源和时代、构造背景）、气候变化（大气组分和含量、大陆风化类型及强度）和古海洋特征（海洋化学与循环、氧化还原性质、生物生产力、温度、pH、盐度）等关键参数，开发经济、高效和普适的地球化学方法及代用指标，是沉积地球化学研究者的不懈追求。

（二）沉积地球化学与有机地球化学的发展目标

一是，通过强化分析测试平台建设，提高测试分析技术和理论原始创新能力。二是，进一步完善并发展物源示踪、古气候、古海洋、古环境、古生态恢复的代用指标，提升沉积-成岩过程年代的约束能力以及数值模拟与定量分析能力。三是，结合本国地质特色与既有优势，深化对关键地质时期地球环境-生物协同演化的研究，强化在相关领域研究中的科学引领作用。四是，推进大时空尺度沉积地球化学演化与循环研究，在地球表层系统长期演化方面取得重要理论进展。五是，以国家经济发展需求为导向，积极发挥沉积地球化学在化石能源和沉积矿产的形成与演化研究中的重要作用，为国家经济发展、社会进步提供重要科学支撑。

通过10～15年的努力，基于学科发展趋势和内在发展规律，以重大科学问题和国家经济社会发展重大需求为导向，通过统筹规划和战略布局，推进基础和前沿研究，稳步提升中国沉积地球化学和有机地球化学的研究水平与国际地位，争取实现从"并跑"到引领学科发展的转变。

（三）沉积地球化学与有机地球化学的重要研究方向

1. 关键地质时期地球环境-生物协同演化

关键地质时期地球表层环境-生物演化关系历来备受关注。中国具有丰富的沉积-地层资料并具备较高精度生物地层及年代地层等工作基础。例如，中国保存有多个重大地质历史变革期的关键地层，如华北地台中新元古界，华南新元古界至寒武系、奥陶系—志留系界线、泥盆系弗拉—法门阶界线、二叠系—三叠系界线、白垩纪大洋红层及缺氧事件层段等。这为开展关键地质时期环境-生物事件的沉积地球化学研究提供了得天独厚的条件。目前，我国学者在相关领域开展了大量有益的尝试和探索，取得了一些创新成果，并在国际学术界建立了一定的声誉和影响。这是未来中国沉积地球化学和有机地球化学研究的重要切入点与优势方向。

因此，充分发挥沉积地球化学和有机地球化学的既有优势，采取多学科综合研究途径，为解决地质环境-生物协同演化这一重大关键科学问题做出重要贡献。我国沉积地球化学和有机地球化学应结合沉积学、盆地构造学、古地磁学、古生物与地层学及地球生物学等研究成果，在统一的高精度时间框架内，综合约束地史时期重大地质事件-环境演化-生物响应的发生过程和规律。

2. 大时空尺度地球表层系统地球化学循环与演化

沉积岩（物）是地球表层物质循环过程、环境特征及生命活动的重要记录者。地质时期大时空尺度大气-海洋环境的地球化学参数的分布与演化趋势，可能反映了板块裂解聚合、造山运动、海底热液活动、火山活动、低频海平面变化、生物变革等长周期地质演化过程。同时，大时空演化背景下，沉积地球化学和有机地球化学异常分布特征可能叠加了短周期或突发性地质事件。因此，通过沉积地球化学和有机地球化学对地球表层环境参数（如海水不同元素组成或比值、传统和非传统同位素组成变化）进行长时间尺度（如宙、代、纪等）、大空间范围的重建，揭示其分布和演化趋势，为认识沉积地球化学和有机地球化学演化提供了重要的参考基准线（或背景值），同时也有助于理解地球大地构造、火山活动、大气、海洋环境、生物的长周期演化趋势及相关地质过程的沉积地球化学响应，具有重要的科学意义。

3. 化石能源和沉积矿产形成机理与分布

在我国，沉积地球化学和有机地球化学研究与油气资源勘探开发密切相关，为国家经济发展和社会进步提供了重要支撑。因此，需继续巩固和强化在化石能源形成与资源评价方面的应用，其中包括烃源岩发育的地质条件、储层孔隙发育与保存机制以及油气生成、运聚和成藏等过程的研究。近年来，非常规油气资源（页岩油气和致密油气）显示出巨大的勘探潜力，是化石能源的重要战略接替领域，也将是沉积（及有机）地球化学的一个重要切入点和研究领域。同时，在发展先进的分离测试技术及新的描述和表征技术前提下，对过渡型有机质的定性与定量研究，有助于揭示生物有机质向沉积有机质迁移和转化的特征，将会是学科未来的一个新的生长点。本领域研究应结合国家能源战略，围绕深层油气成藏条件和油气分布规律、深层烃源有机质生烃和油气赋存规律、地球系统演化与盆地中生烃物质和储层的沉积环境等方面开展工作。

同时，部分元素在沉积岩（如碳酸盐岩、黑色页岩）中异常富集，形成具有经济价值的沉积（或层控）型矿床，中国沉积型矿床资源类型多样（如沉积型锰矿和磷矿、重晶石矿、BIF、砂岩型铀矿、风化型铝土矿和稀土矿、海底热液喷流沉积型矿床、黑色页岩型硫化物多金属矿、蒸发沉积矿床等），分布广泛，资源储量丰富，具有重要的经济价值。例如，华南新元古界—古生界地层序列伴生多种沉积型矿床，如大塘坡组锰矿、陡山沱组及戈仲武组磷矿、牛蹄塘组 Ni-Mo-V 多金属矿和重晶石（毒重石）矿等。围绕元素异常富集的成矿物质来源（大陆风化作用、海底热液活动、生物有机质富集作用等）及古海洋（海平面变化、缺氧或洋流上涌）、古构造-古地理（如断控热液喷流）与古气候（信风带、干燥或潮湿）背景，建立元素异常富集（成矿）模式，也是沉积地球化学和有机地球化学的传统研究领域。中国沉积地球化学和有机地球化学研究可围绕沉积型矿床的成矿作用与地球动力学系统演变的耦合关系，沉积（层控）型矿产形成机制和成矿规律与古海洋、古构造与古气候演化等方面开展工作。

五、学科领域发展的有效资助机制与政策建议

为增强沉积地球化学和有机地球化学研究在国际学术界的影响力，并实现引领式发展，中国应加强总体规划和战略布局，同时推进下列工作。

（1）建立相对稳定的资助体系，保持学科发展的可持续性。

（2）推进学科专门实验室共享平台建设，统筹创建以沉积地球化学为主旨的综合性实验室，建立具有国际领先优势的分析测试技术平台，为改进或创新沉积岩（物）地球化学的分析技术与理论方法提供坚实的支持。

（3）鼓励学科交叉融合，应强化与沉积学、地层古生物学的结合，鼓励与生命科学、环境科学以及地球科学其他学科的交叉研究，拓展研究领域与视野，促进学科发展。

（4）在数据库建设方面，适时组织相关专业人才，规划与启动中国沉积地球化学和有机地球化学数据库建设，构建学科发展基础平台，占领学科研究战略高地。

（5）在人才培养方面，建立沉积地球化学和有机地球化学暑期学校，组织编写相关专业教材，加强国内外人员的交流与学习，促进青年人才成长和领军人物的涌现，逐步形成创新人才团队。

第九节　现代沉积过程

一、学科领域的科学意义与战略价值

地球自从有了火山喷发活动、地表化学反应条件、风化过程和生物过程就产生了沉积物，如今松散沉积层和沉积岩约占地壳体积的10%，却覆盖了地球表面约75%的面积（Boggs，2009）。沉积层构成地层记录，它是研究地球演化历史的重要载体，是了解海面变化、气候、地貌和生态系统演化的重要信息来源。

对于沉积记录中所含信息的理解，在一定程度上依赖于现代沉积过程的研究。现代沉积过程是指至今仍在形成之中的沉积体系的各种相关过程，所涉及的因素很多，且有着不同的时间尺度。以物理过程为例，全新世高海面

以来形成的潮滩、潮流脊、沙坝-潟湖、河口三角洲、陆架泥等沉积体系，其常态的影响过程包括潮汐、波浪、河口与陆架环流、重力流等，极端事件过程有风暴、洪水、海啸等。因此，与这些沉积体系相关联的过程具有全新世的时间尺度（Gao and Collins，2014）。对于另一些沉积体系而言，如等深线流和深海扇沉积，现代沉积过程的时间含义要扩大到全新世之前。等深线流沉积涉及洋盆尺度及洋盆之间的大尺度环流，在太平洋、印度洋、大西洋发生的热盐环流，其流速为 10^{-2}m/s 量级，往返循环一次的时间长达千年（Talley et al.，2003；Lumpkin and Speer，2007），它很可能在全新世以前就已经成为等深线流沉积的主控过程了。深海扇是重力流作用的结果，像孟加拉湾海底扇那样规模的沉积体系，其形成也必然要超出全新世的时间范围（Curray and Moore，1971）。总体上，深海环境的现代沉积过程可超出万年的时间尺度。

沉积记录的连续性和分辨率是沉积记录质量的重要判据。与长时间尺度的地质历史研究不同，全新世的时间长度以万年计。因此，百年尺度的沉积间断就会对数据解释产生显著影响；如果时间分辨率不能达到年际或年内，就会影响演化历史恢复的精确性。在这些要求之下，有关沉积记录的问题主要有：哪些环境因素或事件能够被记录下来，哪些不能；沉积记录形成后能否或者以多大的概率被保存下来；保存下来的沉积记录随着时间的推移会发生什么样的变化（高抒，2013）。上述问题除了第三个与早期成岩过程（主要是地球化学和生物地球化学作用）有关外，前两个问题主要由沉积动力过程所控制。因此，现代沉积过程研究的重要任务之一是为沉积记录解译提供动力学基础。

现代沉积过程给莱伊尔的“均变说”提供了一个很好的科学注解。现代沉积特征是根据当前存在的环境得出的，因此，对于从未见过的环境，人们不可能给出其沉积特征的描述。但是人们可以推论，如果地层记录中出现了现代环境所不能解释的特征，那么就必然存在着与当今不同的沉积环境。举例来说，全新世海面上升之后的一段时间，沙坝-潟湖海岸较为普遍，然而这种体系从地质学时间尺度上看是短暂的，随着沉积物充填和海岸地貌的演化，最终将不复存在（Davis，1994）。不过届时仍有沉积记录佐证其曾经出现过的事实，所以人们不会断言历史上从来没有产生过沙坝-潟湖体系。因此，现代沉积过程研究的意义之一是可以从地层中发现今日世界所缺失的沉积特征，进而恢复历史上曾经有过的沉积环境面貌。

现代沉积过程研究催生了地层学、沉积学、沉积动力学方法的融合，从地层序列的特征刻画到现代沉积体系的相关物理、化学和生物过程的理论分析，所取得的进步不断提高了人们对地层记录的解译能力。按照地球系统科学的视角，将现代沉积过程的理论和方法推广到各种地质历史时期与不同时空尺度，对于沉积学的未来发展具有重要意义。

二、学科领域的发展规律和特点

(一) 地层学方法

弄清地球演化历史是地球科学的重要任务之一。地层学是地质学最早的一门分支学科，其目的是给地球历史建立起年代框架，如同历史学建立历史年表一样。人类历史以朝代为主线，而地球历史以代表性的生物物种为主线，两者的共同点是需要确定时间的先后顺序，再以关键事件建立年代表。

生物地层学从沉积记录中提取相对年代信息，而不能获得确切的时间。生物演化或新物种产生的时间尺度为百万年左右，因此沉积记录解译的时间分辨率也只能是这个尺度（Nichols，2009）。地层先后顺序是依据“上新下老”的原则来确定的，即对于同一地点，除非地层发生倒转，否则应是上部地层为新，下部地层为老。虽然弄清地层中的生物化石门类是一项耗时巨大的工作，但利用生物化石的时间序列来建立地质年代表的原理却较为简单：主要物种的兴衰可以作为断代的标志，如三叶虫的出现表示古生代的开始，而恐龙的出现则表示中生代时期。当然，学者们不会止步于生物化石的相对新老问题，他们还想获得绝对年龄信息，这是年代地层学的任务。由于物理学的发展，这个问题目前已经大致解决（Geyh and Schleicher，1990）。利用放射性同位素衰变原理，可以测定沉积层的绝对年龄，而古地磁记录、特定事件的记录等可作为间接的绝对年龄标记。

有了地层学技术，就可以进行地层对比。将年龄相同、化石特征相同或具有相同标志的沉积层建立联系，全球各地原先似乎毫不相干的地层突然以非常有序的方式排列在一起，这不得不说是地层学的奇迹。

地层对比给我们提供了地球演化历史的宏观图景。在物理环境变化方面，从沉积记录中找到了大幅度气候变化的证据，如寒武纪的冰雪时期。发现在过去的6亿年中海面变化有振幅和周期各不相同的多种旋回，其中规模最大的构造运动引发的海面变化幅度达到500m量级，周期为1亿年（Sloss，1963）。根据陆相、海相地层的研究，发现了海陆分布格局的巨变。在生物演化方面，弄清了从原核生物、真核生物、无脊椎动物到鱼类、爬行类、哺乳类的演化进程，揭示了植物、动物从海洋拓展到陆地的过程，发现了地质历史时期的多次生物大爆发和大灭绝事件（Barnosky et al.，2011）。

地层学的总体特征是宏观和大尺度，其时间尺度以百万年为单位，其空间尺度为区域性或全球性。然而当人们想要获取更高分辨率的历史演化信息时，地层学方法的时空尺度就变得不太相配。例如，第四纪气候-海面变化涉及十万年乃至更短时间，全新世时期甚至不够地层学一个数据代表的时间尺度。为了以更小的时空尺度来解释沉积记录，就产生了沉积学。

实际上，沉积学在 20 世纪中期由于油气资源开发需求的推动而获得了快速发展，在解决应用问题的同时，也为现代沉积过程研究的发展提供了机遇。沉积学是对沉积物的来源、沉积岩的描述和分类以及形成过程进行研究的学科，其发展经历了萌芽、初步形成、专业研究、总结提高、理论升华及学科渗透与综合等阶段（刘宝珺，2001；于兴河和郑秀娟，2004）。在第 16～19 届国际沉积学大会上，现代沉积过程成为日渐突出的主题。从方法论角度看，现代沉积过程可从沉积相、层序地层学、沉积动力学等视角进行研究，发展趋势是过程机理研究的深入和计算机模拟可靠性的提高。

（二）沉积环境的沉积相的分析

在沉积学文献中，沉积相的内容占据重要地位。它是指沉积记录的面貌或者一定时空范围内形成的产物及其特征，包括沉积物粒度、沉积构造、地球化学组分、生物组分及其三维分布格局等（Hallam，1981）。这些特征可赋存在多种媒介上，如深海泥（Berger，2013）、黄土（Antoine et al.，2013）、冰心（Davies et al.，2012）、石笋（Belli et al.，2013）、湖泊沉积（Ito，2013）、河流三角洲沉积（Gao et al.，2015）、树轮（Cook et al.，2013）、珊瑚礁（Yu et al.，2006）、双壳类化石等（Lazareth et al.，2013）。以上材料所含的沉积记录具有不同的时空连续性、分辨率和覆盖性，如能将不同材料进行有效组合，可更好地重建古环境（Reading，1986）。

沉积相研究的结果即刻导致了对地层学“上新下老”原则的修订。在一个点上，“上新下老”的原理依然成立，但涉及一个沉积体系时就不一定成立了。例如，江苏海岸的现代潮滩沉积是全新世高海面以来形成的，在由陆向海的断面上，不同高程的沉积物属于同一年龄，高潮滩为泥质沉积，低潮滩为砂质沉积；在地层上，这套沉积表现为厚度为 2～4m 的泥质沉积覆盖于砂质沉积之上（Gao，2009）。按照地层学方法，潮滩沉积的结构可表述为

“上下两层，上层为泥质沉积、下层为砂质沉积”，隐含的时间关系是泥质沉积新于砂质沉积。而根据现代环境可知，等时间线与沉积物界线可能存在着不一致的情形。

按照沉积学原理，堆积体的年代取决于其在沉积环境中的部位，以及沉积体系演化的阶段。以潮汐汊道系统为例（Boothroyd，1985），口门内外可能发育潮流三角洲。在许多情况下，涨潮流三角洲从形成到生长，其进程贯穿于整个纳潮海湾的充填过程；落潮流三角洲则不同，它形成后可能被后续的地貌演化所破坏，而在纳潮海湾充填完成后可能被冲刷殆尽。因此，这两类潮流三角洲会有不同的层序特征和堆积体的新老关系。纳潮海湾内还有潮滩，其形成过程与潮流三角洲又有区别，却同样是潮汐汊道体系的重要组成部分。

因此，有必要对各种不同的环境给出沉积体系的时空演化格局。如何实现这一目标？首先是针对特定环境不同部位的堆积体，获取粒度、物质组成、沉积构造等信息，建立环境-产物关系（Reineck and Singh，1980；Reading，1986）。值得注意的是，这种关系可能具有多解性。例如，潮汐汊道涨潮流三角洲最高部分的沉积与海滩沉积可能相似。但是当考虑多个相关联的堆积体时，这种不确定性就大大降低了，如果我们能将潮流三角洲体系作为一个整体来看待，其中与潮滩沉积相似的部分就不会被误认为是海滩沉积。

对已知的现代环境的沉积相研究可导致相模式的建立，即一定的沉积相组合必定与一定的沉积环境相匹配。如果沉积相特征为已知，则沉积环境类型也为已知；反之亦然。在这样的框架下，沉积相各个部分的年代关系或新老关系是明确的，每一个瞬时地貌面就是一个等时间面，不同的等时间面构成不同时期的地层界线或界面。显然，这些界面不一定是按照地层的物质分层来确定的，沉积学告诉我们，在大面积上不能仅仅按照钻孔中物质的高程分布来确定新老关系；同理，从高分辨率的要求来看，地层学意义上的层序对比也需要谨慎进行。

基于沉积相分析，沉积记录的解译被拓展到环境演化的细节。海洋、海陆过渡带和陆地环境里形成的各种沉积体系从周边的地层总体中剥离出来，每个沉积体系都有各自的演化历史（Davis，1983）。在此框架下，沉积记录的主要用途是提供沉积环境的特征和现象信息，但也有少数研究将系统过程与沉积特征相联系，如深海沉积氧同位素与气候、海面变化的关系（Shackleton，1987）。

（三）层序地层学方法

一些学者认为，沉积相分析以描述性方法为主，按照具体情况具体分析的操作方式，不免缺乏整体上的逻辑性（Miall，2010）。他们提出，层序地层学方法更有逻辑性和可操作性，尤其是对于地震地层资料和钻孔资料的解译更为有效（Catuneanu，2006）。从字面上看，层序地层学像是地层学的分支，但在内涵上它应是沉积学的分支。在 20 世纪 50～70 年代的海底油气资源勘探中，浅层地球物理探测技术被广泛应用，除钻孔记录需要沉积学解释之外，地层剖面仪产出的大量数据也需要沉积学解释。在三维空间里，地层剖面仪数据呈现了多个界面，而在二维图像中则表现为地层内部的形态各异的界线。如何理解这些特征？按照地层学原理，将其解释为“不整合面”是最方便的，但难以获得更多的环境演化信息。按照沉积学的观点，则要分析每一个间断面、每一条界线的含义：间断是如何形成的、两个间断面之间发生了什么、产生什么层序、间断的时间尺度是多大、间断面之间层序的空间分布和新老关系如何、代表什么类型的环境？这些问题导致了层序地层学在 20 世纪六七十年代的诞生（Sloss，1963；Vail et al.，1977），且绝非偶然。

Vail 等（1977）将地震资料与沉积相分析相结合，提出了两个重要观点：一是层序由一套成因上相互关联的沉积层组成，二是海相地层层序的成因基本上或完全受全球性海面升降变化所控制。层序地层学的创立者提出，地层剖面特征主要是由海面变化和沉积物供给这两个条件决定的，有了这两个条件，地层剖面仪数据就能够得到合乎逻辑的解释，前述的界线、界面问题也就可以回答了（Nystuen，1998）。还有一个顺理成章的概念：因为回答这些问题要用地层剖面数据而不用沉积物样品，所以给出的沉积特征是地震相而不是沉积相。

层序地层学方法最突出的特点是将层序特征与系统主控过程（海面变化和沉积物供给）相联系，并在此约束下得出沉积记录的其他过程和机理信息，如沉积间断的时间长度、沉积物收支、沉积记录的时空分布等。地震相与沉积相之间形成了相辅相成的关系，这是一个显著的进展。另外，层序地层学也有其局限性，在分析流程上或多或少表现出“看图说话”的特点，即如果没有地层剖面数据，就难以预测地震相特征，也难以确定物源和可容空间的关系（Walker，1990）。层序地层学数据也在一定程度上存在着多解性（Catuneanu，2002），其原因是层序地层学理论体系中未能包含全部重要的现代沉积过程（如沉积物输运和堆积过程）（Gao and Collins，2014）。

（四）沉积动力学方法

虽然地层学、沉积学的理论框架已经部分涉及现代沉积过程，然而从学科属性来看，系统化地处理现代沉积过程的学科是沉积动力学。随着这个分支学科的兴起，人们不再满足于定性描述，而是提出了根据现代沉积过程研究对沉积层序和沉积记录的形成进行定量刻画的目标。关于沉积物的动力学问题至少有三个学科的研究者给予了长期关注。水利学家将沉积动力学称为"泥沙运动力学"，重点研究沉积物在流体环境下的起动、输运和堆积问题（Fredsoe and Deigaard，1992）；物理海洋学家关注细颗粒物质的输运通量和环境、生态效应问题（Uncles，2002）；沉积学家则试图发现沉积体系与现代沉积过程的关联性（Nittrouer et al.，2007；Milligan and Cattaneo，2007）。

发源于沉积学的沉积动力学有两个研究方向：一是沉积物的输运和堆积过程，以及由此引发的地貌环境变化；二是过程-产物关系，即输运和堆积过程与所产生的沉积体系之间的关联性。

沉积物输运过程在河口、海岸、陆架区和陆坡、深海两大类环境中有很大不同：前者主要受潮流、波浪、河口环流与陆架环流的控制，后者主要受深海环流和重力流控制。迄今，潮流、波浪、浪流共同作用，河口环流的推移质和悬移质输运率公式已被建立起来（Dyer，1986），并在Delft-3D等数值模型中被采用（Papanicolaou et al.，2008；Yu et al.，2012；Zhu Q G et al.，2017）。总体上，潮汐输运过程导致沉积物向岸运移，形成潮滩、潮流脊、潮汐汊道体系；波浪导致粗粒沉积物向岸运移、细颗粒沉积物向海搬运，形成砂砾质海滩；河口过程形成河口湾、三角洲沉积（Gao and Collins，2014）。陆架环流的输运效应主要是针对悬移质的，跨陆架输运造成物质向外海扩散，而沿岸输运导致内陆架泥质沉积的形成（Gao et al.，2016）。

陆架区域也有沉积物重力流，是以河口异重流和陆架底部浑浊层运动的形式出现的（Wright et al.，2001；Wright and Friedrichs，2006），造成向海方向或横跨陆架的物质输运。异重流是含有悬沙且在水层下部运动的水体流动，其动力来自重力，也就是说，该水体的密度由于悬沙的贡献而大于周边水体（Mulder et al.，2003）。更早些时候，Bates（1953）将"异轻流"（hypopycnal flow）和"等密度流"（homopycnal flow）分别定义为密度小于和等于周边水体的水流，它们在重力作用下均可由于正压和斜压效应而发生运动。黄河口是河口异重流的典型研究地点（Wright et al.，1990）。底部浑浊层是美国华盛顿大学 Sternberg 研究组发现的不同于河口异重流的现象，波致再悬浮作用使近底部悬沙浓度提高，进而产生下坡方向的运动（Kineke et al.，1996；Ogston and Sternberg，1999）。Wright 和 Friedrichs（2006）认为，长江口区域是研究底部浑浊层运动的重要区域，而 Li Y 等（2015）在浙闽沿岸泥质沉积区观测到了风暴期间的底部浑浊层现象。陆架沉积物重力流对于三角洲前缘沉积、陆架泥质沉积也有重要影响（Gao et al.，2015）。

关于陆坡、深海的输运过程研究，人们付出了半个多世纪的巨大努力。早在 20 世纪中期，Shepard 和 Marshall（1973）就开展了现场观测研究，“沉积物重力流”这一术语被提出来（Middleton and Hampton，1976）。陆架边缘线长达 30 万 km 量级，是重力流活跃的场所，其类型有浊流、颗粒流、液化流、海底泥石流、深海雾状层等。浊流是最早开始被研究的，20 世纪 50 年代初，浊流沉积形成的实验取得成功，人们用实验结果解释海底电缆断裂事件和大西洋的砂质层，后来总结出浊流沉积的鲍马序列（Bouma and Brouwer，1964）。浊流的相关研究进展见 Talling（2014）、Postma 和 Cartigny（2014）、徐景平（2014）的综述论文。“等深线流沉积”理论的形成要复杂一些（Pickering et al.，1989），最初的定义是“温跃层驱动的沿等深线流动的底流所形成的沉积”，之后被多次修改，目前其概念已扩大到深水环境的任何近底部水流的堆积体（Stow et al.，2002；Rebesco et al.，2014；Thran et al.，2018）。人们还建议使用“漂移沉积”（sediment drifts）来取代原先的术语。按照这个新定义，目前还远未厘清各种近底部流系的动力过程和物质输运过程。

在过程-产物关系上，地貌动力学是一个重要的方面。地貌代表着瞬时的沉积面，如果地貌的时间序列为已知，则沉积层序也就确定了。海岸与陆架地貌形态和演化的模拟已从先前的基于沉积物收支的方法逐渐深入基于过程和机理的方法（Paola，2000；Hutton and Syvitski，2008；Liu X J et al.，2015）。另一个与此相关、目前活跃的研究方向是实验地貌学。作为一种新型物理模型，设计得当的小尺度、低成本实验可直观地给出重要过程（Paola et al.，2009），再辅之以数值模型，通过实验室条件和现实条件下的模拟对照，能将实验模拟结果“翻译”为现实环境所涉及的时空尺度下的地貌格局，这可能是对工程界传统的物理模型方法的实质性改进。

关于沉积体系的宏观特征，按照物质守恒原理，任何有沉积物持续供给的稳定沉积环境都应形成连续的沉积记录。例如，将渤黄东海宽广陆架上不同的全新世沉积体系按照年代顺序拼接起来，确定每个沉积体系的时间分辨率和持续形成时段，就能提高沉积记录的完整性（Gao，2013；Gao et al.，2016）。对于单个沉积体系而言，连续的沉积记录可能是有限的。基于沉积物滞留指数进行长江河口三角洲的生长模拟，结果表明，在目前的条件下，三角洲的规模即将达到生长极限（Gao，2007）。在地质记录中尚未发现比这个三角洲更大规模的堆积体（Davis，1983），似乎说明沉积体系生长的确受到了堆积过程本身的约束。从过程-产物关系的观点来看，沉积记录研究的核心是弄清系统的过程，再看沉积体系如何形成、演化，进而揭示沉积记录的性质。

现代沉积动力学强调过程和机理的研究，因而十分重视研究方法、现场观测方法、实验室分析技术、数值模拟技术的建立和发展。必须指出，这里所指的过程、机理、动力学等术语应该按照系统理论的观点来解释，即“过程”是指与一个系统相关联的所有因素，这些因素影响系统的方式（通过能量、物质或信息），它们的相对重要性以及不同因素之间的相互作用；“机理”是指不同类型的“过程”的组合状态；而“动力学”是指物质和能量在系统中的传输、转化以及由此引起的系统行为和系统本身的变化。如果过于简单地把“过程”理解为时间先后次序、把“机理”理解为事情发生的条件、把“动力学”理解为时空变化动态，就会曲解科学问题的内涵，难以使研究推向深入。按照系统科学的观点来理解过程、机理、动力学的含义，是提高地球系统行为预测能力的必由之路，也是多学科交叉的内在驱动力。

三、学科领域的发展态势及其与国际比较

（一）现代沉积过程研究的国内发展态势

沉积学的研究对象是沉积物，在全球范围内，我国处于沉积物产出最丰富、沉积过程最活跃、沉积体系最显著的区域之一，因而成为现代沉积过程研究的天然实验室。东南亚地区河流入海沉积物通量占到了全球的80%以上（Milliman and Farnsworth，2011），我国的三大河流（黄河、长江、珠江）在其中占有很大的比例。我国近海陆架宽广，东海陆架的最大宽度超过了600km，为源-汇过程和河口径流、潮汐、波浪、陆架环流输运堆积过程提供了广阔的空间（Yang S Y et al.，2003，Yang and Youn，2007；Liu et al.，2010），杭州湾是著名的潮汐河口湾（Lin et al.，2005；Fan et al.，2014），而江苏海岸拥有开敞海岸带最大的潮差（实测最大潮差达9.39m）（丁贤荣等，

2014）。黄河、长江、珠江三角洲，江苏海岸潮滩和辐射状沙脊群，黄东海陆架泥质沉积，杭州湾、长江河口充填沉积，盐沼湿地、红树林、珊瑚礁沉积，沙坝-潟湖沉积，陆架边缘三角洲沉积，这些沉积体系及其所含的沉积记录使国内外学者产生了浓厚的兴趣。在大型河流的流域盆地内，河流与湖泊沉积也是重要的研究对象。多年来，在资源开发、环境保护、生态建设、灾害防护的国家需求下，我国学者对这些沉积体系进行了富有特色的深入研究。早期的研究主要是描述性的，此后加强了沉积体系特征刻画、过程机理研究和数值模拟研究。近年来，南海的重要性凸显，因此也启动了对南海深海沉积动力过程的研究。

黄河三角洲、长江三角洲、珠江三角洲河流入海通量大，三角洲的规模也大。经典三角洲分类，是按照浪潮流的作用，将三角洲分为三个端元类型。我国学者通过研究指出，这种分类方法有相当大的局限性，如珠江三角洲难以归入这个分类方案；又如经典三角洲理论仅关注河口三角洲，难以对远端泥沉积和陆架边缘三角洲提供合理的解释。根据沉积物收支理论和河口沉积物滞留指数分析，提出了以下新理论或新观点：①三角洲形成需要有一个沉积物临界入海通量，这个临界值与三角洲演化的阶段有关（杨世伦等，2003；Yang S L et al.，2003；Wang H J et al.，2008）；②在河流三角洲演化过程中，河口湾、河口三角洲、水下三角洲、陆架远端泥先后发育起来，全新世高海面时期之后，首先充填河口湾，然后堆积河口与水下三角洲，再往后沉积物大规模溢出河口，被陆架环流沿岸输送至较远场所，形成泥质沉积（Liu et al.，2004）；③河流三角洲的定义是特定河流的入海物质所形成的堆积体，据此认为远端泥是其重要的组成部分，远端泥沉积特征揭示了河流三角洲演化的阶段性（Liu Y L et al.，2014；Jia et al.，2018）；④低海面时期的河流三角洲，也可能是由陆上三角洲、水下三角洲和远端泥所组成，因此有必要建立区分水下三角洲和远端泥的沉积指标（Gao et al.，2015）。

江苏海岸潮滩和辐射状沙脊群是一个独特的沉积体系。欧洲北海沿岸是潮滩研究的经典区域，这里沉积物供给丰富、潮汐作用占主导地位。但不同的潮差、沉积物供给量和沉积物组成可以形成各具特色的潮滩地貌和沉积（Amos，1995）。从 20 世纪 80 年代起，我国学者针对江苏海岸这个物源供给异常丰富、沿岸潮差变异大的区域，系统研究了沉积与地貌分带性及其形成机理（Liu et al.，2011）、底部边界层过程（Shi et al.，2017）、潮间带悬沙输运（Zhang，1992）、风暴潮沉积（Ren et al.，1985）、沉积记录保存潜力（Gao，2009）、人类活动下的潮滩地貌响应（Wang Y P et al.，2012）等问题，使其成为继北海潮滩之后的又一个典型研究地点（Gao，2018）。

在我国陆架上的潮流脊中，江苏省岸外的南黄海潮流脊最具特色。这个沙脊群由 70 多条沙脊组成，占据面积超过 2 万 km^2，在世界上是独一无二的。沙脊整体呈辐射状排列，沙脊长度可达 200km，脊间水道的水深达 15～35m。多年来，我国学者对辐射沙脊群形成的水动力和沉积动力过程进行研究（高抒，2014），基于大量全潮水文站位观测资料分析和数值模拟，确定辐射状的潮流场先于辐射状潮流脊而存在，其沉积物来源于古长江三角洲沉积的改造，辐聚辐散的流场分布使一般认为的环绕潮流脊的余流环流无法形成，这种特殊潮流场使得涨潮流在前进方向上随水深而变化，沉积物净输运方向是由海向陆的，最终堆积于辐聚中心，使这里的地面高程不断加大，最终出露水面之上。这些研究解释了中国江苏和欧洲北海两地潮流脊的沉积与地貌差异，也解释了本区潮滩和辐射状沙脊群复合堆积体的形成机理。

盐沼湿地、红树林、珊瑚礁、沙坝-潟湖沉积在我国东、南部海岸广泛分布。人们发现，盐沼植被对沉积作用的影响很大，通过改变水流结构和悬沙浓度，提高了盐沼区的沉积速率。20 多年来，互花米草引种也对潮滩的冲淤格局产生了很大影响（Gao et al.，2014）。红树林及红树林-盐沼共生区的细颗粒沉积物和有机质的堆积有了初步研究（Yang J et al.，2014；Feng et al.，2017）。珊瑚礁、沙坝-潟湖沉积的研究区主要在海南岛，研究者近期对珊瑚礁的兴趣主要是所含气候、环境变化记录（Song et al.，2014）和风暴沉积记录（Yu et al.，2004）。至于珊瑚礁沉积、地貌过程，虽然曾有过一段时间的深入探讨，但目前总体关注较少。沙坝-潟湖沉积的关注点主要是海南岛全新世后期的沉积记录，近年来本区的台风沉积过程有了较多研究（杨保明等，2017；Zhou L et al.，2017b）。

我国学者对南海深海沉积动力过程的研究大多集中于其北部陆坡区，开展这项研究的时间很短，但已发表了较多论文。研究内容集中于海底峡谷形态（Li et al.，2016）、水下滑坡（Chen et al.，2018；Wang et al.，2018）、海底滑塌沉积（Sun et al.，2018）、近底部水流及其沉积作用（Chen H et al.，2016）、等深线流（Zhao et al.，2015；Gong et al.，2017）、细颗粒物质来源（Liu et al.，2008）等。

以上案例表明，国内现代沉积过程研究已从多个方面进行，但所处阶段并不一致。对于三角洲和潮汐环境，沉积体系的特征刻画、基于观测数据分析的过程机理研究，以及沉积体系形成演化模拟已经全面展开，现场观测、实验室分析和定量计算模拟较为深入。红树林、珊瑚礁、沙坝-潟湖沉积过程的研究则处于资料积累阶段，从沉积体系和地层记录角度进行的定量研究还不够充分。深海沉积过程以南海为切入点，开始取得了成果，但总的来说过程和机理研究有待深入，尤其在重力流和漂移沉积方面需要更多的观测数据与模型研究。

（二）国际范围的发展态势

西方国家的地球科学起步早、积累多，在我国学者尚未参与主要领域的研究之前就已经建立了地层学、沉积学、沉积动力学的学科和理论体系。相应的新方法、新技术，如沉积物输运堆积的观测，海洋钻探技术，实验室粒度、地球化学和测年分析，计算机数值模拟，地层层序形成的正演模型方法等，亦由他们首先发展起来。实验室的各种分析仪器、海底观测站网、大洋钻探是获得现代沉积过程研究所需的数据、样品的保障条件，而计算机数值模型已成为工作假说的提出和新型数据采集的新工具。目前，本领域研究一方面使原有研究得到深化；另一方面则是加入学科交叉研究，以解决人类社会发展面临的宏观问题。

从认识论角度审视科学组织是西方的一个传统。随着计算机技术的发展，人们认为任何一个领域或方向的科学研究是由理论分析、实验、计算机模拟这三部分人员来实施的，他们有着各自的研究方向，但又合作完成研究工作（Winsberg，2010）。现代沉积过程研究的近期动态似乎与这个图景非常相符。

理论分析的进展使生物沉积过程成为一个新的学科生长点。在生态系统研究中，生物过程如何表达是一个难题，因为沉积过程中生物因素无法用一致的方法来处理。物理和化学的控制方程较易，主要根据物质和能量关系而建立。生物过程与物理、化学过程的最大不同在于信息的传递。在沉积和地貌动力学中，往往根据生物体的存在（如底栖藻类、盐沼植被、红树林、珊瑚礁）来构建其影响的经验方程（Widdows and Brinsley，2002；Wang et al.，2009；Neumeier and Amos，2010）。但是，生物体存在的过程和机理本身是被忽略的。仅靠“翻译”生物体的物质和能量传输功能，还不能完整反映生物信息的传输及其影响（如基因传递）。另一种处理方式是从现有的知识体系中寻找、刻画生物过程的数学表达方法，如生物信息熵、基因、自组织系统、数学生态等（Grace et al.，2010；Kondo and Miura，2010；Liu Q X et al.，2013）。双壳类组成的生物礁上，贝壳生长形成了有序态堆积方式，而这种形态可由自组织理论得到解释（Liu Q X et al.，2013）。用类似的方式，盐沼湿地植被对沉积的影响也得到了理论分析（Bouma et al.，2007；Temmerman et al.，2007；Möller et al.，2014）。就以上两例而言，其分析方法可以概括为系统现象的机理推测法，即针对特定的沉积体系中的重要现象，构建一套可以从逻辑上和观察上做出解释的机理，然后再来论证这样的机理是可能成立的。

实验沉积学与地貌学在美国得到了较快发展。地学实验室通常把实验的重点放在样品测试上，而针对科学问题的“判决性”实验却较少进行，这说明了地学的特殊性。然而，这并不表明“判决性”实验不重要，相反，Paola研究组的实验沉积学与地貌学工作表明此类实验具有很大的发展潜力（Paola et al.，2009）。他们用物理模型重现沉积、地貌过程，基本思路是将工程思维应用于地质研究。由于工程物理模型要依赖于相似性原理，这意味着物理模型将会占据很大空间，为了克服这一困难，他们发展了不依赖于相似性原理的物理模型方法。在此基础上，可以探讨的问题非常广泛，如沉积物输运引发的环境记录碎片化（Jerolmack and Paola，2010）、植被对水道形态的影响（Tal and Paola，2010）、基岩水道的侧向侵蚀（Fuller et al.，2016）等。由于他们的工作脱离了传统物理模型遵循的相似性原理，如何解释模拟结果的可靠性便成为同行争议的焦点。对此该研究组的回应是，新型物理模型能够在我们熟知的体系中重现关键之点，表明了其真实性，而实验结果与实际沉积环境的对照可以通过对相关过程的“翻译”来实现（Paola et al.，2009）。

计算机模拟方法已在通用气候系统模型（community climate system model，CCSM）和区域海洋模型系统（regional ocean modeling system，ROMS）中确立了自己的地位。以类似的方式，美国国家科学基金会资助了通用地表动力模拟系统（community surface dynamics modeling system，CSDMS）项目。该项目关注和研究地球表面的沉积、地貌演化过程以及相关的环境、生态过程，由一系列数值模型来实现，这些模型的时间尺度从单个事件至数百万年尺度。迄今，该项目已经将160多个模型整合到一个平台，并开始实现若干个模型的耦合式运行，在数据采集和数值模拟之间建立互动关系，将数值模型与实验室物理模型相结合。目前，该领域已产生了一系列新的研究方向和生长点，如大尺度内外动力相互作用模拟（以全球尺度建立内动力过程与地表过程共同作用的模型，并在区域和局地尺度上运行，揭示两者的关系）、实验沉积学地貌学结果的解译（需要将物理模型结果“翻译”到真实世界，以克服尺度不同的困难）、地貌演化的过程-产物关系（从沉积记录中获取环境特征和过程机理信息）等就是值得关注的重要方向。

在地球系统科学的框架下，由于气候变化、碳循环、人类活动影响等问题的研究需求，现代沉积过程也成为多学科交叉研究的对象。物质收支过程影响温室气体排放、碳埋藏、生物气资源演化和岸线动态，而气候、海面、人类活动的综合影响导致沉积环境的系统状态转换，需要预测新状态下的演化趋势，为未来“海岸带蓝图重绘”[国际研究计划“未来地球海岸”（Future Earth Coasts）的研究目标]提供解决方案（Daigle et al.，2017；Reinhard et al.，2017；Mackay et al.，2017）。

（三）国际比较

综上所述，在现代沉积过程研究领域，我国的研究水平正在迅速跟上国际前沿，有些方面甚至处于领先状态，但是在关注和聚焦的科学问题、对待过程机理研究的观念和方法、研究的组织方式等方面还存在比较大的差异。其原因与地理区域的特殊性有关，更与学科发展阶段和科研管理水平有关。

在区域特征上，我国研究者面临显著的细颗粒沉积物问题。河流入海通量数字可观，河流三角洲规模巨大，泥质沉积分布广泛，这些方面吸引了众多研究力量的投入。西方国家所在的区域，总体上沉积物供给率较低，海岸侵蚀相对严重，因而对陆架和海湾潮汐过程、砂质海岸的波浪过程给予了更大的重视。西方学者对潮流脊、潮汐汊道和海滩倾注了很高的热情，其中有些研究目标和我们有所不同，如研究砂质沉积物床面形态的主要动机是要从床面形态的宏观特征中寻找水流湍动过程的动力学表达方法；而我国学者多从地貌演化角度切入（蔡锋等，2006；Qi et al.，2010；黎树式等，2017）。

在发展阶段上，我国研究者作为后来者，先要学习西方学者已经建立起来的理论体系，并且从系统特征刻画开始，逐步扩展对各种沉积体系的研究。迄今，我们对深海沉积过程、生命过程（如珊瑚礁形成演化）、两极区域沉积过程还较少触及，也是阶段性因素所致。在同一阶段，西方国家早已走过了地层学、沉积学发展阶段，对20世纪中期发展起来的系统理论也早已熟知，过程机理研究成为研究的主体，为此发展出相应的观测数据分析和计算机模拟方法。在数据采集能力方面，我国已经开始对基础研究所需的新仪器、海底观测站网、深潜器、大洋钻探等技术体系的研制，但尚未突破国外的已有格局，工艺水平不够高，实验技术人员队伍还较薄弱。在这些方面，我国在总体上是有差距的。

在科研管理上，我国研究者往往缺乏明晰的组织结构。管理部门的日常工作是比经费论文数量、比团队规模、比外在指标，由此建立的许多考核指标实际上违反了科学研究的规律，对科学家不能起到激励作用，反而会伤害他们的学术尊严和工作积极性。国外先进的研究机构十分注重学科运行和发展的规律，不仅在实验技术人员和研究人员之间做了分工，而且将两个队伍按不同类型区别对待：发展新仪器、运行海底观测站网、研制深潜器和大洋钻探装备各有专门的技术队伍，对科学家则按照理论分析、实验研究、计算机模拟三种类型支持其学术道路发展。在评价标准上，日常工作考核的主要标准是工作努力程度，而工作业绩评价的标准是理论和技术进展。这些经验表明，努力工作的人多了，其中必然会产生优秀的成果；相反，如果只抓表面成果和外在指标，不管工作是否努力，那么努力工作的人会流失，优秀成果也必然会减产。

四、学科领域的关键科学问题、发展思路、发展目标和重要研究方向

（一）现代沉积过程的关键科学问题

20 世纪中叶以来，在现代沉积过程研究上，已经建立起河口、海岸和陆架环境的沉积动力学现场观测方法与理论体系，如果原始地形、海面位置、沉积物来源为已知，则通过输运和堆积过程的计算与模拟，在理论上已能获得常态下的沉积物输运方向和强度、沉积速率、沉积体系演化、沉积记录的连续性、分辨率和保存潜力等信息（Gao and Collins，2014）。但是，对于生物过程显著影响下的沉积环境，还未实现定量刻画；多种极端事件的过程和机理存在着数据采集的困难，准确的定量模型尚未建立；对一些小尺度沉积环境（如潮水沟、海滩、沙坝-潟湖等）还需建立与之相匹配的精细模型；深海沉积动力过程研究刚刚起步，需提高现场观测、实验分析和数值模拟能力。总体上，对许多重要现象的机理分析有待继续深入。

地表环境的系统行为一直都有时空波动或者随时间的演化。在全球气候海面变化和人类活动作用下，地表环境正在发生系统状态转换。系统状态转换是指影响系统行为和演化的各种因素的定义域都发生了变化。当定义域发生变化时，系统行为会有新的时空波动幅度，也会有新的演化趋势。以往的

理论主要是基于定义域不变的前提对系统行为进行刻画，在此时已经失效。这就需要研究沉积环境对系统状态转换的响应，给出新状态下的系统谱系。这个问题与环境、资源和人类社会的可持续发展密切相关：今后人类社会将对地貌演化、资源开发、环境保护、海洋工程和海岸带管理等应用领域提出更高的要求，科学家群体必须做出回应。

迄今，沉积动力学还较少涉及沉积记录研究的核心问题，即沉积记录信息的形成、保存和提取问题。目前，在沉积记录-现代沉积过程关系方面，我国沉积动力学研究有许多重要的研究前沿，如长江沉积体系的形成演化机理、全新世沉积过程信息的提取、沉积地质过程模拟（全新世陆架与海岸沉积层序形成、沉积记录形成过程、极端事件过程以及环境动力和生态系统过程）等。从研究的角度来看，这些问题具有一些共同的特征：与高新技术相联系、多学科交叉，以及在学术上具有相当难度；从现实的角度来看，它们又密切关系着环境、资源和人类社会的可持续发展，因而可望成为今后一段时期沉积动力学的重点。

以上状况可归纳为三个方面的科学问题，各自的要点概述如下。

第一个大问题是沉积物输运堆积过程和重要现象机理，目前正在进行的工作要继续推进，但要将新问题、新过程、新机理的研究作为重点。

首先，长期以来，沉积物输运的水动力和重力过程的研究分别由两类不同的研究人员各自进行，现在需要考虑水动力和重力共同作用下的沉积物输运。近年来海洋地质学的进展表明，从河口异重流与陆架区底部浑浊层的形成等问题的认识过程来看，重力作用在陆架沉积动力学中的作用被低估了。越来越多的证据显示，陆架沉积受到了水动力和重力输运-堆积过程的双重影响，而水动力往往起了初始的驱动作用。陆坡区发生的物质输运现象也往往与水动力条件有关。观测资料表明，地震等偶发事件并不是触发重力流的必要条件，重力流可以由陆架沉积物因水动力作用下的输运而激发，经常表现为常态事件。在深海底、各种水流与漂移沉积的关系的研究中，沉积物流动（颗粒流、浊流等）所派生的水流也需要考虑。

其次，生命过程在沉积地貌体系中的位置是比较清楚的，但如何量化、如何模拟还存在着方法论上的障碍。在盐沼湿地、珊瑚礁等复杂环境，生物过程如何表达一直是一个难题。人类活动过程的量化和模拟也有类似问题。总体而言，在沉积和地貌动力学领域，生物体的影响被表达为物理因子的函数，生物体本身的过程和机理仍然是被忽略的。这是因为有物质和能量守恒关系的支撑，建立物理和化学过程的控制方程相对较易。但生物过程不能只表达为物理、化学过程的效应，否则会丢失太多的信息，为此要发展新的方法。依靠大数据方法来寻找所需的关系式，是一种可能的解决方案：选取一定形式的数学函数，将其中的变量分为两类：一类是与生命体本身特征相关的，如贝类生物的介壳形态；另一类是表征外部环境因素的，如底质类型。一旦实现这个目标，函数表达式中的环境参数就可以作为未知函数来对待，用以增加模拟沉积体系的方程个数。

最后，沉积体系的重要现象应寻求机理上的解释。在地球系统研究中，过程是针对系统整体的，而机理是相对于特定现象的。沉积体系涉及许多重要的现象，如河口湾-三角洲体系中的最大浑浊带、海啸与台风等极端事件在海滩上形成的巨砾堆积、海岸与陆架泥质沉积有机碳含量的相近取值范围、陆坡上的反丘床面形态等。按照前文所述的系统现象的机理推测法，这些问题可望得到深入探讨。以最大浑浊带为例，Dyer（1997）提出了潮泵效应、河口垂向环流、沉积物再悬浮三种机理，据此可以形成长江河口最大浑浊带的机理解释，即给出“三种机理各自在长江河口形成什么样的最大浑浊带”“三种机理共同作用的效应是什么”“在流域沉积物入海通量减小的情形下最大浑浊带有何响应”“河口海岸大型工程如何影响最大浑浊带”等问题的答案（Wu et al.，2012；Yu et al.，2014）。物理模拟和数值模拟是研究机理问题的重要工具，同时，数值模拟还可以连接物理模拟结果和现场观测结果，真正实现从物理模拟到现实世界的“翻译”，使机理研究建立在更加可靠的基础上。

第二个大问题是沉积层序对系统状态转换的响应-沉积体系谱系。前文已述及，系统状态转换将影响其演化方向，如在河流入海通量稳定，以及气候变化和人类活动导致入海通量下降两种情形下，长江三角洲的生长格局有很大的不同（Chen Z Y et al.，2001；Dai et al.，2016；Gao et al.，2017）。为了区分和预测这两种情形，可对河流三角洲的个案进行统计分析，从中归纳出各自的演化格局。但是更普适的解决方案是采用系统分析方法，以模型方式给出原始稳定态或状态转换后系统的各种可能的沉积样式（称为沉积体系的“本真态谱系”）。

以潮滩沉积为例。按照定义，潮滩是潮汐动力占主导地位、有丰富细颗粒沉积物供给条件下形成的海岸沉积。其中，潮差、物质供给总量和沉积物粒度组成三个条件的任何一种组合均形成一套特征性的潮滩沉积和演化方式，它们随着上述三个条件的变化而变化，这就是潮滩沉积的“本真态谱系”。根据潮滩地貌和沉积物输运堆积模型，该谱系中的各个“成员”可被识别出来，进而可以据之解释 Amos（1995）所发现的潮滩沉积多样性。这一方法的前提是数值模型本身必须可靠，为此需要发展动力学理论与大数据融合的计算机模拟技术。

值得指出的是，如果在通常定义的潮滩沉积中加入另外的影响因素，则“本真态谱系”将不足以刻画其多样性。例如，加入河流径流及洪水、气候与海面变化、人类活动等因素之后，潮滩将会产生更多的样式，这些新增样式可称为潮滩的“衍生态”。衍生态可视为“本真态”系统状态转换的特例，即对本真态加入了某个原先取值为零而后在一定范围内波动的变量。同样的原理，潮滩的“衍生态谱系”仍然可以借助计算机模拟方式来确定。

第三个大问题是全新世沉积体系的过程机理信息与沉积记录新指标。沉积动力过程研究的目的之一是了解沉积记录中所含有的环境特征和过程信息。建立环境特征的代用指标，关键是根据沉积记录中各种变量与环境参数的相关分析，建立起两者之间的统计关系，有关古水深、古水温、古盐度、古生物生产力、古气候等信息的提取都是基于这样的方法（Meyers，1997；Wefer et al.，1999）。然而，此类代用指标大多是根据相关分析而获得，因此其中所隐含的过程、机理信息还不够明确。

要想从代用指标获得过程、机理的完整信息，必须进行沉积记录形成的动力学研究。国际上曾经实施的 STRATAFORM 计划试图弄清“一定的沉积动力过程将形成什么样的沉积记录”“如何从沉积记录中分析堆积时伴随的过程”这样的问题，但这项计划的目标尚未达到。沉积记录形成的动力学是基于现代沉积过程研究的，其思路是将沉积记录中的变量或信息与环境中的过程和机理相联系，利用动力学模拟建立起两者的定量关系。在此用来自江苏海岸的两个案例来说明这一用过程研究结果指导过程信息提取方法的含义。第一个案例是潮滩沉积层序的保存潜力。保存潜力是潮周期中形成的沉积层最终能够保存在地层中的概率，该变量不能从岩心分析直接获得，但是将保存潜力定义为潮周期中滩面冲淤强度的函数，就能根据潮间带沉积物输运、堆积过程的模拟，给出保存潜力的量值（Gao，2009）。第二个案例是潮滩细颗粒物质堆积速率的控制机理问题。堆积速率可以用 ^{210}Pb 方法测得，但它并不直接显示其形成机理。根据潮滩沉积动力学模拟结果，泥质滩面堆积速率受控于涨潮流悬沙浓度（王文昊等，2014），而后者取决于潮下带水域的潮流和底质分布格局（徐琦琳等，2014）。因此，堆积速率就与潮流流速、水深、细颗粒沉积物再悬浮等因素建立了联系。

与经典水动力学模型对比，沉积记录的动力学有所不同：未知函数个数多于方程个数的情形经常出现，且模拟所需的边界和初始条件也是未知的。克服上述困难的可能出路之一是采用控制方程加科学假说所构成的体系（高抒，2017）。对于方程个数不足的问题，可从一个简单的模拟系统开始（如潮流模型），每引进一个沉积层序新变量，就同时引入该变量与其他变量之间关系的工作假说，直至方程个数满足要求。对于边界和初始条件问题，可用沉积记录本身来恢复当时的水深、温度、盐度等条件，形成关于边界和初始条件的工作假说。将模型输出结果与沉积记录相对照，可对工作假说进行改进，经过反复迭代，最终在模型和沉积记录之间良好匹配。

（二）现代沉积过程的发展思路和目标

现代沉积过程的研究，应继续关注沉积物输运堆积过程，并将现场观测取样的研究区域扩大到深海、大洋环礁、极地水域。同时，将研究重点转移到生物沉积与地貌、沉积体系与记录形成、环境演化的过程机理信息提取等新方向上来。在方法论上，注重数据分析与计算机模拟的融合、物理模型与数值模型的融合、统计分析与机理分析的融合。推进通用模型建设，发展动力学与大数据融合的模型工具，用于过程和机理数值实验（考虑并评价多个因素的影响），提出新的工作假说（对真实世界中的预设条件及其影响进行演绎分析），指导现场工作（根据模拟结果制定野外观测和采样的时间、地点、站位、层次）。

通过项目层面的组织，在系统方法论指导下，可望在沉积体系形成的现代沉积过程、地质史上的沉积过程的识别、海洋生物沉积的过程和产物、海洋沉积记录形成过程和信息提取、地球气候与海面变化系统、地球沉积体系和记录的未来格局等研究方向上产生新成果。经过5～10年时间，可望构建一支沉积记录与现代沉积过程领域的研究队伍，发展出沉积记录研究的新理论、新方法。

（三）现代沉积过程的重要研究方向

前文论述了现代沉积过程面对的科学问题的内涵和研究思路，本部分在每个关键科学问题之下，列出相关的研究方向及主要内容举例。这些论题可经过筛选、提炼、组合而形成科研项目或课题。

1. 沉积物输运堆积过程和重要现象机理

（1）生物沉积与生物地貌（盐沼、红树林、生物礁的自组织形态和沉积影响，盐沼、红树林混生沉积环境，底栖生物与泥质沉积构造，珊瑚环礁物质收支与生长，微生物沉积作用，泥质沉积中的生物气）。

（2）极端事件过程（潮滩中的风暴沉积，风暴对陆架泥质沉积的改造，砂砾质海滩与风成沙丘风暴层形成过程，海啸沉积，海啸与风暴巨砾，海岸潟湖泥质沉积中的风暴层，双壳类生物壳体所含的信息）。

（3）沉积物源-汇过程（沉积物物源示踪，流域风化过程与沉积物产出，东亚边缘海的源-汇系统，沉积动力分选对沉积物组成的影响，河流入海通量与化学组成，长江沉积物与冲绳海槽的源-汇问题）。

（4）基本沉积动力过程（底部切应力，推移输运率，再悬浮和沉降通量，沉积物-水界面上的物质交换，悬沙沉降速率，悬沙浓度对平流和再悬浮过程的响应，具测年功能的放射性物质收支）。

（5）河口最大浑浊带（潮泵、再悬浮、河口环流等机理形成的最大浑浊带，多种机理复合的最大浑浊带，最大浑浊带位置和强度，最大浑浊带的河口地貌演化信息，最大浑浊带的沉积影响）。

（6）岛屿物质通量与沉积体系（岛屿沉积物入海通量，珊瑚环礁物质供给，岛屿物质组分，岛屿入海通量的径流和波浪因素，岛屿入海物质对周边水域的影响，岛屿地貌演化）。

（7）陆架沉积物重力流（河口异重流形成过程，水动力条件对悬沙浓度的控制和重力流产生机理，底部浑浊层运动，水动力和重力共同作用下的沉积物输运和堆积，陆架重力流堆积产物，泥质沉积区斜坡层形成过程）。

（8）宽广陆架沉积（开敞陆架泥质沉积，细颗粒沉积物与浮游生物颗粒堆积区的相关性，陆架环流和锋面的影响，全新世沉积物分布，跨陆架输运强度和控制机理，陆架沉积分布的水深因素，影响悬沙浓度的地形因素）。

（9）深海浊流沉积（海底沉积物流动造成的曲流形态，深海床面形态形成与重力流派生水流，陆坡区重力流的触发机理及与陆架区水动力的关系，重力流事件演化和堆积体，重力流造成的次生流，深海曲流与陆地曲流的对比，珊瑚环礁边坡重力流与碳酸盐岩平台堆积）。

（10）深海漂移沉积（深海近底部水流类型与观测，漂移沉积速率及影响因素，漂移沉积薄互层层理形成机理，水动力强弱波动和物源波动的影响，海底雾浊层厚度、悬沙浓度及运动速度与堆积速率的关系，漂移沉积与浊流相互作用，漂移-浊流混合沉积）。

2. 沉积层序对系统状态转换的响应-沉积体系谱系

（1）河流三角洲谱系（全新世河口湾与三角洲地貌演化，陆上及水下三角洲与远端泥配置格局演化，河流三角洲演化阶段及时间尺度，海面变化形成的高海面复合三角洲，沉积物滞留与输运方向转换的临界入海通量，低海面三角洲体系，宽广陆架三角洲，大型河流三角洲体系的规模）。

（2）潮滩谱系（潮滩分带特征的多样性，潮差、沉积物供给和物质组成的影响，潮水沟形成、均衡态及其与宏观地貌的关系，海面变化、河流径流变化和风暴影响，围垦、紫菜养殖等人类活动影响）。

（3）潮流沙脊、沙席和海底沙丘谱系（全新世古潮流脊分布与形成，江苏海岸潮流脊体系，扬子大浅滩沉积，台湾浅滩的沙波稳定性与迁移特征，河口砂体的类型与形成过程，钱塘江、长江、舟山群岛潮流峡道相互作用）。

（4）砂砾质海滩谱系（海滩沉积与地貌均衡态，风暴作用下的海滩沉积物分布、物质收支、海滩地貌演化，海滩-风成沙丘复合体系，波浪冲越沉积，海面变化与风暴加剧效应）。

（5）沙坝-潟湖体系谱系（河口沙坝序列与入海通量-波浪强度周期变化，沙坝-潟湖体系的形态及动力过程，潟湖泥质沉积充填过程，沙坝-潟湖体系对海面变化周期的响应）。

（6）系统状态转换标志（现场观测数据的动态分析，沉积层物质组成标志，系统过程标志，不同状态系统的沉积谱系之间的关系，衍生态沉积谱系的判据）。

3. 全新世沉积体系的过程机理信息与沉积记录新指标

（1）全新世陆架与海岸沉积层序形成（海平面变化对沉积体系、沉积记录的影响，全新世与地质历史上形成的大型河流三角洲规模的对比）。

（2）长江沉积体系（长江沉积体系的过程-产物关系，长江沉积体系演化及其对流域环境地貌的影响，长江沉积记录中系统转换事件的标志，流域水系演化的物源示踪方法，长江演化的生物信息）。

（3）陆架、海岸泥质沉积有机碳含量特征值（海底沉积物质组成的特征值及其控制机理，特征值与物质来源、堆积过程，以及堆积后的生物地球化学过程的关系，特征值形成物质收支模拟）。

（4）碳埋藏和碳循环（大河碳通量，影响近海沉积物有机碳埋藏富集的主要因素，气候变化对碳汇过程的影响，河口海岸沉积中碳的保存分布及其迁移转化，渤黄东海泥质沉积有机碳含量和碳埋藏潜力，河口海岸生物气藏，南海地区珊瑚礁碳循环格局）。

（5）地层缺失机理（强动力、物源丰富的河口海岸地区的沉积记录特征，地层缺失与沉积中断、后期侵蚀的关系，海面上升、河流入海物质通量下降导致的地层缺失，河口地层不连续现象与人类活动及局地环境的关系，地层不连续发生的地貌部位和集中发生的时间段）。

（6）沉积记录形成的动力学模拟方法（通用地表动力模拟系统，地貌演化、沉积层序与地层记录形成过程重现，动力学与大数据结合的过程机理模拟，环境变化信息提取，动力过程和机理信息提取，完整沉积记录的获取和恢复方法）。

五、学科领域发展的有效资助机制与政策建议

（1）加大对现代沉积过程研究的数据采集能力投入，尤其是提升观测站网、仪器设备研制、深水取样技术（水下机器人、水下自主观测器、深潜器）能力。提升 IODP 航次的参与程度，形成针对现代沉积过程的大洋钻探项目申请书。

（2）在人工智能、大数据、计算机模拟的科学时代，加大对动力学与大数据融合研究和地表过程通用模型研制的资助力度，建立地表过程领域的国家重点实验室和其他相关实验室的合作、协作体制机制，共同推进该模型体系建设。通过加强现代沉积过程-产物关系、风暴海啸沉积和海岸灾害、沉积物环境信息指标等关键课题的模拟工作，更好地指导现场观测系统建设，获取更高质量的数据资料，最终将地表过程通用模型打造为高效的研究工具。

（3）人才培养应重视专长与合作能力。按照现代科学的要求，从年轻一代的科学家中，培养高度专业化的理论分析、实验研究和计算机模拟三种类型的团队，同时建立三种类型团队之间的合作机制和本领域团队与其他领域团队的合作机制。相应的评价考核制度要从比规模、比数量、比外在指标转向比效率、比水平、比内涵。

（4）资助年轻一代的科学家走出国门，更多地参与境外研究区典型科学问题研究，给他们提供与国外同行同台竞争合作的机会。与此相配套，要加大科学操守和行为准则教育，树立我国科学家的良好形象，使科学成果惠及

合作双方。这项措施也符合“一带一路”倡议和改革开放需求。

（5）规划与启动中国现代沉积学数据库建设，特别是数据共享平台建设，促进学科快速发展。加强沉积学与地层学、地球化学、生物学、生态学、数理科学和大数据分析的结合。

致谢

在本章第一节“沉积环境与沉积相”的撰写过程中，长江大学的张昌民、中国石化石油勘探开发研究院的袁选俊和张惠良教授参与了部分内容的讨论，提出了积极建议，在此表示感谢。

在第二节“盆地动力学”的撰写过程中，华东师范大学的高抒，南方科技大学的徐景平，同济大学的刘志飞，浙江大学的王英民，自然资源部第一海洋研究所的石学法，中国地质大学（武汉）的解习农、姜涛、任建业、雷超，中国地质大学（北京）的王成善、林畅松、姜在兴，中国地质调查局青岛海洋地质研究所的刘健，中国科学院地质与地球物理研究所的李忠，中国科学院广州地球化学研究所的彭平安，中国地质科学院的王宗起，中山大学的吴加学教授参与了部分内容的讨论，提出了积极建议，在此表示感谢。

在第三节“古地理重建”的撰写过程中，按照2014年12月6日“中国沉积学发展战略研究”项目负责人在沉积学发展战略研讨会第一次会议的部署，“古地理重建”专题研究组举行了多次专家研讨会，此后又向多位国内同行专家进行过咨询，谨此致谢。“古地理重建”专题研究组主要参加人员如下（以姓氏拼音为序）：陈安清（成都理工大学）、陈洪德（成都理工大学）、侯明才（成都理工大学）、胡忠权（中国石化石油勘探开发研究院）、黄虎（成都理工大学）、黄可可（成都理工大学）、金振奎[中国地质大学（北京）]、刘欣春（成都理工大学）、柳益群（西北大学）、时志强（成都理工大学）、邢凤存（成都理工大学）、郑和荣（中国石化石油勘探开发研究院）。

在第四节“深时古气候”的撰写过程中，其中前寒武纪部分的初稿由中国地质大学（武汉）的佘振兵和王伟两位青年学者撰写，全文最后由颜佳新、胡修棉、杨江海和韩中统稿。因篇幅所限未能署名，特致以诚挚谢意。2015年10月全国沉积学大会期间（长江大学，武汉），参加本专题讨论并精心准备发言的有杜远生、胡修棉、陈曦、李祥辉、高远、郭华、时志强、佘振兵、杨江海和颜佳新等，他们对本专题提出了很多宝贵建议；孟琦和陈发垚完成本节文图件和文稿格式编辑，在此一并致谢。

在第五节“生物沉积学”的撰写过程中，作者得益于2016年9月在北京香山举办的“中国沉积学发展战略研究”项目研讨会上的多次讨论以及陈中强自2016年来在多个国内外会议中口头报告过程中得到的反馈建议。非常感谢殷鸿福院士、Judith Macknie教授、Robert Riding教授、谢树成教授、李超教授和罗平研究员等在香山研讨会上提出的宝贵意见。特别是殷鸿福院士对生物沉积学的发展给予大力支持并多次提出宝贵的修改意见，本章节引用了他的部分演讲内容。我们也感谢齐永安教授介绍河南地区寒武系地层信息并馈赠相关资料。本章节的研究内容得到国家自然科学基金项目（41570291）、科学技术部研发计划项目（2017YFC0603103）和国际地球科学计划项目第630项（IGCP-630）“二叠纪—三叠纪极端气候、环境事件以及生物的反馈机制”的部分支持。

在第七节“能源沉积学”的撰写过程中，给予帮助和指导的专家学者有王成善、林畅松、朱筱敏、姜在兴、李忠、张昌民、关平、吕福亮、欧光习、袁选俊、罗忠、高志勇等。

在第八节“沉积地球化学与有机地球化学”的撰写过程中，始终得到王成善院士和彭平安院士的关怀与指导，胡建芳、陈建芳、储雪蕾、沈延安、朱祥坤、李超、沈冰、蒋少涌、储国强等教授提供了许多建设性意见和建议。周锡强和刘牧博士为本领域初稿的撰写付出了辛勤的努力。

在第九节“现代沉积过程”的撰写过程中，按照“中国沉积学发展战略研究”项目负责人在项目第一次研讨会上（中国地质大学，2014年12月6日）的部署，“现代沉积过程”专题研究组举行了多次专家研讨会（南京大学，2015年3月22日；南京大学，2015年4月17日；同济大学，2015年7月27～28日），此后又向多位专家进行过咨询。贾建军对统稿工作提供了帮助。南京大学多位研究生参加了会议记录和资料整理工作，并为2015年5月赴美国调研的行程安排提供了帮助，谨此致谢。“现代沉积过程”专题研究组的参加人员名单如下（以姓氏拼音为序）：陈一宁（自然资源部第二海洋研究所）、陈中原（华东师范大学）、戴志军（华东师范大学）、范代读（同济大学）、高建华（南京大学）、高抒（南京大学、华东师范大学）、葛晨东（南京大学）、贾国东（中国海洋大学）、贾建军（自然资源部第二海洋研究所、华东师范大学）、李安春（中国科学院海洋研究所）、李建芬（中国地质调查局天津地质调查中心）、李军（中国地质调查局青岛海洋地质研究所）、李炎（厦门大学）、李占海（华东师范大学）、林春明（南京大学）、刘健（中国地质调查局青岛海洋地质研究所）、刘志飞（同济大学）、石学法

（自然资源部第一海洋研究所）、孙立广（中国科学技术大学）、汪亚平（南京大学）、王爱军（自然资源部第三海洋研究所）、王宏（中国地质调查局天津地质调查中心）、吴加学（中山大学）、夏小明（自然资源部第二海洋研究所）、谢习农（中国地质大学，武汉）、徐景平（中国海洋大学、南方科技大学）、杨守业（同济大学）、杨阳（华东师范大学）、杨旸（南京大学）、殷勇（南京大学）、于革（中国科学院南京地理与湖泊研究所）、余凤玲（厦门大学）、张卫国（华东师范大学）、张霞（南京大学）、赵美训（中国海洋大学）、周亮（华东师范大学）、邹欣庆（南京大学）。

本章参考文献

蔡锋，雷刚，苏贤泽，等. 2006. 台风“艾利”对福建沙质海滩影响过程研究. 海洋工程，24（1）：98-109.

蔡希源，李思田. 2003. 陆相盆地高精度层序地层学. 北京：地质出版社.

蔡煜琦，张金带，李子颖，等. 2015. 中国铀矿资源特征及成矿规律概要. 地质学报，89（6）：1051-1069.

曹代勇，郭爱军，陈利敏，等. 2016a. 煤田构造演化新解——从成煤盆地到赋煤构造单元. 煤田地质与勘探，44（1）：1-9.

曹代勇，秦国红，张岩，等. 2016b. 含煤岩系矿产资源类型划分及组合关系探讨. 煤炭学报，41（9）：2150-2155.

曹瑞骥，袁训来. 2003. 国叠层石研究的历史和现状. 微体古生物学报，20：5-14.

陈安清，侯明才，陈洪德，等. 2017. 中国海相碳酸盐岩勘探领域拓展历程及沉积学的基本驱动作用. 沉积学报，35（5）：1054-1062.

陈洪德，侯明才，林良彪，等. 2010. 不同尺度构造—层序岩相古地理研究思路与实践. 沉积学报，28（5）：894-906.

陈世悦，刘焕杰. 1995a. 含煤建造露头层序地层分析——以太原西山石炭二叠系剖面为例. 煤田地质与勘探，23（2）：13-18.

陈世悦，刘焕杰. 1995b. 华北晚古生代海平面变化研究. 岩相古地理，15（5）：14-21.

陈旭，阮亦萍，布科 A J. 2001. 中国古生代气候演变. 北京：科学出版社.

程日辉，王璞珺，刘万洙，等. 2004. 下扬子区三叠纪最大海侵事件与扬子板块和华北板块碰撞的关系. 海洋地质与第四纪地质，24（2）：55-59.

邓宏文. 1995. 美国层序地层研究中的新学派——高分辨率层序地层学. 石油与天然气地质，16（2）：89-97.

邓奇，汪正江，杨菲，等. 2019. 浙西北建德地区休宁组沉积时限的厘定：来自凝灰岩锆石 U-Pb 年代学的制约. 地质学报，93（2）：414-427.
邓胜徽，卢远征，樊茹，等. 2012. 早侏罗世 Toarcian 期大洋缺氧事件及其在陆地生态系统中的响应. 地球科学，（s2）：23-38.
丁贤荣，康彦彦，茅志兵，等. 2014. 南黄海辐射沙脊群特大潮差分析. 海洋学报，36（11）：12-20.
樊隽轩，陈清，孙冬胜，等. 2016. 利用 GBDB 数据库与 GIS 技术绘制高精度古地理图. 古地理学报，18（1）：115-125.
范嘉松. 1996. 中国生物礁与油气. 北京：海洋出版社.
冯增昭. 2013. 中国沉积学. 北京：石油工业出版社.
冯增昭，鲍志东，吴胜和，等. 1977. 中国南方早中三叠世岩相古地理. 北京：石油工业出版社.
高林志，戴传固，刘燕学，等. 2010. 黔东南—桂北地区四堡群凝灰岩锆石 SHRIMP U-Pb 年龄及其地层学意义. 地质通报，29（9）：1259-1267.
高抒. 2013. 海洋沉积动力学研究导引. 南京：南京大学出版社.
高抒. 2014. 辐射沙脊群沉积动力过程、机理和演化趋势//王颖. 南黄海辐射沙脊群环境与资源. 北京：海洋出版社：275-293.
高抒. 2017. 沉积记录研究的现代过程视角. 沉积学报，35（5）：918-925.
高振西，熊永光，高平. 1934. 中国北部震旦纪地层. 中国地质学会志，13：243-288.
葛肖虹，刘俊来，任收麦，等. 2014. 青藏高原隆升对中国构造—地貌形成、气候环境变迁与古人类迁徙的影响. 中国地质，41（3）：698-714.
巩恩普，张永利，关长庆. 2013. 中国地质历史中的生物礁//冯增昭. 中国沉积学（第二版）. 北京：石油工业出版社.
关士聪，演怀玉，丘东洲，等. 1984. 中国海陆变迁、海域沉积相与油气. 北京：科学出版社.
何登发，李德生，童晓光. 2010. 中国多旋回叠合盆地立体勘探论. 石油学报，31（5）：695-709.
何志平，邵龙义，刘永福，等. 2005. 河北南部石炭—二叠纪古气候演化特征. 沉积学报，23（3）：454-460.
胡见义，黄第潘. 1991. 中国陆相石油地质理论基础. 北京：石油工业出版社.
胡修棉，李娟，韩中，等. 2020. 中新生代两类极热事件的环境变化、生态效应与驱动机制. 中国科学：地球科学，50（8）：1023-1043.
胡永云，田丰. 2015. 前寒武纪气候演化中的三个重要科学问题. 气候变化研究进展，

11（1）：44-53.
黄清华，吴河勇，孔明华，等. 2006. 东北地区晚中生代地质群发事件及生物群响应. 石油学报，27（s1）：76-79.
贾承造. 2006 . 中国叠合盆地形成演化与中下组合油气勘探潜力. 中国石油勘探，1：1-4.
贾承造，魏国齐，李本亮. 2005. 中国中西部小型克拉通盆地群的叠合复合性质及其含油气系统. 高校地质学报，11（4）：479-492.
姜在兴，梁超，吴靖，等. 2013. 含油气细粒沉积岩研究的几个问题. 石油学报，34（6）：1031-1039.
金之钧，蔡立国. 2007. 中国海相层系油气地质理论的继承与创新. 地质学报，81（8）：1017-1024.
赖旭龙，殷鸿福，杨逢清. 1995. 秦岭三叠纪古海洋再造. 地球科学——中国地质大学学报，20（6）：648-656.
黎树式，戴志军，葛振鹏，等. 2017. 强潮海滩响应威马逊台风作用动力沉积过程研究——以北海银滩为例. 海洋工程，35（3）：89-98.
李德生. 1992. 石油地质论文集. 北京：石油工业出版社.
李怀坤，苏文博，周红英，等. 2014. 中-新元古界标准剖面蓟县系首获高精度年龄制约——蓟县剖面雾迷山组和铁岭组斑脱岩锆石 SHRIMP U-Pb 同位素定年研究. 岩石学报，30（10）：2999-3012.
李怀坤，张传林，相振群，等. 2013. 扬子克拉通神农架群锆石和斜锆石 U-Pb 年代学及其构造意义. 岩石学报，29（2）：673-697.
李吉均. 1995. 青藏高原隆起的三个阶段及夷平面的高度和年龄、地貌、环境、发展. 北京：中国环境科学出版社.
李江海，姜洪福. 2013. 全球古板块再造、岩相古地理及古环境图集. 北京：地质出版社.
李丕龙. 2003. 陆相断陷盆地油气地质与勘探. 北京：石油工业出版社.
李铨，冷坚. 1991. 神农架上前寒武系. 天津：天津科学技术出版社：1-354.
李儒峰，刘本培，赵澄林. 1997. 扬子板块石炭纪沉积层序及其全球性对比研究. 沉积学报，15（3）：23-28.
李守军，田臣龙，徐凤琳，等. 2014. 山东二叠系石盒子组孢粉特征及古气候意义. 地质论评，60（4）：765-770.
李思田. 1988. 断陷盆地分析与煤聚积规律. 北京：地质出版社.
李思田. 2004a. 沉积盆地分析基础与应用. 北京：高等教育出版社.
李思田. 2004b. 大型油气系统形成的盆地动力学背景. 地球科学，29（5）：505-512.
李思田，王华，路凤香. 1999. 盆地动力学——若干研究思路和方法. 武汉：中国地质大学出版社.
李四光，赵亚曾. 1924. 长江峡东地质及峡之历史. 中国地质学会志，3（3-4）：351-391.
李增学，魏久传，王明镇，等. 1996. 华北南部晚古生代陆表海盆地层序地层格架与海平面变化. 岩相古地理，16（5）：1-11.
李忠. 2006. “从最高到最深”——从第17届国际沉积学大会看沉积学研究前沿. 沉积学报，24（6）：928-933.
李忠，彭守涛. 2013. 天山南北麓中—新生界碎屑锆石U-Pb年代学记录、物源体系分析与陆内盆山演化. 岩石学报，29（3）：739-755.
李子颖，秦明宽，蔡煜琦，等. 2015. 铀矿地质基础研究和勘查技术研发重大进展与创新. 铀矿地质，31（Suppl.1）：141-155.
林畅松，李思田，刘景彦，等. 2011. 塔里木盆地古生代重要演化阶段的古构造格局与古地理演化. 岩石学报，27（1）：210-218.
林畅松，刘景彦，张燕梅，等. 2002. 库车坳陷第三系构造层序的构成特征及其对前陆构造作用的响应. 中国科学（D辑）：地球科学，32（3）：177-183.
林畅松，潘元林，肖建新，等. 2000. “构造坡折带”——断陷盆地层序分析和油气预测的重要概念. 地球科学，25（3）：260-266.
林畅松，夏庆龙，施和生，等. 2015. 地貌演化、源-汇过程与盆地分析. 地学前缘，22（1）：9-20.
刘宝珺. 2001. 中国沉积学的回顾和展望. 矿物岩石，21（3）：1-7.
刘宝珺，韩作振，杨仁超. 2006. 当代沉积学研究进展、前瞻与思考. 特种油气藏，13（5）：1-5.
刘宝珺，许效松. 1994. 中国南方岩相古地理图集（震旦纪—三叠纪）. 北京：科学出版社.
刘宝珺，曾允孚. 1985. 岩相古地理基础和工作方法. 北京：地质出版社.
刘本培，李儒峰，尤德宏. 1994. 黔南独山石炭系层序地层及麦粒蜓带冰川型全球海平面变化. 地球科学，19（5）：553-564.
刘池洋，赵红格，赵俊峰，等. 2017. 能源盆地沉积学及其前沿科学问题. 沉积学报，35（5）：1032-1043.
刘芬，朱筱敏，李洋，等. 2015. 鄂尔多斯盆地西南部延长组重力流沉积特征及相模式. 石油勘探与开发，42（5）：577-588.
刘鸿允. 1959. 中国古地理图. 北京：科学出版社.
刘鸿允. 1991. 中国震旦系. 北京：科学出版社.
刘少峰，张国伟，程顺有，等. 1999. 东秦岭-大别山及邻区挠曲类盆地演化与碰撞造山过程. 地质科学，34（3）：336-346.
刘巽锋，胡肇荣，曾励训，等. 1983. 贵州震旦纪锰矿沉积相特征及其成因探讨. 沉积学报，1（4）：106-118.
卢衍豪，朱兆玲，钟义元. 1965. 中国寒武纪岩相古地理轮廓勘探. 地质学报，45（4）：349-357.
鲁静，杨敏芳，邵龙义，等. 2016. 陆相盆地古气候变化与环境演化、聚煤作用. 煤炭学报，41（7）：1788-1797.
吕大炜，李增学，刘海燕，等. 2009. 华北晚古生代海平面变化及其层序地层响应. 中国地质，36（5）：1079-1086.
吕大炜，李增学，王东东，等. 2015. 华北晚古生代陆表海盆地海侵事件微观沉积特征及成煤探讨. 沉积学报，33（4）：633-640.
马永生，蔡勋育，赵培荣. 2011. 深层、超深层碳酸盐岩油气储层形成机理研究综述. 地学前缘，18（4）：181-192.
马永生，陈洪德，王国力，等. 2009. 中国南方构造-层序岩相古地理图集. 北京：科学出版社.
马永生，牟传龙，谭钦银，等. 2007. 达县—宣汉地区长兴组—飞仙关组礁滩相特征及其对储层的制约. 地学前缘，14（1）：182-193.
毛翔，李江海. 2014. 全球石炭纪煤的分布规律. 煤炭学报，39（增1）：198-203.
牟传龙，王启宇，王秀平，等. 2016. 岩相古地理研究可作为页岩气地质调查之指南. 地质通报，35（1）：10-19.
潘桂棠，王培生，徐耀荣，等. 1990. 青藏高原新生代构造演化. 北京：地质出版社.
潘裕生. 1999. 青藏高原的形成与隆升. 地学前缘，6（3）：153-163.
潘元林，李思田. 2004. 大型陆相断陷盆地层序地层与隐蔽油气藏研究：以济阳坳陷为例. 北京：石油工业出版社.
齐永安，孙晓芳，代明月，等. 2017. 豫西鲁山寒武系馒头组微生物岩旋回及演化. 微体古生物学报，34（2）：170-178.
齐永安，王艳鹏，代明月. 2014. 豫西寒武系登封第三统张夏组凝块石灰岩及其控制因素. 微体古生物学报，31（1）：243-255.
秦大河. 2007. 应对全球气候变化防御极端气候灾害. 求是，（8）：51-53.
秦大河，罗勇. 2008. 全球气候变化的原因和未来变化趋势. 科学对社会的影响，2008（2）：16-21.
全国地层委员会. 2014. 中国地层表（2014）. 中国地质调查局监制.
任建业，雷超. 2011. 莺歌海—琼东南盆地构造-地层格架及南海动力变形分区. 地球物理学报，54（12）：3303-3314.
任建业，庞雄，雷超，等. 2015. 被动陆缘洋陆转换带和岩石圈伸展破裂过程分析及其对南海陆缘深水盆地研究的启示. 地学前缘，22（1）：102-114.
任建业，庞雄，于鹏，等. 2018. 南海北部陆缘深水-超深水盆地成因机制分析. 地球物理学报，61（12）：4901-4920.
戎嘉余，黄冰. 2014. 生物大灭绝研究三十年. 中国科学：地球科学，44：377-404.
戎嘉余，周忠和，王怿，等. 2009. 生命过程与环境的协同演化//中国科学院地学部地球科学发展战略研究组. 21世纪中国地球科学发展战略报告. 北京：科学出版社：81-91.
邵龙义，董大啸，李明培，等. 2014. 华北石炭—二叠纪层序、古地理及聚煤规律. 煤炭学报，39（8）：1725-1734.
沈安江，赵文智，胡安平，等. 2015. 海相碳酸盐岩储集层发育主控因素. 石油勘探与开发，42（5）：545-554.
史晓颖，李一良，曹长群，等. 2016. 生命起源、早期演化阶段与海洋环境演变. 地学前缘，23：128-139.
宋晓东，李江涛，鲍学伟，等. 2015. 中国西部大型盆地的深部结构及对盆地形成和演化的意义. 地学前缘，22（1）：126-136.
苏文博. 2014. 2012年全球前寒武纪新年表与中国中元古代年代地层学研究. 地学前缘，21（2）：119-138.
孙龙德，方朝亮，李峰，等. 2010. 中国沉积盆地油气勘探开发实践与沉积学研究进展. 石油勘探与开发，37（4）：385-396.
孙龙德，方朝亮，李峰，等. 2015. 油气勘探开发中的沉积学创新与挑战. 石油勘探与开发，42（2）：129-137.
孙龙德，邹才能，朱如凯，等. 2013. 中国深层油气形成、分布与潜力分析. 石油勘探与开发，40（6）：641-649.
孙枢. 2005. 中国沉积学的今后发展：若干思考与建议. 地学前缘，12（2）：3-10.
孙枢，王成善. 2009. “深时”（Deep Time）研究与沉积学. 沉积学报，27（5）：792-810.
孙枢，王铁冠. 2016. 中国东部中-新元古界地质学与油气资源. 北京：科学出版社.
谈明轩，朱筱敏，耿名扬，等. 2016. 沉积物重力流流体转化沉积—混合事件层. 沉积学报，34（6）：1108-1119.
田在艺，张庆春. 1996. 中国含油气沉积盆地论. 北京：石油工业出版社.
万天丰，朱鸿. 2007. 古生代与三叠纪中国各陆块在全球古大陆再造中的位置与运动学特征. 现代地质，21（1）：1-13.
万晓樵，吴怀春，席党鹏，等. 2017. 中国东北地区白垩纪温室时期陆相生物群与气候环境演化. 地学前缘，24（1）：18-31.
汪品先. 2009a. 深海沉积与地球系统. 海洋地质与第四纪地质，29（4）：1-11.
汪品先. 2009b. 穿凿地球系统的时间隧道. 中国科学（D辑）：地球科学，39（10）：1313-1338.
汪泽成，姜华，王铜山，等. 2014. 上扬子地区新元古界含油气系统与油气勘探潜力. 天然气工业，34（4）：27-36.
汪正江. 2008. 关于建立“板溪系”的建议及其基础的讨论——以黔东地区为例. 地质论评，54（3）：298-306.
汪正江，许效松，杜秋定，等. 2013. 南华冰期的底界讨论：来自沉积学与同位素年代学证据. 地球科学进展，28（4）：477-489.
王成善. 2016. 白垩纪松辽盆地松科1井大陆科学钻探工程. 北京：科学出版社.
王成善，陈洪德. 1998. 中国南方海相二叠系层序地层与油气勘探. 成都：四川科学技术出版社.
王成善，李祥辉. 2003. 沉积盆地分析原理与方法. 北京：高等教育出版社.
王成善，王天天，陈曦，等. 2017. 深时古气候对未来气候变化的启示. 地学前缘，24（1）：1-17.
王成善，郑和荣，冉波，等. 2010. 活动古地理重建的实践与思考——以青藏特提斯为例. 沉积学报，28（5）：849-861.
王东东，邵龙义，刘海燕，等. 2016. 超厚煤层成因机制研究进展. 煤炭学报，41（6）：1487-1496.
王鸿祯，杨式溥，朱鸿，等. 1990. 中国及邻区构造古地理和生物古地理. 武汉：中国地质大学出版社.
王惠初，于海峰，苗培森，等. 2011. 前寒武纪地质学研究进展与前景. 地质调查与研究，34（4）：241-252.
王剑. 2000. 华南新元古裂谷盆地沉积演化——兼论与Rodinia解体的关系. 北京：地质出版社.
王剑. 2005. 华南“南华系”研究新进展——论南华系地层划分与对比. 地质通报，24（6）：491-495.
王剑，李献华，Duan T Z，等. 2003. 沧水铺火山岩锆石SHRIMP U-Pb年龄及“南华系”底界新证据. 科学通报，48（16）：1726-1731.
王剑，江新胜，卓皆文，等. 2019. 华南新元古代裂谷盆地演化与岩相古地理. 北京：科学出版社.
王剑，潘桂棠. 2009. 中国南方古大陆研究进展与问题评述. 沉积学报，27（5）：818-825.

王剑，曾昭光，陈文西，等. 2006. 华南新元古代裂谷系沉积超覆作用及其开启年龄新证据. 沉积与特提斯地质，26（4）：1-7.
王铁冠，韩克猷. 2011. 论中-新元古界的原生油气资源. 石油学报，32（1）：1-7.
王文昊，高抒，徐杨佩云，等. 2014. 江苏中部海岸潮滩沉积速率特征值的数值实验分析. 南京大学学报（自然科学版），50（5）：656-665.
王砚耕. 1990. 一个浅海裂谷盆地的古老热水沉积锰矿——以武陵山震旦纪锰矿为例. 岩相古地理，（1）：38-45.
王毅，杨伟利，邓军，等. 2014. 多种能源矿产同盆共存富集成矿（藏）体系与协同勘探——以鄂尔多斯盆地为例. 地质学报，88（5）：815-824.
王招明，张丽娟，王振宇，等. 2007. 塔里木盆地奥陶系礁滩体特征与油气勘探. 石油地质，27（6）：1-7.
王振峰. 2012. 深水重要油气储层—琼东南盆地中央峡谷体系. 沉积学报，30（4）：646-653.
吴柏林，孙斌，程相虎，等. 2017. 铀矿沉积学研究与发展. 沉积学报，35（5）：1044-1053.
吴崇筠，薛叔浩. 1993. 中国含油气盆地沉积学. 北京：石油工业出版社.
吴汉宁，朱日祥，刘椿，等. 1990. 华北地块晚古生代至三叠纪古地磁研究新结果及其构造意义. 地球物理学报，33（6）：694-701.
武思琴，颜佳新，刘柯，等. 2016. 黔西南二叠纪早期陆源碎屑沉积体系对冈瓦纳冰川发育的响应. 地学前缘，23（6）：299-311.
鲜本忠，万锦峰，张建国，等. 2013. 湖相深水块状砂岩特征、成因及发育模式——以南堡凹陷东营组为例. 岩石学报，29（9）：3287-3299.
鲜本忠，朱筱敏，岳大力，等. 2014. 沉积学研究热点与进展：第 19 届国际沉积学大会综述. 古地理学报，16（6）：816-826.
谢树成，罗根明，宋金明，等. 2012. 2001—2010 年生物地球化学研究进展与展望. 矿物岩石地球化学通报，31（5）：447-468.
谢树成，殷鸿福. 2014. 地球生物学前沿：进展与问题. 中国科学（D 辑）：地球科学，44（6）：1072-1086.
解习农，李思田，刘晓峰. 2006. 异常压力盆地流体动力学. 武汉：中国地质大学出版社.
解习农，任建业. 2013. 沉积盆地分析基础. 武汉：中国地质大学出版社.
徐景平. 2014. 海底浊流研究百年回顾. 中国海洋大学学报（自然科学版），44（10）：98-105.
徐琦琳，高抒，王文昊，等. 2014. 典型潮汐水道悬沙浓度的潮控机理模拟分析. 南京大学学报（自然科学版），50（5）：646-655.
许靖华，孙枢，李继亮. 1987. 是华南造山带而不是华南地台. 中国科学（B 辑），10：1107-1115.
许效松，刘宝珺，牟传龙. 2004. 中国中西部海相盆地分析与油气资源. 北京：地质出版社.
许艺炜，黄燕，胡修棉，等. 2017. 显生宙深时气候研究热点问题的文献计量分析. 沉积学报，35（5）：995-1003.
许志琴，李延栋，杨经绥，等. 2008. 大陆动力学的过去、现在和未来：理论与应用. 岩石学报，（24）7：1433-1444.
严雅娟，颜佳新，武思琴. 2015. 黔南地区早二叠世大幅度冰川型海平面下降的沉积学新证据. 地球科学，40（2）：372-380.
颜佳新，赵坤. 2002. 二叠—三叠纪东特提斯地区古地理、古气候和古海洋演化与地球表层多圈层事件耦合. 中国科学（D 辑）：地球科学，32（9）：751-759.
杨保明，高抒，周亮，等. 2017. 海南岛东南部海岸砂丘风暴冲越沉积记录. 沉积学报，35（6）：1133-1143.
杨春亮，沈保丰，宫晓华. 2005. 我国前寒武纪地质研究进展与展望. 地层学杂志，29（增刊）：416-422.
杨江海，颜佳新，黄燕. 2017. 从晚古生代冰室到早中生代温室的气候转变：兼论东特提斯低纬区的沉积记录与响应. 沉积学报，35（5）：981-993.
杨明慧，刘池洋. 2006. 鄂尔多斯中生代陆相盆地层序地层格架及多种能源矿产聚集.石油与天然气地质，27（4）：563-571.
杨仁超，金之钧，孙冬胜. 2015. 鄂尔多斯晚三叠世湖盆异重流沉积新发现. 沉积学报，33（1）：10-20.
杨瑞东. 1991. 扬子区震旦纪海平面波动与控矿作用. 岩相古地理，4：11-16.
杨瑞东，欧阳自远，朱立军，等. 2002. 早震旦世大塘坡期锰矿成因新认识. 矿物学报，22（4）：329-334.
杨世伦，朱骏，赵庆英. 2003. 长江供沙量减少对水下三角洲发育影响的初步研究——近期证据分析和未来趋势估计. 海洋学报，25（5）：83-91.
尹崇玉，高林志. 2013. 中国南华系的范畴、时限及地层划分. 地层学杂志，37（4）：534-541.
于革，刘健，薛滨. 2007. 古气候动力模拟. 北京：高等教育出版社.
于兴河，郑秀娟. 2004. 沉积学的发展历程与未来展望. 地球科学进展，19（2）：173-182.
余文超，杜远生，顾松竹，等. 2013. 黔北务正道地区早二叠世铝土矿多期淋滤作用及其控矿意义. 地质科技情报，32（1）：34-39.
袁选俊，刘群，林森虎，等. 2015. 湖盆细粒沉积特征与富有机质页岩分布模式——以鄂尔多斯盆地延长组长 7 油层组为例. 石油勘探与开发，42（1）：34-43.
曾洪流. 2011. 地震沉积学在中国回顾和展望. 沉积学报，29（3）：417-426.
曾洪流，朱筱敏，朱如凯，等. 2013. 砂岩成岩相地震预测——以松辽盆地齐家凹陷青山口组为例. 石油勘探与开发，40（3）：266-274.
翟光明，王世洪，何文渊. 2012. 近十年全球油气勘探热点趋向与启示. 石油学报，33（增刊 I）：14-19.
翟明国，胡波，彭澎，等. 2014. 华北中-新元古代的岩浆作用与多期裂谷事件. 地学前缘，21（1）：100-119.
张昌民，朱锐，赵康，等. 2017. 从端点走向连续：河流沉积模式研究进展综述. 沉积学报，35（5）：926-944.
张国伟. 2016. 秦岭造山带与大陆动力学. 北京：科学出版社.
张国伟，程顺有，郭安林，等. 2004. 秦岭-大别中央造山系南缘勉略古缝合带的再认识——兼论中国大陆主体的拼合. 地质通报，23：846-851.
张宏，柳小明，李之彤，等. 2005. 辽西阜新-义县盆地及附近地区早白垩世地壳大规模减薄及成因探讨. 地质论评，51：360-372.
张泓，沈光隆，何宗莲. 1999. 华北板块晚古生代古气候变化对聚煤作用的控制. 地质学报，73（2）：131-139.
张泓，张群，曹代勇，等. 2010. 中国煤田地质学的现状与发展战略. 地球科学进展，25（4）：343-352.
张杰，童金南. 2010. 下扬子地区下三叠统蠕虫状灰岩及其成因. 古地理学报，5：535-548.
张金带. 2016. 我国砂岩型铀矿成矿理论的创新与发展. 铀矿地质，32（6）：321-332.
张克信，王国灿，曹凯，等. 2008. 青藏高原新生代主要隆升事件：沉积响应与热年代学记录. 中国科学（D 辑）：地球科学，38（12）：1575-1588.
张旗，钱青，王二七，等. 2001. 燕山中晚期的中国东部高原：埃达克岩的启示. 地质科学，36（2）：248-255.
张启锐，兰中伍. 2016. 南华系、莲沱组年龄问题的讨论. 地层学杂志，40（3）：297-301.
赵文智，沈安江，胡素云，等. 2012. 中国碳酸盐岩储集层大型化发育的地质条件与分布特征. 石油勘探与开发，39（1）：1-12.
赵锡文. 1992. 古气候学概论. 北京：地质出版社.
赵越，徐刚，张拴宏，等. 2004. 燕山运动与东亚构造体制的转变. 地学前缘，11（3）：

319-328.
郑荣才，尹世民，彭军. 2000. 基准面旋回结构和叠加样式的沉积动力学分析. 沉积学报，18（3）：369-375.
中国地质科学院地质研究所，武汉地质学院. 1985. 中国古地理图集. 北京：中国地图出版社.
中国科学院《中国自然地理》编辑委员. 1986. 中国自然地理·古地理（下册）. 北京：科学出版社.
中华人民共和国国土资源部. 2017. 中国矿产资源报告. 北京：地质出版社：3-9.
周传明. 2016. 扬子区新元古代前震旦纪地层对比. 地层学杂志，40（2）：120-135.
周琦，杜远生，覃英. 2013. 古天然气渗漏沉积型锰矿床成矿系统与成矿模式——以黔湘渝毗邻区南华纪“大塘坡式”锰矿为例. 矿床地质，32（3）：457-466.
周锡强，陈代钊，刘牧，等. 2017. 中国沉积学发展战略：沉积地球化学研究现状与展望. 沉积学报，35（6）：1293-1316.
朱如凯，白斌，袁选俊，等. 2013. 利用数字露头模型技术对曲流河三角洲沉积储层特征的研究. 沉积学报，31（5）：867-876.
朱如凯，吴松涛，苏玲，等. 2016. 中国致密储层孔隙结构表征需注意的问题及未来发展方向. 石油学报，37（11）：1323-1336.
朱如凯，邹才能，白斌，等. 2011. 全球油气勘探研究进展及对沉积储层研究的需求. 地球科学进展，26（11）：14-25.
朱如凯，邹才能，袁选俊，等. 2017. 中国能源沉积学研究进展与发展战略思. 沉积学报，35（5）：1004-1015.
朱伟林，钟锴，李友川，等. 2013. 南海北部深水区油气成藏与勘探. 科学通报，57（20）：1833-1841.
朱筱敏. 2008. 沉积岩石学. 北京：石油工业出版社.
朱筱敏，董艳蕾，曾洪流，等. 2019a. 沉积地质学发展新航程——地震沉积学. 古地理学报，21（2）：189-201.
朱筱敏，葛家旺，赵宏超，等. 2017b. 陆架边缘三角洲研究进展及实例分析. 沉积学报，35（5）：945-957.
朱筱敏，李顺利，潘荣，等. 2016. 沉积学研究热点与进展：32 届国际沉积学会议综述. 古地理学报，18（5）：699-716.
朱筱敏，李杨，董艳蕾，等. 2013a. 地震沉积学研究方法和在岐口坳陷沙河街组沙一段实例分析. 中国地质，40（1）：152-162.
朱筱敏，刘媛，方庆，等. 2012. 大型坳陷湖盆浅水三角洲形成条件和沉积模式：以松辽盆地三肇凹陷扶余油层为例. 地学前缘，19（1）：89-99.

朱筱敏，谈明轩，董艳蕾，等. 2019b. 当今沉积学研究热点讨论——第20届国际沉积学大会评述.沉积学报，37（1）：1-16.

朱筱敏，信荃麟，张晋仁. 1994. 断陷湖盆滩坝储集体沉积特征及沉积模式. 沉积学报，12（2）：20-28.

朱筱敏，曾洪流，董艳蕾. 2017a. 地震沉积学原理与应用. 北京：石油工业出版社.

朱筱敏，赵东娜，曾洪流，等. 2013b. 松辽盆地齐家地区青山口组浅水三角洲沉积特征及其地震沉积学响应. 沉积学报，31（5）：889-897.

邹才能，杜金虎，徐春春，等. 2014b. 四川盆地震旦系-寒武系特大型气田形成分布、资源潜力及勘探发现. 石油勘探与开发，41（3）：278-293.

邹才能，陶士振，侯连华，等. 2014a. 非常规油气地质学. 北京：地质出版社.

邹才能，赵文智，张兴阳，等. 2008. 大型敞流坳陷湖盆浅水三角洲与湖盆中心砂体的形成与分布. 地质学报，82（6）：813-825.

邹才能，赵政璋，杨华，等. 2009. 陆相湖盆深水砂质碎屑流成因机制与分布特征——以鄂尔多斯盆地为例. 沉积学报，27（6）：1065-1075.

Aberhan M，Baumiller T K. 2003. Selective extinction among Early Jurassic bivalves：a consequence of anoxia. Geology，31（12）：1077-1080.

Adachi N，Asada Y，Ezaki Y，et al. 2017. Stromatolites near the Permian-Triassic boundary in Chongyang，Hubei Province，South China：a geobiological window into palaeo-oceanic fluctuations following the end-Permian extinction. Palaeogeography，Palaeoclimatology，Palaeoecology，475：55-69.

Adachi N，Kotani A，Ezaki Y，et al. 2015. Cambrian Series 3 lithistid sponge-microbial reefs in Shandong Province，North China：reef development after the disappearance of archaeocyaths. Lethaia，48：405-416.

Adlis D S，Grossman E L，Yancey T E，et al. 1988. Isotope stratigraphy and paleodepth changes of Pennsylvanian cyclical sedimentary deposits. Palaios，3（5）：487-506.

Alcalá F J，López-galindo A，Martín-martín M. 2013. Clay mineralogy as a tool for integrated sequence stratigraphic and palaeogeographic reconstructions：late Oligocene-Early Aquitanian western internal South Iberian Margin，Spain. Geological Journal，48：363-375.

Algeo T J，Luo G M，Song H Y，et al. 2015. Reconstruction of secular variation in seawater sulfate concentrations. Biogeosciences，12（7）：2131-2151.

Allen P A，Allen J R. 1990. Basin Analysis：Principles and Applications. Oxford：Blackwell Science.

Al-Masrahy M, Mountney N. 2016. Outcrop architecture of ancient preserved aeolian and fluvial successions: Triassic Wilmslow Sandstone and Helsby Sandstone formations, Sherwood Sandstone Group, Cheshire Basin, UK//Abstracts of 32nd IAS International Meeting of Sedimentology. Marrakech.

Amos C L. 1995. Siliciclastic Tidal Flats//Perillo G M E. Geomorphology and Sedimentology of Estuaries. Amsterdam: Elsevier: 273-306.

An Z H, Jiang G Q, Tong J N, et al. 2015. Stratigraphic position of the Ediacaran Miaohe biota and its constrains on the age of the upper Doushantuo $\delta^{13}C$ anomaly in the Yangtze Gorges area, South China. Precambrian Research, 271: 243-253.

Anbar A D, Knoll A H. 2002. Proterozoic ocean chemistry and evolution: a bioinorganic bridge. Science, 297: 1137-1142.

Angiolini L, Gaetani M, Muttoni G, et al. 2007. Tethyan oceanic currents and climate gradients 300 m. y. ago. Geology, 35 (12): 1071-1074.

Angiolini L, Jadoul F, Leng M J, et al. 2009. How cold were the Early Permian glacial tropics?: testing sea-surface temperature using the oxygen isotope composition of rigorously screened brachiopod shells. Journal of the Geological Society, 166 (5): 933-945.

Antoine P, Rousseau D D, Degeai J P, et al. 2013. High-resolution record of the environmental response to climatic variations during the Last Interglacial-Glacial cycle in Central Europe: the loess-palaeosol sequence of Dolní Věstonice (Czech Republic). Quaternary Science Reviews, 67 (1): 17-38.

Armendáriz M, Rosales I, Quesada C. 2008. Oxygen isotope and Mg/Ca composition of Late Viséan (Mississippian) brachiopod shells from SW Iberia: palaeoclimatic and palaeogeographic implications in northern Gondwana. Palaeogeography, Palaeoclimatology, Palaeoecology, 268: 65-79.

Arning E T, van Berk W, Schulz H M. 2016. Fate and behaviour of marine organic matter during burial of anoxic sediments: testing CH_2O as generalized input parameter in reaction transport models. Marine Chemistry, 178: 8-21.

Arthur M A, Dean W E. 1998. Organic-matter production and preservation and evolution of anoxia in the Holocene Black Sea. Paleoceanography, 13: 395-411.

Azmy K, Stouge S, Brand U, et al. 2014. High-resolution chemostratigraphy of the Cambrian-Ordovician GSSP: enhanced global correlation tool. Palaeogeography, Palaeoclimatology, Palaeoecology, 409: 135-144.

Balila A, Flint S, Huuse M. 2016. Rapid progradation of pre-land-plant Early Silurian shelf-margin clinoforms, Central Arabia//Abstracts of 32nd IAS International Meeting of Sedimentology. Marrakech.

Bambach R K, Knoll A H and Wang S C. 2004. Origination, extinction, and mass depletions of marine diversity. Paleobiology, 30: 522-542.

Bao H, Lyons J, Zhou C. 2008. Triple oxygen isotope evidence for elevated CO_2 levels after a Neoproterozoic glaciation. Nature, 453 (7194): 504-506.

Barilaro F, Capua A D, McKenzie J, et al. 2016. Geometry, internal architectures and fabric types of a hydrothermal travertine mound: an example from Central Italy//Abstracts of 32nd IAS International Meeting of Sedimentology. Marrakech.

Barnosky A D, Matzke N, Tomiya S, et al. 2011. Has the Earth's sixth mass extinction already arrived?. Nature, 471 (7336): 51-57.

Bates C C. 1953. Rational theory of delta formation. AAPG Bulletin, 37 (9): 2119-2162.

Baud A, Richoz S, Pruss S. 2007. The Lower Triassic anachronistic carbonate facies in space and time. Global and Planetary Change, 55: 81-89.

Becker H R. 2007. Geometric parameters as key factors for the 3D-modeling of fluvial deposits. Transactions in GIS, 11 (1): 83-100.

Beerling D J, Lomas M R, Gröcke D R. 2002. On the nature of methane gas-hydrate dissociation during the Toarcian and Aptian oceanic anoxic events. American Journal of Science, 302 (1): 28-49.

Bekker A, Slack J K, Planavsky N, et al. 2010. Iron Formation: the sedimentary product of a complex interplay among mantle, tectonic, oceanic, and biospheric processes. Economic Geology, 105: 467-508.

Belli R, Frisia S, Borsato A, et al. 2013. Regional climate variability and ecosystem responses to the last deglaciation in the northern hemisphere from stable isotope data and calcite fabrics in two northern Adriatic stalagmites. Quaternary Science Reviews, 72 (4): 146-158.

Benton M J. 1995. Diversification and extinction in the history of life. Science, 268 (5207): 52-58.

Benton M J, Twichett R J. 2003. How to kill (almost) all life: the end-Permian extinction event. Trends in Ecology and Evolution, 18: 358-365.

Berger W H. 2013. Milankovitch tuning of deep-sea records: implications for maximum rates of change of sea level. Global & Planetary Change, 101: 131-143.

Berner R A. 1971. Principles of Chemical Sedimentology. New York: McGraw-Hill Companies.

Berner R A. 2006. GEOCARBSULF：a combined model for Phanerozoic atmospheric O_2 and CO_2. Geochimica et Cosmochimica Acta，70（23）：5653-5664.

Berner R A，Raiswell R. 1983. Burial of organic carbon and pyrite sulfur in sediments over Phanerozoic time：a new theory. Geochimica et Cosmochimica Acta，47（5）：855-862.

Biddle K T. 1991. Active margin basins. AAPG Memoir，52：323.

Boggs S. 2009. Petrology of Sedimentary Rocks. Cambridge：Cambridge University Press.

Bojar A V，Bojar H P，Ottner F，et al. 2010. Heavy mineral distributions of Maastrichtian deposits from the Haţeg basin，South Carpathians：tectonic and palaeogeographic implications. Palaeogeography，Palaeoclimatology，Palaeoecology，293：319-328.

Bolle M P，Pardo A，Hinrichs K U，et al. 2000. The Paleocene–Eocene transition in the marginal northeastern Tethys（Kazakhstan and Uzbekistan）. International Journal of Earth Sciences，89（2）：390-414.

Bomou B，Adatte T，Tantawy A，et al. 2013. The expression of the Cenomanian-Turonian oceanic anoxic event in Tibet. Palaeogeography，Palaeoclimatology，Palaeoecology，369：466-481.

Bond D P G，Wignall P B. 2014. Large igneous provinces and mass extinctions：an update. Geological Society of America Special Papers，505：29-55.

Boothroyd J C. 1985. Tidal inlets and tidal deltas//Davis R A Jr. Coastal Sedimentary Environments（2nd edition）. New York：Springer-Verlag：445-532.

Bottjer D J，Hagadorn J W，Dornbos S Q. 2000. The Cambrian substrate revolution. GSA Today，10：1-7.

Bouma A H. 1962. Sedimentology of Some Flysch Deposits A Graphic Approach to Facies Interpretation. Amsterdam：Elsevier：88-123.

Bouma A H，Brouwer A. 1964. Turbidites. Amsterdam：Elsevier.

Bouma T J，van Duren L A，Temmerman S，et al. 2007. Spatial flow and sedimentation patterns within patches of epibenthic structures：combining field，flume and modelling experiments. Continental Shelf Research，27（8）：1020-1045.

Bouvier A，Wadhwa M. 2010. The age of the Solar redefined by the oldest Pb-Pb age of a meteoritic system inclusion. Nature Geoscience，3（9）：637-641.

Bowen G J，Clyde W C，Koch P L，et al. 2002. Mammalian dispersal at the Paleocene/Eocene boundary. Science，295（5562）：2062-2065.

Bowen G J，Koch P L，Meng J，et al. 2005. Age and correlation of fossiliferous late Paleocene–early Eocene strata of the Erlian Basin，Inner Mongolia，China. American

Museum Novitates，3474：1-26.

Bowring S A，Williams I S. 1999. Priscoan（4.00-4.03Ga）orthogneisses from northwestern Canada. Contributions to Mineralogy and Petrology，134（1）：3-16.

BP. 2016. BP Statistical Review of World Energy .bp.com.cn/energyoutlook2016[2021-07-29].

Bradley B S. 2002. A tale of shales：the relative roles of production，decomposition，and dilution in the accumulation of organic-rich strata，Middle-Upper Devonian，Appalachian basin. Chemical Geology，195：229-273.

Brasier M D，Antcliffe J，Saunders M，et al. 2015. Changing the picture of Earth's earliest fossils（0.5-1.9 Ga）with new approaches and new discoveries. Proceedings of the National Academy of Sciences，112（16）：4859-4864.

Brayard A，Vennin E，Olivier N，et al. 2011. Transient metazoan reefs in the aftermath of the end-Permian mass extinction. Nature Geoscience，4：693-697.

Bristow C，Duller G. 2016. The Structure and Development of a Star Dune，Lala Lallia，Erg Chebbi，Morocco//Abstracts of 32nd IAS International Meeting of Sedimentology. Marrakech.

Brocks J J，Jarrett A J M，Sirantoine E，et al. 2017. The rise of algae in Cryogenian oceans and the emergence of animals. Nature，548（7669）：578-581.

Burne R V，Moore L S. 1987. Microbialites：organosedimentary deposits of benthic microbial communities. Palaios，2（3）：241-254.

Burr D M，Bridges N T，Smith J K. 2015. The Titan wind tunnel：a new tool for investigating extraterrestrial aeolian environments. Aeolian Research，18：205-214.

Calvert S E，Pedersen T F. 1993. Geochemistry of recent oxic and anoxic marine sediments：implications for the geological record. Marine Geology，113：67-88.

Campbell L M，Conaghan P J，Flood R H. 2001. Flow-field and palaeogeographic reconstruction of volcanic activity in the Permian Gerringong Volcanic Complex，southern Sydney Basin，Australia. Australian Journal of Earth Sciences，48：357-375.

Canfield D E. 1989. Sulfate reduction and oxic respiration in marine sediments：implications for organic carbon preservation in euxinic environments. Deep-Sea Research，36：121-138.

Canfield D E. 1998. A new model for Proterozoic ocean chemistry. Nature，396：450-453.

Canfield D E，Poulton S W，Knoll A H，et al. 2008. Ferruginous conditions dominated later Neoproterozoic deep-water chemistry. Science，321：949-952.

Canfield D E，Poulton S W，Narbonne G M. 2007. Late-Neoproterozoic deep ocean oxygenation and the rise of animal life. Science，315：92-95.

Caplan M L，Bustin R M. 1998. Paleoceanographic controls on geochemical characteristics of organic-rich Exshawmud rocks：role of enhanced primary productivity. Organic Geochemistry，30：161-188.

Capua A D，Groppelli G. 2016. Application of actualistic models to unravel primary volcanic control on sedimentation（Taveyanne Sandstones，Oligocene Northalpine Foreland Basin）. Sedimentary Geology，336：147-160.

Caruthers A H，Smith P L，Gröcke D R，et al. 2014. The Pliensbachian-Toarcian（Early Jurassic）extinction：a North American perspective. Geological Society of America Special Papers，505：225-243.

Caswell B A，Coe A L. 2014. The impact of anoxia on pelagic macrofauna during the Toarcian Oceanic Anoxic Event（Early Jurassic）. Proceedings of the Geologists Association，125（4）：383-391.

Catuneanu O. 2002. Sequence stratigraphy of clastic systems：concepts，merits，and pitfalls. Journal of African Earth Sciences，35（1）：1-43.

Catuneanu O. 2006. Principles of Sequence Stratigraphy. Amsterdam：Elsevier Publishing.

Chen B，Joachimski M M，Shen S Z，et al. 2013. Permian ice volume and palaeoclimate history：oxygen isotope proxies revisited. Gondwana Research，24（1）：77-89.

Chen B，Joachimski M M，Wang X D，et al. 2016. Ice volume and paleoclimate history of the Late Paleozoic Ice Age from conodont apatite oxygen isotopes from Naqing（Guizhou，China）. Palaeogeography，Palaeoclimatology，Palaeoecology，448：151-161.

Chen D Z，Tucker M E，Jiang M S，et al. 2001. Long-distance correlation between tectonic-controlled，isolated carbonate platforms by cyclostratigraphy and sequence stratigraphy in the Devonian of South China. Sedimentology，48：57-78.

Chen D Z，Tucker M E，Zhu J Q，et al. 2002. Carbonate platform evolution：from a bioconstructed platform margin to a sand-shoal system（Devonian，Guilin，South China）. Sedimentology，49：737-764.

Chen H，Liang J，Gong Y. 2018. Comprehensive investigation of submarine slide zones and mass movements at the northern continental slope of South China Sea. Journal of Ocean University of China，17（1）：101-117.

Chen H，Xie X N，Rooij D V，et al. 2014. Characteristics of deep-water depositional systems on the northwestern margin slopes of the Northwest Sub-Basin，South China Sea. Marine Geology，355：36-53.

Chen H，Xie X，Zhang W，et al. 2016. Deep-water sedimentary systems and their relationship with bottom currents at the intersection of Xisha Trough and Northwest Sub-Basin, South China Sea. Marine Geology, 378: 101-113.

Chen J, Shen S Z, Li X H, et al. 2016. High-resolution SIMS oxygen isotope analysis on conodont apatite from South China and implications for the end-Permian mass extinction. Palaeogeography, Palaeoclimatology, Palaeoecology, 448: 26-38.

Chen J T, Chough S K, Chun S S, et al. 2009. Limestone pseudoconglomerates in the Late Cambrian Gushan and Chaomidian Formations (Shandong Province, China): soft-sediment deformation induced by storm-wave loading. Sedimentology, 56: 1174-1195.

Chen X, Idakieva V, Stoykova K, et al. 2017a. Ammonite biostratigraphy and organic carbon isotope chemostratigraphy of the early Aptian oceanic anoxic event (OAE 1a) in the Tethyan Himalaya of southern Tibet. Palaeogeography, Palaeoclimatology, Palaeoecology, 485: 531-542.

Chen X, Ling H F, Vance D, et al. 2015. Rise to modern levels of ocean oxygenation coincided with the Cambrian radiation of animals. Nature Communications, 6: 7142.

Chen X, Romaniello S J, Anbar A D. 2017b. Uranium isotope fractionation induced by aqueous speciation: implications for U isotopes in marine $CaCO_3$ as a paleoredox proxy. Geochimica et Cosmochimica Acta, 215: 162-172.

Chen Z, Ding Z, Yang S, et al. 2016. Increased precipitation and weathering across the Paleocene-Eocene Thermal Maximum in central China. Geochemistry, Geophysics, Geosystems, 17: 2286-2297.

Chen Z Q, Benton M J. 2012. The timing and pattern of biotic recovery following the end-Permian mass extinction. Nature Geoscience, 5: 375-383.

Chen Z Q, Hu X M, Montañez I P, et al. 2019a. Sedimentology as a key to understanding Earth and life processes. Earth-Science Reviews, 189: 1-5.

Chen Z Q, Joachimski M, Montañez I, et al. 2014a. Deep time climatic and environment extremes and ecosystem response: an introduction. Gondwana Research, 25: 1289-1293.

Chen Z Q, Tong J, Fraiser M L. 2011. Trace fossil evidence for restoration of marine ecosystems following the end-Permian mass extinction in the Lower Yangtze region, South China. Palaeogeography, Palaeoclimatology, Palaeoecology, 299: 449-474.

Chen Z Q, Tu C Y, Pei Y, et al. 2019b. Biosedimentological features of major microbe-metazoan transitions (MMTs) from Precambrian to Cenozoic. Earth-Science Reviews, 189: 21-50.

Chen Z Q, Wang Y B, Kershaw S, et al. 2014b. Early Triassic stromatolites in a siliciclastic nearshore setting in northern Perth Basin, Western Australia: geobiologic features and implications for post-extinction microbial proliferation. Global and Planetary Change, 121: 89-100.

Chen Z Q, Yang H, Luo M, et al. 2015. Complete biotic and sedimentary records of the Permian–Triassic transition from Meishan section, South China: ecologically assessing mass extinction and its aftermath. Earth-Science Reviews, 149: 67-107.

Chen Z Q, Zhou C M, George J S. 2017. Biosedimentary records of China from the Precambrian to Present. Palaeogeography, Palaeoclimatology, Palaeoecology, 474: 1-5.

Chen Z Y, Li J F, Shen H T, et al. 2001. Yangtze River of China: historical analysis of discharge variability and sediment flux. Geomorphology, 41 (2-3): 77-91.

Choi K. 2016. Spatio-temporal variability of point-bar architecture in the tidal-fluvial transition//Abstracts of 32nd IAS International Meeting of Sedimentology. Marrakech.

Chu D, Tong J N, Song H J, et al. 2015. Early Triassic wrinkle structures on land: stressed environments and oases for life. Scientific Reports, 5: 10109e.

Clarke F W. 1924. The Data of Geochemistry. 5th Edition. Washington: United States Geological Survey.

Claudio G, Alcides N S, Galen P H, et al. 2010. Neoproterozoic-Cambrian tectonics, global change and evolution. The Netherlands Linacre House, Oxford, UK.

Clauer N, Zwingmann H, Liewig N, et al. 2012. Comparative $^{40}Ar/^{39}Ar$ and K-Ar dating of illite-type clay minerals: a tentative explanation for age identities and differences. Earth-Science Reviews, 115 (1-2): 76-96.

Clegg J A, Almond M, Stubbs P H S. 1954. The remanent magnetization of some sedimentary rocks in Britain. Philosophical Magazine, 45: 583-598.

Cloetingh S, Bunge H P. 2009. TOPO-EUROPE and Cyberinfrastructure: Quantifying Coupled Deep Earth- Surface Processes in 4D. Cambridge: Cambridge University Press.

Cloetingh S, Negendank J F W. 2010. New frontiers in integrated solid earth sciences. International Year of Planet Earth, 476 (3): 478-495.

Cloetingh S, Ziegler P A, Bogaard P, et al. 2007. Topo-Europe: the geosciences of coupled deep Earth- surface processes. Global and Planetary Change, 58 (1-4): 1-118.

Cobbold P R, Zanella A, Rodrigues N, et al. 2013. Bedding parallel fibrous veins (beef and coine-in-cone): worldwide occurrence and possible significance in terms of fluid overpressure, hydrocarbon generation and mineralization. Marine and Petroleum Geology, 43: 1-20.

Coccioni R, Luciani V. 2005. Planktonic foraminifers across the Bonarelli Event (OAE2, latest Cenomanian）：the Italian record. Palaeogeography，Palaeoclimatology，Palaeoecology，224（1-3）：167-185.

Cole G A. 1922. Wegener's drifting continents. Nature，110：798-801.

Coleman A P. 1925. Permo-Carboniferous glaciation and the Wegener hypothesis. Nature，115：602.

Coleman M，Hodges K. 1995. Evidence for Tibetan plateau uplift before 14 Myr ago from a new minimum age for east-west extension. Nature，374：49-52.

Conybeare C E B. 1979. Lithostratigraphic Analysis of Sedimentary Basins. London：Academic Press.

Cook E R，Palmer J G，Ahmed M，et al. 2013. Five centuries of Upper Indus River flow from tree rings. Journal of Hydrology，486（4）：365-375.

Copper P. 2002. Reef development at the Frasnian/Famennian mass extinction boundary. Palaeogeography，Palaeoclimatology，Palaeoecology，181：27-65.

Cox G M，Halverson G P，Stevenson R K，et al. 2016. Continental flood basalt weathering as a trigger for Neoproterozoic Snowball Earth. Earth and Planetary Science Letters，446：89-99.

Craig J. 2009. Global Neoproterozoic petroleum systems：the emerging potential in North Africa. Geological Society，London，Special Publications：1-25.

Creaney S，Passey Q R. 1993. Recurring patterns of total organic carbon and source rock quality within a sequence stratigraphic framework. AAPG Bulletin，77：386-401.

Creer K M，Irving E，Runcorn S K. 1954. The direction of the geomagnetic field in remote epochs in Great Britain. Journal of Geomagnetism and Geoelectricity，6：163-168.

Cross T A. 1994. High-resolution stratigraphic correlation from the perspective of base-level cycles and sediment accommodation. Proc. Northwest. Eur. Seq. Strat. Congr. 105-123.

Crowley T J，Baum S K. 1991. Estimating Carboniferous sea-level fluctuations from Gondwanan ice extent. Geology，19（10）：975-977.

Crowley T J，Berner R A. 2001. CO_2 and climate change. Science，292：870-872.

Crowley T J，North G R. 1991. Paleoclimatology. New York：Oxford University Press.

Curray J R，Moore D G. 1971. Growth of the Bengal deep-sea fan and denudation in the Himalayas. Geological Society of America Bulletin，82（3）：563-572.

Dai Z J，Fagherazzi S，Mei X F，et al. 2016. Decline in suspended sediment concentration delivered by the Changjiang（Yangtze）River into the East China Sea between 1956 and 2013. Geomorphology，268：123-132.

Daigle H，Worthington L L，Gulick S P，et al. 2017. Rapid sedimentation and overpressure in shallow sediments of the Bering Trough，offshore southern Alaska. Journal of Geophysical Research：Solid Earth，122（4）：2457-2477.

Dale A，John C M，Mozley P S，et al. 2014. Time-capsule concretions：unlocking burial diagenetic processes in the Mancos Shale using carbonate clumped isotopes. Earth and Planetary Science Letters，394：30-37.

Davies B J，Hambrey M J，Smellie J L，et al. 2012. Antarctic Peninsula Ice Sheet evolution during the Cenozoic Era. Quaternary Science Reviews，31（1）：30-66.

Davis R A Jr. 1983. Depositional Systems：A Genetic Approach to Sedimentary Geology. Englewood Cliffs：Prentice-Hall.

Davis R A Jr. 1994. Barrier island systems：a geological overview//Davis R A Jr. Geology of Holocene Barrier Island Systems. New York：Springer-Verlag：1-46.

Dean W E，Leinen M，Stow D A V. 1985. Classification of deep-sea fine-grained sediments. Journal of Sedimentary Petrology，55：250-256.

Degens E. 1965. Geochemistry of Sediments：A Brief Survey. New Jersey：Prentice-Hall.

Delmellf P，Lamert M，Dufrene Y，et al. 2007. Gas/aerosol-ash interaction in volcanic plumes：new insights from surface analyses of fine ash particles. Earth Planet Science Letters，259：159-170.

Demaison G J，Moore G T. 1980. Anoxic environments and oil source bed genesis. American Association of Petroleum Geologists Bulletin，64：1179-1209.

Deng C L，He H Y，Pan Y X，et al. 2013. Chronology of the terrestrial Upper Cretaceous in the Songliao Basin，northeast Asia. Palaeogeography，Palaeoclimatology，Palaeoecology，385：44-54.

Dera G，Neige P，Dommergues J L，et al. 2010. High-resolution dynamics of Early Jurassic marine extinctions：the case of Pliensbachian-Toarcian ammonites（Cephalopoda）. Journal of the Geological Society，167（1）：21-33.

Dera G，Neige P，Dommergues J L，et al. 2011. Ammonite paleobiogeography during the Pliensbachian–Toarcian crisis（Early Jurassic）reflecting paleoclimate，eustasy，and extinctions. Global and Planetary Change，78（3-4）：92-105.

Dewever B，Berwouts I，Swennen R，et al. 2010. Fluid flow reconstruction in karstified Panormide platform limestones（north-central Sicily）：implications for hydrocarbon prospectivity in the Sicilian fold and thrust belt. Marine and Petroleum Geology，27：939-958.

Dickens G R. 2001. Sulfate profiles and barium fronts in sediment on the Blake Ridge：present and past methane fluxes through a large gas hydrate reservoir. Geochimica et Cosmochimica Acta，65（4）：529-543.

Dickens G R，O'Neil J R，Rea D K，et al. 1995. Dissociation of oceanic methane hydrate as a cause of the carbon isotope excursion at the end of the Paleocene. Paleoceanography，10（6）：965-971.

Dickinson W R. 1997.The Dynamics of Sedimentary Basin. Washington，D.C.：USGS National Academy Press.

Dimberline A J，Bell A，Woodcock N H. 1990. A laminated hemipelagic facies from the Wenlock and Ludlow of the Welsh Basin. Journal of the Geological Society，147：693-701.

Domeier M，derVoo R V，Torsvik T H. 2012. Paleomagnetism and Pangea：the road to reconciliation. Tectonophysics，514-517：14-43.

Dong S，Li Z，Jiang L. 2016. The early Paleozoic sedimentary-tectonic evolution of the circum-Mangar areas，Tarim block，NW China：constraints from integrated detrital records. Tectonophysics，682：17-34.

Dubon S L，Viero D，Lanzoni S. 2016. Chute cutoff of large meandering rivers//Abstracts of 32nd IAS International Meeting of Sedimentology. Marrakech.

Dupraz C，Visscher P T. 2005. Microbial lithification in marine stromatolites and hypersaline mats. Trends of Microbiology，13：429-439.

Dupraz C，Visscher P T，Baumgartner L K，et al. 2004. Microbe-mineral interactions：early carbonate precipitation in a hypersaline lake（Eleuthera Island，Bahamas）. Sedimentology，51：745-765.

Durand B，Jolivet L，Horvath F，et al. 1999. The Mediterranean Basin：tertiary extension within the Alpine orogen. London：Geological Society，Special Publications.

Dyer K R. 1986. Coastal and Estuarine Sediment Dynamics. Chichester：John Wiley.

Dyer K R. 1997. Estuaries：A physical Introduction. 2nd edition. Chichester：John Wiley.

Edwards J D，Samtogrossi P A. 1990. Divergent passive margins basins. AAPG Memoir，48：256.

Einsele G. 1992. Sedimentary Basins：Evolution，Facies，and Sediment Budget. 1st. New York：Springer .

Einsele G. 2000. Sedimentary Basins：Evolution，Facies，and Sediment Budget. 2nd. New York：Springer.

Erba E. 1994. Nannofossils and superplumes：the early Aptian "nannoconid" crisis. Paleoceanography, 9 (3): 483-501.

Erba E. 2004. Calcareous nannofossils and Mesozoic oceanic anoxic events. Marine Micropaleontology, 52 (1-4): 85-106.

Eros J M, Montañez I P, Osleger D A, et al. 2012. Sequence stratigraphy and onlap history of the Donets Basin, Ukraine: insight into Carboniferous icehouse dynamics. Palaeogeography, Palaeoclimatology, Palaeoecology, 313-314: 1-25.

Erwin D H. 1994. The Permo-Triassic extinction. Nature, 367: 231-236.

Esper O, Gersonde R. 2014. New tools for the reconstruction of Pleistocene Antarctic sea ice. Palaeogeography, Palaeoclimatology, Palaeoecology, 399: 260-283.

Ezaki Y, Liu J B, Adachi N, et al. 2017. Microbialite development during the protracted inhibition of skeletal-dominated reefs in the Zhangxia Formation (Cambrian Series 3) in Shandong Province, North China. Palaios, 32: 559-571.

Fagherazzi S, Kirwan M L, Mudd S M, et al. 2012. Numerical models of salt marsh evolution: ecological, geomorphic, and climatic factors. Reviews of Geophysics, 50 (1): 294-295.

Fan D D, Tu J, Shang S, et al. 2014. Characteristics of tidal-bore deposits and facies associations in the Qiantang Estuary, China. Marine Geology, 348: 1-14.

Fang Y H, Chen Z Q, Kershaw S, et al. 2017. An Early Triassic (Smithian) stromatolite associated with giant ooid banks from Lichuan (Hubei Province), South China: environment and controls on its formation. Palaeogeography, Palaeoclimatology, Palaeoecology, 486: 108-122.

Farkaš J, Böhm F, Wallmann K, et al. 2007. Calcium isotope record of Phanerozoic oceans: implications for chemical evolution of seawater and its causative mechanisms. Geochimica et Cosmochimica Acta, 71 (21): 5117-5134.

Farquhar J, Bao H, Thiemens M. 2000. Atmospheric influence of Earth's earliest sulfur cycle. Science, 289 (5480): 756-758.

Farquhar J, Peters M, Johnston D T, et al. 2007. Isotopic evidence for Mesoarchaean anoxia and changing atmospheric sulphur chemistry. Nature, 449 (7163): 706-709.

Feng J, Zhou J, Wang L, et al. 2017. Effects of short-term invasion of Spartina alterniflora and the subsequent restoration of native mangroves on the soil organic carbon, nitrogen and phosphorus stock. Chemosphere, 184: 774-783.

Fielding C R, Frank T D, Birgenheier L P, et al. 2008. Stratigraphic imprint of the Late Paleozoic Ice Age in eastern Australia: a record of alternating glacial and nonglacial climate regime. Journal of the Geological Society，165（1）：129-140.

Fike D A，Grotzinger J P，Pratt L M，et al. 2006. Oxidation of the Ediacaran ocean. Nature，444：744-747.

Fisher R A. 1953. Dispersion on a sphere. Proceedings of the Royal Society of London，A217：295-306.

Flügel E，Kiessling W. 2002. Patterns of Phanerozoic reef crisis//Kiessling W，Flügel E，Golonka J. Phanerozoic Reef Pattern. SEPM Special Publication，72：339-390.

Frakes L A. 1979. Climate throughout Geologic Time. Amsterdam：Elsevier Scientific Publishing Company.

Fredsoe J，Deigaard R. 1992. Mechanics of Coastal Sediment Transport. Singapore：World Scientific.

Frei R，Gaucher C，Poulton S W，et al. 2009. Fluctuations in Precambrian atmospheric oxygenation recorded by chromium isotopes. Nature，461（7261）：250-253.

Friesenbichler E，Richoz S，Baud A，et al. 2018. Sponge-microbial build-ups from the lowermost Triassic Chanakhchi section in Southern Armenia：microfacies and stable carbon isotopes. Palaeogeography，Palaeoclimatology，Palaeoecology，490：653-672.

Fuller T K，Gran K B，Sklar L S，et al. 2016. Lateral erosion in an experimental bedrock channel：the influence of bed roughness on erosion by bed load impacts. Journal of Geophysical Research：Earth Surface，121（5）：1084-1105.

Gao J H，Jia J J，Sheng H，et al. 2017. Variations in the transport，distribution and budget of ^{210}Pb in sediment over the estuarine and inner shelf areas of the East China Sea due to Changjiang catchment changes. Journal of Geophysical Research-Earth Surface，122（1）：235-247.

Gao S. 2007. Modeling the growth limit of the Changjiang Delta. Geomorphology，85（3-4）：225-236.

Gao S. 2009. Modeling the preservation potential of tidal flat sedimentary records，Jiangsu coast，Eastern China. Continental Shelf Research，29：1927-1936.

Gao S. 2013. Holocene shelf-coastal sedimentary systems associated with the Changjiang River：an overview. Acta Oceanologica Sinica，32（12）：4-12.

Gao S. 2018. Geomorphology and Sedimentology of Tidal Flats // Perillo G M E，Wolanski E，Cahoon D，et al. Coastal Wetlands：An Ecosystem Integrated Approach. 2nd edition. Amsterdam：Elsevier.

Gao S. 2019. Geomorphology and Sedimentology of Tidal Flats // Perillo G M E，Wolanski E，

Cahoon D, et al. Coastal Wetlands: An Ecosystem Integrated Approach. 2nd edition. Amsterdam: Elsevier: 359-381.

Gao S, Collins M B. 2014. Holocene sedimentary systems on continental shelves. Marine Geology, 352: 268-294.

Gao S, Du Y, Xie W J, et al. 2014. Environment-ecosystem dynamic processes of Spartina alterniflora salt-marshes along the eastern China coastlines. Science China-Earth Sciences, 57 (11): 2567-2586.

Gao S, Liu Y L, Yang Y, et al. 2015. Evolution status of the distal mud deposit associated with the Pearl River, northern South China Sea continental shelf. Journal of Asian Earth Sciences, 113 (3): 562-573.

Gao S, Wang D D, Yang Y, et al. 2016. Holocene sedimentary systems of the Bohai, Yellow and East China Seas, eastern Asia//Clift P, Harff J, Wu J, et al. River-dominated shelf sediments of East Asia seas. Geological Society, London, Special Publication, 429: 231-268.

Garrels R M. 1960. Mineral Equilibria at Low Temperature and Pressure. New York: Harper.

Gehling J G. 1999. Microbial mats in terminal Proterozoic siliciclastics: Ediacaran death masks. Palaios, 14: 40-57.

Geyh M A, Schleicher H. 1990. Absolute Age Determination. Berlin: Springer-Verlag.

Ghadeer S G, Macquaker J H S. 2011. Sediment transport processes in an ancient mud-dominated succession: a comparison of processes operating in marine off shore settings and anoxic basinal environments. Journal of the Geological Society of London, 168: 835-846.

Giles P S. 2012. Low-latitude Ordovician to Triassic brachiopod habitat temperatures (BHTs) determined from $\delta^{18}O$[brachiopod calcite]: a cold hard look at ice-house tropical oceans. Palaeogeography, Palaeoclimatology, Palaeoecology, 317-318: 134-152.

Godderis Y, Donnadieu Y, Nédélec A, et al. 2003. The Sturtian "snowball" glaciation: fire and ice. Earth and Planetary Science Letters, 211 (1-2): 1-12.

Godet A. 2013. Drowning unconformities: Palaeoenvironmental significance and involvement of global processes. Sedimentary Geology, 293 (4): 45-66.

Goldschmidt V M. 1954. Geochemistry. London: Oxford University Press.

Gong C, Peakall J, Wang Y et al. 2017. Flow processes and sedimentation in contourite channels on the northwestern South China Sea margin: a joint 3D seismic and oceanographic perspective. Marine Geology, 393: 176-193.

Gong C, Steel R J, Wang Y, et al. 2016. Shelf-margin architecture variability and its role in sediment-budget partitioning into deep-water areas. Earth-Science Reviews，154：72-101.

Grace J B，Anderson T M，Olff H，et al. 2010. On the specification of structural equation models for ecological systems. Ecological Monographs，80（1）：67-87.

Gregory D D，Large R R，Halpin J A，et al. 2015. Trace element content of sedimentary pyrite in black shales. Economic Geology，110（6）：1389-1410.

Grice K，Cao C，Love G，et al. 2005. Photic zone Euxinia during the Permian-Triassic superanoxic event. Science，207：706-708.

Gromet L P，Haskin L A，Korotev R L，et al. 1984. The "North American shale composite"：its compilation，major and trace element characteristics. Geochimica et Cosmochimica Acta，48（12）：2469-2482.

Grossman E L，Yancey T E，Jones T E，et al. 2008. Glaciation，aridification，and carbon sequestration in the Permo-Carboniferous：the isotopic record from low latitudes. Palaeogeography，Palaeoclimatology，Palaeoecology，268：222-233.

Grotzinger J P，Knoll A H. 1995. Anomalous carbonate precipitates：is the Precambrian the key to the Permian?. Palaios，10：578-596.

Guan C G，Wang W，Zhou C M，et al. 2017. Controls on fossil pyritization：redox conditions，sedimentary organic matter content，and Chuaria preservation in the Ediacaran Lantian Biota. Palaeogeography，Palaeoclimatology，Palaeoecology，474：26-35.

Hall. 2009. Southeast Asia's changing palaeogeography. Blumea，54：148-161.

Hallam A. 1981. Facies Interpretation and the Stratigraphic Record. Oxford：W. H. Freeman.

Han Z，Hu X M，Kemp D B，et al. 2018. Carbonate-platform response to the Toarcian Oceanic Anoxic Event in the southern hemisphere：implications for climatic change and biotic platform demise. Earth and Planetary Science Letters，489：59-71.

Han Z，Hu X M，Li J，et al. 2016. Jurassic carbonate microfacies and relative sea-level changes in the Tethys Himalaya（southern Tibet）. Palaeogeography，Palaeoclimatology，Palaeoecology，456：1-20.

Handley L，O'Halloran A，Pearson P N，et al. 2012. Changes in the hydrological cycle in tropical East Africa during the Paleocene-Eocene Thermal Maximum. Palaeogeography，Palaeoclimatology，Palaeoecology，329-330：10-21.

Handley L，Pearson P N，McMillan I K，et al. 2008. Large terrestrial and marine carbon and hydrogen isotope excursions in a new Paleocene/Eocene boundary section from Tanzania. Earth and Planetary Science Letters，275（1）：17-25.

Harper D A. 2006. The Ordovician biodiversification：setting an agenda for marine life.

Palaeogeography, Palaeoclimatology, Palaeoecology, 232: 148-166.
Harrison T, Copeland P, Kidd W, et al. 1992. Raising Tibet. Science, 255 (5052): 1663-1670.
Hartley A, Weissmann G, Owen A, et al. 2016. Distributive Fluvial Systems in Deserts: Significance, Controls on Distribution and Preliminary Facies Models. Abstracts of 32nd IAS International Meeting of Sedimentology. Marrakech.
Haug E. 1900. Les géosynclinaux et les aires continentales. Bull. Soc. Géol. France, 3 (39): 617-711.
Haustein K, Allen M R, Forster P M, et al. 2017. A real-time Global Warming Index. Scientific Reports, 7 (1): 15417.
Hazen R M, Ferry J M. 2010. Mineral evolution: mineralogy in the fourth dimension. Elements, 6: 9-12.
Heavens N G, Mahowald N M, Soreghan G S, et al. 2015. A model-based evaluation of tropical climate in Pangaea during the late Paleozoic icehouse. Palaeogeography, Palaeoclimatology, Palaeoecology, 425: 109-127.
Heckel P H. 1977. Origin of phosphatic black shale facies in Pennsylvanian cyclothems of mid-continent North America. AAPG Bulletin, 61 (7): 1045-1068.
Heindel K, Richoz S, Birgel D, et al. 2015. Biogeochemical formation of calyx-shaped carbonate crystal fans in the subsurface of the Early Triassic seafloor. Gondwana Research, 27: 840-861.
Henjes-Kunst F, Prochaska W, Niedermayr A, et al. 2014. Sm-Nd dating of hydrothermal carbonate formation: an example from the Breitenau magnesite deposit (Styria, Austria). Chemical Geology, 387: 184-201.
Hernandez-Molina J F, Stow D A V, Llave E, et al. 2011. Deep-water circulation: processes & products: introduction and future challenges. Geo-Marine Letters, 31 (5-6): 285-300.
Hesselbo S P, Gröcke D R, Jenkyns H C, et al. 2000. Massive dissociation of gas hydrate during a Jurassic oceanic anoxic event. Nature, 406 (6794): 392-395.
Hesselbo S P, Jenkyns H C, Duarte L V, et al. 2007. Carbon-isotope record of the Early Jurassic (Toarcian) Oceanic Anoxic Event from fossil wood and marine carbonate (Lusitanian Basin, Portugal). Earth and Planetary Science Letters, 253 (3-4): 455-470.
Hesselbo S P, Pieńkowski G. 2011. Stepwise atmospheric carbon-isotope excursion during the Toarcian Oceanic Anoxic Event (Early Jurassic, Polish Basin). Earth and Planetary Science Letters, 301 (1-2): 365-372.

Hofmann P，Ricken W，Schwark L，et al. 2001. Geochemical signature and related climatic-oceanographic processes for early Albian black shales：site 417D，North Atlantic Ocean. Cretaceous Research，22：243-257.

Hoffman P F. 1991. Did the breakout of Laurentia turn Gondwanaland inside-out?. Science，252：1409-1412.

Hoffman P F，Kaufman A J，Halverson G P，et al. 1998. A Neoproterozoic snowball earth. Science，281（5381）：1342-1346.

Hoffman P F，Schrag D P. 2002. The snowball Earth hypothesis：testing the limits of global change. Terra Nova，14（3）：129-155.

Hofmann R，Goudemand N，Wasmer M，et al. 2011. New trace fossil evidence for an early recovery signal in the aftermath of the end-Permian mass extinction. Palaeogeography，Palaeoclimatology，Palaeoecology，310：216-226.

Holland H D. 2006. The oxygenation of the atmosphere and oceans. Philosophical Transactions of the Royal Society of London B：Biological Science，361：903-915.

Horton D E，Poulsen C J. 2009. Paradox of late Paleozoic glacioeustasy. Geology，37（8）：715-718.

Horton D E，Poulsen C J，Pollard D. 2010. Influence of high-latitude vegetation feedbacks on late Palaeozoic glacial cycles. Nature Geoscience，3（8）：572-577.

Hou Z S，Fan J X，Charles H M，et al. 2020. Dynamic palaeogeographic reconstructions of the Wuchiapingian Stage（Lopingian，Late Permian）for the South China Block. Palaeogeography，Palaeoclimatology，Palaeoecology，546：109667.

Hu J F，Peng P A，Liu M Y，et al. 2015. Seawater incursion events in a Cretaceous paleo-lake revealed by specific marine biological markers. Scientific Reports，5：9508.

Hu Y，Yang J，Ding F，et al. 2011. Model-dependence of the CO_2 threshold for melting the hard Snowball Earth. Climate of the Past，7（1）：17-25.

Huang K J，Teng F Z，Shen B，et al. 2016. Episode of intense chemical weathering during the termination of the 635 Ma Marinoan glaciation. Proceedings of the National Academy of Sciences，113（52）：14904-14909.

Huang T K. 1945. On Major Tectonic Forms of China. Geol Memoirs：Series A，20：1-162.

Huang Y G，Chen Z Q，Zhao L S，et al. 2019. Restoration of reef ecosystems following the Guadalupian-Lopingian boundary mass extinction：evidence from the Laibin area，South China. Palaeogeography，Palaeoclimatology，Palaeoecology，519：8-22.

Huismans R，Beaumont C. 2011. Depth-dependent extension，two-stage breakup and cratonic underplating at rifted margins. Nature, 473（7345）: 74-78.

Hülse D, Arndt S, Wilson J D, et al. 2017. Understanding the causes and consequences of past marine carbon cycling variability through models. Earth-Science Reviews, 171: 349-382.

Huneke H, Mulder T. 2011. Deep-sea Sediments. London: Elsevier.

Hunt T S. 1872. The paleogeography of the North American continent. Journal of the American Geographical Society of New York, 4: 416-431.

Hutton E W, Syvitski J P. 2008. Sedflux 2.0: an advanced process-response model that generates three-dimensional stratigraphy. Computers and Geosciences, 34（10）: 1319-1337.

Hyde W T, Crowley T J, Baum S K, et al. 2000. Neoproterozoic snowball Earth simulations with a coupled climate/ice-sheet model. Nature, 405（6785）: 425-429.

Iizuka T, Komiya T, Ueno Y, et al. 2007. Geology and Zircon geochronology of the Acasta Gneiss Complex, northwest Canada: new constraints on its tectonothermal history. Precambrian Research, 153（3/4）: 179-208.

Immenhauser A, Nägler T F, Steuber T, et al. 2005. A critical assessment of mollusk $^{18}O/^{16}O$, Mg/Ca, and $^{44}Ca/^{40}Ca$ ratios as proxies for Cretaceous seawater temperature seasonality. Palaeogeography, Palaeoclimatology, Palaeoecology, 215（1）: 221-237.

Ingall E R, Bustin M, Van Capellen P. 1993. Influence of water column anoxia on the burial and preservation of carbon and phosphorus in marine shales. Geochim. Cosmochim. Acta, 57: 303-316.

IPCC. 2013. Climate Change 2013: The Physical Science Basis. Contribution of Working Group I to the Fifth Assessment Report of the Intergovernmental Panel on Climate Change. New York: Cambridge University Press.

Ito T. 2013. Preservation potential of seasonal laminated deposits as a useful tool for environmental analysis in mesotrophic Lake Kizaki, central Japan. Journal of Asian Earth Sciences, 73（73）: 139-148.

Jablonski D, Sepkoski J J, John J. 1996. Paleobiology, community ecology and scales of ecological pattern. Ecology, 77: 1376-1378.

Jaffres J, Shields G, Wallmann K. 2007. The oxygen isotope evolution of seawater: a critical review of a long-standing controversy and an improved geological water cycle model for the past 3.4 billion years. Earth-Science Reviews, 83（1-2）: 83-122.

Jeffreys H. 1976. The Earth. Cambridge: Cambridge University Press: 288.

Jenkyns H C. 2003. Evidence for rapid climate change in the Mesozoic–Palaeogene greenhouse world. Philosophical Transactions: Mathematical, Physical and Engineering Sciences, 361 (1810): 1885-1916.

Jenkyns H C. 2010. Geochemistry of oceanic anoxic events. Geochemistry, Geophysics, Geosystems, 11 (3): 1-30.

Jerolmack D J, Paola C. 2010. Shredding of environmental signals by sediment transport. Geophysical Research Letters, 37: L19401.

Jia J J, Gao J H, Cai T L, et al. 2018. Sediment accumulation and retention of the Changjiang (Yangtze River) subaqueous delta and its distal muds over the last century. Marine Geology, 401: 2-16.

Jiang G Q, Kennedy M J, Christie-Blick N. 2003. Stable isotopic evidence for methane seeps in Neoproterozoic postglacial cap carbonates. Nature, 426 (6968): 822-826.

Jiang T, Cao L, Xie X, et al. 2015. Insights from heavy minerals and zircon U-Pb ages into the middle Miocene-Pliocene provenance evolution of the Yinggehai Basin, northwestern South China Sea. Sedimentary Geology, 327: 32-42.

Jiang T, Wan X Q, Aitchison J C, et al. 2018. Foraminiferal response to the PETM recorded in the SW Tarim Basin, central Asia. Palaeogeography, Palaeoclimatology, Palaeoecology, 506: 217-225.

Jin C, Li C, Algeo T J, et al. 2016. A highly redox-heterogeneous ocean in South China during the early Cambrian (529-514 Ma): implications for biota-environment co-evolution. Earth and Planetary Science Letters, 441: 38-51.

Johnson C M, Beard B L, Roden E E. 2008. The Iron Isotope fingerprints of redox and biogeochemical cycling in modern and ancient Earth. Annual Review of Earth and Planetary Sciences, 36 (1): 457-493.

Kang S, Eltahir E A B. 2018. North China Plain threatened by deadly heatwaves due to climate change and irrigation. Nature Communications, 9 (1): 2894.

Kanygina A, Dronov A, Timokhin A, et al. 2010. Depositional sequences and palaeoceanographic change in the Ordovician of the Siberian craton. Palaeogeography, Palaeoclimatology, Palaeoecology, 296: 285-296.

Kato Y, Yamaguchi K E, Ohmoto H. 2006. Rare earth elements in Precambrian banded iron formations: secular changes of Ce and Eu anomalies and evolution of atmospheric oxygen. Geological Society of America Memoirs, 198: 269-289.

Kaufman R L. 1990. Gas chromatography as a development and production tool for fingerprinting oils from individual reservoirs: application in the Gulf of Mexico. Gulf Coast Section of the Society of Economic Palaeontologists and Mineralogists Foundation Ninth Annual Research Conference Proceedings: 263-282.

Kearsey T, Twitchett R J, Price G D, et al. 2009. Isotope excursions and palaeotemperature estimates from the Permian/Triassic boundary in the Southern Alps (Italy). Palaeogeography, Palaeoclimatology, Palaeoecology, 279: 29-40.

Kemp D B, Coe A L, Cohen A S, et al. 2005. Astronomical pacing of methane release in the Early Jurassic period. Nature, 437 (7057): 396-399.

Kennedy M J, Christie-Blick N, Sohl L E, 2001. Are Proterozoic cap carbonates and isotopic excursions a record of gas hydrate destabilization following Earth's coldest intervals?. Geology, 29 (5): 443-446.

Kershaw S, Crasquin S, Forel M B, et al. 2011. Earliest Triassic microbialites in Çürük Dag, southern Turkey: composition, sequences and controls on formation. Sedimentology, 58: 739-755.

Kershaw S, Crasquin S, Li Y, et al. 2012. Microbialites and global environmental change across the Permian-Triassic boundary: a synthesis. Geobiology, 10: 25-47.

Kershaw S, Guo L. 2016. Beef and cone-in-cone calcite fibrous cements associated with the end-Permian and end-Triassic mass extinctions: reassessment of processes of formation. Journal of Palaeogeography (English Edition), 5: 28-42.

Kineke G C, Sternberg R W, Trowbridge J H, et al. 1996. Fluid-mud processes on the Amazon continental Shelf. Continental shelf research, 16 (5-6): 667-696.

King L C. 1962. The Morphology of the Earth. New York: Hafner Publishing Co.: 699.

Kirkwood D, Lavoie D, Malo M, et al. 2009. The history of convergent and passive margins in the Polar Realm: sedimentary and tectonic processes, transitions and resources. Bulletin of Canadian Petroleum Geology, 20 (5): 131-140.

Kirschvink J L. 1992. Late Proterozoic low-latitude global glaciation: the snowball Earth// Schopf J W, Klein C. The Proterozoic Biosphere: A Multidisciplinary Study. New York: Cambridge University Press: 51-52.

Kleinspehn K L, Paola C. 1988. New Perspectives in Basin Analysis. New York: Springer.

Knoll A H. 2011. The multiple origins of complex multicellularity. Annual Reviews of Earth Planetary Sciences, 39: 217-239.

Knoll A H, Bambach R K, Canfield D E, et al. 1996. Comparative Earth history and Late Permian mass extinction. Science, 273: 452-457.

Koch J T, Frank T D. 2012. Imprint of the Late Palaeozoic Ice Age on stratigraphic and carbon isotopic patterns in marine carbonates of the Orogrande Basin, New Mexico, USA. Sedimentology, 59 (1): 291-318.

Kondo S, Miura T. 2010. Reaction-diffusion model as a framework for understanding biological pattern formation. Science, 329 (5999): 1616-1620.

Konhauser K O, Pecoits E, Lalonde S V, et al. 2009. Oceanic nickel depletion and a methanogen famine before the Great Oxidation Event. Nature, 458 (7239): 750-753.

Kraus M J, Mclnerney F A, Wing S L, et al. 2013. Paleohydrologic response to continental warming during the Paleocene-Eocene Thermal Maximum, Bighorn Basin, Wyoming. Palaeogeography, Palaeoclimatology, Palaeoecology, 370 (2): 196-208.

Kraus M J, Riggins S. 2007. Transient drying during the Paleocene–Eocene Thermal Maximum (PETM): analysis of paleosols in the Bighorn Basin, Wyoming. Palaeogeography, Palaeoclimatology, Palaeoecology, 245 (3-4): 444-461.

Kuenen P H, Migliorini D I. 1950. Turbidity currents as a cause of graded bedding. Journal of Geology, 58 (2): 91-127.

Kuroda J, Ogawa N O, Tanimizu M, et al. 2007. Contemporaneous massive subaerial volcanism and late cretaceous Oceanic Anoxic Event 2. Earth and Planetary Science Letters, 256 (1): 211-223.

Kutzbach J E, Ziegler A M. 1993. Simulation of Late Permian climate and biomass with an atmosphere-ocean model: comparisons with observations. Philosophical Transactions of the Royal Society B, 341 (1297): 327-340.

Kuypers M M, Pancost R D, Nijenhuis I A, et al. 2002. Enhanced productivity led to increased organic carbon burial in the euxinic North Atlantic basin during the late Cenomanian oceanic anoxic event. Paleoceanography, 17 (4): 1051.

Lacombe O, Roure F, Lavé J, et al. 2007. Thrust Belts and Foreland Basins. Berlin: Springer.

Lan Z, Li X, Chen Z Q, et al. 2014. Diagenetic xenotime age constraints on the Sanjiaotang Formation, Luoyu Group, southern margin of the North China Craton: implications for regional stratigraphic correlation and early evolution of eukaryotes. Precambrian Research, 251: 21-32.

Lan Z W, Li X H, Zhang Q R, et al. 2015b. Global synchronous initiation of the 2nd episode of Sturtian glaciation: SIMS zircon U-Pb and O isotope evidence from the Jiangkou Group, South China. Precambrian Research, 267: 28-38.

Lan Z W, Li X H, Zhu M Y, et al. 2014. A rapid and synchronous initiation of the wide spread Cryogenian glaciations. Precambrian Research, 255: 401-411.

Lan Z W, Li X H, Zhu M Y, et al. 2015a. Revisiting the Liantuo Formation in Yangtze Block, South China: SIMS U-Pb zircon age constraints and regional and global significance. Precambrian Research, 263: 123-141.

Land L S, Mack L E, Milliken K L, et al. 1997. Burial diagenesis of argillaceous sediment, south Texas Gulf of Mexico sedimentary basin: a reexamination. GSA Bulletin, 109 (1): 2-15.

Landon S M. 1994. Interior rift basins. AAPG Memoir, 59: 276.

Large R R, Halpin J A, Danyushevsky L V, et al. 2014. Trace element content of sedimentary pyrite as a new proxy for deep-time ocean-atmosphere evolution. Earth and Planetary Science Letters, 389: 209-220.

Lavier L L, Manatschal G. 2006. A mechanism to thin the continental lithosphere at magma-poor margins. Nature, 440 (7082): 324-328.

Lazareth C E, Cornec F L, Candaudap F, et al. 2013. Trace element heterogeneity along isochronous growth layers in bivalve shell: consequences for environmental reconstruction. Palaeogeography, Palaeoclimatology, Palaeoecology, 373 (3): 39-49.

Lazari O R, Bohacs K M, Schieber J, et al. 2015. Mudstone Primer: lithofacies variations, diagnostic criteria, and sedimentologic-stratigraphic implications at lamina to bedset scales. Tulsa, Oklahoma 74135-6373, USA.

Leckie R M, Bralower T J, Cashman R. 2002. Oceanic anoxic events and plankton evolution: biotic response to tectonic forcing during the mid-Cretaceous. Paleoceanography, 17 (3): 13-1-13-29.

Lee J H, Chen J, Chough S K. 2015. The middle-late Cambrian reef transition and related geological events: a review and new view. Earth-Science Reviews, 145: 66-84.

Lee J H, Hong J, Choh S J, et al. 2016. Early recovery of sponge framework reefs after Cambrian archaeocyath extinction: Zhangxia Formation (early Cambrian Series 3), Shandong, North China. Palaeogeography, Palaeoclimatology, Palaeoecology, 457: 269-276.

Lee J H, Lee H S, Chen J T, et al. 2014. Calcified microbial reefs in Cambrian Series 2, North China Platform: implications for the evolution of Cambrian calcified microbes. Palaeogeography, Palaeoclimatology, Palaeoecology, 403: 30-42.

Lee J H, Riding R. 2018. Marine oxygenation, lithistid sponges, and early history of Paleozoic skeletal reefs. Earth-Science Reviews, 181: 98-121.

Lei C，Ren J. 2016. Hyper-extended rift systems in the Xisha Trough，northwestern South China Sea：implications for extreme crustal thinning ahead of a propagating ocean. Marine and Petroleum Geology，77：846-864.

Lei C，Ren J，Sternai P，et al. 2015. Structure and sediment budget of Yinggehai–Song Hong basin，South China Sea：implications for Cenozoic tectonics and river basin reorganization in Southeast Asia. Tectonophysics，655：177-190.

Leighton M W，Kolata D R，Oltz D F. 1991. Interior cratonic basins. AAPG Memoir，51：819.

Lemons D R，Chan M A. 1999. Facies architecture and sequence stratigraphy of fine-grained lacustrine deltas along the eastern margin of late Pleistocene Lake Bonneville，northern Utah and southern Idaho. AAPG Bulletin，83（4）：635-665.

Lerche I. 1990. Basin Analysis：Quantitative Methods. Pittsburgh：Academic Press.

Li C，Love G D，Lyons T W，et al. 2010. A stratified redox model for the Ediacaran ocean. Science，328（5974）：80-83.

Li F，Yan J，Chen Z Q，et al. 2015. Global oolite deposits across the Permian-Triassic boundary：a synthesis and implications for palaeoceanography immediately after the end-Permian biocrisis. Earth-Science Reviews，149：163-180.

Li F，Yan J X，Algeo T J，et al. 2013. Paleoceanographic conditions following the end-Permian mass extinction recorded by giant ooids（Moyang，South China）. Global and Planetary Change，105：102-120.

Li F，Yan J X，Burne R V，et al. 2017. Paleo-seawater REE compositions and microbial signatures preserved in laminae of Lower Triassic ooids. Palaeogeography，Palaeoclimatology，Palaeoecology，486：96-107.

Li J，Hu X M，Garzanti E，et al. 2017. Shallow-water carbonate responses to the Paleocene–Eocene thermal maximum in the Tethyan Himalaya（southern Tibet）：tectonic and climatic implications. Palaeogeography，Palaeoclimatology，Palaeoecology，466：153-165.

Li J G，Batten D J，Zhang Y Y. 2011. Palynological record from a composite core through Late Cretaceous-early Paleocene deposits in the Songliao Basin，Northeast China and its biostratigraphic implications. Cretaceous Research，32（1）：1-12.

Li Q J，Li Y，Zhang Y D，et al. 2017. Dissecting Calathium-microbial frameworks：the significance of calathids for the Middle Ordovician reefs in the Tarim Basin，northwestern China. Palaeogeography，Palaeoclimatology，Palaeoecology，474：66-78.

Li S，Zhao S，Liu X，et al. 2018. Closure of the Proto-Tethys Ocean and Early Paleozoic amalgamation of microcontinental blocks in East Asia. Earth-Science Reviews, 186: 37-75.

Li X H, Jenkyns H C, Wang C S, et al. 2006. Upper Cretaceous carbon- and oxygen-isotope stratigraphy of hemipelagic carbonate facies from southern Tibet, China. Journal of the Geological Society, 163 (2): 375-382.

Li X H, Li W X, Li Z X, et al. 2008. 850-790Ma bimodal volcanic and intrusive rocks in northern Zhejiang, South China: a major episode of continental rift magmatism during the breakup of Rodinia. Lithos, 102: 341-357.

Li X H, Li W X, Li Z X, et al. 2009. Amalgamation between the Yangtze and Cathaysia Blocks in South China: constraints from SHRIMP U-Pb Zircon ages, geochemistry and Nd-Hf isotopes of the Shuangxiwu volcanic rocks. Precambrian Research, 174: 117-128.

Li X S, Zhou Q J, Su T Y, et al. 2016. Slope-confined submarine canyons in the Baiyun deep-water area, northern South China Sea: variation in their modern morphology. Marine Geophysical Research, 37 (2): 95-112.

Li Y, Li D, Fang J, et al. 2015. Impact of Typhoon Morakot on suspended matter size distributions on the East China Sea inner shelf. Continental Shelf Research, 101: 47-58.

Li Y, Wang G, Kershaw S, et al. 2017. Lower Silurian stromatolites in shallow marine environments of the South China Block (Guizhou Province, China) and their palaeoenvironmental significance. Palaeogeography, Palaeoclimatology, Palaeoecology, 474: 89-97.

Li Y X, Montañez I P, Liu Z H, et al. 2017. Astronomical constraints on global carbon-cycle perturbation during Oceanic Anoxic Event 2 (OAE2). Earth and Planetary Science Letters, 462: 35-46.

Li Z X, Bogdanova S V, Collins A S, et al. 2008. Assembly, configuration, and break-up history of Rodinia: a synthesis. Precambrian Research, 160: 179-210.

Li Z X, Li X H, Kinny P D, et al. 2003. Geochronology of Neoproterozoic syn-rift magmatism in the Yangtze Craton, South China and correlations with other continents: evidence for a mantle superplume that broke up Rodinia. Precambrian Research, 122: 85-109.

Liang F, Chen J, Yu M, et al. 2013. PRSS to aid palaeocontinental reconstructions simulation research. Computers and Geosciences, 54: 171-177.

Lin C M, Zhuo H C, Gao S. 2005. Sedimentary facies and evolution in the Qiantang River incised valley, eastern China. Marine Geology, 219 (4): 235-259.

Lin C S, Jiang J, Shi H S, et al. 2018. Sequence architecture and depositional evolution of the northern continental slope of the South China Sea: responses to tectonic processes and changes in sea level. Basin Research, 30: 568-595.

Lin C S, Liu J Y, Eriksson K, et al. 2013. Late Ordovician, deep-water gravity-flow deposits, palaeogeography and tectonic setting, Tarim Basin, Northwest China. Basin Research, 25: 1-23.

Lin T, Wang L, Chen Y, et al. 2014. Sources and preservation of sedimentary organic matter in the Southern Bohai Sea and the Yellow Sea: evidence from lipid biomarkers. Marine Pollution Bulletin, 86 (1-2): 210-218.

Lindsey R. 2018. Climate change: atmospheric carbon dioxide. https: //www.climate.gov/news-features/understanding-climate/climate-change-atmospheric-carbon-dioxide[2021-09-26].

Lith Y V, Warthmann R, Vasconcelos C, et al. 2003. Microbial fossilization in carbonate sediments: a result of the bacterial surface involvement in dolomite precipitation. Sedimentology, 50: 237-245.

Liu A G, Matthews J J, Menon L R, et al. 2015. The arrangement of possible muscle fibres in the Ediacaran taxon Haootia quadriformis. Proceedings of the Royal Society of London B: Biological Sciences, 282: 20142949e.

Liu C, Jarochowska E, Du Y S, et al. 2017. Stratigraphical and $\delta^{13}C$ records of Permo-Carboniferous platform carbonates, South China: responses to late Paleozoic icehouse climate and icehouse-greenhouse transition. Palaeogeography, Palaeoclimatology, Palaeoecology, 474: 113-129.

Liu D, Dong H L, Zhao L D, et al. 2014. Smectite reduction by Shewanella species as facilitated by cystine and cysteine. Geomicrobiology Journal, 31: 53-63.

Liu J, Saito Y, Kong X H, et al. 2010. Sedimentary record of environmental evolution off the Yangtze River estuary, East China Sea, during the last ~13000 years, with special reference to the influence of the Yellow River on the Yangtze River delta during the last 600 years. Quaternary Science Reviews, 29: 2424-2438.

Liu J P, Milliman J D, Gao S, et al. 2004. Holocene development of the Yellow River's subaqueous delta, North Yellow Sea. Marine Geology, 209 (1-4): 45-67.

Liu Q X, Doelman A, Rottschäfer V, et al. 2013. Phase separation explains a new class of self-organized spatial patterns in ecological systems. Proceedings of the National Academy of Sciences, 110 (29): 11905-11910.

Liu S A, Wu H, Shen S z, et al. 2017. Zinc isotope evidence for intensive magmatism immediately before the end-Permian mass extinction. Geology，45（4）：343-346.

Liu X J，Gao S，Wang Y P. 2011. Modeling profile shape evolution for accreting tidal flats composed of mud and sand：a case study of the central Jiangsu coast，China. Continental Shelf Research，31（16）：1750-1760.

Liu X J，Gao S，Wang Y P. 2015. Modeling the deposition system evolution of accreting tidal flats：a case study from the coastal plain of central Jiangsu，China. Journal of Coastal Research，31：107-118.

Liu X M，Kah L C，Knoll A H，et al. 2016. Tracing Earth's O_2 evolution using Zn/Fe ratios in marine carbonates. Geochemical Perspectives Letters，2（1）：24-34.

Liu Y，Peltier W R，Yang J，et al. 2013. The initiation of Neoproterozoic snowball climates in CCSM3：the influence of paleocontinental configuration. Climate of the Past，9（6）：2555-2577.

Liu Y L，Gao S，Wang Y P，et al. 2014. Distal mud deposits associated with the Pearl River over the northwestern continental shelf of the South China Sea. Marine Geology，347：43-57.

Liu Z F，Tuo S，Colin C，et al. 2008. Detrital fine-grained sediment contribution from Taiwan to the northern South China Sea and its relation to regional ocean circulation. Marine Geology，255（3-4）：149-155.

Lowenstein T K，Timofeeff M N，Brennan S T，et al. 2001. Oscillations in Phanerozoic seawater chemistry：evidence from fluid inclusions. Science，294（5544）：1086-1088.

Lumpkin R，Speer K. 2007. Global ocean meridional overturning. Journal of Physical Oceanography，37（10）：2550-2562.

Luo G，Junium C K，Kump L R，et al. 2014. Shallow stratification prevailed for～1700 to～1300 Ma ocean：evidence from organic carbon isotopes in the North China Block. Earth and Planetary Science Letters，400：219-232.

Luo G，Ono S，Beukes N J，et al. 2016. Rapid oxygenation of Earth's atmosphere 2.33 billion years ago. Science Advances，2（5）：e1600134.

Luo M，Chen Z Q，Zhao L，et al. 2014. Early Middle Triassic stromatolites from the Luoping area，Yunnan Province，Southwest China：geobiologic features and environmental implications. Palaeogeography，Palaeoclimatology，Palaeoecology，412：124-140.

Lyons T W，Reinhard C T，Planavsky N J. 2014. The rise of oxygen in Earth's early ocean and atmosphere. Nature，506（7488）：307-315.

Macdonald F A，Schmitz M D，Crowley J L，et al. 2010. Calibrating the Cryogenian.

Science，327：1241-1243.

Mackay A W，Seddon A W，Leng M J，et al. 2017. Holocene carbon dynamics at the forest–steppe ecotone of southern Siberia. Global change biology，23（5）：1942-1960.

Mackenzie F T，Garrels R M. 1971. Evolution of Sedimentary Rocks. New York：Norton.

Mackintosh P W，Robertson A H F. 2012. Late Devonian-Late Triassic sedimentary development of the central Taurides，Turkey：implications for the northern margin of Gondwana. Gondwana Research，21：1089-1114.

Macquaker J H S，Adams A E. 2003. Maximizing information from fine-grained sedimentary rocks：an inclusive nomenclature for mudstones. Journal of Sedimentary Research，73（5）：735-744.

Macquaker J H S，Bentley S J，Bohacs K M. 2010. Wave-enhanced sediment gravity flows and mud dispersal across continental shelves：reappraising sediment transport processes operating in ancient mudstone successions. Geology，38：947-950.

Maher H D Jr，Ogata K，Braathen A. 2017. Cone-in-cone and beef mineralization associated with Triassic growth basin faulting and shallow shale diagenesis，Edgeoya，Svalbard. Geological Magazine，154：201-216.

Malarkey J，Baas J，Hope J，et al. 2015. The pervasive role of biological cohesion in bedform development. Nature Communications，6：1-6.

Malinverno A，Pohlman J W. 2011. Modeling sulfate reduction in methane hydrate-bearing continental margin sediments：does a sulfate-methane transition require anaerobic oxidation of methane?. Geochemistry，Geophysics，Geosystems，12（7）：Q07006.

Manatschal G. 2004. New models for evolution of magma-poor rifted margins based on a review of data and concepts from West Iberia and the Alps. International Journal of Earth Sciences，93（3）：432-466.

Mao K N，Xie X N，Xie Y H，et al. 2015. Post-rift tectonic reactivation and its effect on deep-water deposits in the Qiongdongnan Basin，northwestern South China Sea. Marine Geophysical Research，36：227-242.

Mascle A，Puigdefabregas C，Luterbacher H P，et al. 1998. Cenozoic Foreland Basins of Western Europe. London：Geological Society，Special Publications.

McCarren H，Thomas E，Hasegawa T，et al. 2008. Depth dependency of the Paleocene-Eocene carbon isotope excursion：paired benthic and terrestrial biomarker records（Ocean Drilling Program Leg 208，Walvis Ridge）. Geochemistry，Geophysics，Geosystems，9（10）：1-10.

McElhinny M W，Luck G W. 1970. Paleomagnetism and Gondwanaland. Science，168：830-832.

McElwain J C，Wade-Murphy J，Hesselbo S P. 2005. Changes in carbon dioxide during an oceanic anoxic event linked to intrusion into Gondwana coals. Nature，435：479-482.

McInerney F A，Wing S L. 2011. The Paleocene-Eocene thermal maximum：a perturbation of carbon cycle，climate，and biosphere with implications for the future. Annual Review of Earth and Planetary Sciences，39（1）：489-516.

McKenzie D. 1978. Some remarks on the development of sedimentary basins. Earth and Planetary Science Letters，40（1）：25-32.

McKinney M L. 1995. Extinction selectivity among lower taxa：gradational patterns and rarefaction error in extinction estimates. Paleobiology，21：300-313.

McMenamin M A S，McMenamin D S. 1990. The Emergence of Animals：The Cambrian Breakthrough. New York：Columbia University Press，1-217.

Meister P，Liu B，Ferdelman T G，et al. 2013. Control of sulphate and methane distributions in marine sediments by organic matter reactivity. Geochimica et Cosmochimica Acta，104：183-193.

Mercier J L，Hou M J，Vergély P，et al. 2007. Structural and stratigraphical constraints on the Kinematics history of the Southern Tan-Lu Fault Zone during the Mesozoic Anhui Province，China. Tectonophysics，439（1-4）：33-66.

Mercier J L，Vergely P，Zhang Y Q，et al. 2013. Structural records of the Late Cretaceous-Cenozoic Extension in Eastern China and the Kinematics of the Southern Tan-Lu and Qinling Fault Zone（Anhui and Shaanxi Provinces，PR China）. Tectonophysics，582：50-75.

Meyers P A. 1997. Organic geochemical proxies of paleoceanographic，paleolimnologic，and paleoclimatic processes. Organic Geochemistry，27（5）：213-250.

Miall A D. 1984. Principles of Sedimentary Basin Analysis. 1st. Berlin：Springer-Verlag.

Miall A D. 1990. Principles of Sedimentary Basin Analysis. 2nd. Berlin：Springer-Verlag.

Miall A D. 2000. Principles of Sedimentary Basin Analysis. Berlin：Springer-Verlag.

Miall A D. 2010. The Geology of Stratigraphic Sequences. 2nd edition. Berlin：Springer.

Michalski K，Lewandowski M，Manby G. 2012. New palaeomagnetic，petrographic and $^{40}Ar/^{39}Ar$ data to test palaeogeographic reconstructions of Caledonide Svalbard. Geology Magine，149（4）：696-721.

Michel L A，Tabor N J，Montañez I P，et al. 2015. Chronostratigraphy and paleoclimatology of the Lodève Basin，France：evidence for a pan-tropical aridification event across the

Carboniferous-Permian boundary. Palaeogeography，Palaeoclimatology，Palaeoecology，430：118-131.

Middleton A W，Uysal I T，Bryan S E，et al. 2014. Integrating ^{40}Ar-^{39}Ar，^{87}Rb-^{87}Sr and ^{147}Sm-^{43}Nd geochronology of authigenic illite to evaluate tectonic reactivation in an intraplate setting，central Australia. Geochimica et Cosmochimica Acta，134：155-174.

Middleton G V，Hampton M A. 1976. Subaqueous sediment transport and deposition by sediment gravity flows//Stanley D J，Swift D J P. Marine Sediment Transport and Environmental Management. New York：John Wiley：197-218.

Milligan T G，Cattaneo A. 2007. Sediment dynamics in the western Adriatic Sea：from transport to stratigraphy. Continental Shelf Research，27（3）：287-295.

Milliman J D，Farnsworth K L. 2011. River Discharge to the Coastal Ocean：A Global Synthesis. Cambridge：Cambridge University Press.

Misra S，Froelich P N. 2012. Lithium isotope history of Cenozoic seawater：changes in silicate weathering and reverse weathering. Science，335（6070）：818-823.

Möller I，Kudella M，Rupprecht F，et al. 2014. Wave attenuation over coastal salt marshes under storm surge conditions. Nature Geoscience，7：727-731.

Montañez I P. 2014. Earth's Deep-Time Insight into Our Climate Future//Abstracts Book of 19th International Sedimentological Congress 55. Geneva：University of Geneva，2.

Montañez I P，Isaacson P E. 2013. A "sedimentary record" of opportunities. The Sedimentary Record，11（1）：4-9.

Montañez I P，Mcelwain J C，Poulsen C J，et al. 2016. Climate，pCO_2 and terrestrial carbon cycle linkages during late Palaeozoic glacial–interglacial cycles. Nature Geoscience，9（11）：824-828.

Montañez I P，Norris R D，Algeo T，et al. 2011. Understanding Earth's Deep Past：Lessons for our Climate Future. Washington，DC：National Academies Press.

Montañez I P，Poulsen C J. 2013. The late Paleozoic Ice Age：an evolving paradigm. Annual Review of Earth and Planetary Sciences，41：629-656.

Montañez I P，Tabor N J，Niemeier D，et al. 2007. CO_2-forced climate and vegetation instability during Late Paleozoic deglaciation. Science，315（5808）：87-91.

Mort H，Jacquat O，Adatte T，et al. 2007. The Cenomanian/Turonian anoxic event at the Bonarelli level in Italy and Spain：enhanced productivity and/or better preservation?. Cretaceous Research，28：597-612.

Mount J F. 1984. Mixing of siliciclastic and carbonate sediments in shallow shelf environments.

Geology，12（7）：432-435.

Mulder T. 2014. Flood record in marine sediments//Abstracts Book of 19th International Sedimentological Congress.Geneva：University of Geneva，6.

Mulder T，Alexander J. 2002. The physical character of subaqueous sedimentary density flows and their deposits. Sedimentology，48：269-299.

Mulder T，Syvitski J P M，Migeon S，et al. 2003. Marine hyperpycnal flows：initiation，behavior and related deposits. A review. Marine and Petroleum Geology，20：861-882.

Murphy A E，Sageman B B，Hollander D J，et al. 2000. Black shale deposition and faunal overturn in the Devonian Appalachian Basin：clastic starvation，seasonal water column mixing，and efficient biolimiting nutrient recycling. Paleoceanography，15：280-291.

Nance R D，Murphy J B，Santosh M. 2014. The supercontinent cycle：a retrospective essay. Gondwana Research，25：4-29.

Neumeier U，Amos C L. 2010. The influence of vegetation on turbulence and flow velocities in European salt-marshes. Sedimentology，53（2）：259-277.

Nicholas A，Nisbet E G. 2012. Processes on the young Earth and the habitats of early life. Annual Review of Earth and Planetary Sciences，40：521-549.

Nichols G. 2009. Sedimentology and Stratigraphy. 2nd Edition. London：Wiley-Blackwell.

Nikitenko B，Shurygin B，Mickey M. 2008. High resolution stratigraphy of the Lower Jurassic and Aalenian of Arctic regions as the basis for detailed palaeobiogeographic reconstructions. Norwegian Journal of Geology，88（4）：267-278.

Nittrouer C A，Austin J A，Field M E，et al. 2007. Continental margin sedimentation：from sediment transport to sequence stratigraphy（IAS Special Publication 37）. Chichester：John Wiley.

Nystuen J P. 1998. History and development of sequence stratigraphy. Sequence stratigraphy-concepts and application. Norwegian Petroleum Society Special Publication，8：31-116.

Ogg J G，Deconinck J F. 2013. Chemostratigraphy，Magnetostratigraphy，Chronology，Palaeoenvironments and Correlations：overview. Ciéncias de Terra（UNL），18：69-72.

Ogg J G，Ogg G，Gradstein F M. 2016. A Concise Geologic Time Scale：2016. Amsterdam：Elsevier.

Ogston A S，Sternberg R W. 1999. Sediment-transport events on the northern California continental shelf. Marine Geology，154（1-4）：69-82.

Okay A I，Sengor A M C，Satir M. 1993. Tectonics of an ultrahigh-pressure metamorphic terrane：the Dabie shan /Tongbai shan orogen，China. Tectonics，6：1320-1334.

Paola C. 2000. Quantitative models of sedimentary basin filling. Sedimentology，47（s1）：121-178.

Paola C，Straub K，Mohrig D，et al. 2009. The "unreasonable effectiveness" of stratigraphic and geomorphic experiments. Earth-Science Reviews，97（1）：1-43.

Papanicolaou A T N，Elhakeem M，Krallis G，et al. 2008. Sediment transport modeling review-current and future developments. Journal of Hydraulic Engineering，134（1）：1-14.

Papineau D，de Gregorio B T，Cody G D，et al. 2011. Young poorly crystalline graphite in the >3.8-Gyr-old Nuvvuagittuq banded iron formation. Nature Geoscience，4：376-379.

Paraska D W，Hipsey M R，Salmon S U. 2014. Sediment diagenesis models：review of approaches，challenges and opportunities. Environmental Modeling and Software，61：297-325.

Parrish J T. 1982. Upwelling and petroleum source beds，with reference to the Paleozoic. AAPG Bulletin，66（6）：750-774.

Parrish J T. 1993. Climate of the supercontinent Pangea. The Journal of Geology，101（2）：215-233.

Parrish J T，Curtis R L. 1982. Atmospheric circulation，upwelling and organic-rich rocks in the Mesozoic and Cenozoic eras. Palaeogeography，Palaeoclimatology，Palaeoecology，40：31-66.

Parrish J M，Parrish J T，Ziegler A M. 1986. Permian-Triassic paleogeography and paleoclimatology and implications for therapsid distributions//Hotton N H，McLean P D，Roth J J，et al. The Ecology and Biology of Mam Mal-like Reptiles. Washington D. C.：Smithsonian Press，109-132.

Parrish J T，Soreghan G S. 2013. Sedimentary geology and the future of paleoclimate studies. The Sedimentary Record，11（2）：4-10.

Partin C，Bekker A，Planavsky N，et al. 2013. Large-scale fluctuations in Precambrian atmospheric and oceanic oxygen levels from the record of U in shales. Earth and Planetary Science Letters，369：284-293.

Payne J L，Lehrmann D J，Christensen S，et al. 2006. Environmental and biological controls on the initiation and growth of a Middle Triassic（Anisian）reef complex on the Great Bank of Guizhou，Guizhou Province，China. Palaios，21：325-343.

Pei Y，Chen Z Q，Fang Y H，et al. 2019. Volcanism，redox conditions，and microbialite growth linked with the end-Permian mass extinction：evidence from the Xiajiacao section（western Hubei Province），South China. Palaeogeography，Palaeoclimatology，Palaeoecology，

519：194-208.

Peng X，Guo Z，House C H，et al. 2016. SIMS and NanoSIMS analyses of well-preserved microfossils imply oxygen-producing photosynthesis in the Mesoproterozoic anoxic ocean. Chemical Geology，441：24-34.

Penny A M，Wood R，Curtis A，et al. 2014. Ediacaran metazoan reefs from the Nama Group，Namibia. Science，344：1504-1506.

Peryt T M，Raczyński P，Peryt D，et al. 2012. Upper Permian reef complex in the basinal facies of the Zechstein limestone（Ca1），western Poland. Geological Journal，47：537-552.

Peryt T M，Raczyński P，Peryt D，et al. 2016. Sedimentary history and biota of the Zechstein limestone（Permian，Wuchiapingian）of the Jabłonna reef in western Poland. Annales Societatis Geologorum Poloniae，86：379-413.

Peucker-Ehrenbrink B，Ravizza G. 2000. The marine osmium isotope record. Terra Nova，12（5）：205-219.

Philippe M，Puijalon S，Suan G，et al. 2017. The palaeolatitudinal distribution of fossil wood genera as a proxy for European Jurassic terrestrial climate. Palaeogeography，Palaeoclimatology，Palaeoecology，466：373-381.

Picard D M. 1971. Classification of fine-grained sedimentary rocks. Journal of Sedimentary Research，41：179-195.

Pichevin L，Bertrand P，Boussafir M，et al. 2004. Organic matter accumulation and preservation controls in a deep sea modern environment：an example from Namibian slope sediments. Organic Geochemistry，35：543-559.

Pickering K T，Hiscott R N，Hein F J. 1989. Deep-marine Environments：Clastic Sedimentation and Tectonics. London：Unwin Hyman.

Piper J. 2010. Protopangaea：Palaeomagnetic definition of Earth's oldest（mid-Archaean-Palaeoproterozoic）supercontinent. Journal of Geodynamics，50：154-165.

Planavsky N J，McGoldrick P，Scott C，et al. 2011. Widespread iron-rich conditions in mid-Proterozoic oceans. Nature，477：448-451.

Planavsky N J，Reinhard C T，Wang X，et al. 2014. Low Mid-Proterozoic atmospheric oxygen levels and the delayed rise of animals. Science，346（6209）：635-638.

Planavsky N J，Rouxel O J，Bekker A，et al. 2010. The evolution of the marine phosphate reservoir. Nature，467（7319）：1088-1090.

Planavsky N L，Rouxel O，Bekker A. et al. 2009. Iron-oxidizing microbial ecosystems thrived in late Paleoproterozoic redox-stratified oceans. Earth and Planetary Science Letters，286：230-242.

Postma G. 1990. An analysis of the variation in delta architecture. Terra Nova，2（2）：124-130.

Postma G，Cartigny M J B. 2014. Supercritical and subcritical turbidity currents and their deposits-A synthesis. Geology，42（11）：987-990.

Potter P，Pettijohn F. 1977. Paleocurrents and Basin Analysis. Berlin：Springer.

Potter P E，Maynard J B，Depetris P J. 2005. Mud and Mudstones：Introduction and Overview. New York：Springer Verlag：23-74.

Poulton S，Canfield D. 2005. Development of a sequential extraction procedure for iron：implications for iron partitioning in continentally derived particulates. Chemical Geology，214（3-4）：209-221.

Poulton S W，Fralick P W，Canfield D E. 2010. Spatial variability in oceanic redox structure 1.8 billion years ago. Nature Geoscience，3（7）：486-490.

Powell M G，Schöne B R，Jacob D E. 2009. Tropical marine climate during the late Paleozoic ice age using trace element analysis of brachiopods. Palaeogeography，Palaeoclimatology，Palaeoecology，280（1-2）：143-149.

Prendergast A L，Versteegh E A A，Schöne B R. 2017. New research on the development of high-resolution palaeoenvironmental proxies from geochemical properties of biogenic carbonates. Palaeogeography，Palaeoclimatology，Palaeoecology，484：1-6.

Qi H，Cai F，Lei G，et al. 2010. The response of three main beach types to tropical storms in South China. Marine Geology，275（1）：244-254.

Quintana-Krupinski N B，Russell A D，Pak D K，et al. 2017. Core-top calibration of B/Ca in Pacific Ocean Neogloboquadrina incompta and Globigerina bulloides as a surface water carbonate system proxy. Earth and Planetary Science Letters，466：139-151.

Raczynski P，Peryt T M，Strobel W. 2017. Sedimentary and environmental history of the Late Permian Bonikowo Reef（Zechstein Limestone，Wuchiapingian），western Poland. Journal of Palaeogeography（English Edition），6：183-205.

Raiswell R，Canfield D E. 1998. Sources of iron for pyrite formation in marine sediments. American Journal of Science，298（3）：219-245.

Ran L，Jiang H，Knudsen K L，et al. 2011. Diatom-based reconstruction of palaeoceanographic changes on the North Icelandic shelf during the last millennium. Palaeogeography，Palaeoclimatology，Palaeoecology，302：109-119.

Rasbury E T, Hemming N G. 2017. Boron Isotopes: a "Paleo-pH Meter" for tracking ancient atmospheric CO_2. Elements, 13 (4): 243-248.

Raucsik B, Varga A. 2008. Climato-environmental controls on clay mineralogy of the Hettangian-Bajocian successions of the Mecsek Mountains, Hungary: an evidence for extreme continental weathering during the early Toarcian oceanic anoxic event. Palaeogeography, Palaeoclimatology, Palaeoecology, 265: 1-13.

Raup D M. 1979. Size of the Permo-Triassic bottleneck and its evolutionary implications. Science, 206: 217-218.

Reading H G. 1986. Sedimentary environments and facies. 2nd edition. Oxford: Blackwell Scientific Publications.

Rebesco M, Hernández-Molina F J, Van Rooij D, et al. 2014. Contourites and associated sediments controlled by deep-water circulation processes: state-of-the-art and future considerations. Marine Geology, 352: 111-154.

Reineck H E, Singh I B. 1980. Depositional Sedimentary Environments. 2nd edition. Berlin: Springer Verlag.

Reinhard C T, Planavsky N J, Gill B C, et al. 2017. Evolution of the global phosphorus cycle. Nature, 541 (7637): 386-389.

Reinhard C T, Planavsky N J, Robbins L J, et al. 2013. Proterozoic ocean redox and biogeochemical stasis. Proceedings of the National Academy of Sciences, 110 (14): 5357-5362.

Ren J Y, Tamaki K, Li S T, et al. 2002. Late Mesozoic and Cenozoic rifting and its dynamic setting in eastern China and adjacent areas. Tectonophysics, 344 (3): 175-205.

Ren M E, Zhang R S, Yang J H. 1985. Effect of typhoon no. 8114 on coastal morphology and sedimentation of Jiangsu Province, the People's Republic of China. Journal of Coastal Research, 1: 21-28.

Retallack G J. 1995. Permian-Triassic life crisis on land. Science, 267: 77-80.

Riding R. 1991. Classification of microbial carbonates// Riding R. Calcareous Algae and Stromatolites. Berlin: Springer-Verlag: 21-51.

Riding R. 2006. Microbial carbonate abundance compared with fluctuations in metazoan diversity over geological time. Sedimentary Geology, 185: 229-238.

Riding R. 2011. The nature of stromatolites: 3,500 million years of history and a century of research//Reitner J, Nadia-Valérie Q, Arp G. Lecture Notes in Earth Sciences. Berlin: Springer: 29-74.

Riding R, Liang L. 2005. Geobiology of microbial carbonates: metazoan and seawater saturation state influences on secular trends during the Phanerozoic. Palaeogeography, Palaeoclimatology, Palaeoecology, 219: 101-115.

Riera V, Marmi J, Oms O, et al. 2010. Orientated plant fragments revealing tidal palaeocurrents in the Fumanya mudflat (Maastrichtian, southern Pyrenees): insights in palaeogeographic reconstructions. Palaeogeography, Palaeoclimatology, Palaeoecology, 288: 82-92.

Rigo M, Trotter J A, Preto N, et al. 2012. Oxygen isotopic evidence for Late Triassic monsoonal upwelling in the northwestern Tethys. Geology, 40 (6): 515-518.

Robert F, Chaussidon M. 2006. A palaeotemperature curve for the Precambrian oceans based on silicon isotopes in cherts. Nature, 443 (7114): 969-972.

Rogelj J, Fricko O, Meinshausen M, et al. 2017. Understanding the origin of Paris agreement emission uncertainties. Nature Communications, 8: 15748.

Rogers J J W, Santosh M. 2002. Configuration of Columbia, a mesoproterozoic supercontinent. Gondwana Research, 5: 5-22.

Rollinson H R. 1993. Using Geochemical Data: Evaluation, Presentation, Interpretation. New York: Prentice-Hall.

Rothman D H, Hayes J M, Summons R E. 2003. Dynamics of the Neoproterozoic carbon cycle. Proceedings of the National Academy of Sciences, 100 (14): 8124-8129.

Roure F, Cloetingh S, Scheck-Wenderoth M, et al. 2010. Achievements and challenges in sedimentary basin dynamics: a review//Cloetingh S, Negendank J. New Frontiers in Integrated Solid Earth Sciences. International Year of Planet Earth.

Rowley D B, Garzione C N. 2007. Stable Isotope-Based Paleoaltimetry. Annual Review of Earth and Planetary Sciences, 35 (1): 463-508.

Ruiz-Martínez V C, Torsvik T H, van Hinsbergen D J J, et al. 2012. Earth at 200 Ma: global palaeogeography refined from CAMP palaeomagnetic data. Earth and Planetary Science Letters, 331-332: 67-79.

Rygel M C, Fielding C R, Frank T D, et al. 2008. The magnitude of late Paleozoic glacioeustatic fluctuations: a synthesis. Journal of Sedimentary Research, 78 (8): 500-511.

Sageman B B, Murphy A E, Werne J P, et al. 2003. A tale of shales: the relative roles of production, decomposition, and dilution in the accumulation of organic-rich strata, Middle-Upper Devonian, Appalachian basin. Chemical Geology, 195: 2290273.

Sahoo S K, Planavsky N J, Kendall B, et al. 2012. Ocean oxygenation in the wake of the

Marinoan glaciation. Nature，489（7417）：546-549.
Santosh M. 2010. A synopsis of recent conceptual models on supercontinent tectonics in relation to mantle dynamics，life evolution and surface environment. Journal of Geodynamics，50：116-133.
Scheibner C，Speijer R P. 2008. Decline of coral reefs during late Paleocene to early Eocene global warming. Earth Discussions，3（1）：19-26.
Scheibner C，Speijer R P. 2009. Recalibration of the Tethyan shallow-benthic zonation across the Paleocene-Eocene boundary：the Egyptian record. Geologica Acta，7（1-2）：195-214.
Schieber J. 2011. Reverse engineering mother nature-shale sedimentology from an experimental perspective. Sedimentology，238：1-22.
Schieber J，Southard J B，Schimmelmann A. 2010. Lenticular shale fabrics resulting from intermittent erosion of water-rich muds-interpreting the rock record in the light of recent flume experiments. Journal of Sedimentary Research，80：119-128.
Schmitz M D，Davydov V I. 2012. Quantitative radiometric and biostratigraphic calibration of the Pennsylvanian-Early Permian（Cisuralian）time scale and pan-Euramerican chronostratigraphic correlation. Geological Society of America Bulletin，124（3-4）：549-577.
Schmitz M D，Kuiper K F. 2013. High-precision geochronology. Elements，9（1）：25-30.
Schoepfer S D，Shen J，Wei H，et al. 2015. Total organic carbon，organic phosphorus，and biogenic barium fluxes as proxies for paleomarine productivity. Earth-Science Reviews，149：23-52.
Scotese C R，Bambach R K，Barton C. 1979. Paleozoic base maps. Journal of Geology，87：217-277.
Scotese C R，Bambach R K，Ziegler A M. 1980. Before Pangaea：the Paleozoic world. American of Sciences，68：26-38.
Scott C，Lyons T，Bekker A，et al. 2008. Tracing the stepwise oxygenation of the Proterozoic ocean. Nature，452（7186）：456-459.
Selby D，Creaser R A. 2005. Direct radiometric dating of hydrocarbon deposits using rhenium-osmium isotopes. Science，308（5726）：1293-1295.
Sepkoski J J，Bambach R K，Raup D M，et al. 1981. Phanerozoic marine diversity and the fossil record. Nature，293：435-437.
Servais T，Harper D A T. 2018. The Great Ordovician Biodiversification Event（GOBE）：definition，concept and duration. Lethaia，51：151-164.
Shackleton N J. 1987. Oxygen isotopes，ice volume and sea level. Quaternary Science

Reviews，6（3）：183-190.

Shanahan T M，Overpeck J T，Hubeny J B，et al. 2008. Scanning micro-X-ray fluorescence elemental mapping：a new tool for the study of laminated sediment records. Geochemistry，Geophysics，Geosystems，9（2）：Q02016.

Shanmugam G. 2000. 50 years of the turbidite paradigm（1950s-1990s）：deep-water processes and facies models-a critical perspective. Marine and Petroleum Geology，17：285-342.

Shao L，Cao L，Pang X，et al. 2016. Detrital zircon provenance of the Paleogene syn-rift sediments in the northern South China Sea. Geochemistry，Geophysics，Geosystems，17（2）：255-269.

Shaw D M. 1954a. Trace elements in pelitic rocks：part Ⅰ. Geological Society of America Bulletin，65（12）：1151-1166.

Shaw D M. 1954b. Trace elements in pelitic rocks：part Ⅱ. Geological Society of America Bulletin，65（12）：1167-1182.

Shaw D M. 1956. Trace elements in pelitic rocks：part Ⅲ. Geological Society of America Bulletin，67：919-934.

Sheehan P M. 2001. History of marine biodiversity. Geological Journal，36：231-249.

Shen J W，Xu H L. 2005. Microbial carbonates as contributors to Upper Permian（Guadalupian-Lopingian）biostromes and reefs in carbonate platform margin setting，Ziyun County，South China. Palaeogeography，Palaeoclimatology，Palaeoecology，218：217-238.

Shen J W，Yu C M，Bao H M. 1997. A Late Devonian（Famennian）Renalcis-Epiphyton reef at Zhaijiang，Guilin，South China. Facies，37：195-209.

Shen J W，Zhao N，Young A，et al. 2017. Late Devonian reefs and microbialite in Maoying，Ziyun County of southern Guizhou，South China-implications for changes in paleoenvironment. Palaeogeography，Palaeoclimatology，Palaeoecology，474：98-112.

Shen S Z，Crowley J L，Wang Y，et al. 2011. Calibrating the End-Permian Mass Extinction. Science，334：1367-1372.

Shen Y，Farquhar J，Zhang H，et al. 2011. Multiple S-isotopic evidence for episodic shoaling of anoxic water during Late Permian mass extinction. Nature Communications，2：210.

Shepard F P，Marshall N F. 1973. Currents along floors of submarine canyons. AAPG Bulletin，57：244-264.

Shi B W，Cooper J R，Pratolongo P D，et al. 2017. Erosion and accretion on a mudflat：the importance of very shallow water effects. Journal of Geophysical Research-Oceans，122：

9476-9499.

Shi G R, Chen Z Q. 2006. Lower Permian oncolites from South China: implications for equatorial climate and sea-level responses to Late Palaeozoic Gondwana glaciation. Journal of Asian Earth Sciences, 26: 424-436.

Sloss L L. 1963. Sequences in the cratonic interior of North America. Geological Society of America Bulletin, 74: 93-113.

Smith A G, Briden J C, Drewry G E. 1973. Phanerozoic world maps .Spe. Pap. Palaeont, 12: 1-42.

Smith L B, Read J F. 2000. Rapid onset of late Paleozoic glaciation on Gondwana: evidence from Upper Mississippian strata of the Midcontinent, United States. Geology, 28 (3): 279-282.

Snow L J, Duncan R A, Bralower T J. 2005. Trace element abundances in the Rock Canyon Anticline, Pueblo, Colorado, marine sedimentary section and their relationship to Caribbean plateau construction and oxygen anoxic event 2. Paleoceanography, 20 (4): 1-14.

Sømme T O, Helland-Hansen W, Martinsen O J, et al. 2009. Relationships between morphological and sedimentological parameters in source-to-sink systems: a basis for predicting semi-quantitative characteristics in subsurface systems. Basin Research, 21: 361-387.

Song H, Wignall P B, Chen Z Q, et al. 2011. Recovery tempo and pattern of marine ecosystems after the end-Permian mass extinction. Geology, 39: 739-742.

Song Y, Yu K, Zhao J, et al. 2014. Past 140-year environmental record in the northern South China Sea: evidence from coral skeletal trace metal variations. Environmental Pollution, 185: 97-106.

Soreghan G S, Bralower T J, Chandler M A, et al. 2005. Geosystems: Probing Earth's Deep-Time Climate and Linked Systems. Norman: University of Oklahoma Printing Service.

Soreghan G S, Giles K A. 1999. Amplitudes of Late Pennsylvanian glacioeustasy. Geology, 27 (3): 255-258.

Soreghan G S, Soreghan M J, Hamilton M A. 2008a. Origin and significance of loess in late Paleozoic western Pangaea: a record of tropical cold?. Palaeogeography, Palaeoclimatology, Palaeoecology, 268 (3-4): 234-259.

Soreghan G S, Soreghan M J, Poulsen C J, et al. 2008b. Anomalous cold in the Pangaean tropics. Geology, 36 (8): 659-662.

Stampfli G M，Hochard C，Vérard C，et al. 2013. The formation of Pangea. Tectonophysics，593：1-19.

Starostenko V I，Legostaeva O V，Makarenko I B，et al. 2004. On automated computering geologic-geophysical maps images with the first type ruptures and interactive regime visualization of three-dimensional geophysical models and their fields. Geophysics，26（1）：3-13.

Stephenson R A，Wilson M，De Boorder H，et al. 1996. EUROPROBE：intraplate tectonics and basin dynamics of the eastern European platform. Tectonophysics，268：1-309.

Stow D A V，Faugères J C，Howe J A，et al. 2002. Bottom currents，contourites and deep-sea sediment drifts：current state-of-the-art. Geological Society，London，Memoirs，22（1）：7-20.

Stow D A V，Huc A Y，Bertrand P. 2001. Depositional processes of black shales in deep water. Marine and Petroleum Geology，18：491-498.

Stow D A V，Mayall M. 2000. Deep-water sedimentary systems：new models for the 21st century. Marine and Petroleum Geology，17：125-135.

Stüeken E E，Buick R，Bekker A，et al. 2015. The evolution of the global selenium cycle：secular trends in Se isotopes and abundances. Geochimica et Cosmochimica Acta，162：109-125.

Stüeken E E，Kipp M A，Koehler M C，et al. 2016. The evolution of Earth's biogeochemical nitrogen cycle. Earth-Science Reviews，160：220-239.

Su M，Hsiung K H，Zhang C，et al. 2015. The linkage between longitudinal sediment routing systems and basin types in the northern South China Sea in perspective of source-to-sink. Journal of Asian Earth Sciences，111：1-13.

Su W，Hu R，Xia B，et al. 2009. Calcite Sm-Nd isochron age of the Shuiyindong Carlin-type gold deposit，Guizhou，China. Chemical Geology，258（3-4）：269-274.

Suarez M B，Ludvigson G A，González L A，et al. 2013. Stable isotope chemostratigraphy in lacustrine strata of the Xiagou Formation，Gansu Province，NW China. Geological Society，London，Special Publications，382（1）：143-155.

Suess E. 1893. Are great ocean depths permanent?. National Science，2：180-187.

Suess E. 1906. The Face of the Earth（Das Antlitz der Erde）. Oxford：Clarendon Press.

Sun Q，Alves T M，Lu X，et al. 2018. True volumes of slope failure estimated from a quaternary mass-transport deposit in the Northern South China Sea. Geophysical Research Letters，45（6）：2642-2651.

Surdam R O，Staley K O. 1979. Lacustrine sedimentation during the culminating phase of Lake Gosiute. Wyoming（Green River formation）. Geological Society of America Bulletin，90：93-110.

Swart P K. 2015. The geochemistry of carbonate diagenesis：the past present and future. Sedimentology，62：1233-1304.

Sweet D E，Soreghan G S. 2012. Estimating magnitudes of relative sea-level change in a coarse-grained fan delta system：implications for Pennsylvanian glacioeustasy. Geology，40（11）：979-982.

Tabor N J. 2007. Permo-Pennsylvanian paleotemperatures from Fe-Oxide and phyllosilicate $\delta^{18}O$ values. Earth and Planetary Science Letters，253（1-2）：159-171.

Tabor N J，DiMichele W A，Montañez I P，et al. 2013. Late Paleozoic continental warming of a cold tropical basin and floristic change in western Pangea. International Journal of Coal Geology，119：177-186.

Tabor N J，Montañez I P，Scotese C R，et al. 2008. Paleosol archives of environmental and climatic history in paleotropical western Pangea during the latest Pennsylvanian through Early Permian // Fielding C R，Frank T D，Isbell J L. Resolving the Late Paleozoic Ice Age in Time and Space. Boulder：Geological Society of America：291-303.

Tabor N J，Poulsen C J. 2008. Paleoclimate across the late Pennsylvanian-Early Permian tropical palaeolatitudes：a review of climate indicators，their distribution，and relation to palaeophysiographic climate factors. Palaeogeography，Palaeoclimatology，Palaeoecology，268（3-4）：293-310.

Takashima R，Nishi H，Yamanaka T，et al. 2011. Prevailing oxic environments in the Pacific Ocean during the mid-Cretaceous Oceanic Anoxic Event 2. Nature Communications，2：234.

Tal M，Paola C. 2010. Effects of vegetation on channel morphodynamics：results and insights from laboratory experiments. Earth Surface Processes and Landforms，35（9）：1014-1028.

Talley L D，Reid J L，Robbins P E. 2003. Data-based meridional overturning streamfunctions for the global ocean. Journal of Climate，16（19）：3213-3226.

Talling P J. 2014. On the triggers，resulting flow types and frequencies of subaqueous sediment density flows in different settings. Marine Geology，352：155-182.

Tang H，Kershaw S，Liu H，et al. 2017. Permian-Triassic boundary microbialites（PTBMs）in Southwest China：implications for paleoenvironment reconstruction. Facies，63：2e.

Taylor S R，Mclennan S M. 1985. The Continental Crust：Its Composition and Evolution. Boston：Blackwell Scientific Publications.

Temmerman S, Bouma T J, van de Koppel J, et al. 2007. Vegetation causes channel erosion in a tidal landscape. Geology, 35（7）: 631-634.

Teng F Z. 2017. Magnesium Isotope Geochemistry. Reviews in Mineralogy and Geochemistry, 82（1）: 219-287.

Theiling B P, Coleman M. 2015. Refining the extraction methodology of carbonate associated sulfate: evidence from synthetic and natural carbonate samples. Chemical Geology, 411: 36-48.

Thran A C, Dutkiewicz A, Spence P, et al. 2018. Controls on the global distribution of contourite drifts: insights from an eddy-resolving ocean model. Earth and Planetary Science Letters, 489: 228-240.

Torsvik T H, Voo R V, Preeden U, et al. 2012. Phanerozoic polar wander, palaeogeography and dynamics. Earth-Science Reviews, 114: 325-368.

Tostevin R, Shields G A, Tarbuck G M, et al. 2016. Effective use of cerium anomalies as a redox proxy in carbonate-dominated marine settings. Chemical Geology, 438: 146-162.

Tu C Y, Chen Z Q, Retallack G J, et al. 2016. Proliferation of MISS-related microbial mats following the end-Permian mass extinction in terrestrial ecosystems: evidence from the Lower Triassic of the Yiyang area, Henan Province, North China. Sedimentary Geology, 333: 50-69.

Ueno K, Hayakawa N, Nakazawa T, et al. 2013. Pennsylvanian-Early Permian cyclothemic succession on the Yangtze carbonate platform, South China. Geological Society, London, Special Publications, 376（1）: 235-267.

Uncles R J. 2002. Estuarine physical processes research: some recent studies and progress. Estuarine, Coastal and Shelf Science, 55（6）: 829-856.

Vail P R, Mitchum R M, Todd R G, et al. 1977. Seismic stratigraphy and global changes of sea level // Payton C E. Seismic stratigraphy-applications to hydrocarbon exploration. American Association of Petroleum Geologists Memoir, 26: 49-212.

van Breugel Y, Schouten S, Tsikos H, et al. 2007. Synchronous negative carbon isotope shifts in marine and terrestrial biomarkers at the onset of the early Aptian oceanic anoxic event 1a: evidence for the release of C-13-depleted carbon into the atmosphere. Paleoceanography, 22（1）: 1-13.

Veizer J, Ala D, Azmy K, et al. 1999. $^{87}Sr/^{86}Sr$, $\delta^{13}C$ and $\delta^{18}O$ evolution of Phanerozoic seawater. Chemical Geology, 161: 59-88.

Vérard C, Hochard C, Baumgartner P O, et al. 2015. 3D palaeogeographic reconstructions of the Phanerozoic versus sea level and Sr-ratio variations. Journal of Palaeogeography，4（1）：64-84.

Wacey D，Kilburn M R，Saunders M，et al. 2014. Uncovering framboidal pyrite biogenicity using nano-scale CNorg mapping. Geology，43（1）：27-30.

Walker R G. 1990. Facies modeling and sequence stratigraphy：perspective. Journal of Sedimentary Research，60（5）：777-786.

Wan X Q，Wignall P B，Zhao W J. 2003. The Cenomanian-Turonian extinction and oceanic anoxic event：evidence from southern Tibet. Palaeogeography，Palaeoclimatology，Palaeoecology，199（3-4）：283-298.

Wang A J，Gao S，Chen J，et al. 2009. Sediment dynamic responses of coastal salt marsh to typhoon "KAEMI" in Quanzhou Bay，Fujian Province，China. Chinese Science Bulletin，54（1）：120-130.

Wang C S，Zhao X X，Liu Z F，et al. 2008. Constraints on the early uplift history of the Tibetan Plateau. Proceedings of the National Academy of Sciences，105（13）：4987-4992.

Wang G C，Cao K，Zhang K X，et al. 2011. Spatio-temporal framework of tectonic uplift stages of the Tibetan Plateau in Cenozoic. Science China：Earth Sciences，54（1）：29-44.

Wang H J，Yang Z S，Wang Y，et al. 2008. Reconstruction of sediment flux from the Changjiang（Yangtze River）to the sea since the 1860s. Journal of Hydrology，349：318-332.

Wang J，Deng Q，Wang Z J，et al. 2013. New evidences for sedimentary attributes and timing of the "Macaoyuan conglomerates" on the northern margin of the Yangtze block in southern China. Precambrian Research，235：58-70.

Wang J，Li Z X. 2003. History of Neoproterozoic rift basins in South China：implications for Rodinia break-up. Precambrian Research，122：141-158.

Wang J，Pfefferkorn H W. 2013. The Carboniferous-Permian transition on the North China microcontinent-oceanic climate in the tropics. International Journal of Coal Geology，119：106-113.

Wang J P，Li Y，Zhang Y Y. 2017. A Middle Ordovician（Darriwilian）Calathium reef complex on the carbonate ramp of the northwestern Tarim Block，northwest China：a sedimentological approach. Palaeogeography，Palaeoclimatology，Palaeoecology，474：58-65.

Wang J S，Jiang G Q，Xiao S H，et al. 2008. Carbon isotope evidence for widespread methane seeps in the ca. 635 Ma Doushantuo cap carbonate in south China. Geology，36（5）：347-

350.

Wang P J，Mattern F，Didenko N A，et al. 2016. Tectonics and cycle system of the Cretaceous Songliao Basin：an inverted active continental margin basin. Earth-Sciences Reviews，159：82-102.

Wang W，Wang D，Wu S，et al. 2018. Submarine landslides on the north continental slope of the South China Sea. Journal of Ocean University of China，17（1）：83-100.

Wang X，Planavsky N J，Reinhard C T，et al. 2016b. A Cenozoic seawater redox record derived from 238U/235U in ferromanganese crusts. American Journal of Science，316：64-83.

Wang X，Reinhard C T，Planavsky N J，et al. 2016a. Sedimentary chromium isotopic compositions across the Cretaceous OAE2 at Demerara Rise Site 1258. Chemical Geology，429：85-92.

Wang X D，Qie W K，Sheng Q Y，et al. 2013. Carboniferous and Lower Permian sedimentological cycles and biotic events of South China. Geological Society，London，Special Publications，376（1）：33-46.

Wang X D，Ueno K，Mizuno Y，et al. 2001. Late Paleozoic faunal，climatic，and geographic changes in the Baoshan block as a Gondwana-derived continental fragment in southwest China. Palaeogeography，Palaeoclimatology，Palaeoecology，170（3-4）：197-218.

Wang X L，Shu L S，Xing G F，et al. 2012. Post-orogenic extension in the eastern part of the Jiangnan orogen：evidence from ca 800-760 Ma volcanic rocks. Precambrian Research，222-223：404-423.

Wang Y P，Gao S，Jia J J，et al. 2012. Sediment transport over an accretional intertidal flat with influences of reclamation，Jiangsu coast，China. Marine Geology，291：147-161.

Wang Z，Wang J S，Suess E，et al. 2017. Silicified glendonites in the Ediacaran Doushantuo Formation（South China）and their potential paleoclimatic implications. Geology，45（2）：115-118.

Wedepohl K H. 1969. Composition and abundance of common sedimentary rocks//Wedepohl K H. Handbook of Geochemistry：250-271.

Wefer G，Berger W H，Bijma J，et al. 1999. Clues to ocean history：a brief overview of proxies//Fischer G，Wefer G. Use of Proxies in Paleoceanography：Examples from the South Atlantic. Berlin：Springer-Verlag：1-66.

Wegener A. 1912. Die entstehung der kontinente. Internation Journal of Earth Sciences，3（4）：276-292.

Wen H，Fan H，Zhang Y，et al. 2015. Reconstruction of early Cambrian ocean chemistry from Mo isotopes. Geochimica et Cosmochimica Acta，164：1-16.

Wernicke B. 1985. Uniform-sense normal simple shear of the continental lithosphere. Canadian Journal of Earth Sciences，22（1）：108-125.

Widdows J，Brinsley M. 2002. Impact of biotic and abiotic processes on sediment dynamics and the consequences to the structure and functioning of the intertidal zone. Journal of sea Research，48（2）：143-156.

Wignall P B，Hallam A，Newton R J，et al. 2006. An eastern Tethyan（Tibetan）record of the Early Jurassic（Toarcian）mass extinction event. Geobiology，4（3）：179-190.

Willis B. 1910. Principles of paleogeography. Science，31：241-260.

Wing S L，Harrington G J，Smith F A，et al. 2005. Transient floral change and rapid global warming at the Paleocene-Eocene boundary. Science，310（5750）：993-996.

Winsberg E. 2010. Science in the Age of Computer Simulation. Chicago：University of Chicago Press.

Woods A D. 2014. Assessing Early Triassic paleoceanographic conditions via unusual sedimentary fabrics and features. Earth-Science Reviews，137：6-18.

Wotte T，Shields Zhou G A，Strauss H. 2012. Carbonate-associated sulfate：experimental comparisons of common extraction methods and recommendations toward a standard analytical protocol. Chemical Geology，326-327：132-144.

Wright A E. 1957. Three-dimensional shape analysis of fine-grained sediments. Journal of Sedimentary Research，27（3）：306-312.

Wright L D，Friedrichs C T. 2006. Gravity-driven sediment transport on continental shelves：a status report. Continental Shelf Research，26（17）：2092-2107.

Wright L D，Friedrichs C T，Kim S C，et al. 2001. Effects of ambient currents and waves on gravity-driven sediment transport on continental shelves. Marine Geology，175（1）：25-45.

Wright L D，Wiseman W J Jr，Yang Z S，et al. 1990. Processes of marine dispersal and deposition of suspended silts off the modern mouth of the Huanghe（Yellow River）. Continental Shelf Research，10（1）：1-40.

Wu H C，Zhang S H，Jiang G Q，et al. 2009. The floating astronomical time scale for the terrestrial Late Cretaceous Qingshankou Formation from the Songliao Basin of Northeast China and its stratigraphic and paleoclimate implications. Earth and Planetary Science Letters，278（3-4）：308-323.

Wu H C，Zhang S H，Jiang G Q，et al. 2013. Astrochronology of the Early Turonian-Early

Campanian terrestrial succession in the Songliao Basin, northeastern China and its implication for long-period behavior of the Solar System. Palaeogeography, Palaeoclimatology, Palaeoecology, 385: 55-70.

Wu J X, Liu J T, Wang X. 2012. Sediment trapping of turbidity maxima in the Changjiang Estuary. Marine Geology, 303: 14-25.

Wu S Q, Chen Z Q, Fang Y H, et al. 2017. A Permian-Triassic boundary microbialite deposit from the eastern Yangtze Platform (Jiangxi Province, South China): geobiologic features, ecosystem composition and redox conditions. Palaeogeography, Palaeoclimatology, Palaeoecology, 486: 58-73.

Xiao S, Shen B, Tang Q. et al. 2014. Biostratigraphic and chemostratigraphic constraints on the age of early Neoproterozoic carbonate successions in North China. Precambrian Research, 246: 208-225.

Xiao S, Zhang Y, Knoll A H. 1998. Three-dimensional preservation of algae and animal embryos in a Neoproterozoic phosphorite. Nature, 391: 553-558.

Xie S, Pancost R D, Yin H, et al. 2005. Two episodes of microbial change coupled with Permian/Triassic faunal mass extinction. Nature, 434: 494-497.

Xie X, Müller R D, Li S, et al. 2006. Origin of anomalous subsidence along the Northern South China Sea margin and its relationship to dynamic topography. Marine & Petroleum Geology, 23 (7): 745-765.

Xie X N, Huang C Y, Shao L. 2019a. Preface to the special issue "Tectonics and depositional infilling of western Pacific marginal sea". Marine Geophysical Research, 40 (2): 97-98.

Xie X N, Ren J Y, Pang X, et al. 2019b. Stratigraphic architectures and associated unconformities of Pearl River Mouth basin during rifting and lithospheric breakup of the South China Sea. Marine Geophysical Research, 40 (2): 129-144.

Xu W M, Ruhl M, Jenkyns H C, et al. 2017. Carbon sequestration in an expanding lake system during the Toarcian Oceanic Anoxic Event. Nature Geoscience, 10 (2): 129-134.

Xu Y L, Chen Z Q, Feng X Q, et al. 2017. Proliferation of MISS-related microbial mats following the end-Permian mass extinction in the northern Paleo-Tethys: evidence from southern Qilianshan region, western China. Palaeogeography, Palaeoclimatology, Palaeoecology, 474: 198-213.

Yamamoto K, Ishibashi M, Takayanagi H, et al. 2013. Early Aptian paleoenvironmental evolution of the Bab Basin at the southern Neo-Tethys margin: response to global carbon-cycle perturbations across Ocean Anoxic Event 1a. Geochemistry, Geophysics,

Geosystems, 14 (4): 1104-1130.

Yan Z, Liu J, Ezaki Y, et al. 2017. Stacking patterns and growth models of multiscopic structures within Cambrian Series 3 thrombolites at the Jiulongshan section, Shandong Province, northern China. Palaeogeography, Palaeoclimatology, Palaeoecology, 474: 45-57.

Yang H, Chen Z Q, Kershaw S, et al. 2019. Small microbialites from the basal Triassic mudstone (Tieshikou, Jiangxi, South China): geobiologic features, biogenicity, and paleoenvironmental implications. Palaeogeography, Palaeoclimatology, Palaeoecology, 519: 221-235.

Yang H, Chen Z Q, Wang Y B, et al. 2011. Composition and structure of microbialite ecosystems following the end-Permian mass extinction in South China. Palaeogeography, Palaeoclimatology, Palaeoecology, 308: 111-128.

Yang H, Chen Z Q, Wang Y B, et al. 2015. Palaeoecology of microconchids from microbialites near the Permian-Triassic boundary in South China. Lethaia, 48: 497-508.

Yang J, Gao J, Liu B, et al. 2014. Sediment deposits and organic carbon sequestration along mangrove coasts of the Leizhou Peninsula, southern China. Estuarine, Coastal and Shelf Science, 136: 3-10.

Yang J, Peltier W R, Hu Y Y. 2012a. The initiation of modern "soft Snowball" and "hard Snowball" climates in CCSM3. Part Ⅰ: the influence of solar luminosity, CO_2 concentration, and the sea ice/snow albedo parameterization. Journal of Climate, 25 (8): 2711-2736.

Yang J, Peltier W R, Hu Y Y. 2012b. The initiation of modern "soft Snowball" and "hard Snowball" climates in CCSM3. Part Ⅱ: climate dynamic feedbacks. Journal of Climate, 25 (8): 2737-2754.

Yang J H, Cawood P A, Du Y S, et al. 2014. Global continental weathering trends across the Early Permian glacial to postglacial transition: correlating high- and low-paleolatitude sedimentary records. Geology, 42 (10): 835-838.

Yang J H, Cawood P A, Du Y S, et al. 2016. Reconstructing Early Permian tropical climates from chemical weathering indices. Geological Society of America Bulletin, 128 (5-6): 739-751.

Yang J H, Zhou X H. 2001. Rb-Sr, Sm-Nd, and Pb isotope systematics of pyrite: implications for the age and genesis of lode gold deposits. Geology, 29 (8): 711-714.

Yang L L, Ren J Y, McIntoshc K, et al. 2018. The structure and evolution of deepwater basins in the distal margin of the northern South China Sea and their implications for the formation of the continental margin. Marine and Petroleum Geology，92：234-254.

Yang S L，Belkin I M，Belkina A I，et al. 2003. Delta response to decline in sediment supply from the Yangtze River：evidence of the recent four decades and expectations for the next half-century. Estuarine Coastal and Shelf Science，57（4）：689-699.

Yang S Y，Jung H S，Lim D I，et al. 2003. A review on the provenance discrimination of sediments in the Yellow Sea. Earth-Science Reviews，63（1-2）：93-120.

Yang S Y，Youn J S. 2007. Geochemical compositions and provenance discrimination of the central south Yellow Sea sediments. Marine Geology，243（1-4）：229-241.

Yao L，Aretz M，Chen J，et al. 2016b. Global microbial carbonate proliferation after the end-Devonian mass extinction：mainly controlled by demise of skeletal bioconstructors. Scientific Reports，6：39694e.

Yao L，Wang X D. 2016. Distribution and evolution of Carboniferous reefs in South China. Palaeoworld，25：362-376.

Yao L，Wang X D，Lin W，et al. 2016a. Middle Visean（Mississippian）coral biostrome in central Guizhou，southwestern China and its palaeoclimatological implications. Palaeogeography，Palaeoclimatology，Palaeoecology，448：179-194.

Ye Q，Tong J N，Xiao S H，et al. 2015. The survival of benthic macroscopic phototrophs on a Neoproterozoic snowball Earth. Geology，43（6）：507-510.

Yin A，Nie S Y. 1993. An indentation model for the north and south China collision and development of the Tan-Lu and Honam Fault system，Eastern Asia. Tectonics，4：801-813.

Yoshida M，Santosh M. 2011. Supercontinents，mantle dynamics and plate tectonics：a perspective based on conceptual vs. numerical models. Earth-Science Reviews，105：1-24.

Yu K F，Zhao J X，Collerson K D，et al. 2004. Storm cycles in the last millennium recorded in Yongshu Reef，southern South China Sea. Palaeogeography，Palaeoclimatology，Palaeoecology，210（1）：89-100.

Yu K F，Zhao J X，Shi Q，et al. 2006. U-series dating of dead Porites，corals in the South China sea：evidence for episodic coral mortality over the past two centuries. Quaternary Geochronology，1（2）：129-141.

Yu Q，Wang Y，Gao J，et al. 2014. Turbidity maximum formation in a well-mixed macrotidal estuary：the role of tidal pumping. Journal of Geophysical Research-Oceans，119（11）：7705-7724.

Yu Q，Wang Y W，Gao S，et al. 2012. Modeling the formation of a sand bar within a large funnel-shaped，tide-dominated estuary：Qiantangjiang Estuary，China. Marine Geology，

299-302：63-76.

Yu W C，Algeo T，Yan J X，et al. 2019. Climatic and hydrologic controls on upper Paleozoic bauxite deposits in South China. Earth-Science Reviews，189：159-176.

Yuan X L，Chen Z，Xiao S H，et al. 2011. An early Ediacaran assemblage of macroscopic and morphologically differentiated eukaryotes. Nature，470：390-393.

Zakharov V A，Shurygin B N，Il'ina V I，et al. 2006. Pliensbachian-Toarcian biotic turnover in north Siberia and the Arctic region. Stratigraphy and Geological Correlation，14（4）：399-417.

Zambito J J，Benison K C. 2013. Extremely high temperatures and paleoclimate trends recorded in Permian ephemeral lake halite. Geology，41（5）：587-590.

Zhang G W，Meng Q R，Yu Z P，et al. 1996. Orogenesis and dynamics of the Qinling Orogen. Science in China（Series D），39（3）：225-234.

Zhang H，Shen G L，He Z L. 1999. A carbon isotopic stratigraphic pattern of the Late Paleozoic coals in the North China Platform and its palaeoclimatic implications. Acta Geologica Sinica，73（1）：111-119.

Zhang L M，Wang C S，Li X H，et al. 2016. A new paleoclimate classification for deep time. Palaeogeography，Palaeoclimatology，Palaeoecology，443：98-106.

Zhang Q H，Wendler I，Xu X X，et al. 2017. Structure and magnitude of the carbon isotope excursion during the Paleocene-Eocene thermal maximum. Gondwana Research，46：114-123.

Zhang Q H，Willems H，Ding L，et al. 2018. Response of larger benthic foraminifera to the Paleocene-Eocene thermal maximum and the position of the Paleocene/Eocene boundary in the Tethyan shallow benthic zones：evidence from south Tibet. Geological Society of America Bulletin，131（1-2）：84-98.

Zhang Q R，Li X H，Feng L J，et al. 2008. A new age constraint on the onset of the Neoproterozoic glaciations in the Yangtze Platform，South China. Journal of Geology，116（4）：423-429.

Zhang R S. 1992. Suspended sediment transport processes on tidal mud flat in Jiangsu Province，China. Estuarine，Coastal and Shelf Science，35（3）：225-233.

Zhang S，Henehan M J，Hull P M，et al. 2017. Investigating controls on boron isotope ratios in shallow marine carbonates. Earth and Planetary Science Letters，458：380-393.

Zhang S，Wang X，Wang H，et al. 2016. Sufficient oxygen for animal respiration 1,400 million years ago. Proceedings of the National Academy of Sciences，113（7）：1731-1736.

Zhang S H，Evans D A D，Li H Y，et al. 2013. Paleomagnetism of the late Cryogenian Nantuo Formation and paleogeographic implications for the South China Block. Journal of Asian Earth Sciences，72：164-177.

Zhang S H，Li Z X，Evans D A，et al. 2012. Pre-Rodinia supercontinent Nuna shaping up：a global synthesis with new paleomagnetic results from North China. Earth and Planetary Science Letters，353-354：145-155.

Zhang X L，Zhang G J，Sha J G. 2016. Lacustrine sedimentary record of early Aptian carbon cycle perturbation in western Liaoning，China. Cretaceous Research，62：122-129.

Zhang Y B，Li Q L，Lan Z W，et al. 2015. Diagenetic xenotime dating to constrain the initial depositional time of the Yan-Liao Rift. Precambrian Research，271：20-32.

Zhao G C. 2015. Jiangnan Orogen in South China：developing from divergent double subduction. Gondwana Research，27：1173-1180.

Zhao G C，Cawood P A，Wilde S A，et al. 2002. A review of the global 2.1-1.8 Ga orogens：implications for a pre-Rodinia supercontinent. Earth-Science Reviews，59：125-162.

Zhao J H，Zhou M F，Yan D P，et al. 2011. Reappraisal of the ages of Neoproterozoic strata in South China：no connection with the Grenvillian orogeny. Geology，39（4）：299-302.

Zhao Y，Liu Z，Zhang Y，et al. 2015. In situ observation of contour currents in the northern South China Sea：applications for deep water sediment transport. Earth and Planetary Science Letters，430：477-485.

Zhou L，Gao S，Yang Y，et al. 2017b. Typhoon events recorded in coastal lagoon deposits，southeastern Hainan Island. Acta Oceanologica Sinica，38（4）：37-45.

Zhou L，McKenna C A，Long D G F，et al. 2017a. LA-ICP-MS elemental mapping of pyrite：an application to the Palaeoproterozoic atmosphere. Precambrian Research，297：33-55.

Zhou M F，Ma Y，Yan D P，et al. 2006a. The Yanbian Terrane（Southern Sichuan Province，SW China）：a Neoproterozoic arc assemblage in the western margin of the Yangtze Block. Precambrian Research，144：19-38.

Zhou M F，Yan D P，Wang C L，et al. 2006b. Subduction-Related Origin of the 750 Ma Xuelongbao Adakitic Complex（Sichuan Province，China）：implications for the Tectonic Setting of the Giant Neoproterozoic Magmatic Event in South China. Earth and Planetary Science Letters，248：286-300.

Zhu B，Becker H，Jiang S Y，et al. 2013. Re-Os geochronology of black shales from the Neoproterozoic Doushantuo Formation，Yangtze platform，South China. Precambrian

Research，225：67-76.

Zhu Q G，Wang Y P，Gao S，et al. 2017. Modeling morphological change in anthropogenically controlled estuaries. Anthropocene，17：70-83.

Zhu S F，Qin Y，Zhu X M，et al. 2017a. Origin of dolomitic rocks in the Lower Permian Fengcheng Formation，Junggar Basin，China：evidence from petrology and geochemistry. Mineralogy and Petrology，112（2）：267-282.

Zhu S F，Yue H，Zhu X M，et al. 2017b. Dolomitization of felsic volcaniclastic rocks in continental strata：a study from the lower cretaceous of the A'nan Sag in Er'lian Basin，China. Sedimentary Geology，353：13-27.

Zhu S F，Zhu X M，Wang X L，et al. 2012. Zeolite diagenesis and its control on petroleum reservoir quality of Permian in northwestern margin of Junggar Basin，China. Science China：Earth Sciences，55（3）：386-396.

Zhu X. 1983. Tectonics and Evolution of Chinese Meso-Cenozoic basins. Oxford：Elsevier.

Zhu X K，O'nions R K，Guo Y，et al. 2000. Secular variation of iron isotopes in North Atlantic deep water. Science，287（5460）：2000-2002.

Zhu X M，Zhong D K，Yuan X J，et al. 2016. Development of sedimentary geology of petroliferous basins in China. Petroleum Exploration and Development，43（5）：890-901.

Zhuravlev A，Riding R. 2000. The Ecology of the Cambrian Radiation. New York：Columbia University Press.

Ziegler P A，Cloetingh S. 2004. Dynamic processes controlling evolution of rifted basins. Earth-Sciences Reviews，64：1-50.

第四章 中国沉积学教育与基地建设

“中国沉积学教育与基地建设”包含两部分主要内容，一是对我国沉积学教育现状和发展趋势进行分析，二是对我国沉积学相关实验室及设备情况进行调研。数据主要源于三个方面：①6个国内外数据库，包括中国知网（CNKI）、万方数据知识服务平台、中文科技期刊数据库、史蒂芬斯数据库（EBSCOhost）、Web of Science、Science Direct；②129个官方网站资料数据，包括国内27所主要地质院校官方网站资料数据，国家级、省部级重点实验室等78个国内实验室官方网站数据与美国能源部国家实验室（United States Department of Energy National Laboratories）、美国地质调查局（United States Geological Survey，USGS）、英国地质调查局（British Geological Survey，BGS）、美国石油地质学家协会、国际沉积学家协会等24个国外相关机构官方网站资料；③5个搜索引擎，包括百度学术、必应学术、读秀、谷歌学术（Google Scholar）、微软学术（Microsoft Academic），搜索关键词包括实验沉积学、地质分析、矿物成分与结构、水槽实验、沉积实验模拟、质谱仪、实验室设备、粒度分析和同位素分析等。

通过对调研结果及数据的统计与归纳，系统总结了我国各大地质院校沉积学相关专业设置和课程安排、野外教学与实习基地建设和研究生毕业论文情况，分析了我国沉积学相关实验室建设与仪器设备现状，提出了我国沉积学实验研究发展主要经历的三个阶段和至今仍存在的问题。

第一节　人才培养与教学

一、沉积学相关专业与课程设置

通过对中国各大地质院校本科生、研究生的专业和课程设置情况调查，研究各地质院校对于沉积学人才的培养方式及重点培养领域。我们以北京大学、中国地质大学（北京）、中国地质大学（武汉）、成都理工大学、中国石油大学（北京）、中国石油大学（华东）、中国矿业大学（北京）、中国矿业大学（徐州）、吉林大学、南京大学、西北大学、同济大学、长安大学、长江大学、东北石油大学和西南石油大学为研究对象，对本科生及研究生的专业及课程设置情况展开调研。通过统计分析，这些地质院校对于本科生与沉积学相关的专业设置情况基本相似，主要开设地质学、地理科学、资源勘查工程、石油工程、海洋科学、地质工程、地球物理学、海洋油气工程、勘查技术与工程、地理信息系统、古生物学与地层学、地球化学、水文与水资源工程、地下水科学工程等专业；而研究生专业设置则存在较大差异，各地质院校的传统优势研究领域各具特色，具体情况见表 4-1。

表 4-1　国内主要地质院校设置的沉积学相关研究生专业及研究方向

学校	与沉积学相关的专业	研究方向
北京大学	地质学（石油地质学）	油气地球物理，沉积学及层序地层学，油气储层地质，油气地球化学，油气田勘探与开发
	古生物学与地层学	古生态环境学，综合地层学，沉积地层学
中国地质大学（北京）	矿物学、岩石学、矿床学	沉积学
	古生物学与地层学	综合地层学，沉积地质学与环境分析，盆地分析及沉积矿产
中国地质大学（武汉）	地质学	矿物学、岩石学、矿床学，沉积学（含古地理学），古生物学与地层学
成都理工大学	沉积学	层序地层学和岩相古地理，沉积地球化学与储层沉积学，大地构造沉积学与沉积盆地动力学，古海洋与事件沉积学
	古生物学与地层学	应用地层学
中国石油大学（北京）	地质学	沉积学及古地理学，岩石学和储层地质学，层序地层学和测井地质学，古生物学与地层学

续表

学校	与沉积学相关的专业	研究方向
中国石油大学（华东）	地质学	沉积学及层序地层学，古生物学及地层学
中国矿业大学（北京）	矿物学、岩石学、矿床学	沉积地质与沉积矿产，沉积学与岩相古地理学
	古生物学与地层学	古环境与古生态的演变分析与重建，理论地层学探索与研究
中国矿业大学（徐州）	矿物学、岩石学、矿床学	沉积（岩石）学与古地理学
	地球化学	煤及烃源岩地球化学，沉积地球化学
	古生物学与地层学	定量古生物地层学，含煤地层古生物学，层序地层学
吉林大学	矿物学、岩石学、矿床学	沉积学
	古生物学与地层学	中、新生代陆相地层及古生物，古生代地层及古生物，区域地层与数字化填图
南京大学	矿物学、岩石学、矿床学	沉积岩岩石学与沉积学，油气成藏机制
	古生物学与地层学	地层学
	第四纪地质学	古环境、古气候、古生态
西北大学	矿物学、岩石学、矿床学	不区分研究方向
	能源地质学	
	古生物学与地层学	
同济大学	海洋科学	海洋地质学（古海洋学、微体古生物学、海洋沉积学、石油地质与盆地分析、岩石矿物与宝石学），物理海洋学（大洋环流、沉积动力学）
	矿产普查与勘探	层序地层学与储层地质学，含油气盆地构造-沉积响应防线
长安大学	地质学	矿物学、岩石学、矿床学，古生物学与地层学
长江大学	矿物学、岩石学、矿床学	沉积学，层序地层学，现代沉积与模拟，储层地质学，油藏地质学，页岩气藏与致密气藏地质学
	古生物学与地层学	勘探地层学，层序地层学，古生态学与古环境
	第四纪地质学	现代沉积学
东北石油大学	矿物学、岩石学、矿床学	沉积地质与沉积矿产，层序地层学，沉积学与古地理学，油气储层地质学
西南石油大学	地质学	沉积学（含古地理学），矿物学、岩石学、矿床学，古生物学及地层学

在课程设置方面，不同高校与沉积学相关的课程设置不尽相同，但总体上都可以归类为沉积岩石学、沉积环境与沉积相、成因岩石学、实验沉积学、事件沉积学、古生物学与地层学、年代地层学、造山带地层学、地史学、层序地层学、沉积学与能源矿产等，体现了沉积学具有广泛的分支研究领域以及与其他地学学科交叉的特点。

二、野外教学与实习基地

经调研，国内主要地质院校均设置有各自的野外教学与实习基地，主要有北京周口店野外实践教育基地、北戴河（秦皇岛）野外教学实习基地、秭归（三峡）野外教学实习基地、辽宁兴城野外教学实习基地、巢湖地质实习基地、秦岭地质实习基地等。野外教学主要针对本科生，且基本都以认识实习（本科一年级）、教学实习（本科二年级）、科研实习及生产实习（本科三年级）的模式开展。各实习基地的主要特点和沉积学观测内容论述如下。

（一）北京周口店野外实践教育基地

北京周口店野外实践教育基地位于华北板块中部，是燕山山脉、太行山山脉和华北平原的接壤地带，主要出露有太古宙到新生代各时代地层序列，可观测到芹峪运动、蓟县运动、太康运动等形成的不整合界面，还可观测到三大类岩石的各种岩性，同时也具有逆冲推覆构造、拆离断层、折叠褶皱等各种线状及面状构造。该基地是中国地质大学本科二年级教学实习基地，有助于学生识别各类地质现象、建立地质时空观、掌握野外地质工作方法、具有初步的野外独立工作和编写地质报告及制作地质图件的能力。其中与沉积学相关的内容是观测从太古宙到新生代的沉积地层序列以及沉积构造，识别沉积岩的主要特征等。

（二）北戴河（秦皇岛）野外教学实习基地

北戴河（秦皇岛）野外教学实习基地位于华北板块燕山褶皱带东段，东临太平洋板块，主要可以观测到较为典型的华北型地层，以及三大岩石类型与典型的构造现象。该基地作为中国地质大学（北京）、中国地质大学（武汉）、中国石油大学（北京）、中国石油大学（华东）本科地质专业的认识实习基地，是培养学生地质兴趣、初步认知地学现象及野外工作的天然实验室。该基地典型的华北型地层对于沉积学来说具有重要意义，可以使学生对沉积地层及沉积岩在野外的特征产生清晰的认识。

（三）秭归（三峡）野外教学实习基地

秭归（三峡）野外教学实习基地位于扬子地台的黄陵背斜中，实习区内从古元古界的基底到三叠系的盖层均有出露，其中还有闻名于世的三峡震旦系国际层型剖面。区内地层剖面露头情况良好，剖面十分连续，不同地层间的接触关系也十分清晰，三大岩石类型齐全，同时具有典型的构造现象，该基地可满足多个专业学生野外实践教学的需要。基地中的三峡震旦系国际层型剖面作为沉积学的教学内容有诸多典型的沉积特征可供学生观测和学习。

（四）辽宁兴城野外教学实习基地

辽宁兴城野外教学实习基地地处华北板块北缘、燕山造山带东段，东南为华北断坳，北临内蒙古地轴，实习区内各地质时期地层发育齐全，构造与地质演化复杂，矿产丰富，露头良好，海岸带地质现象和资源丰富。该基地为吉林大学本科二年级教学实习及本科三年级地质学专业科研实习基地，同时也吸引了北京大学、南京大学、西北大学等高校的学生前来实习。区内典型的沉积地层、沉积构造以及中生代地层中大量的古生物化石使得本科生对沉积学的学习产生了很大的兴趣。

（五）巢湖地质实习基地

巢湖地质实习基地位于扬子地台，实习区内地层厚度虽不大，但发育较为齐全，出露也较为连续，易观察，不同地层间的接触关系清晰，标志层明显，古生物化石丰富，而且具有明显的构造现象以及地貌特征，矿产资源丰富。该基地为南京大学、西北大学、中国石油大学（华东）等高校的本科生野外实习基地，基地中典型的扬子型地层可以使本科生对不同地层的典型沉积特征有很好的了解，包括对典型沉积岩岩性、沉积构造和古生物化石的观察与认识。

（六）秦岭地质实习基地

秦岭地质实习基地紧邻南北秦岭构造分界线的商丹缝合带上，辐射南北秦岭构造区、渭河地堑以及华北南缘构造带，教学内容涵盖了中国北方典型华北型地层、中国南方典型扬子型地层以及秦岭典型碰撞造山带、鄂尔多斯典型沉积盆地等，主要作为地质专业高年级本科生及研究生进行多学科交叉综合教学及年轻教师培训的基地。秦岭—淮河作为分割我国南方-北方的重要标志，区内同时存在的华北型地层和扬子型地层具有同一时代不同地层的沉积特征。

三、基于学位论文探讨沉积学相关专业研究生培养情况

通过调研 2000～2014 年地质学、沉积学及相关学科研究生学位论文发表数量来讨论沉积学教育情况和发展趋势，数据主要来源于对中国知网数据库各年度不同学科领域的分类与整理。通过调研各年度我国地质类专业研究生毕业人数发现，中国知网数据库中收录的学位论文数量略少于毕业研究生数量，分析其主要原因可能是有些毕业论文为涉密论文，数据库未对其进行收录，但数据反映的各年度和各领域的整体趋势相同。

（一）2000～2014 年地质学类研究生学位论文发表趋势

2000～2014 年中国高校地质学类研究生共发表 31 329 篇论文，其中硕士研究生共发表 25 191 篇，占 80.4%；博士研究生共发表 6138 篇，占 19.6%。研究生学位论文的发表情况呈较明显的阶段性：2000～2004 年呈现缓慢上升趋势，硕士研究生论文发表数量从 24 篇增长到 530 篇，博士研究生论文发表数量从 40 篇增长到 215 篇；2005～2010 年总体呈现快速增长，主要是由于硕士研究生论文发表数量的增长速度明显增快，从 2005 年的 899 篇增长到 2010 年的 2619 篇，增长了近 2 倍，而博士研究生论文发表数量从 2005 年的 397 篇增长到 2006 年的 539 篇，一直在 500 篇左右波动，处于较稳定的态势；2010～2011 年整体变化不大，有略微的增长；而 2011～2014 年总体又进入快速增长的阶段，硕士研究生论文发表数量从 2779 篇增长到 3967 篇，而博士研究生论文发表数量依然稳定在 500～600 篇（图 4-1）。

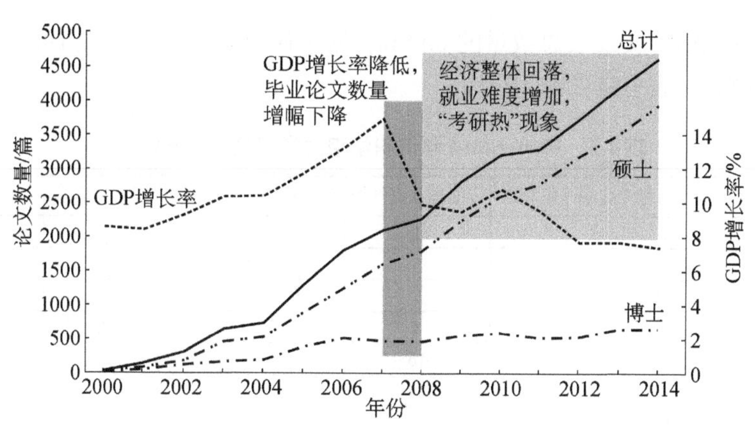

图 4-1 2000～2014 年中国地学类专业研究生论文发表情况

通过对比 2000～2014 年中国地学类专业研究生论文发表情况与中国 GDP 增长率，发现两者间具有一定相关性（图 4-1）。2000～2004 年 GDP 增长率处于缓慢增长阶段，这与地学类专业研究生论文的发表情况基本相同；2005～2007 年 GDP 增长率直线上升，大幅度增长，突破了 14%，这三年里地学类专业研究生毕业论文发表数量也大量增长；2008～2009 年受国际金融危机的影响，中国的 GDP 增长率有所下降，不过相比于其他一些负增长率的国家来说，中国的经济增长依然保持在较高水平，而地学类专业研究生论文发表数量在 2008 年增幅也放缓；2009～2014 年中国的 GDP 增长率整体处于缓慢下降阶段，中国经济的增长也由高速转变为中高速，但地学类专业研究生论文发表数量依然大幅增加，这可能与经济整体回落，就业难度加大，更多的本科毕业生选择继续深造导致的“考研热”现象相关。

（二）2000～2014 年沉积学相关专业研究生学位论文发表趋势

根据中国知网对地质学学科的分类，本研究筛选出以海洋地质与海洋地貌、沉积岩、古地理及古气候、各时代地史及地层学、煤田地质学、油气地质学 6 个学科作为沉积学的代表学科类别，对沉积学相关学位论文进行检索、统计和分析。2000～2014 年海洋地质与海洋地貌共发表研究生学位论文 684 篇，沉积岩 126 篇，古地理及古气候 542 篇，各时代地史及地层学 818 篇，煤田地质学 353 篇，油气地质学 7777 篇。其中有些论文同时横跨多个学科，本研究对这样的论文进行了剔除，共剔除 206 篇重复论文，最终统计出沉积学共发表 10 094 篇论文（表 4-2），其中硕士研究生共发表论文 8126

篇，占沉积学论文发表总数量的 80.5%，博士研究生共发表论文 1968 篇，占沉积学论文发表总数量的 19.5%。

表 4-2　2000～2014 年沉积学相关学科论文发表数量

年份	海洋地质与海洋地貌	沉积岩	古地理及古气候	各时代地史及地层学	煤田地质学	油气地质学
2000	7	0	1	3	1	4
2001	8	3	5	4	2	21
2002	14	0	7	4	3	54
2003	18	1	8	36	0	89
2004	23	3	16	31	12	136
2005	39	6	24	57	13	226
2006	37	13	32	104	16	320
2007	50	23	37	60	16	413
2008	53	3	47	45	22	545
2009	33	4	47	25	46	807
2010	42	8	47	41	59	973
2011	71	2	49	59	48	979
2012	73	4	65	61	24	1095
2013	100	32	85	158	47	992
2014	116	24	72	130	44	1123
总计	684	126	542	818	353	7777

对比沉积学和地质学类研究生论文发表情况发现，沉积学相关的研究生论文数量占地质学类研究生论文数量的 32%，其中硕士研究生占 26.15%，博士研究生占 5.85%（图 4-2）。可以看出沉积学在地质学领域占据着举足轻重的地位，沉积学的发展在一定程度上影响着地质学进程。

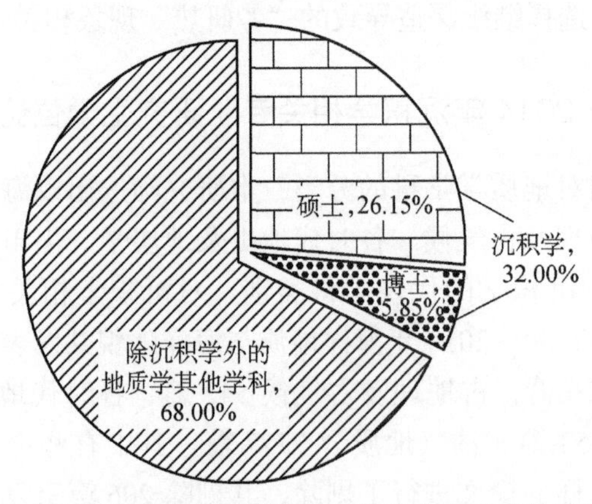

图 4-2　2000～2014 年沉积学相关领域研究生学位论文占地质学类研究生学位论文比例

1. 海洋地质与海洋地貌

2000～2014 年随着中国在各方面技术的不断发展与突破，对于海洋的研究也进一步深入，其中海洋地质与海洋地貌作为研究海洋的一部分是不可或缺的。2000～2014 年，海洋地质与海洋地貌学科的研究生数量也在不断增长，通过研究生学位论文发表情况可以看出，除在 2009～2010 年论文数量有所下降外，整体上一直呈现增长态势（图 4-3）。

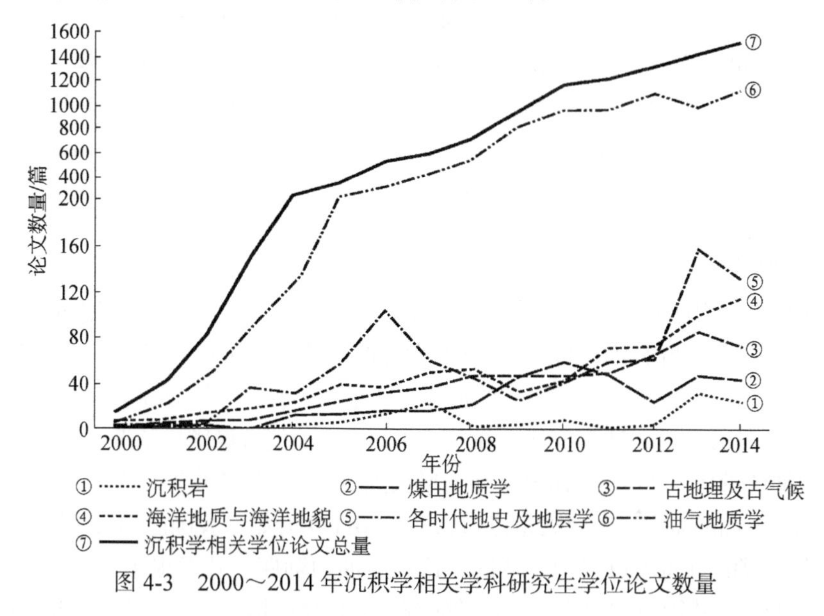

图 4-3　2000～2014 年沉积学相关学科研究生学位论文数量

2. 沉积岩、古地理及古气候、各时代地史及地层学

沉积岩、古地理及古气候、各时代地史及地层学这三个学科相对于沉积学的其他学科来说，有着十分紧密的联系，古地理及古气候的研究正是通过对不同地质年代的地层中所出现的沉积岩的岩性、岩相、沉积构造等特征，对各地质年代的古地理及古气候进行研究及复原，同时对地层的划分和对比也有重要的指导作用。但这三个学科的发展历程却截然不同，2000 年以来，单纯对沉积岩进行研究的研究生相对较少，直到 2013 年才有所改善；古地理及古气候则一直处于比较稳定的增长状态；而各时代地史及地层学的研究可谓“一波三折”，具有一定的阶段性特征：2000～2006 年处于快速增长状态，其中 2006 年研究生学位论文的发表数量达到了一个峰值；2006～2009 年出现了较大的下降；2009～2014 年又呈现增长趋势，2009～2012 年受经济危机后全球经济“回春”的影响，只是小幅上升，2012～2014 年再次延续快速增长的状态。

3. 煤田地质学

我国是世界上最早用煤的国家，但大规模工业开采发展较晚。中华人民共和国成立以来，我国经济迫切地需要发展，经济的发展离不开能源矿产，而煤作为我国最主要的能源，与煤田地质学的发展息息相关。煤田地质学作为我国煤炭资源找寻、勘查、评价和煤矿开采地质保障系统的理论基础，对于保证国家的能源安全具有现实意义。2000～2010 年，正值我国发展最迅速的 10 年，对于煤等能源的需求逐年加大，到 2009 年，我国的原煤年产量已经达到 2.965Gt，这也是煤田地质学一直处于稳定发展的结果；2010 年之后，我国的基本国策发生变化，经济由高速增长转变为中高速增长，GDP 增长率相应下降，但实际增量却依然可观，对煤的需求量依然很大，虽然煤田地质学毕业研究生数量出现了小幅下降，但总体保持在稳定发展的状态中。

4. 油气地质学

相比于煤田地质学，油气地质学在我国的起步较晚，直到 20 世纪 60 年代大庆油田的开发，我国的石油才逐渐开始大规模的勘探与开采。随着经济的发展，我国对石油的需求量日益增大，原油消费量也逐年递增，从 2000 年的 21 232.01 万 t 增长到 2014 年的 51 546.95 万 t，15 年间，原油消费量增长了近 1.4 倍，而我国的原油产量从 2000 年的 16 300 万 t 增长到 2014 年的 21 142.92 万 t，远远达不到我国对石油的需求，还要大量进口石油。2011 年开始，我国已超过美国，成为世界上最大的石油进口国和消费国，这对石油的勘探、开发提出了新的挑战。2000 年开始，我国石油地质学毕业的研究生数量持续增长，在 2012 年和 2014 年达到两次峰值，相比沉积学其他学科来说，石油地质学毕业生人数的增幅是最大的，数量超过所有其他研究方向人数之和，可以看出我国对石油人才的需求量越来越大，同时也体现了油气地质学在沉积学研究领域的主导地位。

第二节　实验室建设

一、我国沉积学实验研究的发展过程

通过调研我国沉积学相关实验室成立时间和各实验室历史沿革情况，对我国沉积学实验研究发展过程进行分析总结。结果显示，我国沉积学实验研究发展主要经历了三个阶段（图 4-4）。

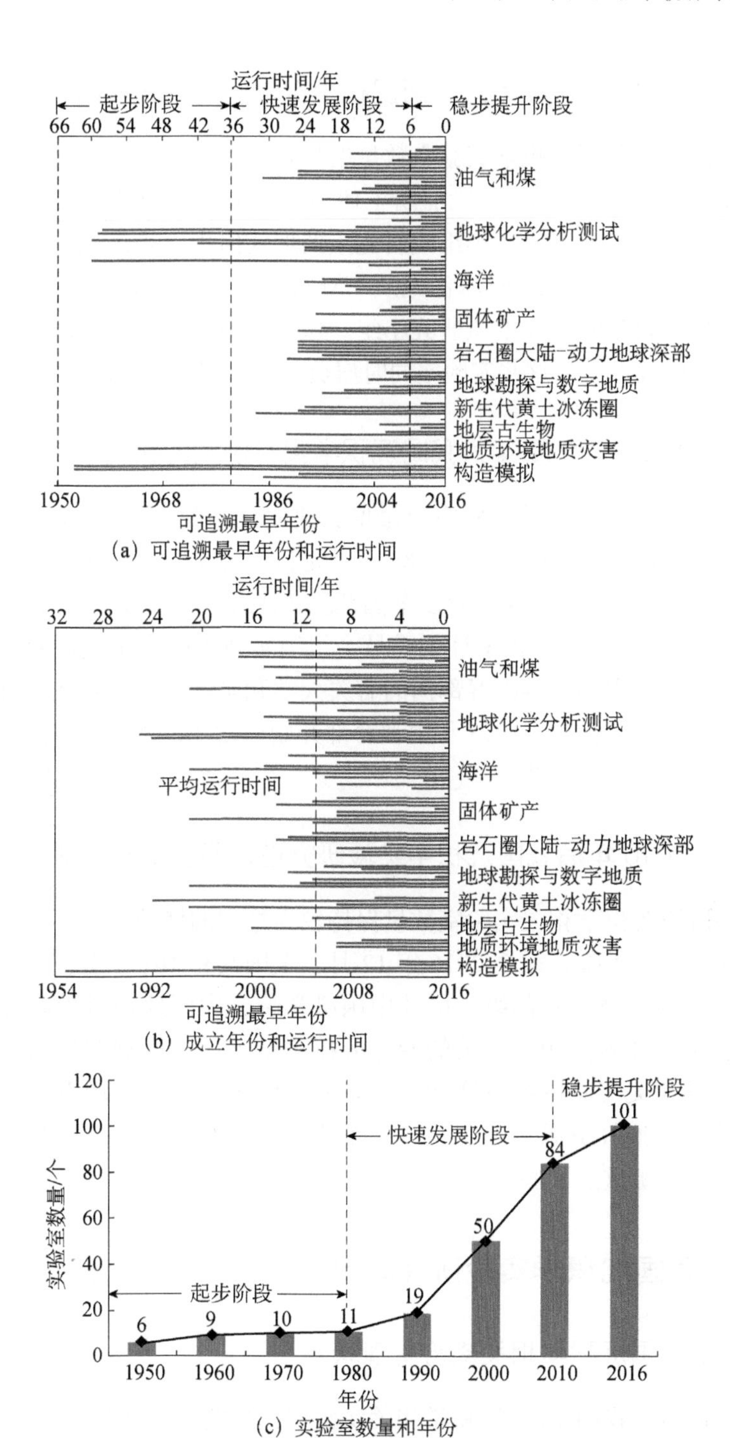

图 4-4 中国沉积学相关实验室按成立和运行时间统计

（一）1950～1980 年为我国沉积学实验研究的起步阶段

这一阶段，我国沉积学实验室数量增长较慢，沉积学相关实验室从原有的 6 个增长至 11 个。这一阶段前期（1950～1970 年）沉积学实验室设备简单，并且实验室大多以研究小组或研究室的形式出现，是沉积学实验室最初的组织形式，如中国科学院海洋地质与环境重点实验室追溯至初期为 1956 年成立的中国科学院海洋地质研究小组。这一阶段实验室主要由设有地质专业的各高等院校设立，这些实验室同时肩负实验研究与教学的任务。

（二）1981～2010 年为我国沉积学实验研究的快速发展阶段

这一阶段沉积学相关实验室数量增长速度快，截至 2010 年底，沉积学相关实验室从原有的 19 个增长至 84 个，是目前为止我国沉积学相关实验室数量增长最快的 30 年。这一阶段全国范围内地质科学研究中心和高校相继建立实验室，如 1984 年国家计划委员会组织实施了国家重点实验室建设计划，在教育部、中国科学院等部门的有关大学和研究所中，依托原有基础建设一批国家重点实验室；1998 年由教育部开始启动建设教育部重点实验室，重点针对高校实验室建设。

（三）2010 年后我国沉积学实验研究进入稳步提升阶段

这一阶段沉积学相关实验室数量保持较为稳定的增长速度，相比上一阶段增长速度有所下降，截至 2016 年 12 月，全国共有 101 个沉积学相关的实验室，包括国家级、省部级，以及中国科学院、中国地质科学院等的重点实验室，可以开展沉积学相关的专业分析测试工作。根据调研结果，这一阶段沉积学相关实验室数量增加主要来源于国土资源部新增重点实验室，如沉积盆地与油气资源重点实验室、东北亚古生物演化重点实验室、沉积盆地与油气资源重点实验室等。

二、我国沉积学实验研究现状

（一）我国沉积学相关实验室现状

我们调研了我国 78 个沉积学相关实验室，包括 27 个国家级实验室，21 个国土资源部、教育部重点实验室，12 个中国科学院重点实验室，5 个中国地质科学院重点实验室，9 个企业重点实验室，4 个校级重点实验室，并将 78 个重点实验室按不同的分类方式进行统计。按成立与运行时间统计，大部分沉积学相关实验室在 2000 年之后成立且运行时间大多不超过 15 年，平均运行时间为 10.8 年。按学科进行分类统计，根据实验室的研究主题与方向将调研实验室分为 10 种类型，包括构造模拟、岩石圈大陆动力地球深部、固体矿产、油气和煤、海洋等，其中以能源领域（油气和煤）的实验室数量最多，共有 17 个，占总量的 22%，其次为地球化学分析测试、海洋、固体矿产等，新生代黄土冰冻圈、地层古生物、地质环境地质灾害和构造模拟类的实验室数量最少，仅有 4 个，各占总量的 5%（图 4-5）。按地域分布统计，沉积学相关实验室主要分布在我国经济与教育发展较好的中部和东南部地区，其中北京就有 28 个，而西部地区沉积学相关实验室数量少。

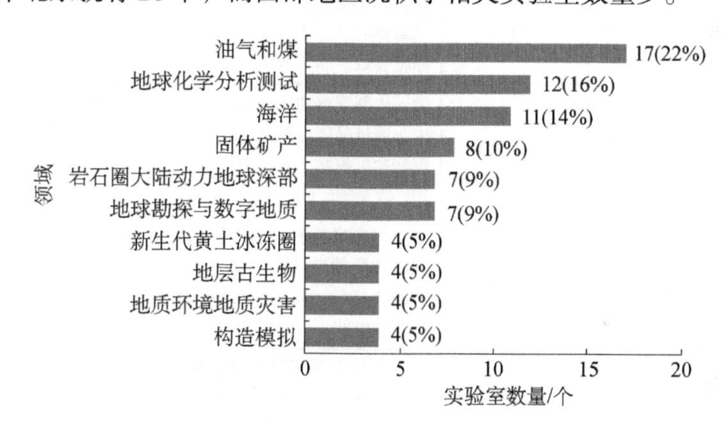

图 4-5　按不同领域数量统计的中国沉积学相关实验室

（二）沉积学相关实验仪器和设备现状

我们对调研的 78 个沉积学相关重点实验室的仪器设备情况进行了统计，共有沉积学相关实验仪器 62 种 717 个，根据对相关实验仪器的调研结果，将实验仪器按功能分为七大类，分别是矿物成分分析、化学成分分析、有机地球化学分析、结构构造及物性分析、地质年龄测定、古地磁分析、过程模拟，并将常用于沉积学测试分析的仪器及其在沉积学中的应用进行归纳（表 4-3）。其中化学成分分析类实验仪器数量最多（296 个），占总量的 41%；其次为矿物成分分析、结构构造及物性分析类实验仪器；其中种类与数量最少的是过程模拟类实验仪器，共有 17 个，占总量的 2%（图 4-6）。

表 4-3　实验仪器在我国沉积学领域的应用情况

大类	类型	常见型号	沉积学应用
矿物成分分析	激光拉曼光谱仪	RenishawRM 2000	流体包裹体气体成分分析，非破坏性地测量代原始成矿溶液流体包裹体的成分，适用于测量 CH_4、CO_2、H_2S 等气体
	阴极荧光光谱仪	MonoCL4+	通过获取矿物的阴极发光图像，可以鉴定矿物，研究矿物中的微量元素，研究矿物成因，研究矿物的蚀变程度，分析储矿空间的形成、演化及矿产在空间的分布规律
	穆斯堡尔光谱仪	MS-96	可以分析某些含有 Fe、Sn 等岩石的微观结构、物质组成、化合价等，从而推断形成岩石结构时的地质条件
	X 射线衍射仪	XRD-6000	黏土矿物、沸石、盐类矿物等定性与定量分析，间层比计算，全岩 X 射线定性和定量分析（主要测定以下非黏土矿物），黏土矿物与沸石矿物的高温 X 射线研究
	透射电子显微镜	CM12	微区内部观察，结构与成分分析，可用于界面成分分析、元素赋存状态分析及各种形貌、粒度、孔隙度分析，测定晶胞参数、晶体取向关系，测定位错的伯格斯矢量等
	扫描电子显微镜	JSM-35CF	微区内部观察和成分定性分析，主要应用于碎屑岩储层研究中，通过晶体形态分析，即可初步判断黏土矿物的类型，在碳酸盐沉积物（岩）中应用于储层、体化石、超微化石的鉴别、胶结物成分的鉴别，以及石英颗粒表面特征的研究
	环境扫描式电子显微镜	Quanta200	用于固态样品的表面形貌分析和表面微区成分分析，可以观测物质的微区形貌和微观结构，可以观测导电的、干燥的固体样品，同时还可以观察非导电的、干燥的固体样品和非导电的、含微量水、少量油及放气的固体样品
	场发射扫描电镜	Quanta450FEG	低真空状态下可以观察含水或含油样品，进行样品表面微细节的观察与研究，二次电子成分像观察与分析以及对小于 0.1μm 的细节进行成分的点、线和面分析
	原子力显微镜	Nanoscope Ⅲa	矿物表面成像观察与结构研究，可用于矿物及环境颗粒物的表面结构及其微观形貌观测，黏土矿物表面原子分辨图像观察研究，黏土矿物结构弛豫与层状硅酸盐矿物吸附重金属离子的表面形貌研究，以及观察煤中显微组分镜质组和惰性组的表面形貌，并且可以利用原子力显微镜的量化功能分析显微组分表面的粗糙度和硬度
	激光扫描共聚焦显微镜	VisiTech	对包裹体、孢粉、原油等内部结构研究，如储层孔隙和微裂缝的三维结构重建，储层中原油形态，裂缝中次生包裹体特征及形成期次研究，以及微体化石内部构造的研究
	偏光显微镜	AxioLab.A1pol	可用于对各种矿物及结晶体的偏光检测，鉴别岩石及矿物的成分与各成分含量以及观察岩石及矿物间的结构
化学成分分析	原子吸收光谱仪	AA-7050	测定样品中的微量金属元素 B、Sr、Ga、Ni 等的含量及 Sr/Ca、B/Ga、Cr/V 等含量的比值等

续表

大类	类型	常见型号	沉积学应用
化学成分分析	电感耦合等离子体原子发射光谱仪	IRISAdvantage、JY Ultima-2	可测定 SiO_2、Al_2O_3、Fe_2O_3、MgO、CaO、Na_2O、K_2O 等氧化物含量，以及矿物、岩石中的微量元素，特别是15种稀土元素，以及Zr、Hf元素
	原子荧光光谱仪	AF-7500	测定样品中痕量元素As、Sb、Bi、Hg、Se、Te等的含量
	红外光谱仪（IR红外光谱仪、傅里叶变换红外光谱仪）	VERTEX70	测定样品化学组成、结构特点和生烃能力
	火焰光度计	F-300	监测样品中钠和钾的含量，沉积学中常用于检测硅酸盐、无机矿、金属矿中的钠和钾含量
	紫外分光光度计	Cary300	对物质的组成、含量和结构进行分析、测定、推断
	X射线光电子能谱仪	INCA	对矿物或岩石样品表面的元素进行定性或定量分析，以及研究其中所含元素化学态和电子态
	俄歇电子能谱仪	PHI710	确定矿物或岩石样品表面元素组成和微形貌研究
	X射线荧光光谱仪	Rigaku100e、XRF	对岩矿石的原生露头、块状岩石矿石、土壤、运动的矿浆、不同颗粒度的粉末样品进行常量元素分析，稀土元素分析
	岩心扫描X荧光光谱仪	Avaatech	对海洋沉积物柱状岩心进行快速、无损的元素成分分析，测量元素范围Al-U
	电子探针	JEOLJXA-8100	测定样品的化学成分、各元素的成分与含量，根据这些信息确定矿物的类型，如沸石、长石、石膏、石盐、黄铁矿等矿物；对各种门类的古生物的钙质壳、硅质壳进行成分测定
	稳定同位素质谱仪	MicromassIsoprobeGC	C、N、O、H等元素的同位素分析，如通过测定有机物如石油、天然气中的碳和氢等轻同位素，原油进行分类、对比和鉴别，从而确定原油的性质和来源；通过研究深海有孔虫、淡水介形虫、溶洞钟乳石、地表黄土的碳氢氧同位素，特别是碳同位素，可以追溯近几百万年以来的全球气候变化规律
	热电离质谱仪	Triton TI	Rb-Sr、Sm-Nd、U-Pb、Re-Os、^{238}U-^{234}U-^{230}Th 和B、Cl等同位素体系或稳定同位素分析，进行同位素示踪与定年，如通过测定Re-Os同位素体系可以进行金属硫化物定年，岩浆物质来源示踪及陨石研究
	离子色谱仪	Dionex ICS-1500	定量测试 F^-、Cl^-、Br^-、NO_2^-、NO_3^-、SO_4^{2-}、PO_4^{3-} 等多种离子及甲酸，乙酸，柠檬酸等酸根离子，在沉积学中可用于检测矿物气液包裹体的气相和液相成分，含煤的样品中的氟等

续表

大类	类型	常见型号	沉积学应用
有机地球化学分析	气相色谱质谱联用仪	HP6890GC	可以对岩石、矿石、矿物、沉积物、包裹体、土壤、黄土、水、雪、冰、大气、生物体、石油、化石等介质中的超痕量有机质进行富集、分离和纯化；能对各种量级（超痕量、痕量、微量、常量等）有机化合物进行分析鉴定，并提供各种有机化合物的定性、定量数据及系列图谱
	气相色谱仪	Agilent6460	C_1～C_6、CO_2、H_2S、O_2、N_2、饱和烃、芳烃、非烃、沥青质等分析，沉积学中可用于包裹体气体成分分析，井场随钻分析，油气成分及性质分析等
	高效液相色谱仪	WatersE2695 Alliance	测定油页岩、含油砂岩、现代沉积等中的高沸点化合物，难挥发及热不稳定的化合物，离子型化合物及高聚物等有机化合物，如芳香化合物、甾萜烷、卟啉，有助于了解油气的化学组成，评价烃源岩的地球化学特征和烃源岩的生烃能力
	凝胶色谱仪	Waterse2695-2414RIDetector	通过对油田水的聚丙烯酰胺的分析，可以有效地鉴别组成和性质不同的原油
	有机碳硫分析仪	HCS-KRA	用于测定土壤、水系沉积物、岩石样品中碳、硫的含量
	有机元素分析仪	EA1110	测定各类地质样品的有机元素，分析无机碳（碳酸盐）的组成，在沉积学中常用于测定沉积物中总 N、C、S 的含量和干酪根样品中的氧元素含量
结构构造及物性分析	核磁共振波谱仪	BrukerA400	确定样品的内部结构，如确定岩石孔隙尺寸的分布，研究岩石孔隙尺寸决定的渗透性，分析干酪根结构，探测地层中的水分布信息
	CT 扫描与驱替装置	UltraXRM-L200	对物体内部裂缝及孔喉等结构进行研究，可用于对实验岩心的非均质性和每一驱替过程不同驱替时刻的微观剩余油进行定量分析
	激光粒度分析仪	MS-2000	测试颗粒尺寸及各级颗粒百分含量，平均颗粒大小，并通过计算得到颗粒表面积，从而可以进行沉积环境、水动力条件以及气候因素等方面的分析
	全自动比表面和孔径分析仪	Autosorb-iQ2	可进行固体样品比表面积、孔径、孔体积及孔分布测定
	流体包裹体显微测温仪		可针对透明矿物、半透明矿物和部分不透明矿物中的流体包裹体、熔融包裹体和油气包裹体进行流体包裹体岩相学观察和温度-盐度测定
	同步热分析仪	STA449F3	用于研究物质的熔融、结晶、相变、氧化还原、吸附解吸等物理化学变化
	地震 CT	MiniSeis24	获取岩性分布、断裂构造、矿体位置及形态的结构图像，通过对地震波走时及地震波能量变化的观测，经计算机处理重现地下岩体的岩性分布、断裂构造、矿体位置及形态的结构图像

续表

大类	类型	常见型号	沉积学应用
地质年龄测定	全自动光释光/热释光系统	TL/OSL-DA-20	沉积物地质年代测定，可以对黄土地层、沙漠沙丘活化、海岸砂体变化、湖泊沉积物、地震事件、古洪水沉积物、河流阶地等进行地质年龄测定
	稀有气体同位素质谱仪	GVI-5400Ar	K-Ar、Ar-Ar 测年及惰性气体 He 等的分析，地幔流体示踪，成矿流体来源分析，陨石宇宙暴露年龄测定
	电感耦合等离子质谱仪	Thermo X Series2	样品微区原位微量元素分析及 U-Pb 定年测定，准确测定稀土元素、部分过渡族元素、碱金属和碱土金属元素
	激光加热（U-Th）/He 定年设备	—	测定各种富含 U、Th 元素的矿物中的 He 含量，此方法可用于地质体定年、低温热年代史演化、地形地貌演化等研究
	二次离子探针质谱仪	IMS-1280	U-Pb/Pb-Pb 定年，锆石、石英、橄榄石、磷灰石、方解石等氧同位素分析
	电子顺磁共振仪	AXM-09	对顺磁性物质内部结构分析，地质年龄测定，可应用于矿物中类质同象置换，矿物颜色起因与矿物中微量杂质的分布状态或存在形式的研究，以及测定地质体所含的有机质中自由基的含量和结构，以此来探讨它们的地质意义
	裂变径迹仪	AutoscanFTD-AS3000B	应用于三大岩类的磷灰石、锆石裂变径迹的密度、长度等分布进行年龄测定，热历史模拟与沉积物源示踪等
	γ 能谱仪	PGS-6000G	探测样品中放射性衰变过程中释放的伽马射线强度，通过不同能级的伽马射线强度来确定放射性核素的活度，沉积学中应用于近现代沉积物定年（$^{210}Pb/^{137}Cs$）
古地磁分析	磁化率仪	SM-30	测定岩石、矿物等材料的磁化率，沉积学中可通过测定各类岩石磁化率特征对地层划分起到辅助作用，还可用于测定磁铁矿床矿石品位，以及研究中国黄土地层磁化率值与成壤作用的关系等
	热退磁仪	MMTD80	主要用于古地磁强度研究，对岩石样品进行加热，将岩石样品中不稳定的剩余磁性去除而只保留岩石样品中稳定的原生剩余磁性
	交变退磁力仪	LDA-3A	用于黏滞剩磁较弱的岩石样品退磁（如松散的现代沉积物样品等）
	超导岩石磁力仪	C-110	可防止各种电磁干扰用于测定各种不同岩性的岩样的剩余磁性，能测定体积很小或磁性极弱的样品，并且可用超导磁力仪测量无磁性的碳酸盐类岩石等的天然剩余磁性
	SQUID 磁强计	77KVHF	可精确测量样品在确定磁场下的磁化强度随温度的变化情况，测量样品在确定温度下的磁化曲线和磁滞回线
	旋转磁力仪	JR-6A	旋转磁力仪主要用来测量岩石剩磁方向和强度，应用于大地构造、地层年代对比及地下岩心方位恢复等方面

续表

大类	类型	常见型号	沉积学应用
过程模拟	湖盆沉积模拟水槽	—	主要应用于沉积模拟、现代沉积、古代露头、储层非均质性、精细地质描述、砂体建筑要素分析、储层建模及界面识别等领域，可以进行长江现代沉积、扇三角洲与辫状河沉积物理模拟、洪水流砂体形成及分布的模拟实验、盆地陡坡带储层沉积体系模拟实验、三角洲砂体形成及分布的模拟实验、曲流河沉积等的模拟
	河流相沉积单向水流水槽	—	实验装置主要由储水箱、水槽主体、动力系统组成，水槽长5.62m、宽0.25m、高0.792m，属于中小型单向水槽。实验室主要研究河流沉积物底形如何形成，通过改变水流速度观察沉积物底形变化情况，探究水流速度与沉积物底形的关系
	风-浪-流实验水槽	—	可开展机械波、风浪、流动实验，机械造波系统可编程实现规则波、不规则波、不同组成波叠加产生破碎、以靶谱形式造波等多种造波功能
	内波实验水槽	—	针对层化海洋中海洋内波生成、传播、相互作用及耗散作用过程模拟研究
	热力学旋转平台系统	—	可用于研究旋转效应下热力强迫流体的普遍规律，如地幔对流、海洋深对流等问题
	高温高压成岩成矿实验装置	—	用于水-岩反应、硅酸盐熔体合成演化、水热体系的流体-矿物相互作用以及壳幔演化相互作用研究
	盆地构造变形物理模拟设备	—	构造物理模拟是构造研究的重要手段，可用于造山带和盆地构造的研究，为构造形成过程和成因机制研究提供依据，在油气勘探中可为地震剖面解释提供模式和思路
	油气生成与排驱物理模拟系统	—	能迅速产生高温高压，既可以模拟开放系统又可以模拟封闭系统，可模拟地层温压条件下的油气生成排驱过程
	储层成岩模拟系统	—	可开展成岩物理模拟实验研究，为储层成岩演化和孔隙演化过程的定量表征及储层成因机理分析提供基础参数，为储层评价预测和有效储层评价提供理论基础
	高温高压溶解动力学物模装置	—	可用于高温高压条件下对碳酸盐储层进行流动式溶解动力学实验研究，以寻找良好储层的主控因素和时空分布规律

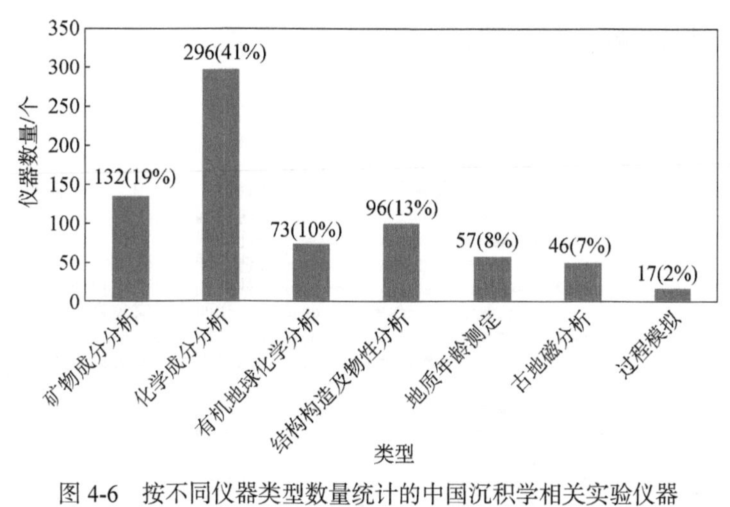

图 4-6　按不同仪器类型数量统计的中国沉积学相关实验仪器

（三）我国沉积学相关实验室和仪器状况与国外的对比

我们调研了国外相关大学、美国能源部国家实验室、USGS、BGS、AAPG、IAS 等网站资料，以美国能源部国家实验室为例，与我国沉积学相关实验室和仪器状况进行了对比分析，从中发现我国沉积学实验研究的差距与不足之处。

从地域分布来看，美国能源部国家实验室分布较为均匀，调研的 17 个实验室分散在美国的东部、西部与中部的 16 个州。在美国，沉积学相关实验室历史普遍比较长，而且在长期的发展过程中每个实验室都能够保持自己的特色。尤其值得指出的是，美国的沉积学实验室都密切结合研究的自然对象，把室内实验与野外地质现象联合起来构建天然-人工合二为一的沉积学实验体系。与之相比，我国的沉积学相关实验室更多的是建在北京这样的超大城市内，容易造成实验室与实验对象（自然过程）逐渐分离，且渐行渐远，事实上我国这种理论与实际相脱离的现象呈现加速趋势。作者认为，这会伤害沉积学的健康发展，值得注意。

美国实验室的长期、平稳、高效运行，也是值得我们借鉴的，其中 14 个实验室成立于 1970 年之前，平均运行时间长达 58 年（图 4-7）。比较而言，我国沉积学实验室地域分布过于集中，国家的大型仪器设备主要集中在中部与东南部地区的重点高校和科研院所，而欠发达地区高校乃至地区仪器设备资源相对匮乏。另外，我国沉积学相关实验室成立时间较晚，大部分实验室运行时间不超过 15 年，且在运转效率和资源共享方面与美国相比尚有差距，值得认真研究改进。

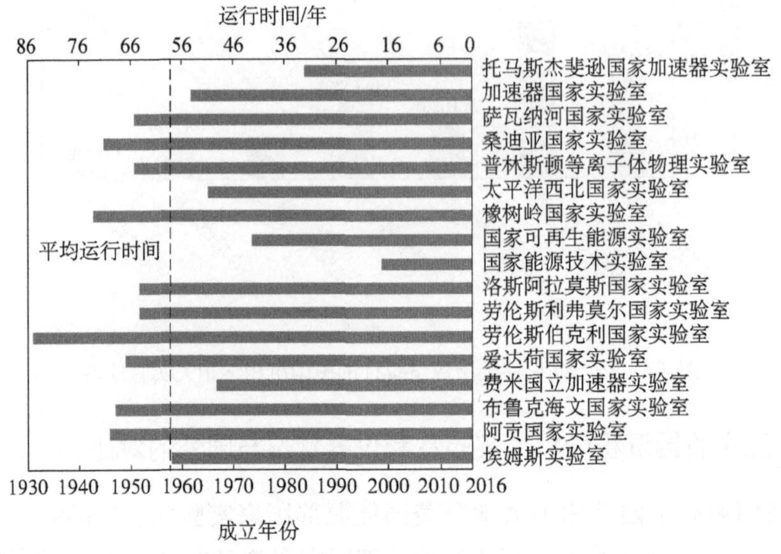

图 4-7 美国能源部国家实验室成立时间与运行时间

四、存在的问题

(一)沉积学相关实验室

(1)实验室与所研究的自然对象(即典型地质现象发育区)相互分离，并且呈现出不断加剧的趋势，表现为实验室在地域分布上过于集中，资源主要集中地区与研究对象发育地区相分离趋势不断加剧。国家的重点实验室多数集中在高校和科研院所，且重点高校和科研院所多集中在经济较发达的中部与东南部地区，尤其以北京、上海、广州、南京等十几个大城市为分布重点，其中仅北京就有 28 个实验室。有些典型地质现象发育地区资源却相对匮乏，如西部地区为典型黄土、冻土发育地区，黄土、冻土发育好且分布范围广，却没有相对应的国家级、省部级重点实验室；东北地区湿地资源丰富，却缺少相关实验室。

(2)事关沉积学基础研究的实验室建设长期被忽视。通过调研发现，20 世纪 80 年代至今，国民经济和相关学科实验室条件都取得了飞跃式进步，而沉积学专门实验室却长期停滞不前，还有逐渐萎缩的趋势。具体表现为：

从学科分类统计结果来看，针对沉积环境、沉积演化以及自然界典型的沉积过程等沉积学基础研究的实验室数量少。以水槽实验为例，我国早在 20 世纪 80 年代初就有国际先进的水槽实验室，而如今老的水槽装置被拆除，后建的也寥寥无几，而且迄今全国还没有一个国家级或省部级专门化的沉积学实验室。

（3）就成立时间与运行时间来看，我国沉积学相关实验室存在成立时间晚、运行时间短的问题，大部分实验室在 2000 年之后成立，运行时间不超过 15 年。虽然部分实验室经历了较长的历史沿革，但是作为国家级、省部级等重点实验室建设运行时间较短，部分实验室目前仍处于建设阶段。

（二）沉积学相关实验仪器和设备

随着我国沉积学实验研究的发展，主要地质科研院所和高校中已经配置了一批沉积学相关测试仪器，可以定性和定量地进行沉积学相关综合测试分析，但是根据调研结果，我国沉积学实验仪器仍然存在一些问题。

目前我国沉积学实验仪器设备存在的问题主要表现为对专门化的沉积学仪器设备及方法重视不够。最近 20 多年来，随着生活节奏的加快和项目研究周期的不断缩短，以往专门用于沉积学研究的实验仪器设备和方法（如沉降分离仪、费氏台法等）因耗时较长逐渐被视为老旧过时的东西长期搁置不用。另外，我们没有及时引进、消化吸收国外的新技术方法，没有研发出我们自己的沉积学专门化仪器设备，具体表现为目前我国实验室中诸如宏观沉积过程等专门用于沉积学研究的仪器数量很少。同时，部分测试仪器（诸如测年仪器离子探针、等离子体质谱仪等）数量少，预约测试经常需要排队，样品不能得到及时处理。这种重视不足的结果是，长期以来我们的沉积学研究实际上是在缺乏坚实可靠的实验条件支撑下的维持性运行，这一问题无疑会给我国沉积学的与时俱进发展造成釜底抽薪式的伤害。

第三节　教育与基地建设建议

第一，鉴于沉积学作为矿产资源、化石能源、环境灾害及海洋地质研究的基础性支撑学科，迄今国内还没有一个专门化的沉积学实验室，因此应该考虑在适当时候组建国家级沉积学实验室。同时，在已有的实验室基础上建立一些专门化实验室，针对沉积过程与沉积产物进行研究。例如，建立地表动力过程和机械搬运沉积产物实验室，生物化学、深部过程和机械搬运混合沉积产物实验室，地质微生物实验室，成岩作用研究实验室，近地表地球化学和地质生物学实验室，沉积学粒径实验室等。建立学科交叉的综合性沉积学研究实验室。例如，火山沉积和地质灾害实验室，可进行山洪和海啸、火山喷发和火山灰的散布、火山碎屑沉积、滑坡、泥石流等沉积相关灾害研究。

第二，沉积学及相关专业研究生招生数量增长迅速，而沉积学相关实验室及设备现状与其不匹配，高校及研究院所专门用于沉积学教学的仪器设备普遍年久失修甚至被取缔。针对此现状，建议增加沉积学专门化仪器设备，如海洋和河流、湖泊过程长期观测系统，综合水槽模拟装置可用于模拟牵引流-浊流、单向-双向水流、流动底形，以及不同初始与边界条件下的流动与沉积实验，与完善的计算机模拟系统相结合。健全高校沉积学专业用于教学和科研的基本设备，以及各类研究部门围绕大型设备的基础配套设施。

第三，我国沉积学教育与国民经济是同步发展的。一方面，国民经济发展和社会进步不断向沉积学领域提出新的课题，促进沉积学和沉积学教育的发展；另一方面，沉积学领域和沉积学教育取得的成果反过来又推动国民经济发展与社会进步。例如，目前影响我国经济发展和人民生活的二氧化碳排放和全球变暖问题，通过研究白垩纪地球表层系统重大地质事件的沉积记录，可以精细刻画温室地球海洋、陆地气候的运行状态，为预测现今全球气候环境变化提供科学依据。现阶段我国经济发展和社会进步对沉积学人才培养提出了更高的要求，沉积学的变革与发展同样对现有人才培养模式提出了挑战。对于沉积学人才需要确定正确的培养目标和模式，将素质教育和创新能力培养贯穿于人才培养的全过程，协调统一本科地质学基础教育和研究生阶段沉积学各领域的专门教育，构建终生教育体系，只有这样才能真正满足社会发展的需求，使沉积学各研究领域的接续力量源源不断，使中国的沉积学蓬勃发展。

第五章 中国沉积学发展的展望

前文对中国沉积学各分支学科的关键科学问题进行了深入剖析。在此基础上，如何凝练中国沉积学未来发展的核心科学问题，使之促进各分支学科的融合，驱动中国沉积学走向繁荣，引领学科理论和应用获得创新发展呢？我们认为，沉积学的核心科学问题，既要能代表本学科的国际前沿研究方向，又能够围绕国家和人类社会文明发展的需求；既要具有坚实的研究基础，又要兼顾地域优势。如此，凝练的核心科学问题才能够引领学界共同探索，并且具备切实可行性。

在这一思路的指引下，展望未来，项目组成员与国际沉积学界同行集思广益，提出了中国沉积学发展的四个核心科学问题。

第一节　晚中生代温室陆地气候与古地貌重建

一、背景和前沿科学问题

自工业革命以来，大气 CO_2 浓度已经增加约 140ppm，同时地球年平均温度增加约 1℃±0.2℃，并且两者目前还在以每十年 30ppm 和 0.2℃ 的速率持续增加（IPCC，2013），温室效应不断增强。全球气候是否会从两极有冰盖的冰室气候状态进入两极无冰盖的温室气候状态，是大众与科学界共同关注的问题。人类文明的发展迫切需要对这种变化的趋势及其环境效应有更加深入的了解。

大量地质证据表明，地球气候存在温室与冰室交替现象（图 5-1）。尽管今天人类生活在冰室气候下，但是地质历史中的绝大部分时间地球处于温室气候状态。探索地质历史中尤其是前第四纪（即“深时”）温室条件下气候、环境变化的规律、机制及其对生物圈的影响等，探讨气候变化的极限和速率、大气与大洋成分变化、大气环流、大洋环流、生物圈变化，可以为预测未来全球变化提供科学依据（孙枢和王成善，2009；NRC，2011；王成善等，2017）。侏罗纪—白垩纪—古近纪（为叙述方便，简称为晚中生代）是显生宙温度最高时期，为典型的温室气候时期（NRC，2011），此间发生多次快速增温事件，大洋普遍发生缺氧、酸化、碳酸盐台地淹没、生物灭绝更替、大陆风化作用和水文循环增强等（Bambach，2006；Jenkyns，2010；Godet，2013；Foster et al.，2018），这和现今人类活动造成的全球变暖极其相似。因此，深入剖析晚中生代这些古环境事件的触发机制、发展演化、生物环境响应等过程，是打开温室条件下地球系统运行模式最为关键的钥匙。

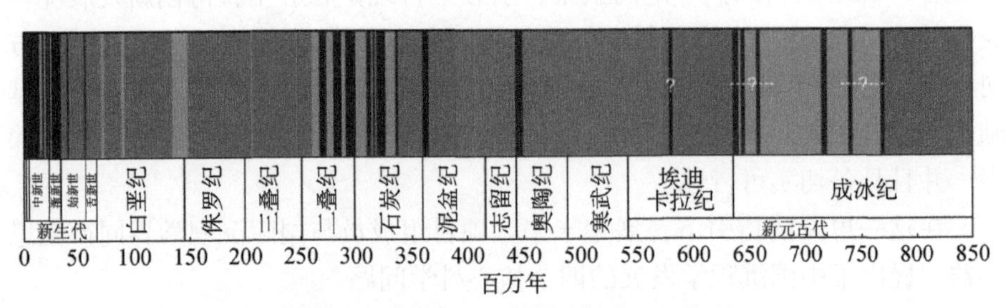

图 5-1　地球 8.5 亿年以来的气候状态示意

浅红色代表温室气候状态，占据了地球历史的大部分；浅蓝色代表冰室气候状态（其中深蓝色代表地质证据显示在南极或北极发育大陆冰盖时期），只占地球历史的小部分；红色代表古新世—始新世极热事件和始新世中期极热事件。图件来自 NRC（2011）（文后附彩图）

海洋覆盖了地球表面的大部分地方，深时古气候研究成果和重大发现主要是基于海相沉积记录获得的，深时陆地气候研究仍然相对滞后。但是，陆地是人类生存繁衍的地方，深入了解陆地气候系统具有迫切需求，也是跨越海陆界线从全球尺度准确预测未来气候变化的基础。已有研究资料表明，晚中生代陆地气候系统与海洋气候系统密切相关。例如，晚白垩世松辽盆地介形虫化石和古土壤碳酸盐的碳氧同位素记录显示，东亚地区陆地气候与全球海洋气候变化具有一致性，表现为长时间尺度上逐渐降温、短时间尺度上对快速气候变化事件[如 OAE 3，马斯特里赫特（Maastrichtian）早期变冷]有响应

（Chamberlain et al.，2013；Gao et al.，2015）。然而，陆地气候对全球气候变化响应的机制仍然不清楚，其中一个重要原因是，陆地受区域地形和构造活动的影响更为显著。

构造和地形对陆地气候系统具有多方面影响。例如，地形变化是控制季风系统及其演化的重要因素。全球最强的亚洲季风与印度-亚洲大陆和青藏高原的形成密切相关。印度与亚洲大陆碰撞导致青藏高原隆升，“放大”了海陆热力差异，使东亚季风成为全球最强、影响范围最广的季风（Wu et al.，2012）。再如，造山带和高原隆升导致岩石剥蚀风化加强，特别是硅酸盐的化学风化作用，会直接影响全球碳循环进而影响全球气候。当大陆汇聚导致的山脉隆升大范围出现在热带-亚热带地区时，硅酸盐的化学风化尤为强烈，甚至会触发地球冰室气候的发生（Raymo and Ruddiman，1992）。因此，对地质历史时期的高原、山系古海拔的重建是深刻理解当时陆地气候演变的前提。重建地质历史时期古地貌和古地形变化，探讨其与大陆古气候之间的反馈机制，对深刻理解大陆动力学和气候-环境演化具有十分重要的价值，将是未来研究的重点。

该领域的前沿科学问题包括：①不同尺度的温室-冰室气候旋回的控制因素和运行规律；②建立陆地古气候参数的替代性指标（季节性温度、CO_2含量、降水量/蒸发量、干旱/湿润度等）；③快速古气候事件与碳循环、水循环之间的关系是什么，大陆与海洋如何相互作用？④温室时期全球水循环的基本特征和控制因素，全球海平面快速变化的机制是什么？⑤如何定量重建大陆古高程，精确刻画地质历史时期的高原和山系的时空分布？⑥如何识别温室时期的季风，其与现今的差异及控制因素是什么？

二、研究基础

陆地气候研究中主要存在三个方面的重要挑战：一是地表露头记录通常不连续；二是生物化石受区域控制显著，陆相地层难以与海相地层进行精确对比；三是古气候替代性指标体系和古地形定量重建指标的获取难度大。如今，研究手段和技术的进步，使得地学界在这些方面均取得了重要进展。

获取连续完整的地质记录最有效的方法就是开展科学钻探，这被誉为“深入地球的望远镜”，是了解地球历史的重要途径（Wang et al.，2009）。科学钻探的优点是能够获取长时间的连续记录，有利于建立高分辨率时间框架并进行全球对比。同时，钻取的岩心新鲜，能最大限度地代表岩石形成时的古气候、古环境条件。目前，针对晚中生代陆地沉积记录已开展了四个大陆科学钻探项目，钻探地点分别位于美国大角盆地（古近系）、纽瓦克盆地和科罗拉多高原（三叠系—侏罗系），以及中国松辽盆地（白垩系）。这些钻探获得的岩心，为科学家进行深时古环境和古气候研究提供了重要素材。

深刻理解地质历史时期的古环境-古气候变化、生命演化及重大地质事件的重要前提是建立高精度的绝对年代地层格架。近年来对地质年代的高精度与高分辨率的定年技术有了跨越式的发展：在锆石样品预处理方面，采用单颗粒锆石 CA-TIMS 法避免了微量 Pb 丢失造成的定年结果偏新的问题（Mundil et al.，2004）；在 ^{40}Ar-^{39}Ar 定年方面，旋回地层学将鱼谷（Fish Canyon）透长石标样的年龄由 28.02±0.56Ma 校正为（28.201±0.046）Ma，使该方法的绝对误差由约 2.5%减少到 0.25%（Kuiper et al.，2008）。旋回地层学研究建立的高精度连续天文地质年代标尺为解决地球科学多个领域的关键问题提供了极为有效的工具，在完善中新生代国际地质年代表、精确计算重大地质事件持续时间、精确标定地磁倒转极性带年龄并建立天文极性年代表等方面发挥了重要作用（Zachos et al.，2001；van Dam et al.，2006；Hinnov and Ogg，2007）。这些方法相结合，在陆相沉积记录的高精度定年方面已经取得了重要进展（Wu et al.，2013，2014；Wang et al.，2016）。

定量、高精度地刻画温室时期陆地气候的参数，并深入探讨各气候参数变化与海洋气候之间的耦合关系，是未来古气候学研究的一个重要方向（Tabor and Myers，2015）。大气 CO_2 含量重建技术受到古气候学家的高度重视并得到迅猛发展。大陆沉积在古 CO_2 含量重建方面具有明显的优势（王永栋等，2015），已经形成了一套成熟的方法，如利用高等陆生维管植物气孔密度和气孔指数法、古土壤次生碳酸盐气压计法等，在中生代温室时期 CO_2 含量重建方面取得了初步的研究成果（Wang Y et al.，2014）。此外，一些学者还尝试利用古土壤、化石记录等来定量重建古降水量（Retallack，2005；Sheldon and Tabor，2009）和干湿度（Quan et al.，2013）。氧同位素碳酸盐-水温度计、植物叶片和花粉化石是两种传统且应用广泛的古温度重建方法（Urey，1947；Royer et al.，2001）。脊椎动物磷灰石、古土壤碳酸盐和羟基化黏土矿物（高岭石和蒙脱石）和铁氧化物（针铁矿和赤铁矿）的 $\delta^{18}O$ 和 δD 值可用于估计古温度（Tabor and Montañez，2005）。微生物（如古菌和细菌的细胞膜脂）为应对温度变化，细菌通过调节甘油二烷基甘油四醚类化合物（glycerol dialkyl glycerol tetraethers，GDGTs）中的甲基数量来适应温度变化，因而可以通过甲基化/环化指标（MBT/CBT）来重建深时陆地古温度（Schouten et al.，2013；Weijers et al.，2007）。

汇水盆地和古水流体系的研究是古地貌重建中发展迅速的一个方向，其目的是重建区域水系分布以及水系主干河流汇集的沉积物物源，能够研究四维空间的古水流体系。古水流体系可以帮助完善岩相古地理研究，对比同位素研究得到的古气候信息，验证构造演化模型。目前在古地貌重建研究中正得到越来越多的运用。物源分析、源-汇系统、构造地貌学、低温热年代学、数值模拟等领域的快速发展，使得重建地史时期的古地貌手段越来越成熟。特别是 U-Pb、^{40}Ar-^{39}Ar、裂变径迹以及（U-Th）/He、氧同位素等研究方法在重建造山带隆升与剥露等方面取得了许多重要的研究成果（Reiners and Brandon，2006），在古地形恢复方面显示出强大的生命力（Bishop，2007）。

上述研究方法和手段在陆相古气候和古地形重建方面已经获得广泛应用并取得重要研究成果。例如，温室地球大陆-海洋水量交换（Wendler and Wendler，2016；Li et al.，2018），白垩纪松辽盆地高精度定年（Wu et al.，2013，2014；Wang et al.，2016）和古气候记录（Gao et al.，2015），白垩纪陆地 CO_2 定量重建（Wang Y et al.，2014），青藏高原隆升历史（Ding et al.，2014），白垩纪中国东部海岸山脉（Zhang et al.，2016）等。

三、我国的地域优势

晚中生代为全球高海平面时期，科学界对这一时期古气候和古环境的认知主要来自海相沉积记录，而当时陆地沉积主要发育在东亚地区（图 5-2）。中国拥有众多晚中生代陆相湖盆，出露较为完整的晚中生代地层，沉积环境多样，包括沙漠、湖泊、河流及多种海陆过渡环境，古土壤发育，陆相化石丰富，为研究陆地古气候提供了绝佳素材。

近年来执行的松辽盆地大陆钻探项目（松科一井和松科二井）获取的白垩纪连续湖泊沉积记录，为研究白垩纪大陆气候提供了绝无仅有的研究材料，已经发表了一些研究成果（Wang et al.，2016），引领了国际上白垩纪陆地气候研究。中国的侏罗系、古近系同样发育良好的陆相沉积，在温室时期风系、古温度、古 CO_2 等古气候参数的研究上有着巨大的潜力。

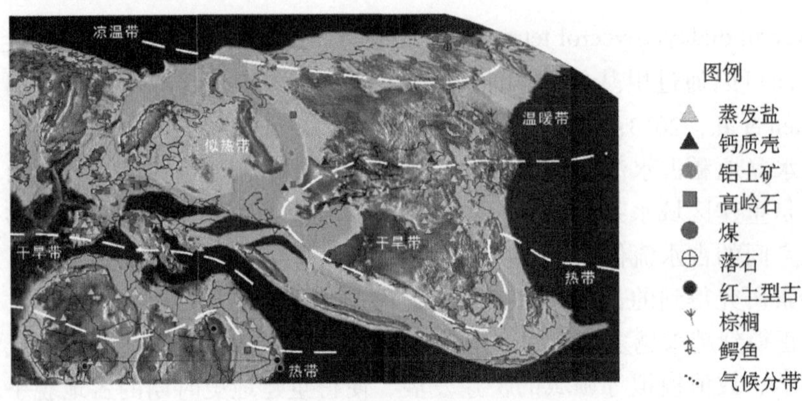

图 5-2　晚白垩世晚期古气候相关沉积物古地理分布（Boucot et al.，2013）（文后附彩图）
地理底图源自 Scotese（2014）

同时，我国晚中生代以来大陆沉积保留有陆地植物和古土壤等记录，有望获得连续的、精确的陆地气候参数（古温度、古 CO_2 含量、降水量、干旱等）变化。该时段陆地环境还发育了特征的陆地生物群，如热河生物群、阜新生物群、松花江生物群、嘉荫生物群等（万晓樵等，2017），是探讨陆生脊椎动物和鸟类起源的理想场所。另外，晚中生代大陆沉积还是我国陆相油田的主力勘探层（如大庆油田）。深化研究陆地生物群与陆地气候的关系、陆相生油与温室气候的关系，中国都具有明显的地域优势。

晚中生代时期，我国大陆的塔里木盆地、松辽盆地、华南等构造稳定的大陆地区还出现海侵层位（如塔里木海），是探讨全球海平面变化和水循环良好的研究对象。对这些海侵-海退的精确厘定和深化研究对于理解海平面变化、大陆水循环具有重要的意义。

第二节　重大转折期的沉积过程、生物与地球化学响应

一、背景和前沿科学问题

地质历史上曾发生多次相对较短时间尺度的生物更替、环境演化事件，导致生态系统和全球古环境发生重大转折，如 MMTs、侏罗纪—白垩纪期间的 OAEs、PETM 等。这些快速演化事件由于强度大、速率快，是地球系统

演化的极端状态，也是研究深时全球变化的重要窗口。

地球上经历了至少 5 次重要的 MMTs（Chen et al.，2019）。第一次 MMT 发生在埃迪卡拉纪晚期，在此之前地球生态系统以微生物席为主，之后复杂的多细胞生物开始出现。第二次 MMT 发生在寒武纪早—中期，与著名的"寒武纪底质革命"（Bottjer et al.，2000）紧密相关。其他三次 MMTs 分别发生在志留纪早期、晚泥盆世法门期和三叠纪早—中期，分别与奥陶纪—志留纪、弗拉期—法门期、二叠纪—三叠纪之交的生物大灭绝相关。从中不难看出这些 MMTs 关键时期与全球气候、环境的剧烈演变存在广泛联系，因此，MMTs 的生物沉积记录是研究地质历史时期生物与环境协同演化的绝佳对象。

虽然"将今论古"是地球科学研究的一把钥匙，但"以古鉴今"的思想越来越深刻地影响着对全球变化的研究。人类对未来世界的探索和预测，需要对过去地球上发生过的重大转折时期的极端变化事件，尤其是能与人类时间尺度相类比的气候、环境事件进行系统研究。因此，根据形成机制和环境响应，有学者认为，研究当前全球变化最好的参照是以中生代—新生代以来 OAE 和 PETM 等为特征的重大转折期的地球系统，探索它们的沉积过程以及生物与地球化学响应是了解我们星球深时环境演变的重要手段，为探索未来宜居星球的演化提供了重要参照。

该领域的重大前沿科学问题是：①现今和深时 MMT 阶段海洋碳酸盐工厂的运行机制和驱动力是什么？②重大转折期的诱因以及当时地球环境和生态系统演化的强度、速率与过程如何精细重建？③重大转折期生物与环境之间如何进行协同演化，地球系统在发生扰动之后又如何恢复平衡？

二、研究基础

近年来，国内外地学界围绕 MMT 时期独特的生物沉积体系的研究，取得了诸多认识：一是在现代实验过程中的新观察，二是对深时地层记录实例的解剖研究。

首先越来越多的地球生物学家在实验室中培养不同的微生物，模拟不同环境和水化学条件，并观察微生物如何参与特定矿物的生成（或者碳酸钙的沉淀）过程。最成功的例子就是利用微生物介导产生白云石的模拟实验，揭示了白云石无论是在海洋环境（Lith et al.，2003；Dupraz et al.，2004；Dupraz and Visscher，2005）还是在高盐湖泊环境（Liu et al.，2014）形成过程中，微生物都起到至关重要的诱导作用。同样，许多证据表明，微生物参与更多矿物的形成（沉淀）过程。其次是深时沉积作用中的生物学过程引起越来越多沉积学家的关注。近期的研究表明，自晚前寒武纪以来的海相地层记录了至少 5 次重要的 MMTs。前两次分别发生在埃迪卡拉（Ediacaran）晚期和寒武纪早-中期；后三次分别发生在奥陶纪末、晚泥盆世弗拉期—法门期和二叠纪末期大灭绝之后（Chen et al.，2019）。总体上，这 5 次重要的转折期在生物沉积记录上显示出 4 个重要的发展阶段：首先，微生物为主的沉积体系；其次，微生物主导的沉积体系和后生生物为主的实体或遗迹化石层相互交替出现；再次，微生物建造和后生生物礁同时出现；最后，后生生物为主的沉积建造特别发育，从而结束了一个完整的 MMT 沉积体系转折期（Chen et al.，2019）。其中，晚前寒武纪和寒武纪的 MMT 转折期只发育上述四个阶段发育模式中的前三个阶段的生物沉积过程。几个大灭绝之后的转折期经历了 MMT 发育的四个阶段，并见证了后生生物的大灭绝之后的幸存—初始复苏—完全复苏的全过程。寒武纪 MMT 经历的时间最长，其时的微生物和后生生物主导的碳酸盐沉积建造的彼此消长可能与海洋中的氧气含量有直接关系（Lee and Riding，2018）。此外，几乎所有当时发育的微生物诱导的沉积建造/构造在早三叠世—中三叠世 MMT 转折期再次重复出现。这 5 次重要的 MMTs 转折期都伴随碳、硫同位素的急剧波动，它们也和几种极端环境和气候事件，如全球海洋缺氧事件、极端温室气候、大规模火山活动相伴而生。因此，在这 5 次重要的 MMTs 转折期中形成的特殊生物沉积记录也是对上述极端气候、环境事件的直接反馈。不过，这些极端火山、缺氧和温室气候事件在三叠纪以来也频繁发生，却没有形成典型 MMT 转折期的生物沉积记录，微生物主导的沉积体系并不发育。这与中生代中期以来海洋中食物链的初级生产者从古生代的微菌藻类变成现代类型的浮游生物（如颗石藻、沟鞭藻、硅藻类等）有关，后者很难形成微生物岩等沉积建造和相关的微生物诱导的沉积构造（Chen et al.，2019）。

中生代—古近纪期间发生多次全球性大洋缺氧事件，伴随着大规模生物灭绝、海洋酸化、全球极端高温和碳循环扰动，是古环境重大转折期的典型代表。例如，二叠纪—三叠纪之交的生物大灭绝事件，导致 90%以上的海洋物种和 70%的陆生脊椎动物属及大多数陆生植物集群灭绝。白垩纪大洋缺氧事件 OAE 1a 期间，强烈海洋酸化导致碳酸盐补偿深度（carbonate compensation depth，CCD）上升了 2000m 左右。缺氧事件发生期间，全球海相沉积记录的碳同位素大幅度漂移，如 P/T 界线、侏罗纪托阿尔缺氧事件（T-OAE）和 PETM 的同位素负漂、白垩纪大洋缺氧事件的碳同位素正漂。

近年来，由于高精度定年手段不断丰富，对事件发生和演化过程的持续时间与速率的研究取得了显著进展。诸多大洋缺氧事件及其各阶段的持续时间在全球范围内可以良好对比。随着地球化学示踪手段的不断完善，如Os、Sr、Pb同位素，Hg及其他微量元素等的应用，对事件的诱因提出了令人信服的假说。一些学者认为这些事件的诱因主要为大火成岩省喷发，也有学者通过碳同位素和模拟研究，认为部分事件与甲烷水合物大规模释放有关。但对于事件发生的具体过程还有待深入研究。例如，地球表层地球系统对大火成岩省的响应过程如何精细刻画？某些事件的碳同位素正漂，而另一些是负漂，其内在原因是什么？值得注意的是，洋流在事件发生期间是如何响应的，目前的工作较为零星。已有研究结果表明，在事件发生期间，洋流方向可能发生了显著改变，导致全球物质和能量的分配情况产生重要变化。但它在事件演化中起到什么样的作用目前还不清楚。

此外，地球系统在何种机制下恢复到事件前的平衡状态，当前的认识也不尽统一。有人认为海洋表层生产力提升和大规模有机质埋藏为主导，也有学者提出硅酸盐风化是主要控制因素，更有人认为陆地湖泊的碳汇是导致地球系统恢复平衡的重要因素。具体何种因素是主导，抑或是有其他因素参与，也是值得探索的科学问题。

三、我国的地域优势

地质历史时期微生物成因碳酸盐与生物礁在我国华南、华北和西北地区出露广泛，为开展MMT研究提供了得天独厚的素材。例如，中元古代大小不同、形态各异的微生物礁（微生物岩）在我国天津、北京、辽宁西部、河北以及湖北西部和云南中部地区普遍发育（Chen et al.，2019）。新元古代早期微生物礁广泛分布在华北克拉通边缘，特别是山东、辽宁东部、江苏北部和安徽北部（曹瑞骥和袁训来，2003；Xiao et al.，2014）。安徽埃迪卡拉纪早期蓝田动物群，可能代表已知最早的形态各异的宏体真核生物，包括形态多样的宏观藻类、微观藻类和推测结构较为复杂的动物化石（Yuan et al.，2011；Guan et al.，2017）。寒武纪微生物和后生生物礁在华北地区的山东、河南等地分布很广（Chen J T et al.，2014；Chen et al.，2019；Lee and Riding，2018）。晚泥盆世法门期碳酸盐沉积中通常包含叠层石和凝块石，同时也有后生生物建造，在广西、湖南地区广泛发育（Shen et al.，1997，2017；Chen et al.，2001，2002）。二叠纪早期微生物参与碳酸盐沉淀而形成的核形石（俗称“船山球”）遍布整个华南地区，晚二叠世早期以微生物骨架为主的生物礁在我国华南地区也有广泛发育。同时，二叠纪三次生物礁的繁盛期分别在我国新疆和华南地区均有良好的地层记录。发生于二叠纪—三叠纪之交、早三叠世晚迪纳尔亚期、晚斯密斯亚期和晚司派斯亚期（Chen Z Q et al.，2014）的4次微生物繁盛在我国华南地区均有良好的地层记录，它们都形成具有地貌对比特征的微生物岩或礁。

我国古生代海相地层发育完整、连续出露，共有10个古生代系或阶一级的“金钉子”剖面（包括P-Tr界线GSSP）被选在我国。这些全球生物地层标准剖面为开展深入的MMT时期极端生物、环境事件的研究提供了良好的地质年代尺度约束。

出露于我国西藏地区的古生代以来的连续海相沉积物，尤其是侏罗纪早期至古近纪的浅海碳酸盐岩，是新特提斯洋东段南缘古环境演化的全球唯一的记录。近年来，在该区域连续报道了大洋缺氧事件，如T-OAE、OAE 1a、OAE 1b、OAE 1d、OAE 2、OAE 3和PETM等事件层位，为开展中新生代重大环境转折期研究提供了不可多得的材料。这些事件的持续研究，对于深化全球中生代—新生代古环境演化的认识具有十分重要的潜在意义。我国新疆南部地区保留有中生代、新生代副特提斯海沉积记录，对研究区域海洋条件和气候环境演化也将起到重要作用。我国海域辽阔，特别是南海地区发育许多接近赤道带的微生物岩和后生生物礁。对这些微生物碳酸盐实例的解剖研究，为探索深时的MMT时期生物沉积学过程和环境控制机制提供了重要参照。

第三节　源-汇系统：从造山带到边缘盆地

一、背景和前沿科学问题

陆源碎屑沉积物从源到汇输送的过程依次经历源区风化侵蚀、通过特定介质搬运（如河流、风、冰川等），以及沉积物颗粒发生沉降等过程。沉积物源-汇过程中的物质源区、搬运介质及沉积盆地等组成了沉积物的源-汇系统，而一些地貌单元（如河流等）可能同时扮演着源和汇的角色，在沉积物侵蚀、搬运、沉积和成岩过程中起着重要的作用。运用沉积学理论和方法对沉积记录进行解译是研究地球表层系统演化历史的重要途径。然而，由于沉积物源-汇过程的复杂性，对沉积记录的正确解释，需要深入理解沉积物从源到汇搬运过程中所经历的物理过程及其动力学机制。同时，沉积物源-汇系统的重要组成部分（如河流、三角洲等）往往是人口稠密的地区，对人类生存环境、全球水循环及生态系统均具有重要意义。当今人类赖以生存的化石能源（如煤、石油及天然气等）都赋存于沉积盆地中，其形成、储藏和运移均与沉积物源-汇过程息息相关。因此，对沉积物源-汇系统的深入研究，无论是对地球科学理论的发展还是对人类生存条件的改善均具有重要意义。

随着亚洲古地理格局演变，包括新特提斯洋的消亡、青藏高原的隆升和东亚边缘海盆地的打开等，东亚地形自新生代以来发生了重大转变，从原本东高西低变成如今西高东低的型式，对亚洲大陆沉积物源-汇系统造成了巨大的影响。这一地形变化还引起全球气候的巨大变化，促使全球气候变冷和亚洲季风的形成（Raymo and Ruddiman，1992；An et al.，2015）。这些气候和构造变化的信息通过亚洲大陆沉积物源-汇系统全部记录在边缘海盆地沉积物中。对这些沉积物记录的分析研究，对于理解东亚大陆构造和气候演化历史具有重要科学意义。

东亚大陆源-汇系统研究的前沿科学问题包括：①沉积过程在多大程度上受控于风化侵蚀和搬运过程？回答这一科学问题需要对沉积物从青藏高原到东亚边缘海输送的物理过程和动力学机制进行定量、半定量化研究。②晚中新世东亚现今地形地貌特征大体形成之后，沉积物源-汇过程如何变化？如何响应气候和构造活动？除季风气候和海平面变化外，是否有其他机制影响沉积物源-汇过程？③新生代以来青藏高原隆升、东亚边缘海形成、东亚主要水系形成和演化过程是怎样的？这三者之间如何相互作用？④青藏高原构造隆升和全球气候变化之间的关系如何？高原隆升及其伴随这一过程的岩石化学风化如何影响全球气候？

二、研究基础

20 世纪末以来，国际沉积学界执行了一系列大型科学计划，对世界不同地区的沉积物源-汇系统开展研究，如 STRATAFORM 计划（“大陆边缘地层形成”，1994～2000 年）研究美国加利福尼亚州岸外的鳗鱼河（Eel River）源-汇系统、EUROSTRATAFORM 计划（“欧洲大陆边缘地层形成”，2002～2005 年）选择地中海北部波河（Po River）和罗纳河（Rhone River）源-汇系统、MARGINS-S2S 计划（“大陆边缘——从源到汇”，

2002～2010年）研究巴布亚新几内亚弗莱河（Fly River）和新西兰怀保阿河（Waipaoa River）源-汇系统。这些研究均以沉积物从源到汇过程为主题，以多种手段开展跨学科的海洋沉积过程机理研究，成为地球表层系统研究的关键途径。

新生代以来，青藏高原经历了强烈的构造隆升，基岩在构造和气候条件的共同作用下发生强烈的物理与化学风化，形成大量沉积物，构成了东亚大陆边缘最重要的陆源沉积物源区。高原隆升对全球气候变化造成了巨大的影响，导致全球CO_2含量降低和全球变冷（Garzione，2008）、季风气候形成和东亚大陆内陆干旱化（Ding et al.，2017）、高原内部区域气候及河流流域重组等（Ma et al.，2017）。因此，青藏高原新生代以来隆升历史的重建研究对于理解东亚大陆源-汇系统的演化发展具有重要意义。目前对青藏高原隆升历史仍存在一定争议，大体而言，青藏高原在中晚古新世（59Ma或56Ma）开始隆升（Hu et al.，2015；Ding et al.，2016），其后的隆升历史大体有从东向西逐渐隆升（Chung et al.，1998）、从南到北逐渐隆升（Tapponnier et al.，2001），以及中间先隆升边缘后隆升（Wang et al.，2008；Wang C et al.，2014）几种假说。不同的高原隆升模式对东亚大陆主要河流的发育及沉积物从源到汇的输送模式具有不同的影响，因此是东亚大陆源-汇系统研究的关键科学问题。

全球和区域气候对于高原隆升的响应与反馈，也可以间接地反映高原隆升的历史。青藏高原隆升造成的地形改变对亚洲大气环流系统产生了巨大影响，造成东亚夏季风的形成以及东亚大陆内部的干旱化（An et al.，2015；Ding et al.，2017）。西宁盆地的沉积记录显示，青藏高原可能在38Ma左右发生快速隆升，而亚洲大陆内部的干旱化则始于始新世—渐新世交界（约34Ma）（Dupont-Nivet et al.，2008）。构造活动、气候变化及其相互作用控制着地形演化、水系发育和碎屑沉积物的形成过程；在不同地质历史时期，构造和气候分别扮演着主导角色（Wang C et al.，2014）。例如，60～50Ma唐古拉山北部快速剥蚀造成可可西里盆地开始接受沉积（Wang et al.，2008），以及早-中中新世东亚和南亚边缘海盆地沉积物快速堆积（Clift，2006）都是由构造活动控制的。而上新世以来高原的快速剥蚀则是由冰期—间冰期旋回的气候变化过程控制的（Zhang et al.，2001）。

亚洲主要河流水系作为连接青藏高原和亚洲大陆边缘海的沉积物通道，对东亚地形塑造具有重要意义。然而，对这些大河体系形成和发育的时间一直争议较大。例如，一般认为现代长江形成于晚上新世至早更新世

（3～1.2Ma）（Li et al., 2001），但也有研究认为其可能早在23Ma之前就形成了（Zheng et al., 2013）。对长江上游三峡的贯通时间也争议较大，不同证据分别指向中晚始新世（45～36Ma，Richardson et al., 2010；Zheng et al., 2011）和中更新世（1.17～1.12Ma，Zhang et al., 2008）。现代黄河的形成时间则相对较晚，大体时间范围为晚上新—早更新世（3.6～1.2Ma）或晚更新世（120～150ka）（Lin et al., 2001；Pan et al., 2012；Hu et al., 2017）。总之，我们对长江、黄河等大河体系形成演化的研究还有很多悬而未决的问题，对这些流域源-汇系统进行综合多学科的研究势在必行。

青藏高原风化剥蚀的沉积物通过河流体系的搬运，最终注入东亚和南亚边缘海，其中，南海作为东亚大陆最大的边缘海，每年接受的陆地河流沉积物达到7亿t。对于南海沉积物源-汇研究而言，南海的形成和构造演化以及气候对于源-汇过程的影响是最重要的两个课题。南海的打开与青藏高原隆升造成的弧后拉张（Tapponnier et al., 1990；Briais et al., 1993），或者古南海盆地向南往婆罗洲之下俯冲（Morley, 2002）有关，但初始拉张的时间不清楚，可能在早始新世（Clift and Lin, 2001）或中生代（Shu et al., 2009）。裂谷阶段在约33Ma结束，随即开始海底扩张，直至15Ma海底扩张结束（Li et al., 2014）。海底扩张结束后，南海随即开始沿马尼拉海沟向东俯冲，使得吕宋岛弧在菲律宾海板块东缘逐渐形成。随着菲律宾海板块向北移动，吕宋岛弧与亚欧大陆在中新世最晚期发生碰撞，导致了台湾山脉的隆升。中中新世晚期之前，吕宋海峡尚未就位，南海一直与西太平洋相连通，深水区域普遍发育大洋红层。

除现今构造活动仍活跃的地区，南海周边沉积物源区的风化作用主要受控于季风气候。而在沉积物进入南海之后，其搬运和沉积过程则主要受到海流活动的控制，深海等深流（Zhao et al., 2015）、沿海底峡谷发育的浊流（Zhang et al., 2008）以及海洋中尺度涡（Zhang et al., 2014）等都对沉积物的搬运和沉积起到重要作用。南海河流沉积物晚第四纪以来的变化，则受控于第四纪冰期旋回中源区风化作用的强度、海洋环流及全球海平面的变化（Liu et al., 2016）。

东海直接连接世界上最大的大陆和最大的大洋，发育世界罕见的宽广大陆架，接纳长江和台湾山溪等河流输入的巨量沉积物，是世界上物质交换最活跃的大陆边缘。同时，东海大部分陆架都直接面向西太平洋，使其成为典型的开放型沉积物源-汇系统。第四纪冰期旋回以来，东海沉积环境巨变，海陆相互作用强烈，是研究陆源沉积物源-汇过程和环境演化的天然实验室。研究发现，东海发育两类特征的河流源-汇体系，即以长江为代表发育于稳定大陆背景上的世界大河源-汇体系，以及以台湾河流为代表发育于快速隆升背景下的山溪小河源-汇体系，两种河流体系具有明显不同的风化剥蚀和沉积物输运过程，并共同主导了东海开放型沉积物源-汇系统（Deng et al.，2017）。

综上可知，目前在东亚大陆边缘源-汇系统的研究中，从青藏高原、主要河流系统到南海东海等沉积物汇，其构造和沉积演化研究都取得了长足的进步，但是针对整个源-汇系统综合多学科的研究还近乎空白，这为后期开展源-汇系统综合研究奠定了良好的基础。

三、我国的地域优势

从青藏高原到亚洲边缘海盆地构成了全球最大的沉积物源-汇体系，青藏高原的风化剥蚀作用提供了大量碎屑物质，经周边发育的大量河流水系，将这些沉积物搬运到亚洲边缘海盆地中沉积下来。青藏高原至东亚边缘海盆地的源-汇系统源区广阔，物源供给充足，搬运路径系统复杂，横穿多种地貌单元，物质供应的控制因素复杂，是世界上最大、复杂程度最高的沉积物源-汇系统。西太平洋边缘海拥有全球最典型的两类大型流域沉积物源-汇系统：一类是以珠江、红河和湄公河等众多河流体系与海洋多尺度洋流系统相互作用的南海封闭型沉积物源-汇系统，陆源沉积物从陆到海的源-汇过程可观测、可追踪；另一类是以长江为代表的世界大河体系和以台湾山溪为代表的小河体系相互作用的东海开放型沉积物源-汇系统，这是世界上物质交换最活跃的边缘海系统。这两个大型流域沉积物源-汇系统无论是沉积物形成源区的地质和气候背景、流域搬运路径的控制因素，还是沉积盆地洋流系统和深海沉积动力过程，以及海盆地质演化时期的沉积物源-汇格局，都具有西太平洋边缘海宏观地质演化的共性，但更多的是大型流域源-汇系统的特性，凸显西太平洋边缘海作为全球开展陆源沉积物源-汇过程及其环境演化研究的理想场所。从青藏高原到西太平洋边缘海这一巨大、复杂而又独特的源-汇系统主体位于我国境内，我国学者长期以来在青藏高原隆升和剥蚀历史、长江和黄河的形成与演化，以及南海和东海演化方面积累的研究成果，为开展青藏高原至亚洲边缘海盆地源-汇系统研究奠定了重要基础，形成了我国重要的研究优势。

第四节 前寒武纪沉积学：超大陆演化、早期地球环境和生命

一、背景与前沿科学问题

前寒武纪是指 539Ma 之前的地球历史，占据整个地球演化历史 88%的漫长时期。前寒武纪时期发生了一系列重大地质事件，如超大陆[努纳（Nuna）大陆和罗迪尼亚大陆]的聚合与裂解、大氧化事件、海洋化学转变、全球大冰期（“雪球地球”事件）和早期生命起源与演化等。这些事件在沉积地层中都有广泛的记录，也是过去几十年来前寒武纪沉积学研究的焦点。

这些重大地质事件之间存在着明显的因果联系（图 5-3）。例如，发生在约 2.4Ga 时的古元古代大氧化事件与产氧光合作用的发展密切相关，而新元古代成氧事件是后生动物出现和发展的重要原因（Lyons et al.，2014）。相反，中元古代低大气氧含量与大洋的缺氧和硫化可能导致长达近 10 亿年的真核生物演化的停滞，被称为“枯燥的十亿年”（“Boring Billion”）（Anbar and Knoll，2002；Planavsky et al.，2014a）。

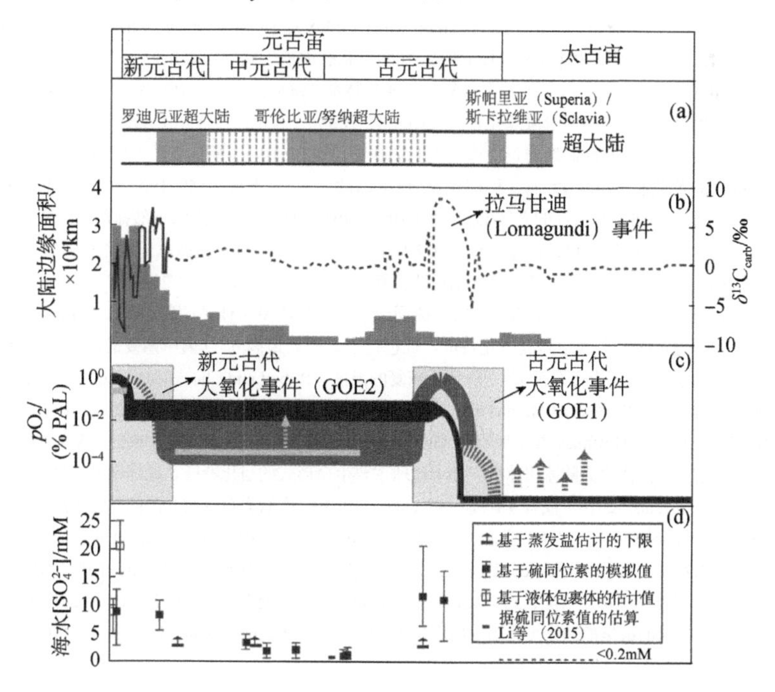

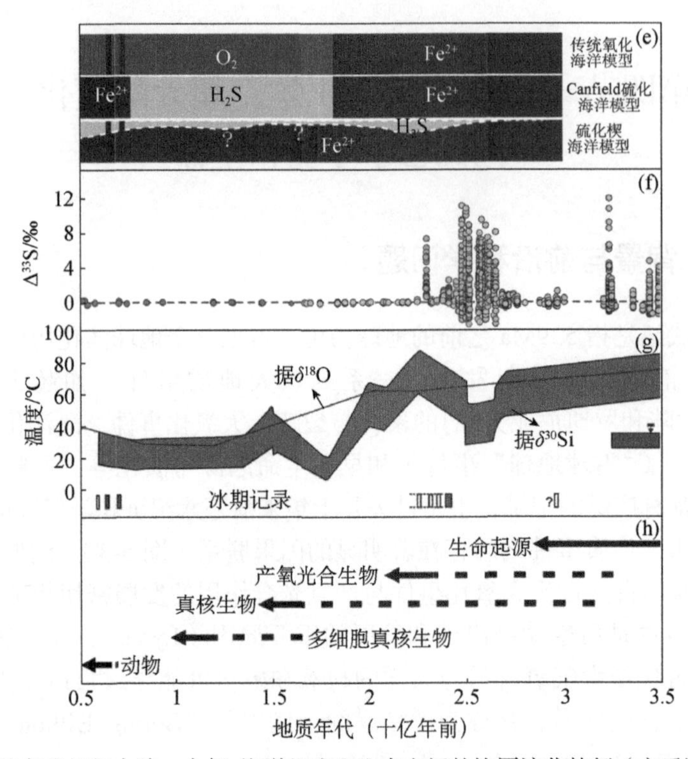

图 5-3　前寒武纪超大陆、大气-海洋组成和生命之间的协同演化特征（文后附彩图）

（a）超大陆的聚合和裂解。资料来源于 Campbell 和 Allen（2008）、Li 等（2008）、Zhao 等（2002，2004）、Zhang 等（2012）。（b）大陆边缘面积（Bradley，2008）和碳酸盐岩碳同位素组成（$\delta^{13}C_{carb}$）的变化特征（Campbell and Allen，2008）。（c）地球大气氧含量变化特征（pO_2 表示大气中氧气分压）（Lyons et al.，2014）。暗红色曲线代表经典的两阶段变化模式（Kump，2008），蓝色曲线表示 Lyons 等（2014）中所展示的动态变化模型。1.8～0.8Ga 处的黄色棒代表 Planavsky 等（2014a）所估算的大气 O_2 含量（<0.1% PAL），1.4Ga 处的黄色箭头指示 Zhang 等（2016）所提出的大气 O_2 含量（>4% PAL）。约 0.54Ga 处的黄色棒代表 Sperling 等（2015）所估计的大气 O_2 含量（10%～40% PAL）。（d）海水硫酸盐浓度的变化特征，数据来源于 Habicht 等（2002）、Planavsky 等（2012）、Li 等（2015）。（e）深海氧化还原条件变化特征，修改自 Li 等（2016）。（f）前寒武纪 $\Delta^{33}S$ 的变化特征，修改自 Zhelezinskaia 等（2014）、Johnson 等（2013）（只包含自生黄铁矿的硫同位素数据，其中 SIMS 硫同位素数据只取每个样品的平均值）和 Luo 等（2016）。（g）不同指标所记录的前寒武纪温度变化特征。红色代表硅质岩最高 $\delta^{18}O$ 值所恢复的温度（Knauth and Lowe，2003）。灰色条带代表基于硅质岩 $\delta^{30}Si$ 值所恢复的温度（Robert and Chaussidon，2006）。绿色和红色方格分别代表基于硅质岩 $\delta^{18}O$ 和 δD（Hren et al.，2009）及磷酸盐最高 $\delta^{18}O$ 值（Blake et al.，2010）所重建的温度。冰期记录主要修改自 Hoffman 等（1998）、Gumsley 等（2017）和 Young 等（1998）。蓝色方框代表“雪球地球”冰期，空白方框代表大陆冰川冰期。（h）地球主要生命形式的演化特征。地球记录最早的生命可能起源于 3.7Ga（Nutman et al.，2016）或者 4.1Ga（Bell et al.，2015）。产氧光合生物起源的时间不确定，微早于第一次大氧化事件（Fischer et al.，2016）或者早至 3.0Ga（Crowe et al.，2013；Planavsky et al.，2014b）。确切的真核生物出现在 1.7～1.6Ga（Butterfield，2015），虽然真核生物的起源可能更早（Javaux et al.，2010）。多细胞真核生物出现的时间也不确切，可能在约 1.2Ga（Butterfield，2000）或者 1.6Ga（Zhu et al.，2016）。生物标志化合物所指示的最早的动物（海绵）出现在成冰纪的“雪球地球”期间（Love et al.，2009）

越来越多的证据表明，前寒武纪地球大气和海洋中氧含量的演化历史十分复杂。Planavsky 等（2014a）根据元古代沉积物中的 Cr 同位素研究，认为在 1.8～0.8Ga 期间大气氧含量低于当前水平的 0.1%，然而 Zhang 等（2016）根据微量元素和生物标志化合物的研究，提出在约 1.4Ga 时大气氧含量高于当前水平的 4%。此外，传统认为在寒武纪时期，全球大气氧含量与当今水平接近（Canfield，2005；Chen et al.，2015），然而根据全球综合的铁组分数据，Sperling 等（2015）认为埃迪卡拉纪和寒武纪时期大气氧含量上升十分有限。前人认为在前寒纪深水大洋中主要为氧化状态（Canfield et al.，2007，2008；Chen et al.，2015；Holland，1984，2006；Scott et al.，2008），而近期的研究结果表明，前寒武纪分层大洋中仅在陆架地区存在间歇性的氧化，深水地区主要为缺氧状态（Jin et al.，2016；Shi et al.，2018；Sahoo et al.，2016；Li et al.，2017；Stolper and Keller，2018）。

超大陆裂解和聚合可能是前寒武纪地球氧化事件的诱发因素。Campbell 和 Allen（2008）提出超大陆聚合造山作用，导致风化作用加剧和营养盐输入海洋，促进海洋生产力提升和有机质埋藏，最终导致大气氧含量上升。另外，超大陆裂解也可以导致地球表层系统氧化事件，如发生在 2.4～2.05Ga 期间的大氧化事件与古元古代超大陆裂解时间一致（Müller et al.，2005）。当今地球的大陆边缘面积仅占海洋的 6%，其生产力却占海洋总体的 40%以上（Ducklow and McCallister，2004）。超大陆裂解导致大陆边缘海面积扩大。此外，大陆裂谷作用还可以导致陆源 P 输入通量增加，促进海洋生产力（Bekker and Holland，2012；Papineau et al.，2013）。总之，超大陆裂解促进海洋生产力，增强生物光合作用，释放出更多氧气至大气中。海洋碳酸盐 $\delta^{13}C$ 漂移（Kump et al.，2011）和海洋硫酸盐含量上升（Planavsky et al.，2012）均指示了这些过程。同理，新元古代氧化事件也有可能与罗迪尼亚超大陆裂解有关，而 2.05Ga 之后大气氧含量降低可能与 2.1Ga 开始的努纳超大陆聚合有关（Zhao et al.，2002，2004）。然而大陆边缘的面积统计结果表明，在 2.1Ga 之后，大陆边缘的面积并没有下降，而是上升的（Bradley，2008）。因此，在解释超大陆演化与地球表层系统氧化事件的关系方面还存在诸多问题。

总之，过去数十年间前寒武纪沉积学研究取得了重要进展，大陆演化、大气圈、海洋和地球早期生命之间的相互作用还需要进一步集中研究，这一领域的前沿科学问题包括：①复杂生物的起源与早期演化。早期复杂生物（真核生物）的分布和控制因素是什么？埃迪卡拉动物群向寒武纪生命转变的方式和机制是什么？地球上的有机质埋藏何时由以原核生物为主向以真核生物为主转变？②复杂生物演化的环境背景。超大陆演化及其生物地球化学效应与生物演化的确切关系是什么？早期复杂生物演化时期海水的氧含量、营养盐、海洋物理和化学条件是什么？“枯燥的十亿年”是否真的平静，何种因素导致了其结束？新元古代成氧事件的性质是什么，它如何向显生宙型的完全氧化转变，“最终氧化”何时发生？③生物与环境的相互作用。埃迪卡拉纪氧化还原条件变化及其与后生动物演化之间的关系是什么？N、P 循环如何控制环境和生物演化，生物和环境协同演化如何控制了营养盐循环与生物必需元素丰度？

二、研究基础

（一）超大陆演化

过去 30 年来，前寒武纪超大陆演化方面的主要研究进展包括罗迪尼亚超大陆的古地理格局（Li et al.，2008）及其聚合与裂解时间约束（Li and Evans，2011）。通过长期国际合作研究，地学界试图解决新元古代全球事件之间的联系，如超大陆演化、超级地幔柱活动、“雪球地球”、真极移和多细胞生物的出现，从整体视角来研究地球演化的机制（Li and Zhong，2009；Li Z X et al.，2013；Evans et al，2016）。相对而言，努纳超大陆重建目前还处于起步阶段，多数人认为全球分布在 2.1～1.8Ga 的造山带与努纳超大陆的形成有关（Hoffman，1997；Zhao et al.，2002；Rogers and Santosh，2002）。古地磁数据表明，在约 1.78Ga 时，努纳超大陆达到了全球尺度（Zhang et al.，2012），然而地质证据表明，直到约 1.60Ga 时努纳超大陆仍未最终聚合（Pisarevsky et al.，2014；Pehrsson et al.，2015）。此外，对其何时、如何裂解仍没有明确的认识，现今认为它可能在 1.4～1.3Ga 开始裂解，但古地磁数据不足以精确重建努纳超大陆裂解的全过程。在努纳超大陆之前，可能还存在其他超大陆，但由于强烈变形和变质作用，现有资料很少。据推测，在太古代和古元古代可能存在超大陆，并影响了海洋和大气的氧化（Campbell and Allen，2008；Lee et al.，2016）。

（二）大气氧含量

随着多硫同位素、氧化还原敏感元素和非传统稳定同位素等替代性指标的建立，地学界逐渐认识到前寒武纪地球大气氧含量有着复杂的演化历史。在古元古代大氧化事件之前，地球上可能存在短期大气氧含量上升时期（Anbar et al.，2007；Crowe et al.，2013），在大氧化事件之后直到中元古代，大气氧含量较低（Luo et al.，2015；Planavsky et al.，2014a），然而从缺氧的大气圈到不可逆的氧化大气圈如何转变，至今还没有很好的解答（Luo et al.，2016）。在这一科学问题中，要解决的是地球大气中出现氧气的原因。产氧光合作用可能是主要的氧气来源，但还原性气体和其他还原性物质的氧化将消耗氧气，因此产氧光合作用的起源应该要早于大气中出现游离氧气的时间。古元古代大氧化事件之后大气氧含量降低的持续时间和强度（Planavsky et al.，2014a；Planavsky et al.，2016；Zhang et al.，2016），以及新元古代晚期的第二次氧化事件的持续时间和强度（Lyons et al.，2014）都还需要解决。此外，大气中的氧含量对生命演化的影响也需要进一步研究。

（三）海洋化学条件

大气氧含量经过古元古代大氧化事件和新元古代氧化事件后趋于现今水平，导致海洋也发生氧化。海洋的氧化过程也具有十分复杂的历史（Lyons et al.，2014；Li et al.，2016）。传统认为太古代和早元古代深水大洋是铁化的（Holland，1984，2006），而在 1.8Ga 左右向氧化或部分氧化的海洋过渡。Canfield 于 1998 年提出深水大洋在 1.8Ga 之后为硫化的，直到新元古代时期再次转变为铁化状态（Canfield et al.，2008）。近期的研究表明，早期地球海洋可能是强烈分层的，提出了硫化楔模式（Li et al.，2010；Poulton et al.，2010；Poulton and Canfield，2011；Guilbaud et al.，2015；Jin et al.，2016；Reinhard et al.，2009，2013；Planavsky et al.，2011；Feng et al.，2014）。这一海洋化学状态一直持续到寒武纪时期（Jin et al.，2016；Li et al.，2017），并可能存在动态的陆架氧化现象（Li et al.，2018）。

（四）气候条件

前寒武纪气候条件的重要特征是“雪球地球”的出现。古元古代早期，在非洲、澳大利亚和北美地区发育了 3～4 层冰碛岩。受定年手段和材料所限，目前只能宽泛地将它们约束在 2.45～2.2Ga。在这些冰碛岩中，只有一个有确切的古地磁数据表明它形成于低纬度地区（Kopp et al.，2005）。新元古代“雪球地球”事件出现在约 720Ma 和 635Ma。这两次冰川事件在华南地区有良好的沉积记录，也有明确证据表明在事件期间冰川延展到低纬地区（Hoffman et al.，1998）。虽然形成“雪球地球”的驱动机制仍然不清楚，但它们的出现与大气中 O_2 含量上升时间一致，暗示两者之间存在着成因联系（Lyons et al.，2014）。除了这两次“雪球地球”冰期和其他一些弱的冰期，前寒武纪气候整体上是温暖的，据不同估计，太古宙海洋表层温度可高达55～85℃或26～40℃（Knauth and Lowe，2003；Robert and Chaussidon，2006；Blake et al.，2010；Hren et al.，2009），考虑到太阳辐射强度较低，大气中温室气体含量足够高才能够维持这样高的海洋温度。总体而言，对前寒武纪的高精度气候波动历史研究较少，现有的指标受成岩作用影响较强。此外，微生物地球化学循环和海洋化学组成的演化对气候条件也有重要影响（Olson et al.，2016）。这些都给前寒武纪古气候研究带来了巨大挑战。

此外，前寒武纪沉积学在元素地球化学循环、微生物岩和矿产资源等方面也取得了诸多进展，此处不一一论述。

三、我国的研究优势与重大科学问题

我国华北、华南和塔里木地区广泛出露元古代—寒武纪早期沉积地层。长期以来，学者们开展了大量基础工作，如古地理、古生物学、地层学和地质年代学研究等。值得指出的是，华南地区新元古代—寒武纪一系列古生物学研究进展对学界重新认识多细胞真核生物早期演化和后生动物与环境之间关系的研究具有重要意义。大量U-Pb年代学研究表明，华北地区前寒武纪地层时代主要为中元古代（1.7～1.3Ga）（Qiao and Wang，2014；Su，2016），华南主要为新元古代（<0.9Ga）（Zhu et al.，2016），这些工作为高分辨率元古代地层格架的建立提供了重要基础。近年来，在湖北神农架地区发现了1.4～1.1Ga地层（Li H K et al.，2013），在安徽淮南地区发现了1.0～0.9Ga地层（Tang et al.，2013）。这些发现使得我国在前寒武纪沉积学研究上能够获得连续的地层记录，将为以下重大科学问题的解答提供关键的研究材料：①努纳、罗迪尼亚超大陆聚合和裂解过程及其与相关的沉积盆地演化，超大陆演化的环境和生物效应；②生物与环境协同演化，包括早期生命起源及其海洋、大气环境背景，中元古代真核生物的起源和演化及其与环境之间的联系，含铁建造和白云岩等形成过程中微生物的作用等；③前寒武纪能源和矿产资源，如华南新元古代黑色页岩和页岩气、华北地区和塔里木元古代油气资源和储层评价等。

本章参考文献

曹瑞骥，袁训来. 2003. 中国叠层石研究的历史和现状. 微体古生物学报，20：5-14.

戎嘉余，黄冰. 2014. 生物大灭绝研究三十年. 中国科学：地球科学，44：377-404.

孙枢，王成善. 2009. “深时”（Deep Time）研究与沉积学. 沉积学报，27（5）：792-810.

万晓樵，吴怀春，席党鹏，等. 2017. 中国东北地区白垩纪温室时期陆相生物群与气候环境演化. 地学前缘，24：18-31.

王成善，王天天，陈曦，等. 2017. 深时古气候对未来气候变化的启示. 地学前缘，24（1）：1-17.

王永栋，孙柏年，黄成敏，等. 2015. 地史时期古大气二氧化碳变化趋势与温室气候——以中生代白垩纪为例. 自然杂志，37（2）：108-114.

An Z，Wu G，Li J，et al. 2015. Global monsoon dynamics and climate change. Annual Review of Earth and Planetary Sciences，43：29-77.

Anbar A，Duan D，Lyons Y，et al. 2007. A whiff of oxygen before the great oxidation event?. Science，317：1903-1906.

Anbar A D，Knoll A H. 2002. Proterozoic ocean chemistry and evolution：a bioinorganic bridge? Science，297：1137-1142.

Bambach R K，2006. Phanerozoic biodiversity mass extinctions. Annual Review of Earth and Planetary Sciences，34：127-155.

Bekker A，Holland H D. 2012. Oxygen overshoot and recovery during the early Paleoproterozoic. Earth and Planetary Science Letters，317-318：295-304.

Bell E A，Boehnke P，Harrison T，et al. 2015. Potentially biogenic carbon preserved in a 4.1 billion-year-old zircon. Proceedings of the National Academy of Sciences，112：14518-14521.

Bishop P. 2007. Long-term landscape evolution：linking tectonics and surface processes. Earth Surface Processes and Landforms，32：329-365.

Blake R E，Chang S J，Lepland A. 2010. Phosphate oxygen isotopic evidence for a temperate and biologically active Archaean ocean. Nature，464：1029-1033.

Bond D P，Grasby S E. 2017. On the causes of mass extinctions. Palaeogeography，Palaeoclimatology，Palaeoecology，478：3-29.

Bottjer D J，Hagadorn J W，Dornbos S Q. 2000. The Cambrian substrate revolution. GSA Today，10：1-7.

Boucot A J，Chen X，Scotese C R. 2013. Phanerozoic Paleoclimate：An Atlas of Lithologic Indicators of Climate. SEPM Concepts in Sedimentology and Paleontology（Print-on-

Demand Version). Society for Sedimentary Geology, Tulsa, OK, 11: 478.

Bradley D C. 2008. Passive margins through earth history. Earth-Science Reviews, 91: 1-26.

Briais A, Patriat P, Tapponnier P. 1993. Updated interpretation of magnetic anomalies and seafloor spreading stages in South China Sea: implications for the Tertiary tectonics of Southeast Asia. Journal of Geophysical Research, 98: 6299-6328.

Butterfield N J. 2000. Bangiomorpha pubescens n. gen, n.sp.: implications for the evolution of sex, multicellularity, and the Mesoproterozoic-Neoproterozoic radiation of eukaryotes. Paleobiology, 26: 386-404.

Butterfield N J. 2015. Early evolution of the Eukaryota. Palaeontology, 58: 5-17.

Campbell I H, Allen C M. 2008. Formation of supercontinents linked to increases in atmospheric oxygen. Nature Geoscience, 1: 554-558.

Canfield D E. 2005. The early history of atmospheric oxygen. Annual Review Earth Planetary Science, 33: 1-36.

Canfield D E, Poulton S W, Knoll A H, et al. 2008. Ferruginous conditions dominated later Neoproterozoic deep-water chemistry. Science, 321, 949-952.

Canfield D E, Poulton S W, Narbonne G M. 2007. Late-Neoproterozoic deep-ocean oxygenation and the rise of animal life. Science, 315 (5808): 92-95.

Chamberlain C P, Wan X Q, Graham S A, et al. 2013. Stable isotopic evidence for climate and basin evolution of the Late Cretaceous Songliao basin, China. Palaeogeography, Palaeoclimatology, Palaeoecology, 385: 106-124.

Chen D Z, Tucker M E, Jiang M S, et al. 2001. Long-distance correlation between tectonic-controlled, isolated carbonate platforms by cyclostratigraphy and sequence stratigraphy in the Devonian of South China. Sedimentology, 48: 57-78.

Chen D Z, Tucker M E, Zhu J Q, et al. 2002. Carbonate platform evolution: from a bioconstructed platform margin to a sand-shoal system (Devonian, Guilin, South China). Sedimentology, 49: 737-764.

Chen J T, Lee J H, Woo J. 2014. Formative mechanisms, depositional processes, and geological implications of Furongian (late Cambrian) reefs in the North China Platform. Palaeogeography, Palaeoclimatology, Palaeoecology, 414: 246-259.

Chen X, Ling H F, Vance D, et al. 2015. Rise to modern levels of ocean oxygenation coincided with the Cambrian radiation of animals. Nature Communications, 6: 7142.

Chen Z Q, Joachimski M, Montañez I et al. 2014. Deep time climatic and environment extremes and ecosystem response: an introduction. Gondwana Research, 25: 1289-1293.

Chen Z Q, Tu C Y, Pei Y, et al. 2019. Biosedimentological features of major microbe-metazoan transitions（MMTs）from Precambrian to Cenozoic. Earth-Science Reviews, 189：21-50.

Chung S L, Lo C H, Lee T, et al. 1998. Diachronous uplift of the Tibetan plateau starting 40 Myr ago. Nature, 394：769-773.

Clift P, Lin J. 2001. Preferential mantle lithospheric extension under the South China margin. Marine and Petroleum. Geology, 18：929-945.

Clift P D. 2006. Controls on the erosion of Cenozoic Asia and the flux of clastic sediment to the ocean. Earth and Planetary Science Letters, 241：571-580.

Crowe S A, Døssing L N, Beukes N J, et al. 2013. Atmospheric oxygenation three billion years ago. Nature, 501：535-539.

Dadson S J, Hovius N, Chen H, et al. 2003. Links between erosion, runoff variability and seismicity in the Taiwan orogen. Nature, 426：648-651.

Deng K, Yang S Y, Li C, et al. 2017. Detrital zircon geochronology of river sands from Taiwan：implications for sedimentary provenance of Taiwan and its source link with the east China mainland. Earth-Science Reviews, 164：31-47.

Ding L, Qasim M, Jadoon I, et al. 2016. The India-Asia collision in north Pakistan：insight from the U-Pb detrital zircon provenance of Cenozoic foreland basin. Earth and Planetary Science Letters, 455：49-61.

Ding L, Spicer R, A Yang, et al. 2017. Quantifying the rise of the Himalaya orogen and implications for the South Asian monsoon. Geology, 45：215-218.

Ding L, Xu Q, Yue Y, et al. 2014. The Andean-type Gangdese Mountains：paleoelevation record from the Paleocene-Eocene Linzhou Basin. Earth and Planetary Science Letters, 392：250-264.

Ducklow H, McCallister S L. 2004. The biogeochemistry of carbon dioxide in the coastal oceans//Robinson A R, Brink K. The Global Coastal Ocean-Multiscale Interdisciplinary Processes：The Sea. Cambridge：Harvard University Press：269-315.

Dupont-Nivet G, Hoorn C, Konert M. 2008. Tibetan uplift prior to the Eocene-Oligocene climate transition：evidence from pollen analysis of the Xining Basin. Geology, 36：987-990.

Dupraz C, Visscher P T. 2005. Microbial lithification in marine stromatolites and hypersaline mats. Trends of Microbiology, 13：429-439.

Dupraz C, Visscher P T, Baumgartner L K, et al. 2004. Microbe-mineral interactions：early carbonate precipitation in a hypersaline lake（Eleuthera Island, Bahamas）. Sedimentology, 51：745-765.

Evans D A D, Li Z X, Murphy J B. 2016. Four-dimensional context of Earth's supercontinents.

Geological Society of London Special Publications, 12: 424.

Feng L J, Li C, Huang J, et al. 2014. A sulfate control on marine mid-depth Euxinia on the early Cambrian (ca. 529-521 Ma) Yangtze platform, South China. Precambrian Research, 246: 123-133.

Fischer W W, Hemp J, Johnson J E. 2016. Evolution of oxygenic photosynthesis. Annual Review of Earth and Planetary Sciences, 44: 647-683.

Flügel E, Kiessling W. 2002. Patterns of Phanerozoic reef crisis//Kiessling W, Flügel E, Golonka J. Phanerozoic Reef Pattern. SEPM Special Publication, 72: 339-390.

Foster G L, Hull P, Lunt D J, et al. 2018. Placing our current 'hyperthermal' in the context of rapid climate change in our geological past. Philosophical Transactions of the Royal Society A: Mathematical, Physical and Engineering Sciences, 376: 20170086.

Gao Y, Ibarra D E, Caves J K, et al. 2015. Mid-latitude terrestrial climate of East Asia linked to global climate in the Late Cretaceous. Geology, 43: 287-290.

Garzione C N. 2008. Surface uplift of Tibet and Cenozoic global cooling. Geology, 36: 1003-1004.

Godet A. 2013. Drowning unconformities: palaeoenvironmental significance and involvement of global processes. Sedimentary Geology, 293: 45-66.

Guan C, Wang W, Zhou C M, et al. 2017. Controls on fossil pyritization: redox conditions, sedimentary organic matter content, and Chuaria preservation in the Ediacaran Lantian Biota. Palaeogeography, Palaeoclimatology, Palaeoecology, 474: 26-35.

Guilbaud R, Poulton S W, Butterfield N J, et al. 2015. A global transition to ferruginous conditions in the early Neoproterozoic oceans. Nature Geoscience, 8: 466-470.

Gumsley A P, Chamberlain K R, Bleeker W, et al. 2017. Timing and tempo of the Great Oxidation Event. Proceedings of the National Academy of Sciences, 114: 1811-1816.

Habicht K S, Gade M, Thamdrup B, et al. 2002. Calibration of sulfate levels in the Archean Ocean. Science, 298: 2372-2374.

Hinnov L A, Ogg J G. 2007. Cyclostratigraphy and the astronomical time scale. Stratigraphy, 4 (2-3): 239-251.

Hoffman P F. 1997. Tectonic genealogy of North America//van der Pluijm B A, Marshak S. Earth Structure: An Introduction to Structural Geology and Tectonics. New York: McGraw-Hill: 459-464.

Hoffman P F, Kaufman A J, Halverson G P, et al. 1998. A Neoproterozoic snowball earth. Science, 281: 1342-1346.

Holland H D. 1984. The Chemical Evolution of the Atmosphere and Oceans. Princeton:

Princeton University Press：582.

Holland H D. 2006. The oxygenation of the atmosphere and oceans. Philosophical Transactions of the Royal Society B：Biological Sciences，361（1470）：903-915.

Hren M T，Tice M M，Chamberlain C P. 2009. Oxygen and hydrogen isotope evidence for a temperate climate 3.42 billion years ago. Nature，462：205-208.

Hu X，Garzanti E，Moore T，et al. 2015. Direct stratigraphic dating of India-Asia collision onset at the Selandian（middle Paleocene，59 ± 1 Ma）. Geology，43：859-862.

Hu Z B，Pan B T，Bridgland D，et al. 2017. The linking of the upper-middle and lower reaches of the Yellow River as a result of fluvial entrenchment. Quaternary Science Reviews，166：324-338.

IPCC. 2013. Summary for Policymakers in Climate Change 2013：The Physical Science Basis. Contribution of Working Group Ⅰ to the Fifth Assessment Report of the Intergovernmental Panel on Climate Change. New York：Cambridge University Press.

Javaux E J，Marshall C P，Bekker A. 2010. Organic-walled microfossils in 3.2-billion-year-old shallow-marine siliciclastic deposits. Nature，463：934-939.

Jenkyns H C. 2010. Geochemistry of oceanic anoxic events. Geochemistry，Geophysics，Geosystems，11：1-30.

Jin C，Li C，Algeo T J，et al. 2016. A highly redox-heterogeneous ocean in South China during the early Cambrian（～529-514 Ma）：implications for biota-environment co-evolution. Earth and Planetary Science Letters，441：38-51.

Johnson J E，Webb S M，Thomas K，et al. 2013. Manganese-oxidizing photosynthesis before the rise of cyanobacteria. Proceedings of the National Academy of Sciences，110：11238-11243.

Knauth L P，Lowe D R. 2003. High Archean climatic temperature inferred from oxygen isotope geochemistry of cherts in the 3.5 Ga Swaziland supergroup，South Africa. Geological Society of America Bulletin，115：566-580.

Kopp R E，Kirschvink J L，Hiburn I A，et al. 2005. The Paleoproterozoic snowball earth：a climate disaster triggered by the evolution of oxygenic photosynthesis. Proceedings of the National Academy of Sciences of the United of America，102：11131-11136.

Kuiper F K，Demo A，Hilgen J F，et al. 2008. Synchronizing rock clocks of Earth history. Science，320（5875）：500-504.

Kump L R. 2008. The rise of atmospheric oxygen. Nature，451：277-278.

Kump L R，Junium C，Arthur M A，et al. 2011. Isotopic evidence for massive oxidation of organic matter following the great oxidation event. Science，334：1694-1696.

Lee C A，Yeung L Y，McKenzie N R，et al. 2016. Two-step rise of atmospheric oxygen linked to the growth of continents. Nature Geoscience，9：417-424.

Lee J H，Riding R. 2018. Marine oxygenation，lithistid sponges，and early history of Paleozoic skeletal reefs. Earth-Science Reviews，181：98-121.

Li C，Cheng M，Zhu M. 2018. Heterogeneous and dynamic marine shelf oxygenation and coupled early animal evolution. Emerging Topics in Life Sciences，2（2）：279-288.

Li C，Jin C，Planavsky N J，et al. 2017. Coupled oceanic oxygenation and metazoan diversification during the early-middle Cambrian?. Geology，45：743-746.

Li C，Love G D，Lyons T W，et al. 2010. A stratified redox model for the ediacaran ocean. Science，328（5974）：80-83.

Li C，Planavsky N J，Love G D，et al. 2015. Marine redox conditions in the middle Proterozoic ocean and isotopic constraints on authigenic carbonate formation：insights from the Chuanlinggou Formation，Yanshan Basin，North China. Geochimica et Cosmochimica Acta，150：90-105.

Li C，Zhu M，Chu X. 2016. Atmospheric and Oceanic Oxygenation and evolution of early life on Earth：new contributions from China. Journal of Earth Science，27：167-169.

Li C F，Xu X，Lin J，et al. 2014. Ages and magnetic structures of the South China Sea constrained by deep tow magnetic surveys and IODP Expedition 349. Geochemistry，Geophysics，Geosystems，15：4958-4983.

Li H K，Zhang C L，Xiang Z Q，et al. 2013. Zircon and baddeleyite U-Pb geochronology of the Shennongjia Group in the Yangtze Craton and its tectonic significance. Acta Petrologica Sinica，29：673-697.

Li J J，Xie S Y，Kuang M S. 2001. Geomorphic evolution of the Yangtze Gorges and the time of their formation. Geomorphology，41：125-135.

Li Z X，Bogdanova S V，Collins A S，et al. 2008. Assembly，configuration，and break-up history of Rodinia：a synthesis. Precambrian Research，160：179-210.

Li Z X，Evans D A D. 2011. Late Neoproterozoic 40° intraplate rotation within Australia allows for a tighter-fitting and longer-lasting Rodinia. Geology，39：39-42.

Li Z X，Evans D A D，Halverson G P. 2013. Neoproterozoic glaciations in a revised global palaeogeography from the breakup of Rodinia to the assembly of Gondwanaland. Sedimentary Geology，294：219-232.

Li Z X，Zhong S. 2009. Supercontinent-superplume coupling，true polar wander and plume mobility：plate dominance in whole-mantle tectonics. Physics of Earth and Planetary Interiors，176：143-156.

Lin A M，Yang Z Y，Sun Z M，et al. 2001. How and when did the Yellow River develop its square bend?. Geology，29：951-954.

Lith Y V，Warthmann R，Vasconcelos C，et al. 2003. Microbial fossilization in carbonate sediments：a result of the bacterial surface involvement in dolomite precipitation. Sedimentology，50：237-245.

Liu D，Dong H L，Zhao L D，et al. 2014. Smectite reduction by Shewanella species as facilitated by cystine and cysteine. Geomicrobiology Journal，31：53-63.

Liu Z，Zhao Y，Colin C，et al. 2016. Source-to-sink processes of fluvial sediments in the South China Sea. Earth-Science Reviews，153：238-273.

Love G D，Grosjean E，Stalvies C，et al. 2009. Fossil steroids record the appearance of Demospongiae during the Cryogenian period. Nature，457：718-721.

Luo G M，Ono S，Beukes N，et al. 2016. Rapid oxygenation of Earth's atmosphere 2.33 billion years ago. Science Advances，2：e1600134.

Luo G M，Ono S，Huang J，et al. 2015. Decline in oceanic sulfate levels during the early Mesoproterozoic. Precambrian Research，258：36-47.

Lyons T W，Reinhard C T，Planavsky N J. 2014. The rise of oxygen in Earth's early ocean and atmosphere. Nature，506（7488）：307-315.

Ma P，Wang C，Meng J，et al. 2017. Late Oligocene-early Miocene evolution of the Lunpola Basin，central Tibetan Plateau，evidences from successive lacustrine records. Gondwana Research，48：224-236.

Milliman J D，Farnsworth K L. 2011. River Discharge to the Coastal Ocean：A Global Synthesis. Cambridge：Cambridge University Press：384.

Milliman J D，Syvitski J P M. 1992. Geomorphic/tectonic control of sediment discharge to the ocean：the importance of small mountainous rivers. Journal of Geology，100：525-544.

Morley C K. 2002. A tectonic model for the Tertiary evolution of strike-slip faults and rift basins in SE Asia. Tectonophysics，347：189-215.

Mundil R，Ludwig K R，Metcalfe I，et al. 2004. Age and timing of the Permian mass extinctions：U/Pb dating of closed-system zircons. Science，305（5691）：1760-1763.

Müller S G，Krapež B，Barley M E，et al. 2005. Giant iron-ore deposits of the Hamersley province related to the breakup of Paleoproterozoic Australia：new insights from *in situ* SHRIMP dating of baddeleyite from mafic intrusions. Geology，33：577-580.

NRC. 2011. Understanding Earth's Deep Past：Lessons for Our Climate Future. Washington：The National Academies Press.

Nutman A P, Bennett V C, Friend C R L, et al. 2016. Rapid emergence of life shown by discovery of 3,700-million-year-old microbial structures. Nature, 537: 535-538.

Ogg J G, Ogg G, Gradstein F M. 2016. A Concise Geologic Time Scale: 2016. Amsterdam: Elsevier.

Olson S L, Reinhard C T, Lyons T W. 2016. Limited role for methane in the mid-Proterozoic greenhouse. Proceedings of the National Academy of Sciences, 113: 11447-11452.

Pan B T, Hu Z B, Wang J P, et al. 2012. The approximate age of the planation surface and the incision of the Yellow River. Palaeogeography, Palaeoclimatology, Palaeoecology, 356-357: 54-61.

Papineau D, Purohit R, Fogel M L, et al. 2013. High phosphate availability as a possible cause for massive cyanobacterial production of oxygen in the Paleoproterozoic atmosphere. Earth and Planetary Science Letters, 362: 225-236.

Pehrsson S J, Eglington B M, Evans D A D, et al. 2015. Metallogeny and its link to orogenic style during the Nuna supercontinent cycle//Li Z X, Evans D A D, Murphy J B. Supercontinent Cycles through Earth History. London: Geological Society of London (Special Publications): 424.

Pisarevsky S A, Elming S A, Pesonen L J, et al. 2014. Mesoproterozoic paleogeography: supercontinent and beyond. Precambrian Research, 244: 207-225.

Planavsky N J, Asael D, Hofmann A, et al. 2014b. Evidence for oxygenic photosynthesis half a billion years before the Great Oxidation Event. Nature Geoscience, 7: 283-286.

Planavsky N J, Bekker A, Hofmann A, et al. 2012. Sulfur record of rising and falling marine oxygen and sulfate levels during the Lomagundi event. Proceedings of the National Academy of Sciences of the United States of America, 109: 18300-18305.

Planavsky N J, Cole D B, Reinhard C T, et al. 2016. No evidence for high atmospheric oxygen levels 1,400 million years ago. Proceedings of the National Academy of Sciences, 113: E2550-E2551.

Planavsky N J, McGoldrick P, Scott C T, et al. 2011. Widespread iron-rich conditions in the mid-Proterozoic ocean. Nature, 477 (7365): 448-451.

Planavsky N J, Reinhard C T, Wang X, et al. 2014a. Low Mid-Proterozoic atmospheric oxygen levels and the delayed rise of animals. Science, 346 (6209): 635-638.

Poulton S W, Canfield D E. 2011. Ferruginous conditions: a dominant feature of the ocean through Earth's history. Elements, 7: 107-112.

Poulton S W, Fralick P W, Canfield D E. 2010. Spatial variability in oceanic redox structure 1.8 billion years ago. Nature Geoscience, 3 (7): 486-490.

Qiao X F，Wang Y B. 2014. Discussions on the lower boundary age of the Mesoproterozoic and basin tectonic evolution of the Mesoproterozoic in North China Craton. Acta Geologica Sinica，88：1623-1637.

Quan C，Han S，Utescher T，et al. 2013. Validation of temperature-precipitation based aridity index：paleoclimatic implications. Palaeogeography，Palaeoclimatology，Palaeoecology，386：86-95.

Raymo M E，Ruddiman W F. 1992. Tectonic forcing of late Cenozoic climate. Nature，359：117-122.

Reiners P W，Brandon M T. 2006. Using thermochronology to understand orogenic erosion. Annual Review of Earth and Planetary Sciences，34（1）：419-466.

Reinhard C T，Planavsky N J，Robbins L J，et al. 2013. Proterozoic ocean redox and biogeochemical stasis. Proceedings of the National Academy of Sciences，110：5357-5362.

Reinhard C T，Raiswell R，Scott C，et al. 2009. A late Archean sulfidic sea stimulated by early oxidative weathering of the continents. Science，326（5953）：713-716.

Retallack G J. 2005. Pedogenic carbonate proxies for amount and seasonality of precipitation in paleosols. Geology，33：333-336.

Richardson N J，Densmore A L，Seward D，et al. 2010. Did incision of the Three Gorges begin in the Eocene?. Geology，38：551-554.

Riding R，Liang L. 2005. Geobiology of microbial carbonates：metazoan and seawater saturation state influences on secular trends during the Phanerozoic. Palaeogeography，Palaeoclimatology，Palaeoecology，219：101-115.

Robert F，Chaussidon M. 2006. A palaeotemperature curve for the Precambrian oceans based on silicon isotopes in cherts. Nature，443：969-972.

Rogers J J W，Santosh M. 2002. Configuration of Columbia，a Mesoproterozoic supercontinent. Gondwana Research，5：5-22.

Royer D L，Wing S L，Beerling D J，et al. 2001. Paleobotanical evidence for near present-day levels of atmospheric CO_2 during part of the Tertiary. Science，292：2310-2313.

Sahoo S K，Planavsky N J，Jiang G，et al. 2016. Oceanic oxygenation events in the anoxic Ediacaran ocean. Geobiology，14：457-468.

Schouten S，Hopmans E C，Sinninghe Damsté J S. 2013. The organic geochemistry of glycerol dialkyl glycerol tetraether lipids：a review. Organic Geochemistry，54：19-61.

Scotese C. 2014. Atlas of Late Cretaceous paleogeographic maps，PALEOMAP atlas for ArcGIS，volume 2. The Cretaceous，Maps 16-22，Mollweide Projection.

Scott C, Lyons T W, Bekker A, et al. 2008. Tracing the stepwise oxygenation of the Proterozoic ocean. Nature, 452: 456-459.

Sheldon N D, Tabor N J. 2009. Quantitative paleoenvironmental and paleoclimatic reconstruction using paleosols. Earth-Science Reviews, 95: 1-52.

Shen J W, Yu C M, Bao H M. 1997. A Late Devonian (Famennian) Renalcis-Epiphyton reef at Zhaijiang, Guilin, South China. Facies, 37: 195-209.

Shen J W, Zhao N, Young A, et al. 2017. Late Devonian reefs and microbialite in Maoying, Ziyun County of southern Guizhou, South China — implications for changes in paleoenvironment. Palaeogeography, Palaeoclimatology, Palaeoecology, 474: 98-112.

Shi W, Li C, Luo G, et al. 2018. Sulfur isotope evidence for transient marine-shelf oxidation during the Ediacaran Shuram Excursion. Geology, 46 (3): 267-270.

Shu L, Zhou X, Deng P, et al. 2009. Mesozoic tectonic evolution of the Southeast China Block: new insights from basin analysis. Journal of Asian Earth Sciences, 34: 376-391.

Sperling E A, Wolock C J, Morgan A S, et al. 2015. Statistical analysis of iron geochemical data suggests limited Late Proterozoic oxygenation. Nature, 523: 451-454.

Stolper D A, Keller C B. 2018. A record of deep-ocean dissolved O_2 from the oxidation state of iron in submarine basalts. Nature, 553: 323-327.

Su W B. 2016. Revision of the Mesoproterozoic chronostratigraphic subdivision both of North China and Yangtze Cratons and the relevant issues. Earth Science Frontiers, 23: 156-185.

Tabor N J, Montañez I P. 2005. Oxygen and hydrogen isotope compositions of Permian pedogenic phyllosilicates: development of modern surface domain arrays and implications for paleotemperature reconstructions. Palaeogeography, Palaeoclimatology, Palaeoecology, 223: 127-146.

Tabor N J, Myers T S. 2015. Paleosols as indicators of paleoenvironment and paleoclimate. Annual Review of Earth and Planetary Sciences, 43: 333-361.

Tang Q, Pang K, Xiao S, et al. 2013. Organic-walled microfossils from the early Neoproterozoic Liulaobei Formation in the Huainan region of North China and their biostratigraphic significance. Precambrian Research, 236: 157-181.

Tapponnier P, Lacassin R, Leloup P H, et al. 1990. The Ailao Shan/Red River metamorphic belt: tertiary left-lateral shear between Indochina and South China. Nature, 343: 431-437.

Tapponnier P, Zhiqin X, Roger F, et al. 2001. Oblique stepwise rise and growth of the Tibet Plateau. Science, 294: 1671-1677.

Urey H C. 1947. Chemical properties of isotopic compounds. Chimia, 1 (4): 90.

van Dam J A, Aziz H A, Sierra M N L, et al. 2006. Long-period astronomical forcing of mammal turnover. Nature, 443 (7112): 687-691.

Wang C, Dai J, Zhao X, et al. 2014. Outward-growth of the Tibetan Plateau during the Cenozoic: a review. Tectonophysics, 621: 1-43.

Wang C, Huang Y, Zhao X, 2009. Unlocking a Cretaceous geologic and geophysical puzzle: drilling of Songliao Basin in northeast China. The Leading Edge, 28 (3): 340-344.

Wang C, Zhao X, Liu Z, et al. 2008. Constraints on the early uplift history of the Tibetan Plateau. Proceedings of the National Academy of Sciences, 105: 4987-4992.

Wang T, Ramezani J, Wang C, et al. 2016. High-precision U-Pb geochronologic constraints on the Late Cretaceous terrestrial cyclostratigraphy and geomagnetic polarity from the Songliao Basin, Northeast China, 446: 37-44.

Wang Y, Huang C, Sun B, et al. 2014. Paleo-CO_2 variation trends and the Cretaceous greenhouse climate. Earth-Science Reviews, 129: 136-147.

Weijers J W H, Schouten S, van den Donker J C, et al. 2007. Environmental controls on bacterial tetraether membrane lipid distribution in soils. Geochimica et Cosmochimica Acta, 71 (3): 703-713.

Wendler J E, Wendler I. 2016. What drove sea-level fluctuations during the mid-Cretaceous greenhouse climate? . Palaeogeography, Palaeoclimatology, Palaeoecology, 441: 412-419.

Wu G, Liu Y, Bian H, et al. 2012. Thermal controls on the Asian Summer Monsoon. Scientific Reports, 2: 404.

Wu H, Zhang S, Hinnov L A, et al. 2014. Cyclostratigraphy and orbital tuning of the terrestrial upper Santonian-Lower Danian in Songliao Basin, northeastern China. Earth and Planetary Science Letters, 407: 82-95.

Wu H, Zhang S, Jiang G, et al. 2013. Astrochronology of the Early Turonian-Early Campanian terrestrial succession in the Songliao Basin, northeastern China and its implication for long-period behavior of the Solar System. Palaeogeography, Palaeoclimatology, Palaeoecology, 385: 55-70.

Xiao S, Shen B, Tang Q, et al. 2014. Biostratigraphic and chemostratigraphic constraints on the age of early Neoproterozoic carbonate successions in North China. Precambrian Research, 246: 208-225.

Young G M, Brunn V V, Gold D J C, et al. 1998. Earth's oldest reported glaciation: physical and chemical evidence from the Archean Mozaan Group (~2.9 Ga) of South Africa. The Journal of Geology, 106: 523-538.

Yuan X L, Chen Z, Xiao S H, et al. 2011. An early Ediacaran assemblage of macroscopic and morphologically differentiated eukaryotes. Nature, 470: 390-393.

Zachos J，Pagani M，Sloan L. 2001. Trends，rhythms，and aberrations in global climate 65 Ma to present. Science，292：686-693.

Zhang L，Wang C，Cao K，et al. 2016. High elevation of Jiaolai Basin during the Late Cretaceous：implication for the coastal mountains along the East Asian margin. Earth and Planetary Science Letters，456：112-123.

Zhang P，Molnar P，Downs W R. 2001. Increased sedimentation rates and grain sizes 2-4 Myr ago due to the influence of climate change on erosion rates. Nature，410：891-897.

Zhang S H，Li Z X，Evan D A D，et al. 2012. Pre-Rodinia supercontinent Nuna shaping up：a global synthesis with new paleomagnetic results from North China. Earth and Planetary Science Letters，353-354：145-155.

Zhang X，Cui L. 2016. Oxygen requirements for the Cambrian explosion. Journal of Earth Science，27：187-195.

Zhang Y，Liu Z，Zhao Y，et al. 2014. Mesoscale eddies transport deep-sea sediments. Scientific Reports，4：5937.

Zhang Y F，Li C A，Wang Q L，et al. 2008. Magnetism parameters characteristics of drilling deposits in Jianghan Plain and indication for forming of the Yangtze River Three Gorges. Chinese Science Bulletin，53：584-590.

Zhao G，Cawood P A，Wilde S A，et al. 2002. Review of global 2.1-1.8 Ga orogens：implications for a pre-Rodinia supercontinent. Earth-Science Reviews，59：125-162.

Zhao G，Sun M，Wilde S A，et al. 2004. A Paleo-Mesoproterozoic supercontinent：assembly，growth and breakup. Earth-Science Review，67：91-123.

Zhao Y，Liu Z，Zhang Y，et al. 2015. *In situ* observation of contour currents in the northern South China Sea：applications for deepwater sediment transport. Earth and Planetary Science Letters，430：477-485.

Zhelezinskaia I，Kaufman A J，Farquhar J，et al. 2014. Large sulfur isotope fractionations associated with Neoarchean microbial sulfate reduction. Science，346：742-744.

Zheng H B，Clift P D，Wang P，et al. 2013. Pre-Miocene birth of the Yangtze River. Proceedings of the National Academy of Sciences，110：7556-7561.

Zheng H B，Jia，J T，Chen J，et al. 2011. Forum comment：did incision of the Three Gorges begin in the Eocene?. Geology，39：244.

Zhu S，Zhu M，Knoll A H，et al. 2016. Decimetre-scale multicellular eukaryotes from the 1.56-billion-year-old Gaoyuzhuang Formation in North China. Nature Communications，7：11500.

关键词索引

B

边缘海盆地　34, 88, 321, 322, 324
编图标准　96
冰期　93, 103, 104, 105, 106, 107, 108, 109, 115, 121, 122, 132, 135, 141, 152, 154, 158, 159, 160, 161, 162, 322, 323, 324, 325, 326, 330

C

层序地层学　13, 26, 53, 61, 62, 63, 67, 68, 75, 84, 85, 88, 89, 94, 95, 169, 170, 181, 185, 207, 209, 290, 291, 292
超大陆裂解　29, 156, 161, 163, 327, 328
超大陆演化　152, 325, 327, 328, 330
潮流三角洲　208
潮滩沉积　28, 207, 208, 220, 221
沉积地球化学　3, 96, 151, 187, 188, 189, 190, 191, 193, 194, 195, 196, 197, 198, 199, 200, 201, 202, 203, 204, 227, 290, 291
沉积和成岩作用　187
沉积记录　17, 42, 43, 47, 68, 73, 81, 99, 102, 105, 109, 110, 115, 117, 118, 123, 125, 126, 129, 132, 138, 154, 155, 156, 159, 163, 204, 205, 206, 207, 208, 209, 210, 211, 212, 213, 214, 217, 218, 219, 221, 222, 224, 225, 310, 312, 314, 315, 317, 318, 320, 322, 330
沉积盆地分析　76, 77, 86, 151
沉积物供给　56, 209, 213, 217, 220, 224
沉积物重力流　51, 210, 211, 223
沉积相　32, 35, 51, 52, 53, 54, 56, 62, 64, 66, 67, 68, 69, 70, 71, 93, 97, 100, 144, 147, 157, 162, 169, 171, 177, 182, 184, 185, 207, 208, 209, 226, 292, 310

沉积学教育 47, 147, 289, 294, 310
错时相沉积 141, 144

D

大陆边缘盆地动力学 46, 81, 82, 88
地层划分对比 155, 162, 163
地球表层系统环境 187
地球化学循环 151, 153, 156, 187, 191, 194, 199, 200, 202, 330
地球早期演化 150
地震沉积学 52, 53, 62, 63, 66, 68, 69, 70, 74, 75, 79, 85, 88, 89, 95, 170, 171
地震地层 63, 67, 85, 95, 209
叠层石 61, 129, 130, 131, 132, 133, 134, 135, 136, 138, 139, 140, 141, 142, 143, 144, 145, 152, 154, 160, 319
叠合盆地 28, 30, 31, 36, 46, 77, 80, 81, 88, 166, 182

F

发展历史 1, 150
非常规储层 165, 170, 184

G

构造古地理 47, 92, 93, 96, 99, 100
古地理学 3, 68, 90, 91, 93, 94, 96, 97, 99, 100, 101, 104, 162, 290, 291
古地貌重建 311, 315
国际沉积学 1, 3, 4, 5, 6, 7, 13, 22, 24, 26, 37, 42, 43, 45, 46, 54, 57, 60, 67, 72, 124, 147, 148, 207, 289, 311, 321

H

海平面变化 13, 14, 51, 56, 66, 75, 95, 105, 109, 110, 111, 115, 116, 118, 120, 122, 162, 168, 174, 202, 203, 224, 316, 321
海洋碳酸盐工厂 126, 317
含油气系统 159, 160, 172

J

基地建设 289, 309
聚煤作用 32, 111, 167, 168, 169, 181, 185

K

可容空间 169, 181, 209
矿产资源勘探 70, 71, 72, 91, 94, 96, 100, 102

M

煤炭资源评价 181

N

能源沉积学 164, 165, 166, 167, 168, 169, 170, 171, 182, 183, 184, 227
能源资源 7, 74, 88, 122, 149, 150, 151, 159, 164

P

盆地动力学 3, 6, 46, 47, 74, 76, 77,

78, 79, 80, 81, 82, 84, 85, 88, 89, 90, 156, 226, 290
盆地流体　75, 77
盆地演化　31, 75, 81, 82, 93, 151, 152, 153, 154, 156, 161, 162, 186, 330

Q

气候变化　7, 13, 14, 25, 43, 57, 64, 67, 68, 73, 77, 87, 95, 103, 104, 105, 106, 107, 108, 109, 112, 117, 118, 119, 120, 121, 122, 123, 126, 138, 160, 195, 201, 206, 217, 220, 225, 303, 312, 313, 314, 321, 322
前寒武纪　13, 28, 29, 47, 97, 106, 107, 115, 120, 124, 125, 126, 128, 129, 130, 133, 134, 135, 136, 138, 139, 146, 149, 150, 151, 152, 153, 154, 155, 156, 157, 158, 159, 161, 162, 163, 164, 168, 194, 195, 226, 318, 325, 326, 327, 328, 329, 330
前寒武纪沉积学　47, 149, 150, 152, 153, 154, 155, 162, 163, 164, 325, 327, 330
浅水（陆架边缘）三角洲　56, 57
圈层相互作用过程　187, 188, 198
缺氧事件　67, 106, 112, 113, 114, 122, 202, 318, 319, 320

S

砂岩型铀矿沉积学　181
深时　37, 46, 47, 51, 70, 98, 99, 100, 102, 104, 105, 106, 109, 111, 114, 115, 116, 117, 119, 120, 121, 122, 123, 124, 126, 147, 154, 169, 181, 186, 226, 312, 314, 315, 317, 318, 320
深时地理环境　98
深水沉积学　85, 88
深水重力流　28, 33, 57, 58, 59
升温　112, 113, 114
生命起源　106, 132, 146, 150, 154, 162, 188, 325, 330
生物沉积学　37, 124, 125, 126, 127, 128, 136, 142, 145, 146, 147, 148, 151, 227, 320
生物大灭绝事件　98, 106, 138, 318
实验地貌学　211
实验室建设　289, 298, 300, 308, 309

T

替代指标　99, 100, 104, 105, 111, 119, 120, 121, 123
条带状铁建造　129, 194

W

微生物岩　47, 52, 61, 67, 69, 71, 73, 129, 130, 131, 132, 138, 139, 140, 142, 143, 144, 145, 160, 318, 319, 320, 330
温室陆地气候　37, 311
温室气候　103, 104, 106, 107, 108, 111, 112, 117, 119, 122, 160, 311, 312, 316, 318

X

细粒沉积学 70, 74, 170, 183, 184
旋回 17, 30, 31, 47, 67, 70, 94, 95, 97, 109, 111, 115, 116, 118, 122, 136, 154, 155, 161, 162, 167, 168, 169, 170, 172, 181, 185, 186, 206, 313, 314, 322, 323, 324
雪球地球 29, 106, 107, 108, 133, 134, 135, 138, 139, 150, 153, 154, 155, 156, 158, 160, 163, 325, 326, 328, 329, 330

Y

岩石组构 129, 130, 131
岩相古地理 3, 5, 69, 70, 92, 93, 94, 96, 99, 100, 101, 104, 152, 155, 161, 162, 163, 166, 168, 169, 181, 182, 183, 290, 291, 315
野外教学 289, 292, 293
仪器设备 89, 225, 289, 301, 307, 309, 310
有机地球化学 3, 65, 187, 188, 189, 190, 192, 196, 197, 201, 202, 203, 204, 227, 301, 304
原生白云石 128
源-汇系统 37, 46, 67, 68, 69, 78, 85, 87, 89, 90, 95, 223, 315, 320, 321, 322, 323, 324

Z

造山带 31, 42, 70, 73, 80, 81, 86, 87, 88, 89, 91, 96, 97, 100, 151, 153, 155, 181, 292, 293, 294, 306, 313, 315, 320, 328
增温 117, 118, 119, 312
中国沉积学 1, 2, 3, 4, 5, 6, 7, 12, 13, 14, 16, 17, 19, 21, 22, 24, 25, 26, 28, 37, 39, 41, 42, 44, 45, 46, 47, 51, 53, 54, 63, 65, 68, 73, 87, 90, 99, 123, 169, 195, 226, 227, 289, 299, 301, 307, 311
中国小陆块群 97, 99, 100
重大转折期 316, 317, 318
资源-环境效应 187

彩　　图

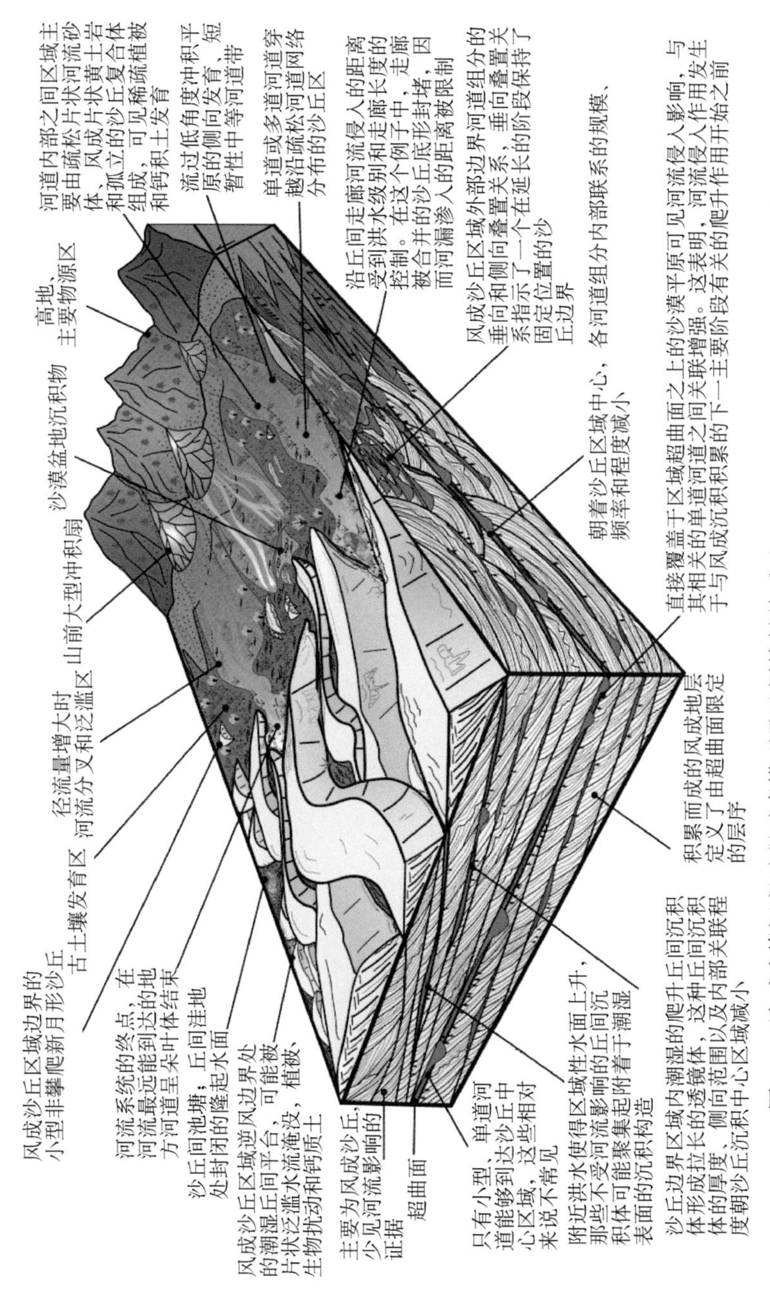

图 3-1　沙丘边缘沉积过程示意模型及地层接触关系（Al-Masrahy and Mountney，2016）

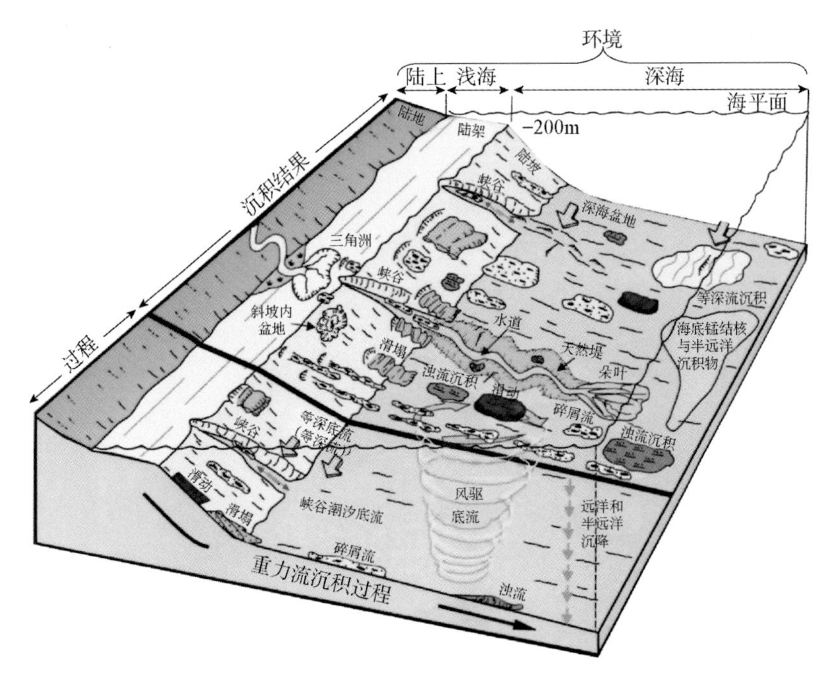

图 3-2　深水重力流（砂质碎屑流）沉积过程和沉积模式（Shanmugam，2000）

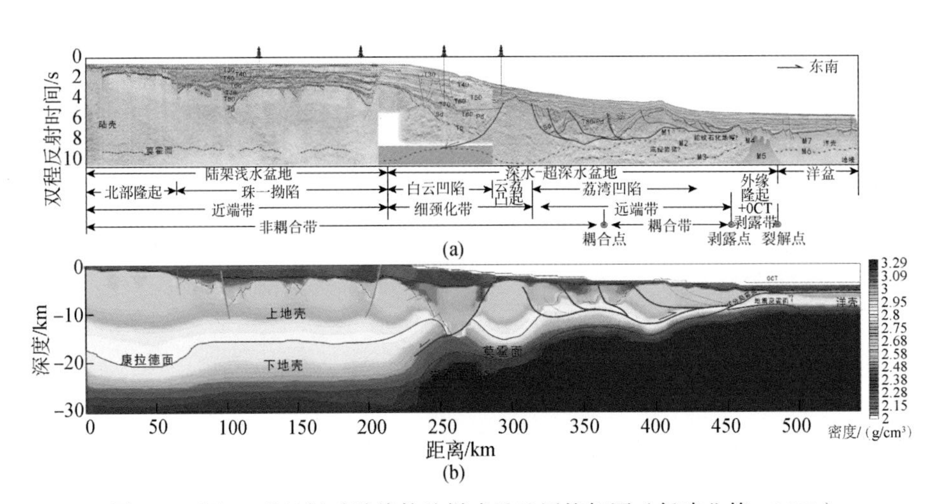

图 3-3　珠江口盆地被动陆缘构造样式及地层格架图（任建业等，2018）

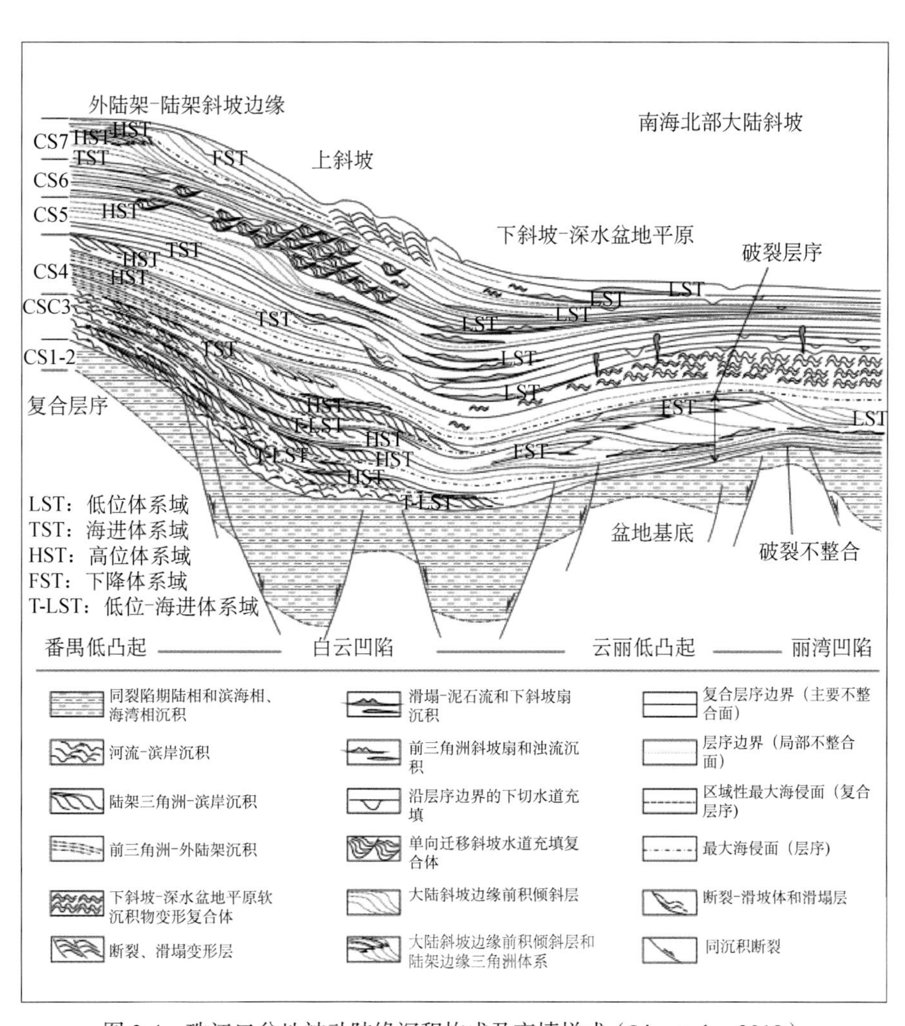

图 3-4　珠江口盆地被动陆缘沉积构成及充填样式（Lin et al.，2018）

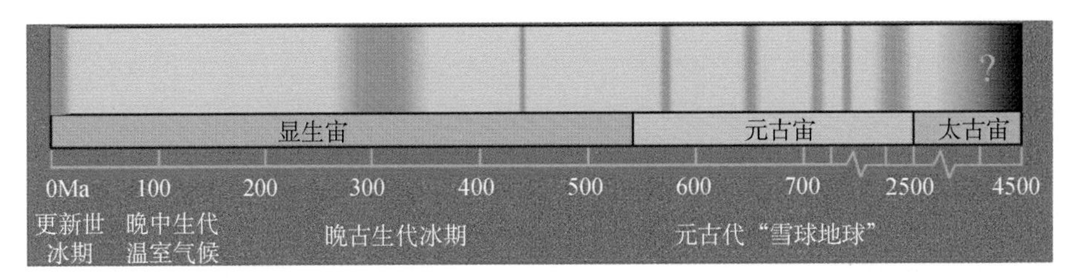

图 3-5　地球历史中冰室时期与温室时期分布（Parrish and Soreghan，2013）

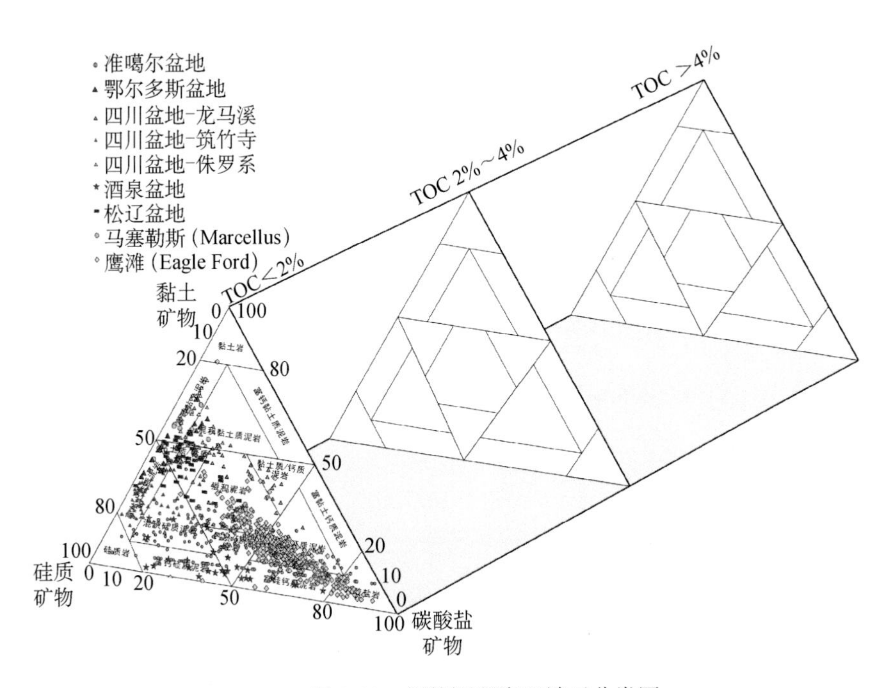

图 3-11　细粒沉积岩四端元分类图

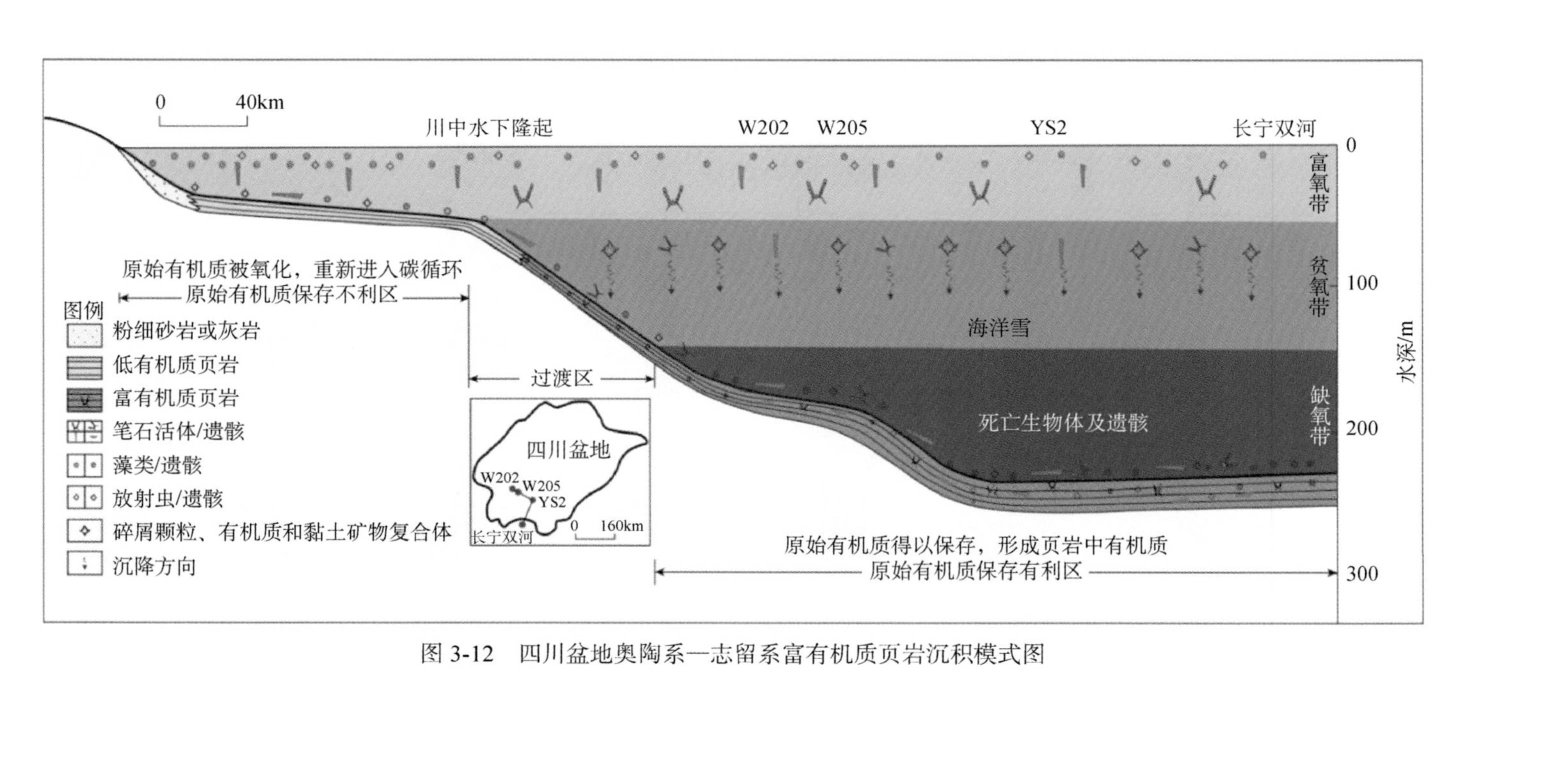

图 3-12　四川盆地奥陶系—志留系富有机质页岩沉积模式图

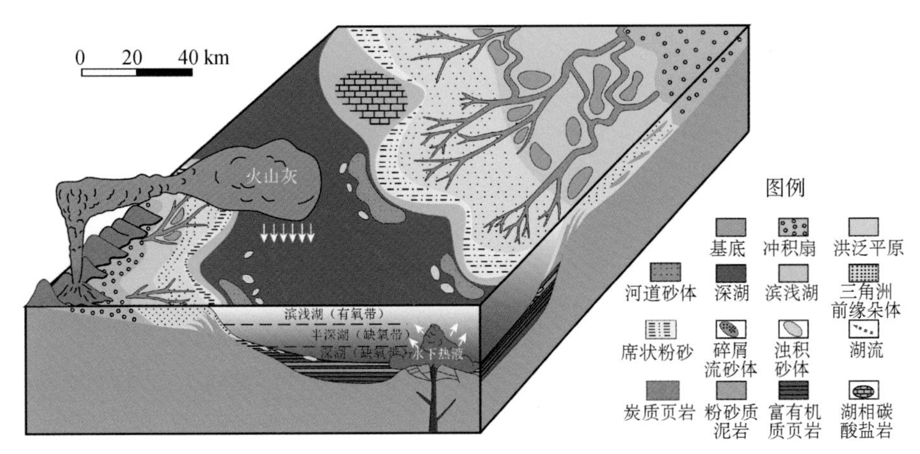

图 3-13　鄂尔多斯盆地长 7 页岩沉积模式（邹才能，2014a）

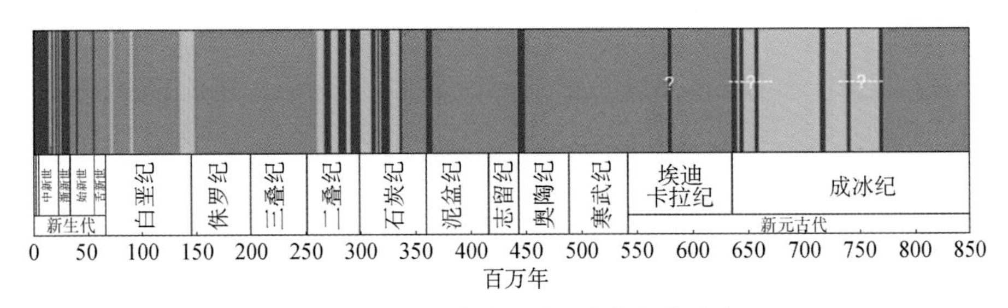

图 5-1　地球 8.5 亿年以来的气候状态示意

浅红色代表温室气候状态，占据了地球历史的大部分；浅蓝色代表冰室气候状态（其中深蓝色代表地质证据显示在南极或北极发育大陆冰盖时期），只占地球历史的小部分；红色代表古新世—始新世极热事件和始新世中期极热事件。图件来自 NRC（2011）

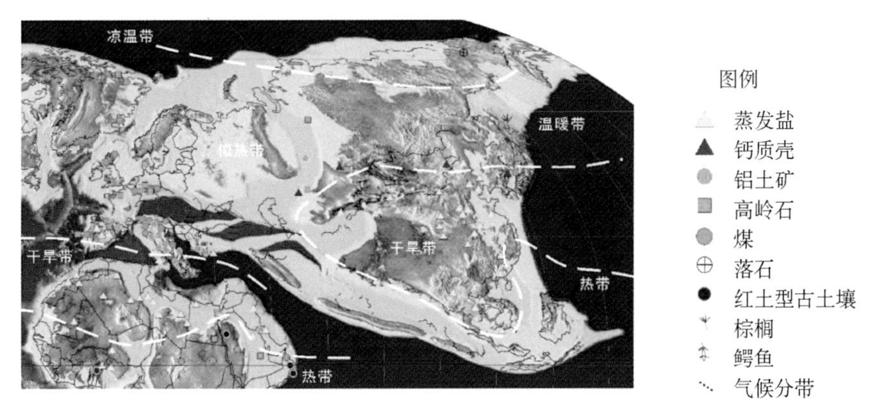

图 5-2　晚白垩世晚期古气候相关沉积物古地理分布（Boucot et al.，2013）

地理底图源自 Scotese（2014）

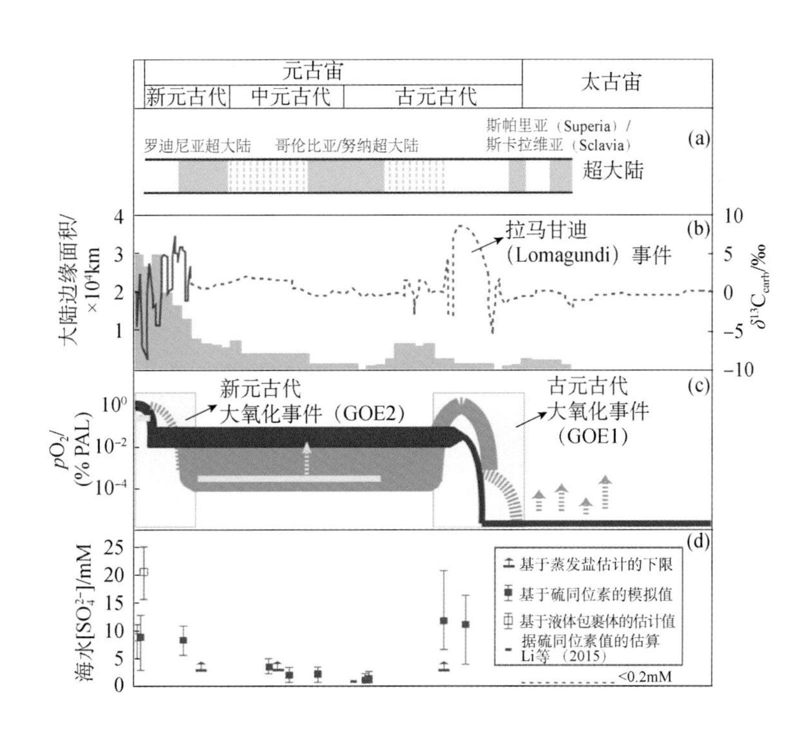

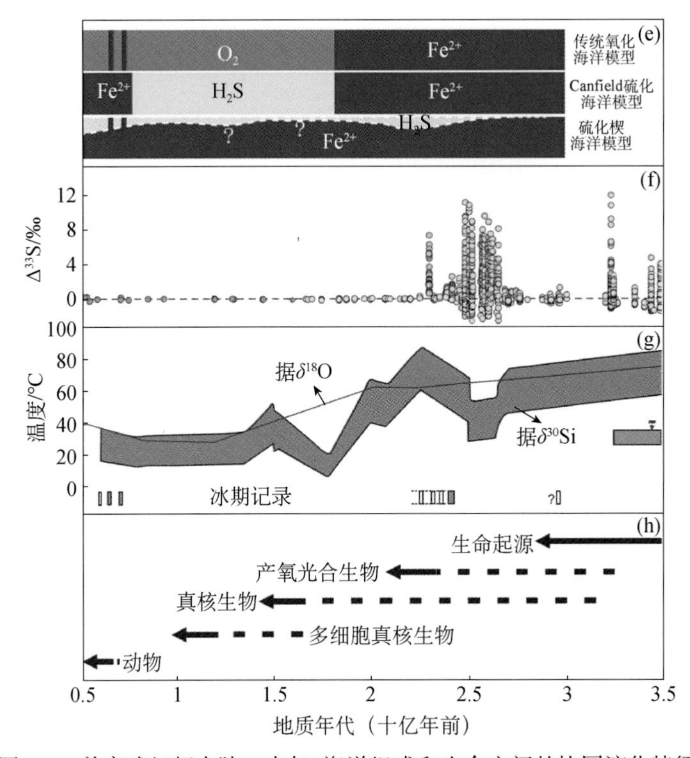

图 5-3　前寒武纪超大陆、大气-海洋组成和生命之间的协同演化特征

（a）超大陆的聚合和裂解。资料来源于 Campbell 和 Allen（2008）、Li 等（2008）、Zhao 等（2002，2004）、Zhang 等（2012）。（b）大陆边缘面积（Bradley，2008）和碳酸盐岩碳同位素组成（$\delta^{13}C_{carb}$）的变化特征（Campbell and Allen，2008）。（c）地球大气氧含量变化特征（pO_2 表示大气中氧气分压）（Lyons et al.，2014）。暗红色曲线代表经典的两阶段变化模式（Kump，2008），蓝色曲线表示 Lyons 等（2014）中所展示的动态变化模型。1.8～0.8Ga 处的黄色棒代表 Planavsky 等（2014a）所估算的大气 O_2 含量（<0.1% PAL），1.4Ga 处的黄色箭头指示 Zhang 等（2016）所提出的大气 O_2 含量（>4% PAL）。约 0.54Ga 处的黄色棒代表 Sperling 等（2015）所估计的大气 O_2 含量（10%～40% PAL）。（d）海水硫酸盐浓度的变化特征，数据来源于 Habicht 等（2002）、Planavsky 等（2012）、Li 等（2015）。（e）深海氧化还原条件变化特征，修改自 Li 等（2016）。（f）前寒武纪 $\Delta^{33}S$ 的变化特征，修改自 Zhelezinskaia 等（2014）、Johnson 等（2013）（只包含自生黄铁矿的硫同位素数据，其中 SIMS 硫同位素数据只取每个样品的平均值）和 Luo 等（2016）。（g）不同指标所记录的前寒武纪温度变化特征。红色代表硅质岩最高 $\delta^{18}O$ 值所恢复的温度（Knauth and Lowe，2003）。灰色条带代表基于硅质岩 $\delta^{30}Si$ 值所恢复的温度（Robert and Chaussidon，2006）。绿色和红色方格分别代表基于硅质岩 $\delta^{18}O$ 和 δD（Hren et al.，2009）及磷酸盐最高 $\delta^{18}O$ 值（Blake et al.，2010）所重建的温度。冰期记录主要修改自 Hoffman 等（1998）、Gumsley 等（2017）和 Young 等（1998）。蓝色方框代表“雪球地球”冰期，空白方框代表大陆冰川冰期。（h）地球主要生命形式的演化特征。地球记录最早的生命可能起源于 3.7Ga（Nutman et al.，2016）或者 4.1Ga（Bell et al.，2015）。产氧光合生物起源的时间不确定，微早于第一次大氧化事件（Fischer et al.，2016）或者早至 3.0Ga（Crowe et al.，2013；Planavsky et al.，2014b）。确切的真核生物出现在 1.7～1.6Ga（Butterfield，2015），虽然真核生物的起源可能更早（Javaux et al.，2010）。多细胞真核生物出现的时间也不确切，可能在约 1.2Ga（Butterfield，2000）或者 1.6Ga（Zhu et al.，2016）。生物标志化合物所指示的最早的动物（海绵）出现在成冰纪的“雪球地球”期间（Love et al.，2009）